“十三五”国家重点图书出版规划项目
材料科学研究与工程技术系列

金属热塑性成形基础理论与工艺

Basic Theories and Processes of Metal Thermoplastic Forming

● 张　鹏　主编
● 张存生　秦鹤勇　副主编

U0363190

哈爾濱工業大學出版社

内容简介

本书系统地介绍了金属热塑性成形基础理论与工艺的有关内容，包括金属热塑性变形物理基础、金属热塑性变形行为、金属本构关系理论、热加工图理论及应用、热成形极限图理论及应用、热塑性成形工艺方法和热塑性成形工艺规范。书中注重阐明基本理论及其应用，在内容上尽量照顾到各层次读者需要，便于掌握热塑性成形基础理论要领与工艺应用。

本书可作为高等学校材料成型及控制工程专业本科生或材料加工工程研究生教材或教学参考书，也可供从事材料塑性加工研究或生产的工程技术人员参考。

图书在版编目(CIP)数据

金属热塑性成形基础理论与工艺/张鹏主编. —哈尔滨:哈尔滨工业大学出版社,2017.8

ISBN 978-7-5603-6644-9

Ⅰ.①金… Ⅱ.①张… Ⅲ.①金属材料－热塑性－成型－工艺－研究 Ⅳ.①TG14

中国版本图书馆 CIP 数据核字(2017)第 111925 号

材料科学与工程
图书工作室

责任编辑　何波玲
封面设计　卞秉利
出版发行　哈尔滨工业大学出版社
社　　址　哈尔滨市南岗区复华四道街 10 号　邮编 150006
传　　真　0451-86414749
网　　址　http://hitpress.hit.edu.cn
印　　刷　黑龙江艺德印刷有限责任公司
开　　本　787mm×1092mm　1/16　印张 18.5　字数 425 千字
版　　次　2017 年 8 月第 1 版　2017 年 8 月第 1 次印刷
书　　号　ISBN 978-7-5603-6644-9
定　　价　44.00 元

前　言

金属热塑性成形基础理论与工艺是材料成型及控制工程专业本科生和材料加工工程专业研究生需要掌握的重要内容。本书注意理论联系实际，以提高学生运用基本理论知识分析和解决实际问题的能力，在编写时遵循循序渐进的原则，注重概念、突出要点、强化应用，内容处理力求清晰阐述金属热塑性成形基础理论及工艺应用。

全书共分 8 章。第 1 章绪论，简要介绍金属热塑性概念、工艺分类及发展概况；第 2 章金属热塑性变形物理基础，介绍金属热塑性变形最基本的机制（滑移变形、孪生变形、晶界滑移变形和扩散蠕变等），重点阐述与热塑性变形机制有关的最基本概念和规律；第 3 章金属热塑性变形行为，重点介绍金属热塑性变形过程中的材料微观组织与性能之间的变化规律；第 4 章金属本构关系理论，主要介绍几种典型的本构关系理论；第 5 章热加工图理论及应用，介绍热加工图基本理论、构建及分析应用等；第 6 章热成形极限图理论及应用，介绍热成形极限图基本理论、构建及分析应用；第 7 章热塑性成形工艺方法，介绍常见的热加工工艺的基本特点及应用等；第 8 章热塑性成形工艺规范，介绍金属的加热及热加工工艺操作规范。

本书由哈尔滨工业大学（威海）材料科学与工程学院张鹏任主编，山东大学材料科学与工程学院张存生、钢铁研究总院秦鹤勇任副主编，哈尔滨工业大学（威海）材料科学与工程学院材料工程系王传杰、陈刚、刘洪伟以及材料科学系陈刚参与编写。本书在编写过程中，参引了本领域著名专家学者的著作及研究资料，在此表示衷心感谢！

由于编者水平所限，书中难免存在不妥之处，敬请读者批评指正。

编　者

2017 年 1 月

目　录

第1章 绪 论

1.1 金属热态成形技术的作用与地位

钛合金、高温合金、高强钢等特种材料因其强度高、耐蚀性好、耐热性高、比强度高等特点被广泛应用于航天发动机、大型涡轮机、车体骨架、承压容器等关键结构。然而特种材料在表现出优异的使用性能的同时也给加工制造增加了难度。该类材料在600 ℃以上仍具有很高强度，所以其塑性加工需要在高温下进行。随着航空、航天、舰船、汽车、核电、化工等行业的高速发展，特种材料的需求量不断增加，对相应加工工艺的要求也趋于严格。以钛合金为例，为了进一步提高航天飞行器的性能、强度、结构刚性、轻量化等性能，钛合金精密成形技术正成为航空航天制造技术的研究重点。跨尺度、薄壁曲面、变厚度和一体成形等正在成为特种合金热塑性加工工艺设计的准则。

金属热态成形的实质是金属在成形过程中有一段时间处于较高温度状态。常温下金属材料的变形能力有限，如果将其加热到一定温度，其塑性变形能力将大幅提高。金属热态成形具有以下特点：

(1)生产效率较高。金属热态成形技术具有较高的生产率，这在金属锻造、轧制、挤压等工艺中表现尤为明显。随着生产机械化的推广，机械零件的生产效率也会进一步提升。

(2)产品精度较高。热态成形工艺得到的工件可以达到较高的精度。近年来，通过使用先进技术和设备，不少零件的生产已经实现成形后较少切削或无切削的目标，实现了近净成形。例如，精密锻造伞齿轮的齿形部分已经达到无须切削直接使用的精度；精锻叶片的复杂曲面也已达到了成形后仅需磨削后处理的精度。

(3)原材料消耗少。金属热态成形主要是通过金属在塑性状态下的体积转移实现的。因为无须切除加工而实现了材料高利用率，同时因为形成合理分布的流线而提高制件的强度。

(4)能够有效改善金属组织性能。金属铸锭在热加工过程中须通过锻造、轧制或挤压等塑性变形，从而实现坯料结构致密并形成合理分布的流线组织，从而提高制件的强度。相对于原始铸造组织，制件组织性能得到明显提升。

因此，金属热态成形工艺不仅能获得强度高、性能好、精度高、形状复杂的工件，而且具有生产率高、材料消耗少等优点，因而在国民经济中得到广泛应用，并且在各类成形工艺中所占的地位得到逐渐提高。在热态塑性成形过程中，由于金属受到高温和变形力的共同作用，材料的微观组织会发生明显变化，例如动态、静态回复与再结晶及晶粒长大等，这些微观组织变化又会影响材料的宏观性能。因此，掌握金属热态成形技术的相关理论对于实际生产过程中的产品设计和工艺制定是十分必要的。

1.2 金属热态成形技术的发展趋势和方向

目前金属热态成形技术主要朝着轻量化、整体化、微型化、超大构件、柔性成形、自动化、超精密化等几个方面发展。

(1)轻量化成形是“精密成形”或“净成形”发展的新阶段,要求成形产品尽可能接近成品零件形状,切削余量小、成形精度高,直接通过热成形工艺形成轻量化特征结构。

(2)整体化成形是将若干原来分别加工再组装的构件成形为一个整体化结构,从而解决连接可靠性差的问题,同时也是实现装备轻量化的重要途径。由于构件尺寸的增加和模具型面复杂程度的提升,该技术的最大难点在于需要大吨位成形力。因此,省力成形技术的研究是该技术的关键方向。

(3)微成形是指加工的零件至少在两个维度上尺寸小于 1 mm 的成形技术。该技术主要用于大批量、低成本的制造微型零件。由于介观尺度下材料本征和非本征尺度效应耦合作用的影响,导致微成形工艺的成形规律不同于传统塑性成形,需要进一步研究工艺机理和关键技术。

(4)超大构件成形是通过先进技术利用相对小的设备或模具加工出尺寸较大的构件,从而解决构件尺寸或吨位超过现有制造设备能力的问题的成形技术。由于这类零件存在尺寸大或质量大、批量小、运输困难等问题,需要根据不同的结构特点选择不同的工艺方案。

(5)柔性成形技术适合于多品种、小批量零件的加工。多点成形技术、数控增量加载、无模成形是柔性成形的重要途径。目前柔性成形技术已在薄板成形的基础上,向中厚板和复杂型面成形方向发展。

(6)自动化技术不仅可以把工人从繁重的体力劳动和脑力劳动以及恶劣和危险工作环境中解放出来,而且通过编写相关程序进行程控加工有利于提高加工精度、工艺稳定性、生产效率等。

(7)超精密成形的加工精度可以比传统精密成形提高一个数量级以上。该技术对工件材质、加工设备、工具、测量和加工环境等条件都有特殊要求,需要综合应用精密机械、精密测量、精密伺服系统、计算机控制等先进技术。工件材质也必须较为细致均匀。合理控制和消除内部残余应力是保证高成形精度和尺寸稳定性的关键。避免残余变形对制件加工精度的影响是本技术的重要研究课题之一。

1.3 本书基本内容

本书共 8 章,书中系统阐述了材料热加工过程中金属塑性成形的基本原理及其应用。第 1 章绪论,介绍金属热成形工艺的应用特点及前景,同时介绍了本书的主要内容及章节结构等;第 2 章金属热塑性变形物理基础,介绍了金属热加工塑性变形机理及几类典型金属热塑性变形机制图的相关概念与理论;第 3 章材料热塑性变形行为,列举了热加工过程中材料的组织变化,即回复、再结晶、晶粒长大等行为,同时分析了热态塑性变形对材料组织性能等影响；第 4 章金属本构关系理论，阐述了 Rice－Hill 本构关系、Simo－Ortiz 本构关系、应变梯度本构关系、晶体塑性本构关系等主要本构关系理论的建立过程和应用；第 5 章热加工图理论及应用，介绍了热加工图建立的相关基础理论及构建流程与应用范围，并以 GH4698 高温合金为例建立热加工失稳图且进行验证；第 6 章热成形极限图理论及应用，总结了成形极限图建立的基础理论及建立流程，介绍了成形极限图的应用及工艺指导意义；第 7 章热塑性成形工艺方法，介绍了热塑性体积成形和板材成形的主要工艺方法及成形机理，并列举介绍了目前主要的几种特种成形工艺机理及应用情况；第 8 章热塑性成形工艺规范，介绍了金属热塑性成形的工序及工艺要点，为读者进行金属热塑性成形工艺的制定提供了一定的经验及规范参考。本书可作为普通高等院校“材料成型与控制工程专业”塑性加工方向本科生的教材，同时也可作为材料加工塑性成形方向研究生的参考书，还可作为金属材料工程、热加工以及机械等工程专业师生和工程技术人员的参考用书。

金属热塑性成形是金属物理、材料化学、材料力学、弹塑性力学、材料热力学与动力学、机械、计算机等多学科的交叉，该方向主要研究金属材料在热力耦合作用下相应行为。掌握热塑性成形的相应理论将为热塑性成形工艺过程中坯料制备与处理、工艺设计与控制、成形机理分析等奠定基础。金属热塑性成形是一门既有相当理论深度又对实际生产有重要指导意义的课程。

学习本书的目的大致可归结如下：

(1)了解金属热塑性变形的基本理论，为以后的理论分析奠定基础。

(2)掌握金属材料热塑性变形规律，能够合理优化模具及工艺设计。

(3)掌握热塑性成形方法及简单工艺流程，能够合理优化工艺结构。

(4)为材料综合工艺性的深入研究、分析材料成形过程中的组织演变及进行材料设计与工艺优化打下基础。

第 2 章　金属热塑性变形物理基础

早期大量的试验表明,实际测得的铜单晶体的屈服应力是 1 N/mm²,银是 0.6 N/mm²,锌是 1 N/mm²,而根据理想晶体滑移面上的原子同时滑动的假设,计算出的铜的屈服极限是 5 200 N/mm²,银是 3 300 N/mm²,锌是 3 500 N/mm²。理论屈服应力也比实际的屈服应力大几千倍。这说明滑移面上这种刚性整体的彼此滑动的假设与试验结果不相符,是错误的。在 1934 年,G. I. Taylor、E. Orowan 和 M. Polanyi 分别提出位错的运动引起滑移这个观念,这个理论已被试验所证明。位错理论说明了许多有关滑移塑性变形的机理,其发展很快,应用范围已远远超出滑移塑性变形的领域。

金属塑性变形最基本的机制包括滑移变形、孪生变形、晶界滑移变形和扩散蠕变等。变形机制的不同与变形材料及其变形条件(变形温度、应变速率等)有关。本章将重点阐述与热塑性变形机制有关的最基本概念和规律。

2.1　位错理论基础

2.1.1　位错的基本类型

位错,又称错排,即晶体内部原子局部不规则排列,是晶体原子排列的一种特殊组态。从位错的几何结构来看,可将它们分为两种基本类型,即刃型位错和螺型位错。已滑移区与未滑移区在滑移面上的交界线,称为位错线。

1. 刃型位错

刃型位错的晶体结构如图 2.1 所示。设该晶体结构为简单立方晶体,在其晶面 *ABCD* 上半部存在有多余的半原子面 *EFGH*,这个半原子面中断于 *ABCD* 面上的 *EF* 处,它好像一把刀刃插入晶体中,使 *ABCD* 面上下两部分晶体之间产生了原子错排,故称为刃型位错,多余半原子面与滑移面的交线 *EF* 就称为刃型位错线。

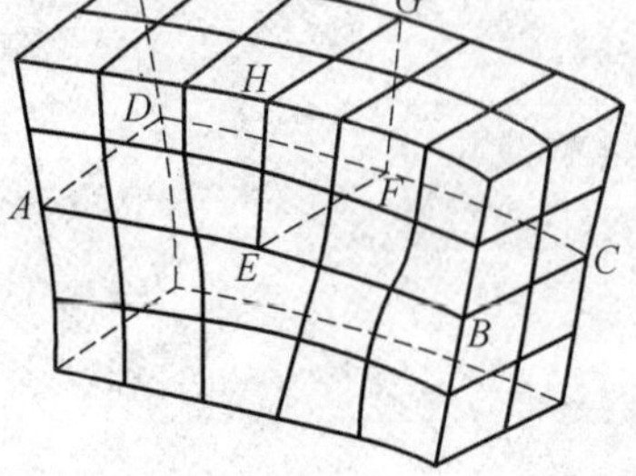

(a) 立体模型

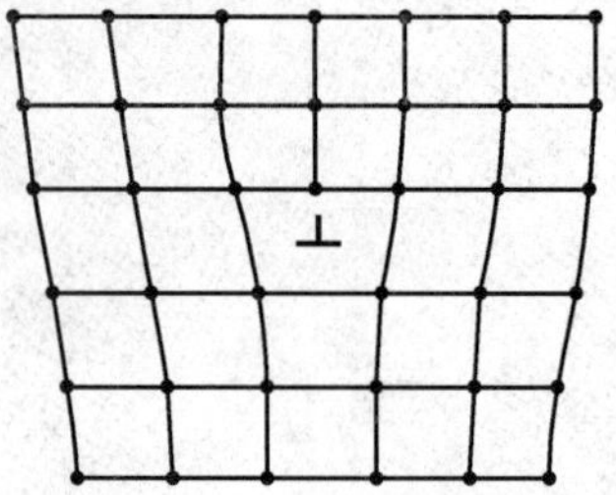

(b) 平面图

图 2.1　刃型位错的晶体结构

刃型位错的特征如下：

(1) 刃型位错有一个多余的半原子面。一般把多余的半原子面在滑移面上的边称为正刃型位错，记为“⊥”；而把多余的半原子面在滑移面下边的称为负刃型位错，记为“⊤”。其实这种正、负之分只具相对意义，而无本质的区别。

(2) 刃型位错线可理解为晶体中已滑移区与未滑移区的边界线。它不一定是直线，可以是折线或曲线，但它必与滑移方向垂直，也垂直于滑移矢量。

(3) 滑移面必是同时包含有位错线和滑移矢量的平面，在其他面上不能滑移。由于刃型位错中，位错线与滑移矢量互相垂直，因此由它们所构成的平面只有一个。

(4) 晶体中存在刃型位错之后，位错周围的点阵发生弹性畸变，既有切应变又有正应变。就正刃型位错而言，滑移面上方点阵受到压应力，下方点阵受到拉应力；负刃型位错与此相反。

(5) 在位错线周围的过渡区每个原子具有较大的平均能量，但该区只有几个原子间距宽，所以它是线缺陷。

2. 螺型位错

螺型位错的晶体结构如图 2.2 所示。设立方晶体右侧受到切应力 τ 的作用，其右侧上下两部分晶体沿滑移面 *ABCD* 发生了错动，如图 2.2(a) 所示，这时已滑移区和未滑移区的边界线 bb' 平行于滑移方向。图 2.2(b) 是 bb' 附近原子排列的俯视图，图中圆点“•”表示滑移面 *ABCD* 下方的原子，圆圈“◦”表示滑移面 *ABCD* 上方的原子。可以看出，在 aa' 右边的晶体上下层原子相对错动了一个原子间距，而在 bb' 和 aa' 之间出现一个约有几个原子间距宽的、上下层原子位置不吻合的过渡区，原子的正常排列遭到破坏。如果以 bb' 为轴线，从 a 开始，按顺时针方向依次连接此过渡区的各原子，则其走向与一个右螺旋线的前进方向一样，如图 2.2(c) 所示。这就是说，位错线附近的原子是按螺旋形排列的，所以把这种位错称为螺型位错。

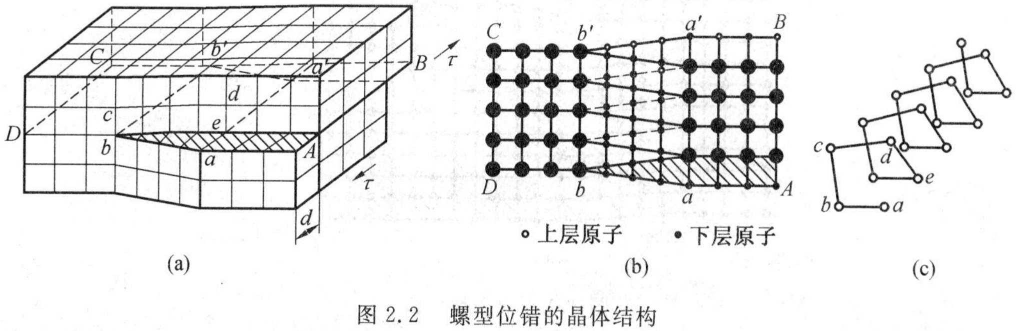

图 2.2　螺型位错的晶体结构

螺型位错的特征如下：

(1) 螺型位错无多余半原子面，原子错排是呈轴对称的。根据位错线附近呈螺旋形排列的原子旋转方向不同，螺型位错可分为右旋螺型位错和左旋螺型位错。

(2) 螺型位错线与滑移矢量平行，因此一定是直线。

(3) 纯螺型位错的滑移面不是唯一的。凡是包含螺型位错线的平面都可以作为它的滑移面。但实际上，滑移通常是在那些原子密排面上进行的。

(4) 螺型位错线周围的点阵也发生了弹性畸变，但是只存在平行于位错线方向的切应变，即不会引起体积膨胀和收缩，且在垂直于位错线的平面投影上，看不到原子的位移，看不到有缺陷。

(5) 螺型位错周围的点阵畸变随其与位错线距离的增加而急剧减少，是包含几个原子宽度的线缺陷。

3. 混合型位错

除了上面介绍的两种基本型位错外，还有一种形式更为普遍的位错，其滑移矢量与位错线相交成任意角度，这种位错称为混合型位错，如图 2.3 所示。混合型位错线是一条曲线，在 A 处位错线与滑移矢量平行，属于螺型位错；而在 C 处位错线与滑移矢量垂直，为刃型位错。A 与 C 之间，位错线既不垂直也不平行于滑移矢量，每一小段位错线都可分解为刃型和螺型两个部分。

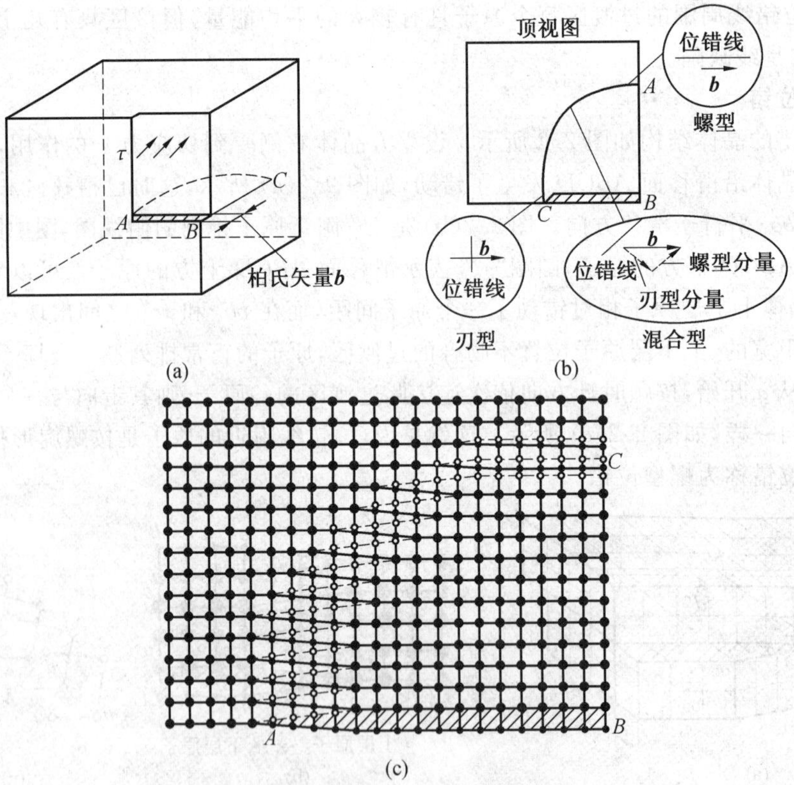

图 2.3 混合型位错

由于位错线是已滑移区与未滑移区的边界线，因此一根位错线不能终止于晶体内部，而只能露头于晶体表面或晶界。若其终止于晶体内部，则必与其他位错线相连接，或在晶体内部形成封闭线即位错环，如图 2.4 所示。图中的阴影区是滑移面上一个封闭的已滑移区即位错环，位错环各处的位错结构类型可按各处的位错线方向与滑移矢量的关系分析，如 A、B 两处是刃型位错，C、D 两处是螺型位错，其他各处均为混合型位错。

值得注意的是，位错环只存在纯刃型位错环，无纯螺型位错环，即刃型位错线可以是直线或曲线，而螺型位错线只能是直线。

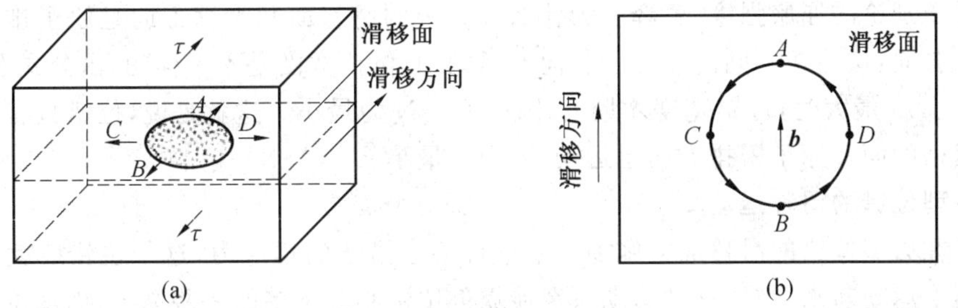

图 2.4 晶体中的位错环

2.1.2 位错的运动

一般退火晶体的位错密度达 $10^6\ cm^{-2}$，而经过大量的冷变形后，位错密度可达到 $10^{12}\ cm^{-2}$。这说明晶体在塑性加工过程中会增殖位错，提高其密度。

在应力作用下，位错很容易产生运动。位错运动有两种基本形式，即沿平行于其柏氏矢量的滑移面上滑移运动和垂直于其柏氏矢量方向的攀移运动。滑移运动不需要原子的扩散，与物质迁移过程无关，故称为位错的保守运动，而攀移则需要原子或空位的扩散过程参加才能进行，所以攀移运动称为位错的非保守运动。

1. 位错运动的阻力

实际晶体中，位错的滑移要遇到许多阻力。当一个柏氏矢量的位错在晶体中移动时，将由一个对称位置移动到另一个对称位置。在这些位置，位错处在平衡状态，能量较低。而在对称位置之间，能量增高，造成位错移动的阻力。因此，在位错移动时，需要一个力克服晶格阻力，越过势垒，此力称为派－纳力(P－N 力)。公式 2.1 为其计算公式，图 2.5 所示为计算公式参数示意图。

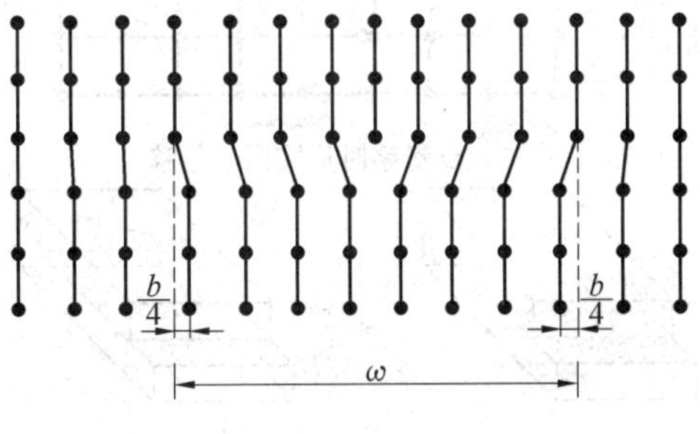

图 2.5 P－N 计算公式参数示意图

$$\tau_{P-N} \approx \frac{2G}{1-\nu} e^{-\frac{2\pi a}{(1-\nu)b}} \approx \frac{2G}{1-\nu} e^{-\frac{2\pi\omega}{b}} \left(\omega = \frac{a}{1-\nu}\right) \tag{2.1}$$

式中 $\boldsymbol{b}$—— 柏氏矢量的模；

G—— 剪切模量；

$\boldsymbol{\nu}$—— 泊松比；

a—— 滑移面间距。

由此可见 P－N 力的大小取决于位错的宽度，宽度越小，P－N 力越大；然而位错宽度主要取决于结合键的本质和晶体结构。同时，P－N 力计算公式也指出了实际的屈服强度可远低于理论的屈服强度，解释了为什么金属中的滑移面和滑移方向是原子排列最密排的面和方向：位错在不同的晶面和晶向上运动，其位错宽度是不一样的，由公式看出，只有当 $\boldsymbol{b}$ 最小、a 最大时，位错宽度才最大，因而 P－N 力最小。这就是说，位错只有在原子排列最紧密的面及原子密排方向上运动，阻力才最小。

2. 刃型位错的滑移运动

如果在刃型位错的滑移面上施加一个垂直于位错线的切应力，这个位错线就很容易在滑移面上运动起来，当然这种运动只牵涉靠近位错心部不多的一些原子，而离位错心部较远的原子不受位错移动的影响，因此使位错移动的切应力是很小的。

图 2.6 所示为刃型位错滑移的示意图。在外加切应力 τ 的作用下位错中心附近的原子由“•”位置移动小于一个原子间距的距离到达“ ◦ ”的位置，使位错在滑移面上向左移动了一个原子间距。如果切应力继续作用，位错将继续向左逐步移动。当位错线沿滑移面滑移通过整个晶体时，就会在晶体表面沿柏氏矢量方向产生宽度为一个柏氏矢量大小的台阶，即造成了晶体的塑性变形，如图 2.6(b) 所示。从图中可知，随着位错的移动，位错线所扫过的区域 $ABCD$ 逐渐扩大，未滑移区逐渐缩小，两个区域始终以位错线为分界线。在滑移时，刃型位错的运动方向始终垂直于位错线而平行于柏氏矢量。刃型位错的滑移面是由位错线与柏氏矢量所构成的平面，且是唯一的。

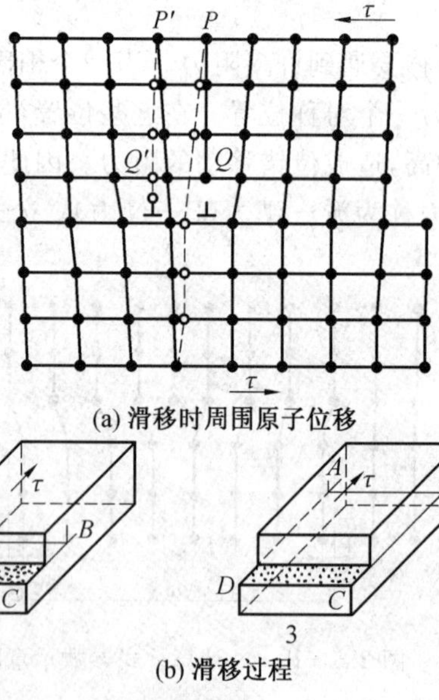

(a) 滑移时周围原子位移

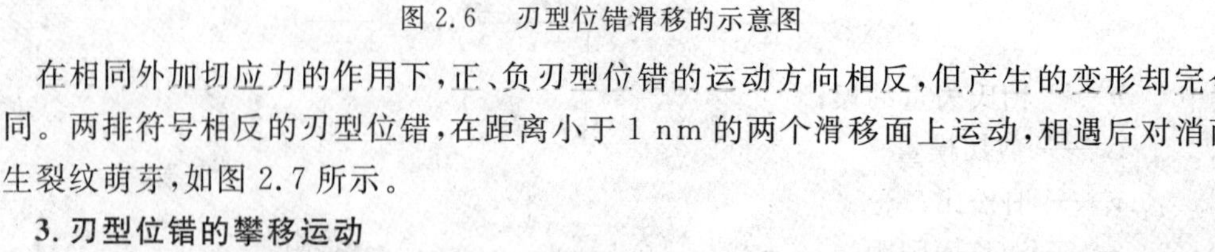

(b) 滑移过程

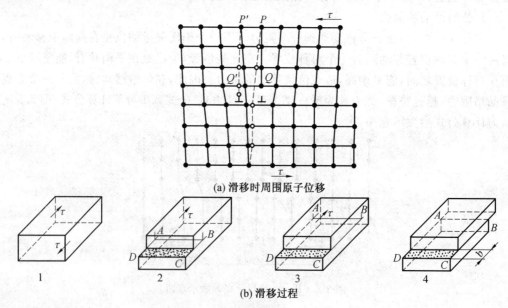

图 2.6　刃型位错滑移的示意图

在相同外加切应力的作用下，正、负刃型位错的运动方向相反，但产生的变形却完全相同。两排符号相反的刃型位错，在距离小于 1 nm 的两个滑移面上运动，相遇后对消而产生裂纹萌芽，如图 2.7 所示。

3. 刃型位错的攀移运动

攀移运动是位错线垂直于其柏氏矢量方向的运动。刃型位错的攀移过程是这样进行的：当半原子面下端的一个原子经扩散离开了该半原子面，或者说半原子面下端的一个原

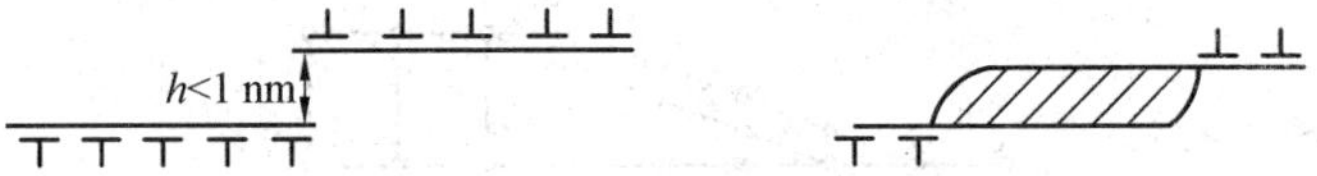

图 2.7 裂纹萌芽的产生

子被扩散来的空位代替，则位错线上就有长度为一个原子间距的线段上升一个原子间距，到了一个新的与原来滑移面平行的滑移面上去，如图 2.8 所示。这一过程继续下去，整条位错线就上升一个原子间距，由原来的滑移面上升到另一个与它平行的新滑移面上去。

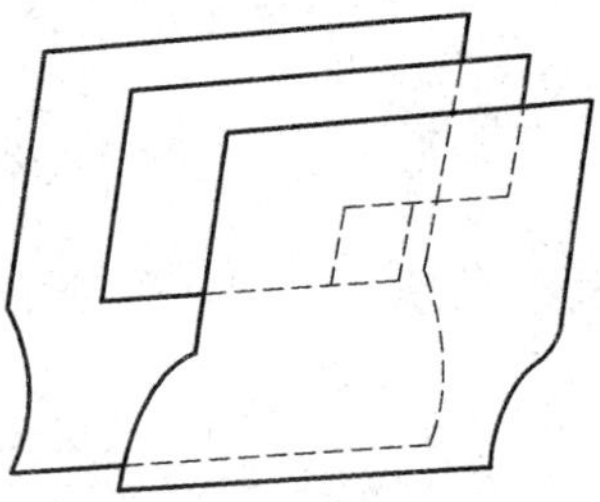

图 2.8 刃型位错的攀移过程

同样，如果近邻点阵结点上的原子或间隙位置上的原子扩散到半原子面下端边沿上，并继续这一过程，位错就要向下移动到另一个新的与原来平行的滑移面上去。这个过程就称攀移或爬升。

刃型位错的攀移过程需要原子扩散才能进行，显然比刃型位错的滑移过程要困难。攀移可以改变位错线所在的滑移面，这对塑性变形有很大影响，特别是在温度较高的时候。

位错在攀移过程中，已攀移部分和未攀移部分之间存在一段长度为一个原子间距的位错线，它仍与柏氏矢量垂直，仍为刃型位错，但不在原来的滑移面内，通常称为割阶。位错的堆移过程可看成是割阶的运动过程。

4. 螺型位错的交滑移运动

螺型位错和刃型位错的滑移，有其不同之处。刃型位错只能在其位错线和柏氏矢量所决定的唯一的(即原来所在的) 滑移面上滑移，滑移过程中不能改变其所在滑移面。而螺型位错的位错线因为是平行于其柏氏矢量的，位错线和其柏氏矢量不能决定一个唯一的滑移面。对于螺型位错，由于所有包含位错线的晶面都可成为其滑移面，因此，当某一螺型位错在原滑移面上运动受阻时，有可能从原滑移面转移到与之相交的另一滑移面上去继续滑移，这一过程称为交滑移。

螺型位错的滑移也是很容易的。由图 2.9 可见，在柏氏矢量方向上的切应力 τ 作用下，位错线附近的原子在柏氏矢量方向上只要一个很小的移动(小于一个原子间距)，螺型位错就可以在垂直于其柏氏矢量的方向上移动一个原子间距。外力如果停止作用(卸载)，螺型位错就在新的位置上停留下来，保持不动。如果外力继续作用，位错就一直移动到晶体表面为止。这时在晶体表面上，就留下了一个高度为一个原子间距的台阶。如果螺型位错线从晶体的一端扫过到另一端，则整个晶体在柏氏矢量方向上就产生了一个原子间距的位移，如图 2.10 所示。当大量的螺型位错线扫过晶体时，在垂直于其柏氏矢量的晶体表面(更一般地说，是在不平行于其柏氏矢量的晶体端表面) 上，就可观察到滑移台阶很高的滑移线。

如果交滑移后的位错再转回与原滑移面平行的滑移面上继续运动，则称为双交滑移，如图 2.11 所示。

面心立方晶体中的交滑移是由不同的{111} 面沿同一〈110〉方向滑移，如图 2.12 所

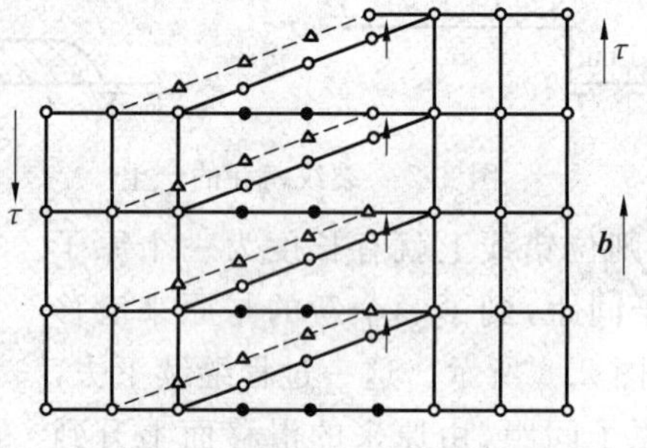

图 2.9　螺型位错的滑移

○—上层原子的位置；●—下层原子的位置；△—上层原子移动后的位置

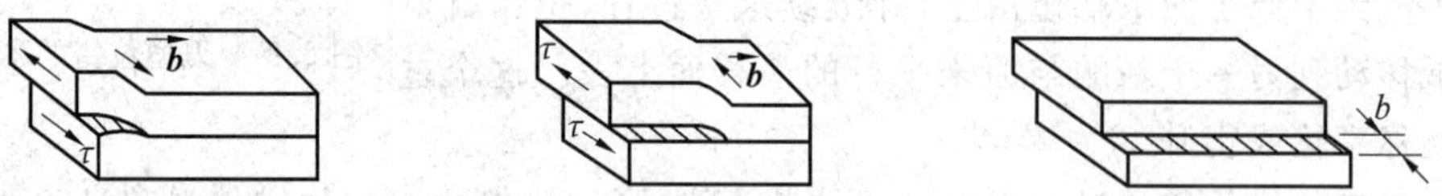

图 2.10　螺型位错的滑移过程

示,$[\bar{1}01]$ 是 $(1\bar{1}1)$ 和 (111) 两个密排面的共同方向。在 (111) 面上有一小位错环,$b =$ $\frac{1}{2}[\bar{1}01]$,在切应力作用下,这个位错环不断扩大,位错线的方向是 $WXYZ$,W 处为正刃型位错,Y 处为负刃型位错,X 处为左螺型位错,Z 处为右螺型位错。如果应力适宜,当右螺型位错 Z 接近交线 $[\bar{1}01]$ 时,可转移到 $(1\bar{1}1)$ 面上进行滑移,A、B、C 位置为交滑移,D 位置位错又回到 (111) 面上滑移,即为双交滑移。

螺型位错

交滑移面　　主滑移面

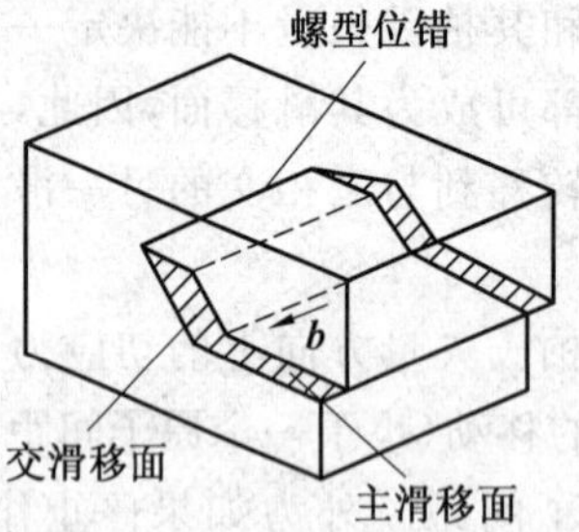

图 2.11　螺型位错的双交滑移

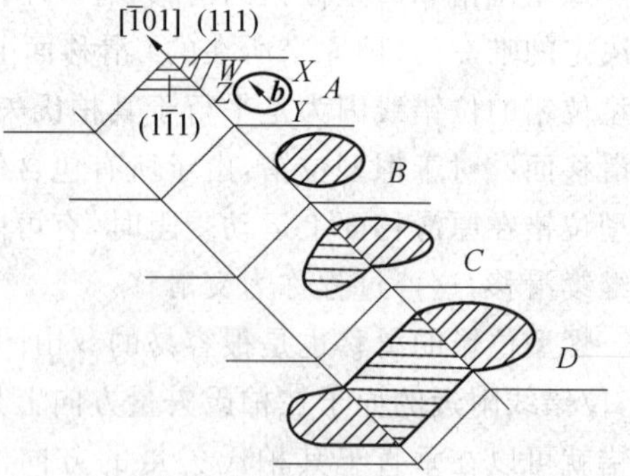

图 2.12　面心立方晶体中的双交滑移示意图

体心立方晶体中的螺型位错也有交滑移,它是 $\{110\}$、$\{112\}$ 和 $\{123\}$ 面同时沿 $\langle 111 \rangle$ 方向滑移,如纯铁的 $(\bar{1}10)$、$(11\bar{2})$ 和 $(21\bar{3})$ 面可同时沿 $[111]$ 方向滑移,如图 2.13 所示,$ab \parallel a'b' \parallel a''b'' \parallel [111]$,$ab$ 为 $(21\bar{3})$ 面上的 $[111]$ 方向,$a'b'$ 为 $(11\bar{2})$ 面上的 $[111]$ 方向,$a''b''$ 为 $(\bar{1}10)$ 面上的 $[111]$ 方向。因此晶体中的滑移线常呈波浪形。

5. 螺型位错及混合型位错的滑移运动

因螺型位错有无数多个滑移面,所以它的位错线在晶体中可以平行于其柏氏矢量作任意移动。图 2.14 所示为螺型位错的滑移过程。图 2.14(a) 表示螺型位错运动时,位错线周围原子的移动情况,图中"○"表示滑移面以下的原子,"●"表示滑移面以上的原子。

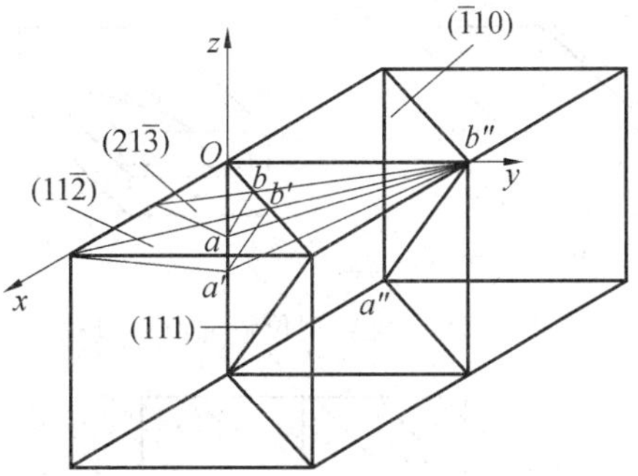

图 2.13 体心立方晶体中的交滑移

由图可知，同刃型位错一样，滑移时位错线附近原子的移动量很小，所以使螺型位错运动所需的力也很小。当位错线沿滑移面滑过整个晶体时，同样会在晶体表面沿柏氏矢量方向产生宽度为一个柏氏矢量的台阶，如图 2.14(b) 所示。在滑移时，螺型位错的移动方向与位错线垂直，也与柏氏矢量垂直，其滑移过程如图 2.14(c) 所示。

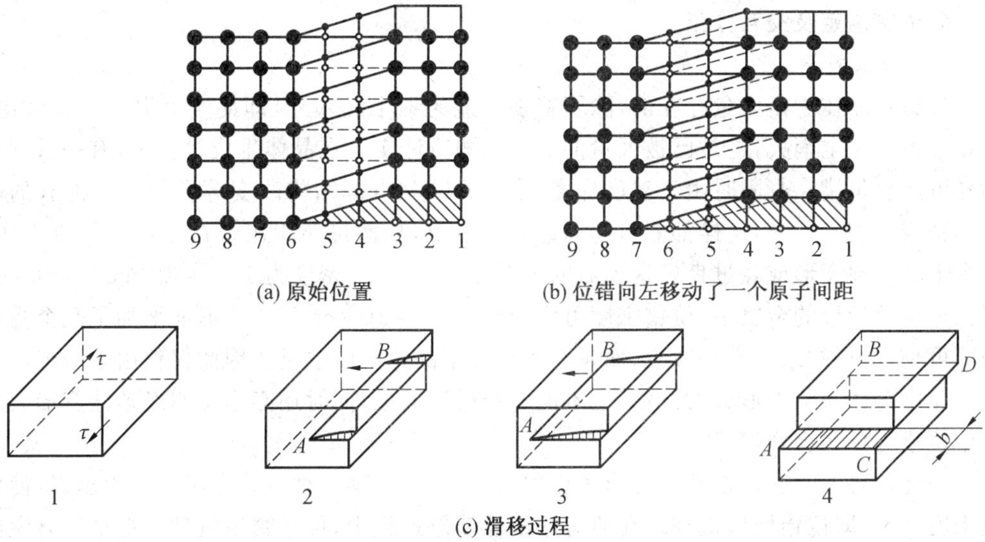

图 2.14 螺型位错的滑移过程

混合型位错的滑移过程如图 2.15 所示。根据确定位错线运动方向的右手法则，即以拇指代表沿着柏氏矢量 $\boldsymbol{b}$ 移动的那部分晶体，食指代表位错线方向，则中指就表示位错线移动方向，该混合位错在外加切应力 τ 作用下，将沿其各点的法线方向在滑移面上向外扩展，最终使上、下两块晶体沿柏氏矢量方向移动一个 b 大小的距离。

通过上述分析可知，不同类型位错的滑移方向与外加切应力和柏氏矢量的方向不同，如图 2.16 所示。刃型位错的滑移方向与外加切应力 τ 及柏氏矢量 $\boldsymbol{b}$ 一致，正、负刃型位错方向相反；螺型位错的滑移方向与外加切应力 τ 及柏氏矢量 $\boldsymbol{b}$ 垂直，左、右螺型位错方向相反；混合型位错的滑移方向与外加切应力 τ 及柏氏矢量 $\boldsymbol{b}$ 成一定角度，晶体的滑移方向与外加切应力 τ 及柏氏矢量 $\boldsymbol{b}$ 相一致。

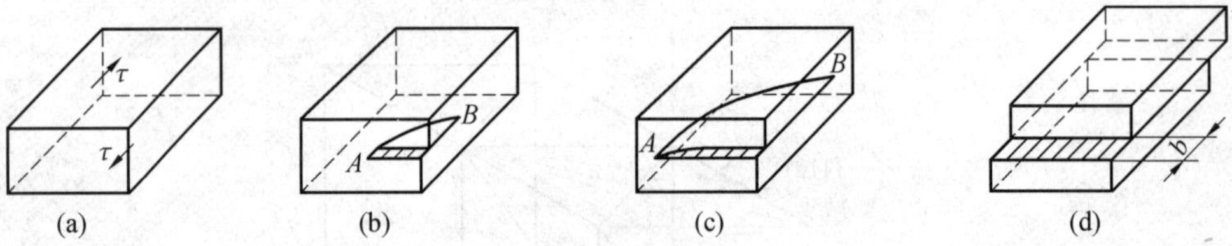

图 2.15　混合型位错的滑移过程

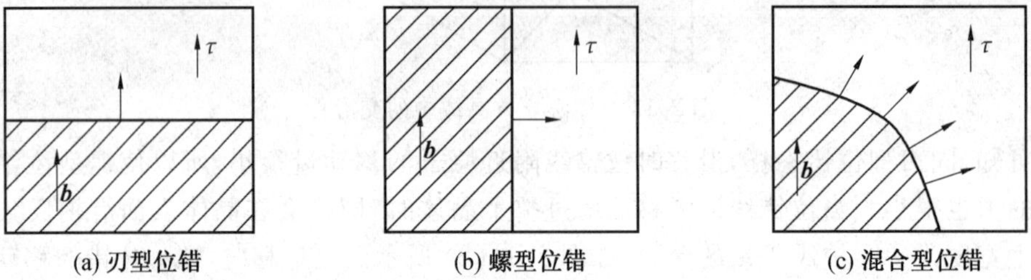

图 2.16　位错的滑移方向与外加切应力 τ 及柏氏矢量 $\boldsymbol{b}$ 的关系

6. 位错增殖及交互作用

(1) 位错增殖。

位错在晶体中是大量存在的，除了特别制造的细小晶须外，即使充分退火的晶体中，位错也不会完全消失，这是已被大量的试验观测所证实。在晶体生成过程中，有一系列的途径可产生位错。凝固时由于温度梯度、成分不同和点阵结构改变等会使相邻部分的晶体膨胀或收缩有差异，这样都能引起局部应力集中，从而可萌生出位错。试验结果表明，一个未经塑性变形或经过良好退火后的金属晶体内，位错密度为 $10^6 \sim 10^8\ \text{cm}^{-2}$，而在经过大量塑性变形的金属中，位错密度可增加到 $10^{11} \sim 10^{12}\ \text{cm}^2$，比变形前增加了几个数量级。可见，滑移的结果不是减少，而是大大增加了晶体中的位错。因此仅仅由于未塑性加工晶体中存在缺陷而形成的位错，还不能解释滑移现象；同时还必须说明经塑性变形后晶体中位错为什么会增加。

为此需要说明晶体在塑性变形过程中，位错会通过某一种方式在不断产生出来，使位错密度增加，即位错繁殖机理。在所有的塑性变形过程中，位错繁殖机理的最早最有说服力的假说，就是由 F. C. Frank 和 W. T. Read 于 1950 年共同提出的，后来得到试验证明。

这个假说是初始位错线在运动局部受到阻碍，可动位错部分要继续运动，使位错线发生弯曲，绕障碍转动，不断地产生新的位错。图 2.17 所示为典型的双端 Frank－Read(F－R) 的位错繁殖源的分部动作示意图。

因此，F－R 源形成的充分必要条件是：位错线的局部，被锚系得足够牢固，在外加剪应力作用下不能移动。当外加剪应力达到使位错线弯曲所需要的最大应力数值后，位错源便形成。

以上是位错繁殖机理的最简单的模型，实际上还存在更普遍的位错源。一般认为金属晶体中位错的增殖，大多数都是从晶界产生，以及杂质或相界面、晶体表面也会产生。此外，晶体中常见的位错繁殖机构是双交滑移繁殖和攀移繁殖等，这要比 F－R 源更常见。

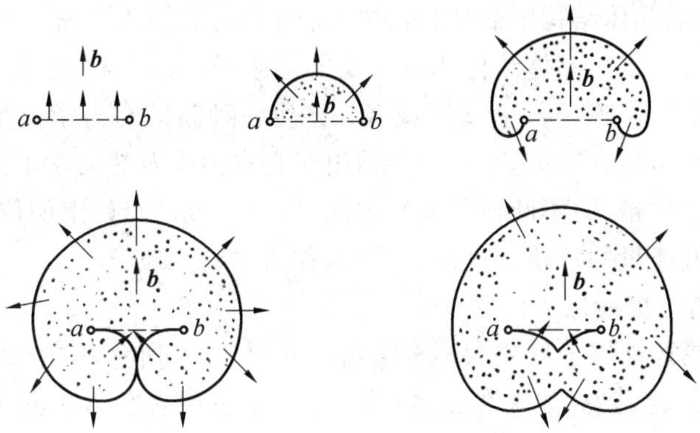

图 2.17 双端 F－R 的位错繁殖源的分部动作示意图

(2) 位错塞积。

在一个滑移面内，如果存有障碍时，那么在此滑移面运动的位错将受到阻碍。当一个单独位错接近障碍时，它的能量将增加，障碍施给这个位错的阻力也增大。如果障碍物很密集(如弥散沉淀的第二相和杂质)或障碍连续(如多晶体的晶界或片状共晶体等)时，位错线或发生弯曲或不发生弯曲，但在都不能通过的情况下，也就是说，当作用到位错线每个元素段上的总力(包括外加应力、位错线张力和障碍的阻力)是零时，这个位错便达到平衡位置，而停止运动。

重要的是在滑移面 AB 内，有一个使位错不能通过的障碍物 P，在距障碍物 P 的位置 L 远的右位错源 S，产生一系列柏氏矢量 $\boldsymbol{b}$ 相同的位错 1,2,3,…,n。这一系列位错，在外加应力作用下被推向障碍 P，如果不能通过，那么在障碍前塞积起来，就形成了位错平面塞积群，如图 2.18 所示。

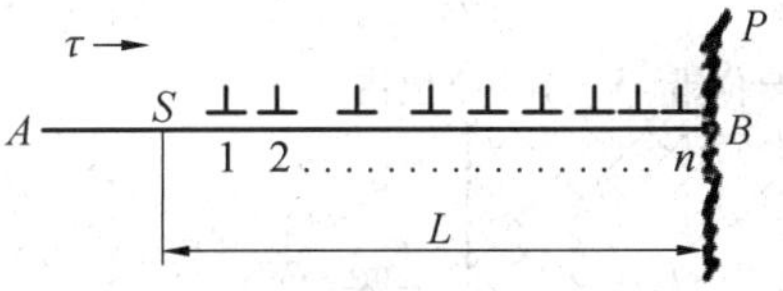

图 2.18 位错平面塞积示意图

显然，如果外加应力增加，可以塞积得多些，这样位错将被挤得彼此更为紧密(克服其间应力场的相互作用)。离障碍近的那些位错之间的距离小，彼此更紧密。同时，塞积的位错数目越多，领先位错被挤在障碍处越紧密，它的应力集中因数越大。

因为位错的塞积使位错密度增高，要继续塑性变形，必须不断增加外力，因而成为加工硬化的原因，同时，应力集中在障碍上达到一定数值时，便在障碍处形成裂缝的核。因此，位错塞积也是塑性断裂的原因。

(3) 位错反应。

在具体的晶体结构(如面心立方、体心立方、密排立方)中的位错，不一定都是单位位错，还可能存在各种强度的位错。一种情况是位错的强度是单位位错的整数倍，这样的位错称为全位错；另一种情况是位错强度不是单位位错强度的整数倍，这样的位错称为不全位错或半位错。

因此，在具体的晶体结构中的位错，首先要确定它的柏氏矢量，这需要从晶体结构和位错的能量考虑来确定。晶体结构几何学规定了原子可能平移到的位置，目的是在平移以后保持一个完整的点阵(同一平动)或者是产生一种新的在力学上是稳定的组态(如形成孪晶结构)，并且指出具有高能量的位错，由于它在力学及热力学上的不稳定，通常能够分解成两个或多个位错，而不断地降低它的能量，两个或两个以上的位错可能组合成一个或两个以上具有低能量的位错。这样的过程，称为位错反应。

(4) 不全位错与扩展位错。

一个单位位错还能够分解成为不全位错。如图 2.19 所示，一个单位位错分解成两个不全位错 A 和 B。这是说，如果在晶体点阵中，在那些平衡位置之间出现了平衡位置，也就是说原子能够平移到这些中间位置，这些中间位置在力学上是稳定的，使位错能够以另一形态存在，这种分解便可能成为不全位错。在分解后，在 A 和 B 两个不全位错中间出现了一层错排晶体，这一错排层属于面缺陷，即堆垛层错。

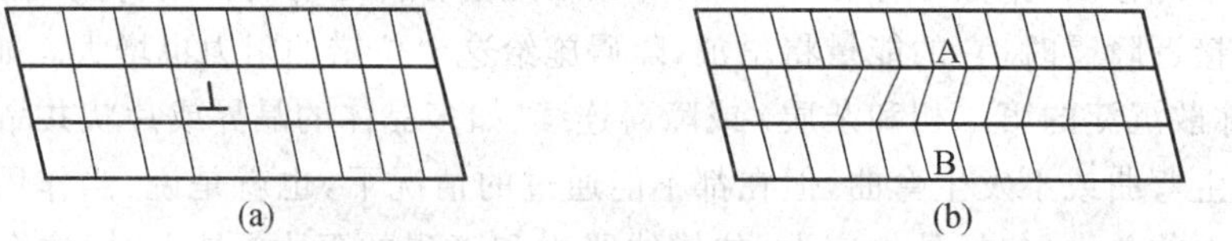

图 2.19　单位位错分解为两个不全位错

在面心立方晶体中，一个单位位错分解成两个不全位错，这两个不全位错的柏氏矢量的方向不同，它们共同规定了一个平面，这个平面就是密排的(111)面。当外加应力沿着与不全位错线垂直的方向作用在这个平面内时，这两个不全位错仍然可组合成为一个单位在滑移面上移动，引起滑移。那么两个不全位错和它们之间的层错共同的组成，称为一个扩展位错，如图 2.20 所示。

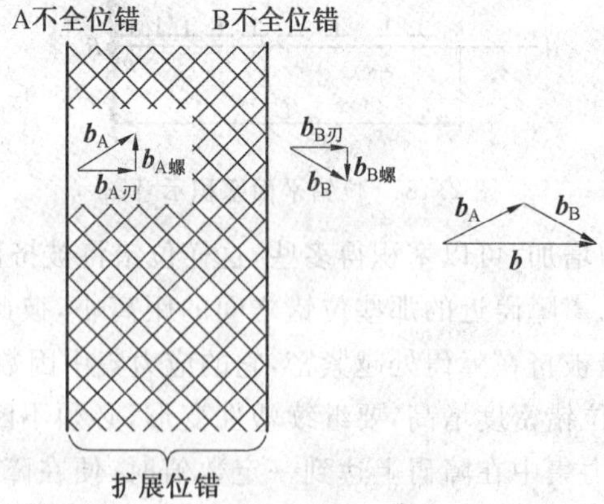

图 2.20　扩展位错示意图

扩展位错的宽度除了与原来的全位错类型有关外，主要取决于层错能的大小。层错能越大，扩展位错宽度越小。对于不同的面心立方金属，层错能的大小不同，因而扩展位错宽度也不相同。奥氏体钢的层错能为 $r \approx 13\ \mathrm{erg/cm^2}$，而铜和镍的层错能分别为 $40\ \mathrm{erg/cm^2}$ 和 $80\ \mathrm{erg/cm^2}$，铝的层错能很高，达 $200\ \mathrm{erg/cm^2}$。对铜等金属层错能较低，相应的扩展位错宽度可达 20 ～ 30 个原子间距；对于高层错能的金属(如铝)，扩展位错宽度仅为 1 ～ 2 个原子间距。对于铝，因扩展位错宽度很小，实际上可以说不存在扩展位错。

一个全螺型位错可以交滑移，但它扩展成扩展位错后，由于两个相交的(111) 面不可能是在其面上的不全位错的滑移面，所以它们不易进行交滑移。如果要进行交滑移，必须把扩展位错重新束集成单位位错，然后进行交滑移，当单位位错交滑移到另一滑移面时，先是在位错线某一点束集，然后逐渐束集成一段单位位错交滑移到另一滑移面内，再转变成扩展位错。这样一边束集一边交滑移，逐步把位错全部转移到新的滑移面上去。可见，扩展位错交滑移比全位错交滑移困难得多。

层错能越低，位错扩展宽度越大，束集越困难，越不易交滑移，相反，位错能高，则易于交滑移。这可以说明面心立方金属形变后的位错排列情况，对于低层错能的奥氏体不锈钢，由于很难交滑移，即使大的变形量下，位错都限制在滑移面上排列。对于高层错能的铝易于交滑移，形变时使大部分螺型位错通过交滑移排列组成小角度晶界；对于中等层错能的铜和镍，在小变形时，位错在滑移面上排列，并与位错林交割形成位错网。在大变形时，可以发生部分交滑移而出现一些小角度晶界的位错网络。

7. 位错的交互作用

位错交互作用的机构很复杂，这里主要讨论两种最基本的方式：一种是以位错反应的方式进行的；另一种是以位错交截的方式进行的。

(1) 以位错反应的方式进行的交互作用。

在相交滑面中的两个位错，这两个位错的柏氏矢量的夹角不等于 $\pi/2$ 时，由于弹性应力场的相互作用，两位错可以发生位错反应形成新的位错，以降低其弹性能。例如，在面心晶体中，相交滑移面内的两个位错的交互作用，按 W. M. Lomer － A. H. Cottrell 反应的方式进行。

如图 2.21 所示，在两个相交的滑移面(111) 和(11$\bar{1}$) 面中，各存在一个单位刃型位错。

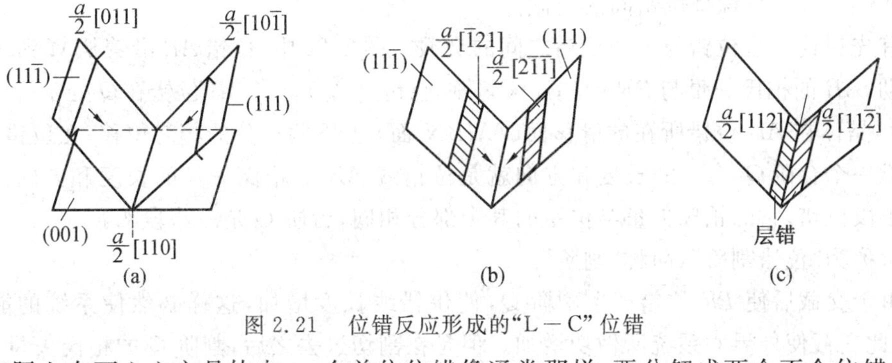

图 2.21 位错反应形成的"L － C" 位错

实际上在面心立方晶体中，一个单位位错像通常那样，要分解成两个不全位错，即组成一个扩展位错。这样在(111) 面的全位错 $d\theta = \frac{d\sigma}{d\varepsilon}(10\bar{1})$ 和在(111) 面上的全位错 $r_{\min} = \frac{ab}{2} = L[011]$，将做如下分解：

$$\frac{a}{2}[10\bar{1}] \to \frac{a}{6}[11\bar{2}] + \frac{a}{6}[2\bar{1}\bar{1}]$$

$$\frac{a}{2}[011] \to \frac{a}{6}[\bar{1}21] + \frac{a}{6}[112]$$

当两个扩展位错向(111) 面和$(10\bar{1})$ 面交线[110] 运动，它们领头的不全位错相遇后发生如下反应：

$$\frac{a}{6}[21\bar{1}] + \frac{a}{6}[\bar{1}21] \to \frac{a}{6}[110]$$

新生成的位错$\frac{a}{6}[110]$ 是位于(111) 面和$(11\bar{1})$ 面的交线[110] 上，它的滑动面在(001) 面内，并且这个位错与(111) 面上的不全位错$\frac{a}{6}[11\bar{2}]$ 和$(11\bar{1})$ 面上的不全位错$\frac{a}{6}[112]$ 组成“V”形层错带。这个位错既不能在(111) 面上运动，也不能在$(11\bar{1})$ 面上运动，同时被两个不全位错拖住，又不能在自己的滑移面上移动，结果成为不动位错。这种组合称为面角位错或称 Lomer－Cottrell 位错，简称“L－C”位错。

由于在面心立方晶体中，{111} 面相交可组成六种，因而塑性变形时发生“L－C”位错的机会很多。重要的是这种“L－C”位错成为滑移面中其他位错运动的障碍，阻碍其他位错通过，形成位错的塞积。因此，“L－C”位错是面心立方金属加工硬化的重要机制。

(2) 位错的交截。

这里只讨论相交滑移面，两个位错柏氏矢量相互垂直的情况，此时可认为不存在位错间的弹性相互作用。

相交滑移面内，两垂直位错相遇时，发生交截(或称割切)。交截后的结果要看它们的取向与它们柏氏矢量之间的关系而定。

交截最基本的形式有三种情况：刃型位错与刃型位错的交截、刃型位错与螺型位错的交截和螺型位错与螺型位错间的交截。

首先讨论刃型位错与刃型位错之间的交截。图 2.22 中，位错 AB 沿着从 M 到 N 的方向移动，AB 的柏氏矢量与 PR 的柏氏矢量垂直($\boldsymbol{b}_1 \perp \boldsymbol{b}_2$)。当 AB 位错在 Q 处割过了位错 PR 后，晶体在 AB 位错所在的滑移面($AMBN$ 面)上下两部分的相对位移，在位错线 PR 上造成一个台阶 Q，台阶的长度和方向就是位错线 AB 的柏氏矢量的长度和方向。台阶是一小段位错，它的柏氏矢量与位错的其余部分相同，台阶 Q 是一小段刃型位错。Frank 将台阶称为“位错割阶”，简称“割阶”。

由于交截后使 PR 位错产生割阶 Q，使位错线长度增加，这样必然使系统的能量增高，因此交截使外界对系统所做功增加。但是在割切过去之后，割阶 Q 的柏氏矢量与 PR 位错的柏氏矢量相同。因而位错 PR 继续运动时，可拖着它的割阶 Q 一起运动，因此这种割阶存在对位错运动没什么影响，称为非阻碍性割阶。这种非阻碍性割阶是不稳定的，在位错以后运动中，可通过某种方式消失。

Q 处的割阶是由于位错 AB 通过 PR 位错引起的，相应的，位错 PR 运动，也应该在位错 AB 线上引起一段增量，使位错 AB 长度的增加等于位错 PR 的柏氏矢量的大小，但是

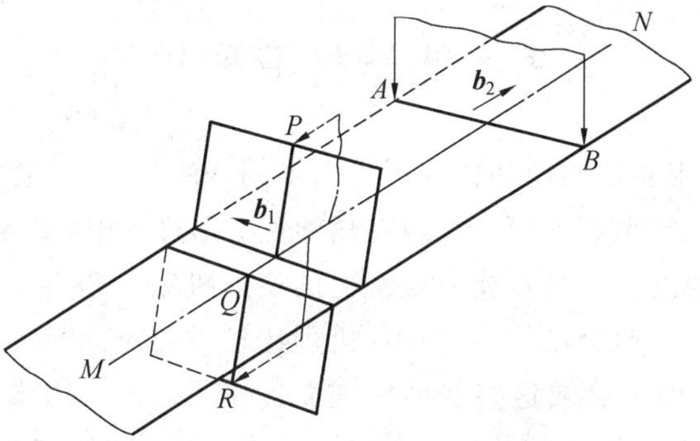

图 2.22 两个刃型位错的交截

割阶使 AB 位错线长度增加，只使系统能量增加，也不妨碍 AB 位错在交截之后的继续运动。

图 2.23 所示是两个柏氏矢量相互垂直的螺型位错之间的交截。当一个螺型位错被垂直的另一个螺型位错所割切过去之后，它们的两段便彼此沿割切过去的位错的滑移面，向两旁移开割切位错的柏氏矢量大小。在这两段螺型位错之间形成的割阶，由于和被割切的方向与它的螺型位错的柏氏矢量垂直，因而此割阶只能沿着螺型位错线的方向滑移。但是要使螺型位错带着它的割阶一起运动，是非常困难的。这时，刃型位错的割阶必须攀移才能够一起运动，并且在割阶运动的后面产生一串空位。在温度较低时实际上是很难实现的，这就使螺型位错滑移受到阻碍。因此，这种割阶称“阻碍性割阶”。只有当温度较高和外加应力足够大时，割阶可以攀移而跟着位错运动，结果在割阶攀移后的地方形成一串空位或一串间隙原子。

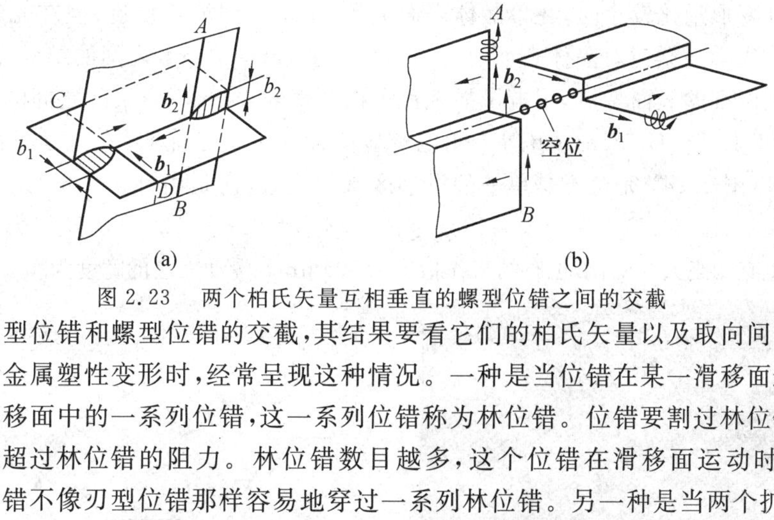

图 2.23 两个柏氏矢量互相垂直的螺型位错之间的交截

对于刃型位错和螺型位错的交截，其结果要看它们的柏氏矢量以及取向间的关系。

在实际金属塑性变形时，经常呈现这种情况。一种是当位错在某一滑移面运动时，会割过其他滑移面中的一系列位错，这一系列位错称为林位错。位错要割过林位错，必须增加外力足以超过林位错的阻力。林位错数目越多，这个位错在滑移面运动时交割越频繁。螺型位错不像刃型位错那样容易地穿过一系列林位错。另一种是当两个扩展位错交互作用时，因为在不全位错对中的堆垛层错，所以特别困难，并且对扩展位错以后的运动也形成阻碍。

上述位错交截过程中，无论哪种情况，割切时都要做功，特别形成阻碍性割阶后的位错运动特别困难。而位错割切林位错和扩展位错间交互作用更为困难，它们都会对位错运动提供阻力使塑性变形越来越困难。因此，这些也是引起加工硬化的重要原因。

2.2 热塑性变形机制

金属的热塑性变形机制与冷塑性变形机制不同，除了晶内滑移、晶内孪生，在温度的作用下还有晶界滑移、扩散蠕变等。金属在热塑性变形过程中，常常同时有几种机理起作用。其中，晶内的滑移变形是最重要和最常见的变形机制。孪生变形一般在低温或常温高速应变时发生，对六方晶体结构金属这种机理比较重要。而晶界滑移和扩散蠕变只在高温时才可能发挥作用。影响这些变形机理发挥作用的主要因素是金属材料的组织结构、变形温度。在不同条件下，这几种变形机制在塑性变形中所占的比重和起的作用不尽相同。具体的塑性变形过程中各种机理的具体作用要受许多因素的影响。例如要受到晶体结构、化学成分、相状态、金属或合金的组织、温度、应变量和应变速率等因素的影响。因此，要研究复杂的塑性变形过程，首先弄清楚基本的塑性变形机理是完全必要的。

2.2.1 晶内滑移

所谓滑移，就是在剪应力作用下，晶体的一部分与另一部分沿一定的晶面及一定的晶向产生相对滑动。金属晶体能够通过滑移产生塑性变形而不发生断裂，这与晶体结构及原子间结合力的特点分不开，当一个晶面的原子相对于相邻晶面的原子产生平行移动时，每一个原子在保持它原有平衡位置的力明显消失以前就已经受到新的平衡位置力的吸引，这样就能使晶面上的原子相对另一晶面上的原子滑动数十或数百个或更多原子间距离而不失去滑移面之间的原子结合力，保持晶体的连续性及完整性。

当塑性变形量比较小时，在单晶体表面上，肉眼看不到滑移痕迹，但在光学显微镜下可观察到。光学显微镜对晶体表面研究只适用于1 μm ~ 1 mm之间的结构，而电子显微镜可观察到微细的表面特点，用电子显微镜可以观察到1 nm ~ 1 μm之间的结构。

1947年，R. D. Heidenieich等人用电子显微镜的观察已证明，在光学显微镜下看到的“滑移线”(图2.24)完全不是单一的滑移区域的痕迹，而是由许多个滑移阶梯组成的，称为滑移夹层(图2.25)。每个滑移阶层上的滑移量为0.7 ~ 120 nm，这一数量就是在同一晶体中也有相当大的变化，也有的工作指出为200 nm。滑动夹层的宽度为20 ~ 30 nm。

图2.24 铝单晶体塑性变形后表面出现的滑移线

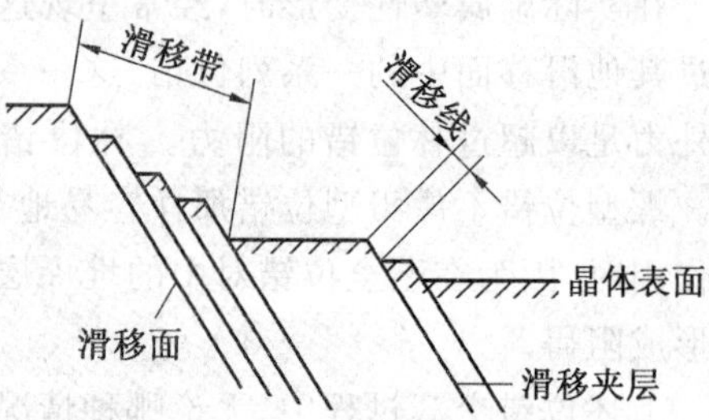

图2.25 滑移带与滑移线结构示意图

从滑移的机制研究可知，金属进行大量的塑性变形也只是集中在一小部分的滑移面上(大约小于1%)，也就是说有许多潜在的滑移面没有进行滑移，大多数原子对于其相邻原子来说并没有移动，因此滑移是不均匀的。这种滑移的局部化，是指原子在发生滑移的晶面上彼此相对滑移过许多个原子间距。由此可知，单晶体的塑性变形在变形体内的空间分布是不均匀的。

任何晶体滑移变形的进行，只能沿一定的结晶学平面发生，而且只能沿此面上的一定方向进行。这一特定的晶面称为滑移面，沿此面上滑移的一定方向，称为滑移方向。因为晶体是各向异性的，所以滑移也是各向异性的。许多研究已经证实，对不同晶格类型的金属及合金，滑移面和滑移方向都是指沿着原子密度最大的晶面和晶向或原子密度比较大的晶面和晶向。

一个滑移面和这面上的一个滑移方向构成一个“滑移系”。每一种晶格都可能同时存在几个滑移面，而每一个滑移面上，又可能同时存在几个滑移方向。不同的晶格类型，可能组成的滑移系统的数量也不同。

面心立方金属的密排面是{111}，密排方向是〈110〉，{111}面共有四组，每一个{111}面上有三个〈110〉方向，所以面心立方金属共有12个滑移系。

体心立方金属的密排方向是〈111〉，它是滑移方向。体心立方晶格没有最密排面，所以滑移没有一个确定的晶面，一般比较密排的晶面是{110}{112}{113}。这样，体心立方金属的滑移系就比较多。

决定密排六方金属滑移面的一个非常重要的因素是轴比 c/a。当轴比 $c/a > 1.653$ 时，基面(0001)是密排六方晶格中最密排面，此时，滑移面是(0001)。例如，锌和镉具有显著的轴比，两者在室温时的滑移面一般总是(0001)面。当轴比 $c/a < 1.633$ 时，棱柱面 $(10\bar{1}0)$ 是最密排面。例如，$\alpha-$Ti 和铍具有显著的低轴比，因此棱柱面是最主要的滑移面。镁的轴比处于中间情况($c/a=1.633$)，在适当的剪应力作用下，基面和棱柱面都可能参与滑移。密排六方的最密排方向是 $\langle 11\bar{2}0\rangle$。在基面上有三个 $\langle 11\bar{2}0\rangle$ 方向，故密排六方共有三个滑移系。

虽然各种类型晶体的滑移系都不止一个，但只有作用在它们上的分剪应力为最大时那个滑移系才能开始滑移，其他没滑移的滑移系称为潜在的滑移系。

在三种常见的晶格中，面心立方单晶体不可能有纯粹的脆性断裂。密排六方金属的滑移系最少，因此其塑性也较低。体心立方金属，虽然滑移系数目最多，但与面心立方金属相比，它的滑移面的原子密排程度较低，需较大的剪应力才能开始滑移，同时断裂前的塑性变形也较小。因此，体心立方金属的塑性介于面心立方金属与密排六方金属之间。

图2.26所示为晶体受剪应力作用时产生滑移变形的示意图。当剪应力不大时，只产生弹性变形。当作用在某滑移系上的剪应力增大并超过某一临界值时，便沿此滑移系产生滑移，此临界值称为滑移的临界剪应力。在多数晶体中，由于晶体结构对称性的存在，有几个结晶学上相等的滑移系。在这种情况下，滑移首先沿着作用在滑移系上的分剪应力为最大时那个滑移系开始，其他滑移系则保持不动。

如图2.27所示，在拉伸载荷 P 的作用下的单晶体，沿滑移方向力的分量为 $P\cdot\cos\lambda$，λ 是滑移方向与拉伸轴线的夹角，这个分量作用在面积为 $A/\cos\varphi$ 的滑移面上(A 是截面

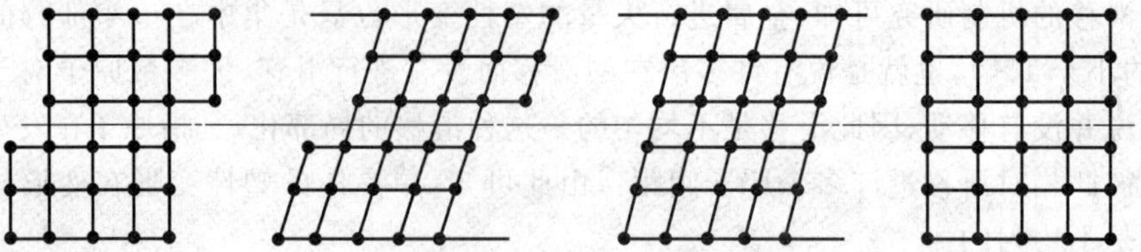

图 2.26　晶体受剪应力作用时产生滑移变形的示意图

积；φ 是滑移面法线与拉伸轴线的夹角）。因此，作用在滑移系上的剪应力 τ 为

$$\tau = \frac{P}{A}\cos\varphi\cos\lambda \tag{2.2}$$

若 $P/A=\sigma_s$ 时产滑移，则临界剪应力 τ_k 为

$$\tau_k = \sigma_s\cos\varphi\cos\lambda \tag{2.3}$$

这里屈服应力 σ_s 不是材料的屈服极限，它与取向因数 $\cos\varphi\cos\lambda$ 成反比。当 λ 和 φ 角均为 45° 时，$\cos\varphi\cos\lambda$ 值最大等于 1/2，此时屈服应力最小，等于 $2\tau_k$，即 $\tau_k=1/2\sigma_s$。当 φ 角接近 90° 时，屈服应力急剧增加，此时不可能产生滑移。

许多单晶体的试验已证实了上述关系的存在。特别是用密排六方单晶体的试验，因为通常只有一组滑移面。当取向因数 $\cos\varphi\cos\lambda$ 变化时，并没有使沿一定的滑移系产生滑移的临界剪应力值变化。因此金属在一定的变形温度和速度条件下，产生滑移变形所需要的临界剪应力的数值与滑移面及滑移方向和外力作用的方位无关。

取向因数的改变，只引起屈服应力的变化，而并不引起临界剪应力值的改变，对一定的单晶体，在一定的变形条件下，临界剪应力是一定值。例如，高纯度的锌（99.999%）的单晶体的拉伸试验说明，单晶体的屈服应力 σ_s 与其取向因数的关系，完全符合 $\dot{\varepsilon}_p$ 的关系式。如图 2.28 所示，单晶体的屈服应力不是定值，与取向因数密切相关，这一点与多晶体不同。

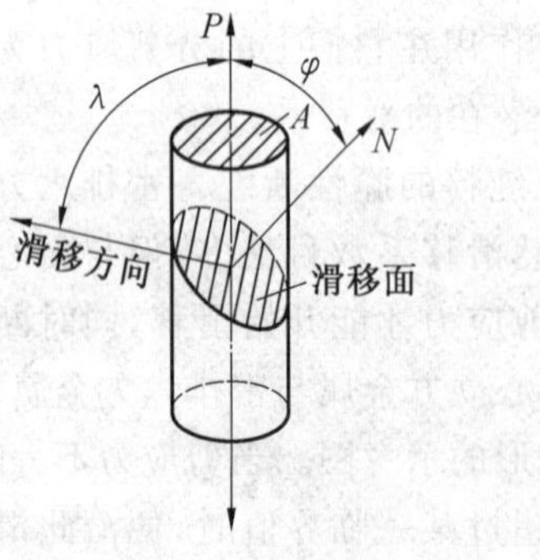

图 2.27　单晶体拉伸受力分析

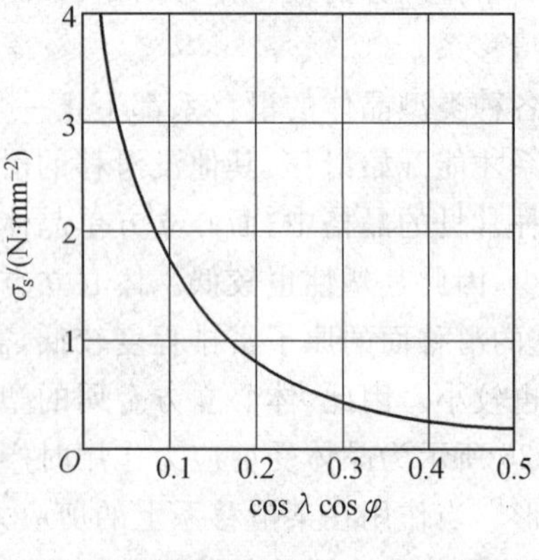

图 2.28　纯 Zn 单晶体拉伸时 σ_s 与取向系数的关系

单晶体由滑移引起塑性变形，除在一组互相平行的滑移系中进行的滑移是基本的现象以外，随着塑性变形量的增加，使滑移出现复杂的现象，如滑移面发生范性弯曲、扭转及交叉滑移，以及单晶体内亚结构细化。

滑移面的初次转动总是使 φ 角增大，如滑移前 $\varphi<45°$，则滑移面的转动会使屈服应

力减小，这种现象称为几何软化；反之，若滑移前 $\varphi > 45°$，则滑移面的转动会使屈服应力增大，这种现象称为几何硬化。当晶体有几组滑移面时，一组滑移面的转动产生几何硬化，若不增加外力，则会停止滑移。但另一组（或多组）滑移面会由于前者的转动而处于有利的位向，因而进行滑移，后者转动的结果可能又使前者回到有利的位向，而继续滑移。这种复杂滑移现象，称为交叉滑移或双滑移。这种滑移面交错导致继续滑移需要增加更大的变形力。

通过电子显微镜对单晶体塑性变形的研究表明，经过一定量的变形之后，使单晶体内亚结构细化，并且各亚晶之间的位向差增大。

在通常条件下（一般晶粒大于 10 μm 以上时），高温塑性变形的主要机制是晶内滑移变形。在高温时，由于原子间距增大，原子的热振动及扩散速度的增加，位错的滑移、攀移、交滑移及位错结点脱锚在较低温时更易实现。滑移系增多，交叉滑移灵便性提高，改善了各晶粒之间相互协调性。晶界对位错的阻碍作用减弱，且位错有可能进入晶界。

热变形过程中，发生动态回复或动态再结晶软化，消除了加工硬化以及由此引起的应力集中，使塑性变形更易进行。此过程的流动应力要比冷变形时低得多，一般每立方厘米所需单位应力仅为 0.1 ~ 1 kg。热变形有利于金属塑性成形和组织性能的改善。所以，众多金属材料，特别是高性能合金材料几乎都采用热加工方式进行成形。

2.2.2 晶内孪生

除滑移变形，晶内塑性变形还有另外一种方式的变形 —— 孪生变形。孪生变形也称机械孪生或孪晶，是塑性变形的基本机理之一。

孪生变形也是在剪应力作用下，使晶体的一部分（即孪生部分）相对于晶体的其余部分产生了位向的改变。孪生变形的结果，使变形部分的晶体以孪晶面为对称面与未变形部分的晶体对称。

孪生变形与滑移变形有所不同，它的主要特点是：孪晶中一系列相邻晶面都产生了相同的相对位移，因为这种切变在全部的孪晶区都是均匀的，并且严格地被晶体结构几何学所确定，所以孪生过程又称为均匀切变。图 2.29 中，MN 及 $M'N'$ 面均为孪生面，MN 及 $M'N'$ 之间部分是均匀切变形成的孪晶带。

孪生变形的另一个特点是，相邻晶面的相对位移量总是小于一个原子间距，此位移量为点阵间距的几分之一，但积累起来的位移量可以形成比原子间距离大许多倍的切变。孪生变形也是沿着一定的晶面及晶向发生的。对面心立方晶格，如图 2.30 所示，孪生面是(111)，孪生方向是〈112〉方向。对于体心立方晶格，孪生面是(112)面，孪生方向是〈111〉方向。密排六方晶格中，$(10\bar{1}2)$ 面是孪生面，$\langle 10\overline{11}\rangle$ 方向是孪生方向。孪生会改变晶体的取向。从孪生后的孪晶中原子排列情况可以看出，晶体切变后结构没有变化，与基体的晶体结构完全一样，但取向发生了变化。

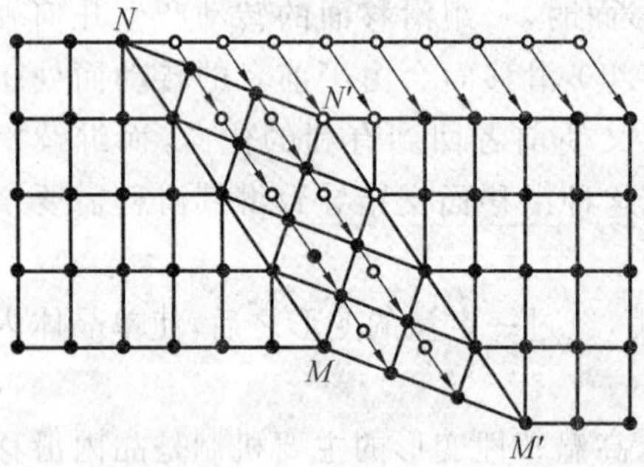

图 2.29　孪生变形示意图

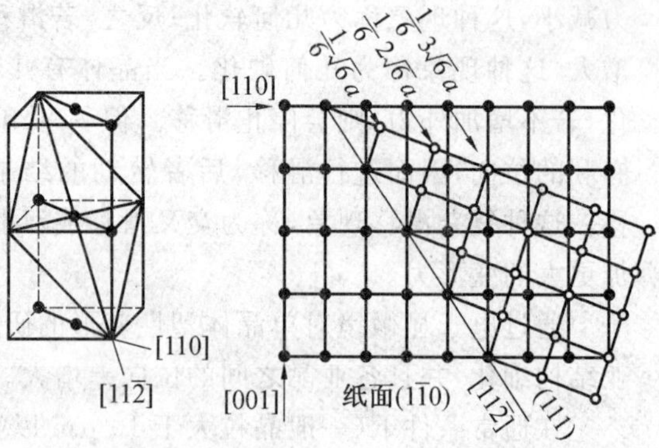

图 2.30　面心立方晶体孪生过程

在一般情况下，孪生比滑移的发生更困难一些，孪生变形所需的剪应力比滑移变形时的剪应力大，所以变形时，首先发生滑移，当切应力升高到一定数值时，才出现孪生。例如，镉进行孪生所需的剪应力为3.5～4 N/mm^2。进行滑移变形时，所需剪应力为0.3～0.7 N/mm^2。由于晶体的位向一般不利于滑移，所以先产生孪生，可是孪生变形后晶体位向的变化，可有利于滑移变形的发生，当滑移变形进行之后所需的剪应力也下降。图2.31是镉发生孪生变形时的应力－应变曲线。

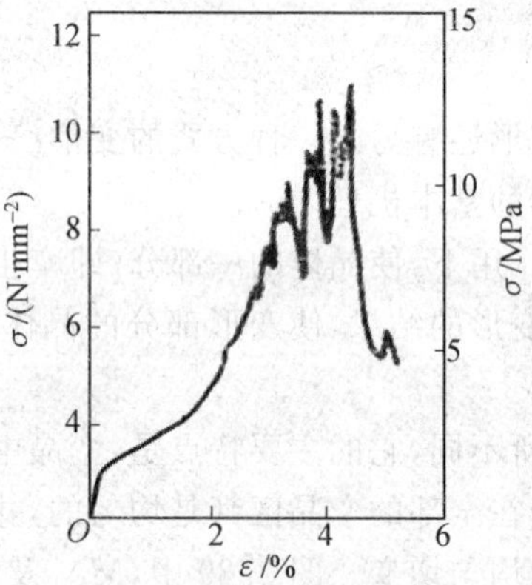

图 2.31　镉发生孪生变形时的应力－应变曲线

引起孪生变形的条件主要与晶体结构、变形温度和变形速度有关。密排六方和体心立方的金属产生孪生的倾向大，一般在冲击载荷或较低的温度下易于发生孪生变形，而面心立方晶格的金属一般难于进行孪生。甚至认为在常温下不发生孪生，如纯铜的单晶体在特别低的温度(－230 ℃)下，拉伸试验时发生了孪生变形。体心立方晶格金属中，如α－Fe在室温受冲击载荷时发生形变孪生，或在低温下不需要大的变形速度，也可发生孪生变形。密排六方晶格金属中，如锌、镉、镁常温拉伸时就可发生孪生。但像密排六方金属，由于滑移系统少，各滑移系相对于外力的取向都不利时，也可能在形变一开始就形成孪晶。孪晶的生长速度很大，与冲击波的传播速度相当。在孪生时可听到声音，例如锌条弯曲时就可听到“轧轧”的响声，这是孪晶长大时发出的。

2.2.3 晶界滑移

在等强温度以下，晶界具有比晶粒内部更高的强度，而在等强温度以上，晶界强度低于晶粒内部的强度。在高温时晶界强度低于晶内，比低温时较容易发生晶界滑移。这个过程主要受动态回复、动态再结晶以及修复机制控制。

晶界滑移是相邻两晶粒在外加应力作用下沿着晶界产生的滑动。图 2.32 是晶界滑移的示意图。1913 年，W. 罗森汉和 J. C. W. 汉弗莱在钢的高温形变过程中观察到晶界滑移。1947 年，葛庭健在高纯多晶金属铝中发现一个内耗峰（在单晶中没有），并提出其来源是由于晶粒沿晶界做黏滞性滑移所引起的应力弛豫，这一内耗峰称为葛峰。晶界滑移葛峰的发现是支持薄晶界层理论的最早的试验证明，也推动了晶界滑移的研究。研究表明，葛峰与多晶金属的晶粒度有关。B. 查默斯首先发现晶界滑移与晶界的类型和取向差有关。随后的试验进一步证实晶界滑移与晶界结构有关。图 2.33 所示为锌以〈101〉为转轴的倾侧晶界的晶界滑移量与倾侧角及温度的关系。由图 2.33 可见，晶界滑移与倾侧角有关。小角晶界和某些重合晶格晶界对晶界滑移阻力很大。由图还可看出，晶界滑移与温度有关，温度越高，晶界滑移量越大。因此，晶界滑移对材料的高温力学性能（如蠕变等）产生很大影响。关于晶界滑动的唯象理论，参看 Rai 和 Ashby 的工作。他们考虑了扩散流、位错运动、晶界台阶（坎）和杂质原子对晶界滑动的影响。

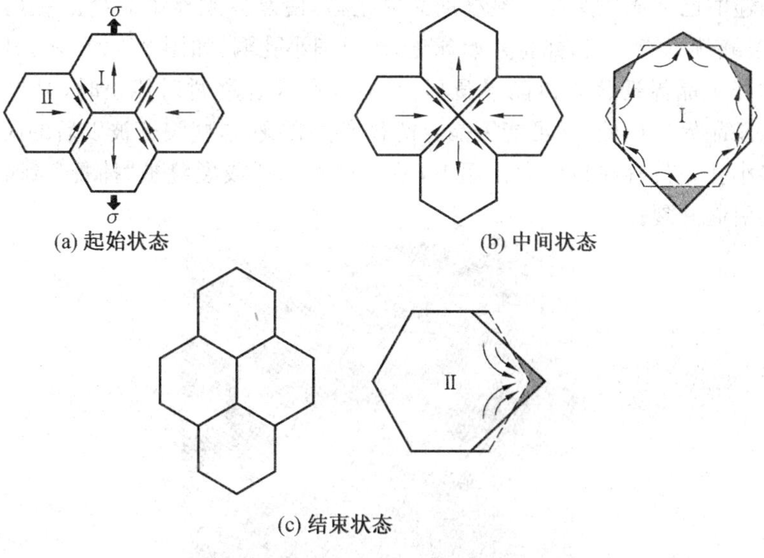

图 2.32 晶界滑移的示意图

热塑性变形过程中，金属的断裂一般都是沿着晶界进行。这是由于晶内滑移及晶界滑移会在晶界引起很大的应力集中；另外高温晶界强度较低及晶界滑移，易在晶界处引起裂缝，裂缝一般起源于三叉晶界处，裂缝核的形态如“W”形。由于晶界滑移，在三叉晶界处产生的畸变很大，这样回复和再结晶首先在这里发生，并且使这里软化，因而晶界滑移变形又能够继续进行。

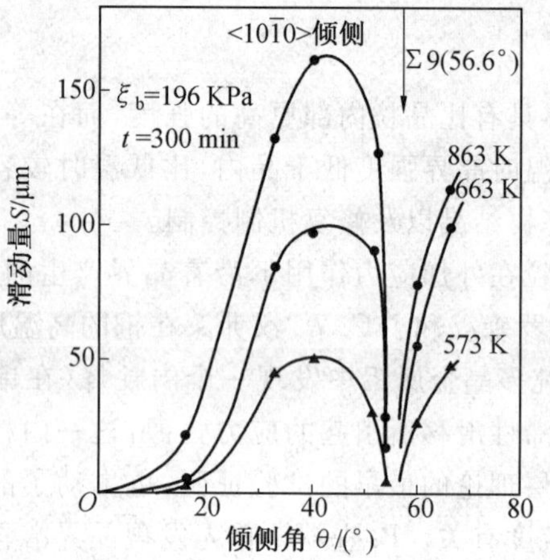

图 2.33　锌以〈101〉为转轴的倾侧晶界的晶界滑移量与倾侧角及温度的关系

若在动态回复起主导作用的热变形时，晶界滑移产生的晶界三叉点应变可通过回复软化调节，因而在三叉晶界处产生的“W”形裂缝量很少。同时由于晶内滑移产生的亚结构边界与晶粒边界的交互作用，引起局部晶界的微量迁移形成“锯齿状”晶界，这样又阻碍晶界滑动，减少晶界的滑移量，因而也减少裂缝生成的概率。

若在动态再结晶起主导作用的热变形时，由于再结晶晶核长大过程是晶界迁移过程，与再结晶相连的已形成三叉晶界裂缝的晶界迁移，使晶界脱离了裂缝。一旦裂缝离开了晶粒边界，裂缝就不能扩展，并且开始球化，形成细小孔洞，如图 2.34 所示。同时，由于动态再结晶过程中晶界迁移阻碍晶界滑移，只有在晶界迁移暂时停止时，晶界滑移才能发生。新的三叉晶界连接处，又可能因晶界滑移产生裂缝，这些裂缝被以后的晶界迁移依次分离成许多小孔。只有在拉应力作用下，并且这些小孔或裂缝被“捕捉”到晶界时，才可能扩展连接引起开裂。

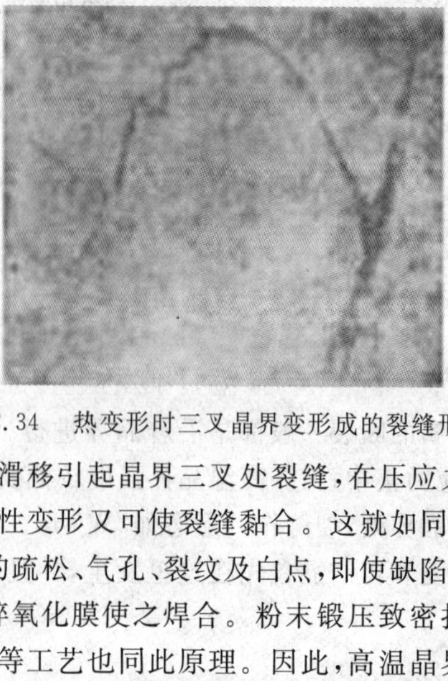

图 2.34　热变形时三叉晶界变形成的裂缝形态

在热加工过程中，晶界滑移引起晶界三叉处裂缝，在压应力作用下，由于高温原子扩散作用增强，通过以后的塑性变形又可使裂缝黏合。这就如同塑性粘焊一样，如通过锻造或热轧可锻合铸态组织中的疏松、气孔、裂纹及白点，即使缺陷或孔隙表面存在氧化膜，也可通过大的塑性变形来破碎氧化膜使之焊合。粉末锻压致密技术、轧制或静液挤压成复合金属材料、爆炸塑性焊接等工艺也同此原理。因此，高温晶界滑移产生的裂缝，又可通过塑性粘焊机构修复，晶界滑移又得以进行。只要形成的裂缝不断地被塑性变形粘焊机构修复，则就可产生较大的晶界滑移。这需要在压力下来实现扩散性塑性变形修复。这就是三向压应力状态下，塑性得到提高的重要原因之一。

因此，热变形时晶界滑移的主要特点是，受动态回复或动态再结晶及修复机理的调节和控制。一旦裂缝生成和扩展速率超过上述机理的调节和控制及修复速率，那么就要发生断裂。

在整个变形中，晶界滑移变形相对晶内滑移变形所占的比例还是较小的。晶界滑移变形量大小，除取决于温度外，还决定于变形速度、应力状态、晶粒尺寸等条件。一般常规生产条件下，热变形时晶界滑移相对于晶内滑移变形量来讲是小的，但比室温时晶界滑移变形量要大得多。而降低应变速率，减小晶粒尺寸，晶界滑移量相对增大，在微细晶粒超塑性条件下，塑性变形主要是晶界滑移机构起主导作用，并且晶界滑移是在扩散蠕变和位错蠕变调节下进行，而不是动态回复或动态再结晶起调节作用。

2.2.4 扩散蠕变

在热变形时，多晶体塑性变形除晶内滑移和晶界滑移变形机制外，还可能出现另一种变形机构，这就是扩散性蠕变机制，简称扩散蠕变。

扩散蠕变是在应力场的作用下，由空位的定向扩散移动所引起，如图 2.35(a) 所示。在应力场作用下，受拉应力的晶界空位浓度增高，特别是受垂直拉应力的晶界，空位浓度高于其他部位晶界的空位浓度。由于各部位空位的化学势能差，引起了空位定向移动。图 2.35(a) 中虚箭头方向表示空位移动方向，实箭头方向表示原子移动方向。空位定向移动的实质是原子的定向移动。由于原子定向迁移，发生了物质的迁移，引起晶粒形状的改变，产生了塑性变形。

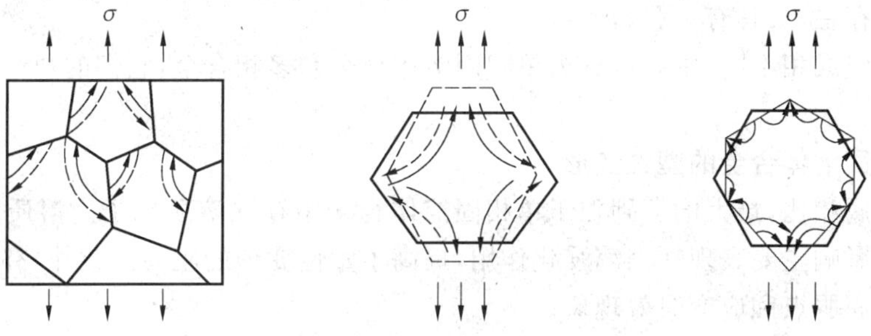

(a) 应力场作用　　(b) 体扩散　　(c) 边界扩散

图 2.35　扩散蠕变

按扩散途径不同，可分晶内扩散(晶格扩散或体扩散) 和晶界扩散(边界扩散)。

F. R. Nabrro 于 l948 年，C. J. Herring 于 1950 年提出了晶内扩散理论。晶内扩散蠕变引起在拉应力方向的晶粒伸长的变形，如图 2.35(b) 所示。

Coble 于 1963 年提出了晶界蠕变理论，由晶界扩散蠕变引起晶粒形状位置“转动”，如图 2.35(c) 所示。扩散蠕变是在恒定压力下，随着时间的延续也会不断发生应变。温度越高，晶粒越细小(扩散途径越短)，扩散蠕变速率越大。必须指出，扩散速度非常依赖于温度，只有足够高的温度，扩散才有较大的速度。同时在低应变速率($\varepsilon < 10^{-3}\,s^{-1}$) 下，扩

散蠕变机构才起作用，也就是说扩散蠕变量的作用需要一定的时间才有可能。虽然由扩散蠕变产生的塑性变量可能极小，但是在超塑性变形和等温锻中起重要的调节应变作用。

2.2.5 溶解／沉积机制

在研究高温缓慢变形条件下两相合金的塑性变形时确定了溶解／沉积机制，实质是某相晶体的原子迅速而飞跃式地转移到另一相的晶体中去。

保证两相有较大的相互溶解度外，还必须具备下列条件：

(1) 因为原子的迁移，最大可能是从相的表面层进行，故应随着温度的变化或原有相晶体表面大小及曲率的变化，伴随有最大的溶解度改变。

(2) 在变形时，必须有利于进行高速溶解和沉积产生的扩散过程，也就是说应具备足够高的温度条件。

2.2.6 非晶机制

非晶机制指在一定的变形温度和速度条件下，多晶体中原子在非同步连续应力场和热激活的作用下，发生定向迁移的过程，包括间隙原子和大的置换式溶质原子将从晶体的受压缩的部位向宽松部位迁移；空位和小的置换式溶质原子将从晶体的宽松部位向压缩部位迁移。大量原子的定向迁移将引起宏观的塑性变形，其切应力取决于变形速度和静水压力。

2.2.7 合金变形机制

工程上使用的金属材料绝大多数是合金。其变形方式与金属的情况类似，只是由于合金元素的存在，又具有一些新的特点。

按合金组成相不同，主要可分为单相固溶体合金和多相合金，它们的塑性变形又各具有不同特点。

1. 单相固溶体合金的塑性变形

与纯金属相比，最大的区别在于单相固溶体合金中存在溶质原子。溶质原子对合金塑性变形的影响主要表现在固溶强化作用，提高了塑性变形的阻力。此外，有些固溶体会出现明显的屈服点和应变时效现象。

(1) 固溶强化。

溶质原子的存在及其固溶度的增加，使基体金属的变形抗力随之提高。图 2.36 所示为Cu－Ni固溶体的强度和塑性随溶质含量的增加，合金的强度、硬度提高，而塑性有所下降，即产生固溶强化效果。比较纯金属与不同浓度的固溶体的应力－应变曲线(图 2.37)，可看到溶质原子的加入不仅提高了整个应力－应变曲线的水平，而且使合金的加工硬化速率增大。

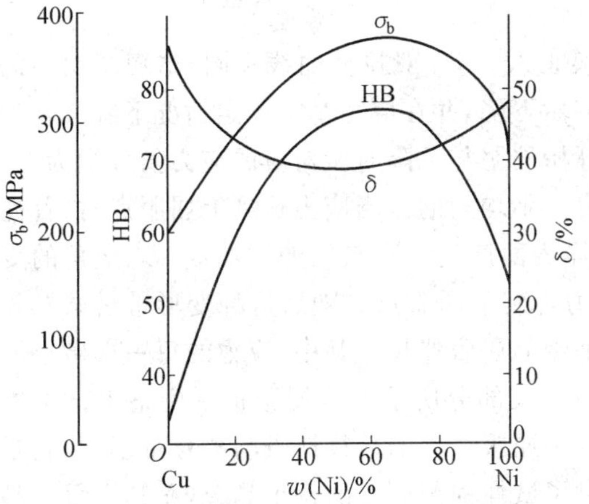

图 2.36 Cu－Ni 固溶体的力学性能与成分的关系

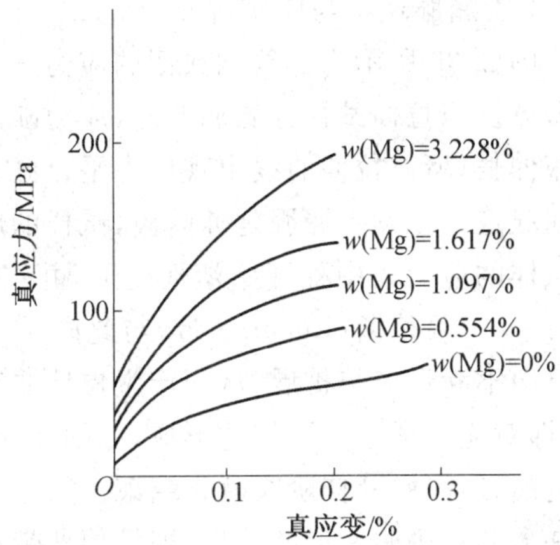

图 2.37 铝溶有镁后的应力－应变曲线

不同溶质原子所引起的固溶强化效果存在很大差别。图 2.38 所示为几种合金元素分别溶入铜单晶而引起的临界分切应力的变化情况。影响固溶强化的因素很多，主要有以下几个方面：

① 溶质原子的原子数分数越高，强化作用也越大，特别是当原子数分数很低时的强化效应更为显著。

② 溶质原子与基体金属的原子尺寸相差越大，强化作用也越大。

③ 间隙型溶质原子比置换原子具有较大的固溶强化效果，且由于间隙原子在体心立方晶体中的点阵畸变属非对称性的，故其强化作用大于面心立方晶体的。但间隙原子的固溶度很有限，故实际强化效果也有限。

④ 溶质原子与基体金属的价电子数相差越大，固溶强化作用越显著，即固溶体的屈服强度随合金电子浓度的增加而提高。

一般认为固溶强化是由于多方面的作用，主要有溶质原子与位错的弹性交互作用、化学交互作用和静电交互作用，以及当固溶体产生塑性变形时，位错运动改变了溶质原子在固溶体结构中以短程有序或偏聚形式存在的分布状态，从而引起系统能量的升高，由此也增加了滑移变形的阻力。

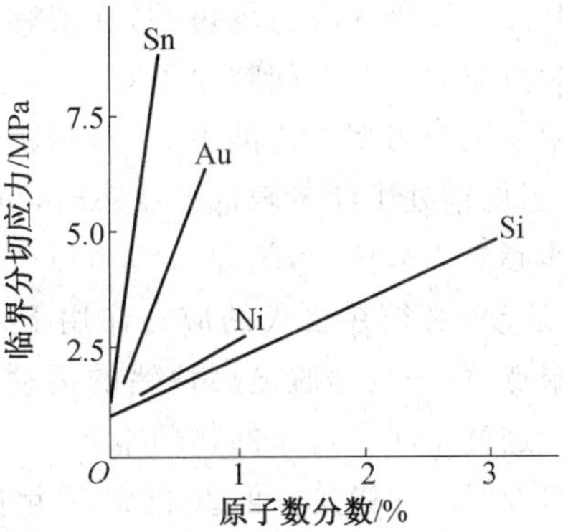

图 2.38 溶入合金元素对铜单晶临界分切应力的影响

(2) 屈服现象与应变时效。

图 2.39 所示为低碳钢典型的应力－应变曲线，与一般拉伸曲线不同，出现了明显的屈服点。当拉伸试样开始屈服时，应力随即突然下降，并在应力基本恒定情况下继续发生屈服伸长，所以拉伸曲线出现应力平台区。开始屈服与下降时所对应的应力值分别为上、下屈服点。在发生屈服延伸阶段，试样的应变是不均匀的。当应力达到上屈服点时，首先在试样的应力集中处开始塑性变形，并在试样表面产生一个与拉伸轴约成 45° 交角的变形带 —— 吕德斯(Lüders) 带，与此同时，应力降到下屈服点。随后这种变形带沿试样长度方向不断形成与扩展，从而产生拉伸曲线平台的屈服伸长。其中，应力的每一次微小波动，即对应一个新变形带的形成，如图 2.39 中放大部分所示。当屈服扩展到整个试样标距范围时，屈服延伸阶段就告结束。需指出的是屈服过程的吕德斯带与滑移带不同，它是由许多晶粒协调变形的结果，即吕德斯带穿过了试样横截面上的每个晶粒，而其中每个晶粒内部则仍按各自的滑移系进行滑移变形。

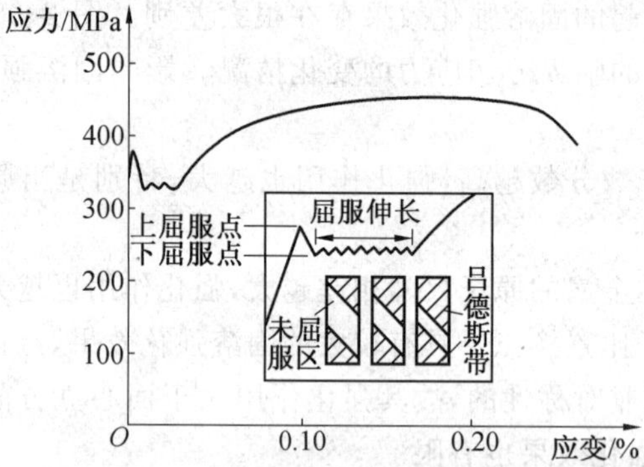

图 2.39　低碳钢退火态的工程应力－应变曲线及屈服现象

屈服现象最初是在低碳钢中发现。在适当条件下，上、下屈服点的差别可达 10% ～ 20%，屈服伸长可超过 10%。后来在许多其他的金属和合金(如 Mo、Ti 和 Al 合金及 Cd、Zn 单晶、α 和 β 黄铜等)中，只要这些金属材料中含有适量的溶质原子足以锚住位错，屈服现象均可发生。

通常认为在固溶体合金中，溶质原子或杂质原子可以与位错交互作用而形成溶质原子气团，即 Cottrell 气团。由刃型位错的应力场可知，在滑移面以上，位错中心区域为压应力，而滑移面以下的区域为拉应力。若有间隙原子 C、N 或比溶剂尺寸大的置换溶质原子存在，就会与位错交互作用偏聚于刃型位错的下方，以抵消部分或全部的张应力，从而使位错的弹性应变能降低。当位错处于能量较低的状态时，位错趋向稳定不易运动，即对位错有“钉扎作用”，尤其在体心立方晶体中，间隙型溶质原子和位错的交互作用很强，位错被牢固地钉扎住。位错要运动，必须在更大的应力作用下才能挣脱 Cottrell 气团的钉扎而移动，这就形成了上屈服点，而一旦挣脱之后位错的运动就比较容易，因此有应力降落，出现下屈服点和水平台。这就是屈服现象的物理本质。

Cottrell这一理论最初被人们广为接受。但20世纪60年代后，Gilman和Johnston发现：无位错的铜晶须、低位错密度的共价键晶体 Si，Ge 以及离子晶体 LiF 等也都有不连续屈服现象。因此，需要从位错运动本身的规律来加以说明，发展了更一般的位错增殖理论。

从位错理论中得知，材料塑性变形的应变速率$\dot{\varepsilon}_p$是与晶体中可动位错的密度ρ_m、位错运动的平均速度v以及位错的柏氏矢量$\boldsymbol{b}$成正比：

$$\dot{\varepsilon}_p \propto \rho_m \cdot v \cdot b \tag{2.4}$$

而位错的平均运动速度v又与应力密切相关：

$$v = \left(\frac{\tau}{\tau_0}\right)^m \tag{2.5}$$

式中 τ_0—— 位错作单位速度运动所需的应力；

τ—— 位错受到的有效切应力；

m—— 应力敏感指数，与材料有关。

在拉伸试验中，$\dot{\varepsilon}_p$由试验机夹头的运动速度决定，接近于恒定值。在塑性变形开始之前，晶体中的位错密度很低，或虽有大量位错但被钉扎住，可动位错密度ρ_m较低，此时要维持一定的ρ_m值，势必使v增大，而要使v增大就需要提高τ，这就是上屈服点应力较高的原因。然而，一旦塑性变形开始后，位错迅速增殖，ρ_m迅速增大，此时$\dot{\varepsilon}_p$仍维持一定值，故ρ_m的突然增大必然导致v的突然下降，于是所需的应力τ也突然下降，产生了屈服降低，这也就是下屈服点应力较低的原因。

两种理论并不互相排斥而是互相补充的。两者结合可更好地解释低碳钢的屈服现象。单纯的位错增殖理论，其前提要求原晶体材料中的可动位错密度很低。低碳钢中的原始位错密度ρ为108 cm^{-2}，但ρ_m只有103 cm^{-2}，低碳钢之所以可动位错如此之低，正是因为碳原子强烈钉扎位错，形成了Cottrell气团之故。

与低碳钢屈服现象相关联的还存在一种应变时效行为，如图2.40所示。当退火状态低碳钢试样拉伸到超过屈服点发生少量塑性变形后（曲线a）卸载，然后立即重新加载拉伸，则可见其拉伸曲线不再出现屈服点（曲线b），此时试样不发生屈服现象。如果不采取上述方案，而是将预变形试样在常温下放置几天或经200 ℃左右短时加热后再进行拉伸，则屈服现象又重复出现，且屈服应力进一步提高（曲线c），此现象通常称为应变时效。

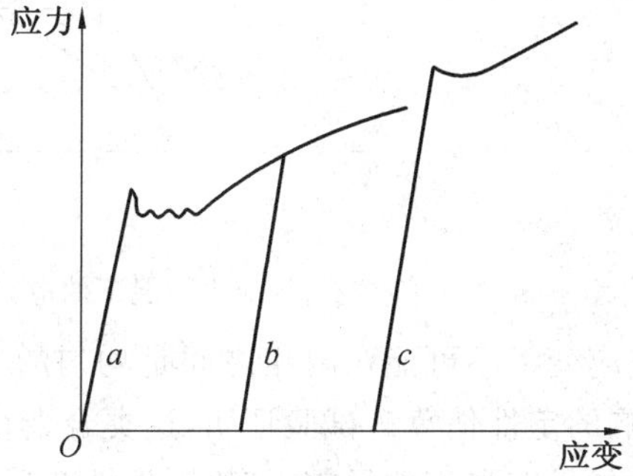

图2.40 低碳钢拉伸试验

a—预塑性变形；b—去载后立即再加载；c—去载后放置一段时间或200 ℃加热后再加载

同样，Cottrell 气团理论能很好地解释低碳钢的应变时效。当卸载后立即重新加载，由于位错已经挣脱出气团的钉扎，故不出现屈服点。如果卸载后放置较长时间或经时效，则溶质原子已经通过扩散而重新聚集到位错周围形成了气团，故屈服现象又复出现。

2. 多相合金的塑性变形

工程上用的金属材料基本都是两相或多相合金。多相合金与单相固溶体合金的不同之处是除基体相外，尚有其他相存在。由于第二相的数量、尺寸、形状和分布不同，它与基体相的结合状况不一以及第二相的形变特征与基体相的差异，使得多相合金的塑性变形更加复杂。

根据第二相粒子的尺寸大小可将合金分成两大类：若第二相粒子与基体晶粒尺寸属同一数量级，称为聚合型两相合金；若第二相粒子细小而弥散地分布在基体晶粒中，称为弥散分布型两相合金。这两类合金的塑性变形情况和强化规律有所不同。

(1) 聚合型合金的塑性变形。

当组成合金的两相晶粒尺寸属同一数量级，且都为塑性相时，则合金的变形能力取决于两相的体积分数。作为一级近似，可以分别假设合金变形时两相的应变相同和应力相同。于是，合金在一定应变下的平均流变应力 $\bar{\sigma}$ 和一定应力下的平均应变 $\bar{\varepsilon}$ 可由混合律表达：

$$\bar{\sigma} = \varphi_1\sigma_1 + \varphi_2\sigma_2 \tag{2.6}$$

$$\bar{\varepsilon} = \varphi_1\varepsilon_1 + \varphi_2\varepsilon_2 \tag{2.7}$$

式中　φ_1、φ_2 —— 两相的体积分数，$\varphi_1 + \varphi_2 = 1$；

σ_1、σ_2 —— 一定应变时的两相流变应力；

ε_1、ε_2 —— 一定应力时的两相应变。

图 2.41 所示为复合型双相合金等应变与等应力情况下的应力－应变曲线。

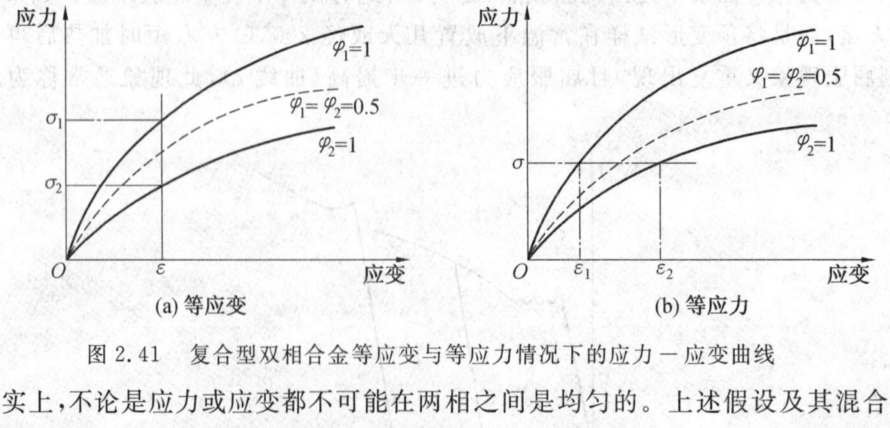

图 2.41　复合型双相合金等应变与等应力情况下的应力－应变曲线

事实上，不论是应力或应变都不可能在两相之间是均匀的。上述假设及其混合律只能作为第二相体积分数影响的定性估算。试验证明，这类合金在发生塑性变形时，滑移往往首先发生在较软的相中，如果较强相数量较少时，则塑性变形基本上是在较弱的相中。只有当第二相为较强相，且体积分数 φ 大于 30% 时，才能起明显的强化作用。

如果聚合型合金两相中一个是塑性相，而另一个是脆性相时，则合金在塑性变形过程中所表现的性能，不仅取决于第二相的相对数量，而且与其形状、大小和分布密切相关。

以碳钢中的渗碳体(Fe_3C,硬而脆)在铁素体(以 α-Fe 为基的固溶体)基体中存在的情况为例,表 2.1 给出了渗碳体的形态与大小对碳钢力学性能的影响。

表 2.1 碳钢中渗碳体存在情况对力学性能的影响

材料及组织 / 性能	工业纯铁	共析钢(w(C) = 0.8%)					w(C) = 1.2%
		片状珠光体(片间距 ≈ 630 nm)	索氏体片(片间距 ≈ 250 nm)	屈氏体片(片间距 ≈ 100 nm)	球状珠光体	淬火 + 350 ℃ 回火	网状渗碳体
σ_b/MPa	275	780	1 060	1 310	580	1 760	700
δ/%	47	15	16	14	29	3.8	4

(2) 弥散分布型合金的塑性变形。

当第二相以细小弥散的微粒均匀分布于基体相中时,将会产生显著的强化作用。第二相粒子的强化作用是通过其对位错运动的阻碍作用而表现出来的。通常可将第二相粒子分为“不可变形的”和“可变形的”两类。这两类粒子与位错交互作用的方式不同,其强化的途径也就不同。一般来说,弥散强化型合金中的第二相粒子(借助粉末冶金方法加入的)属于不可变形的,而沉淀相粒子(通过时效处理从过饱和固溶体中析出)多属可变形的,但当沉淀粒子在时效过程中长大到一定程度后,也能起不可变形粒子的作用。

不可变形粒子对位错的阻碍作用如图 2.42 所示。当运动位错与其相遇时,将受到粒子阻挡,使位错线绕着它发生弯曲。随着外加应力的增大,位错线受阻部分的弯曲加剧,以致围绕着粒子的位错线在左右两边相遇,于是正负位错彼此抵消,形成包围着粒子的位错环留下,而位错线的其余部分则越过粒子继续移动。显然,位错按这种方式移动时受到的阻力是很大的,而且每个留下的位错环要作用于位错源 —— 反向应力,故继续变形时必须增大应力以克服此反向应力,使流变应力迅速提高。

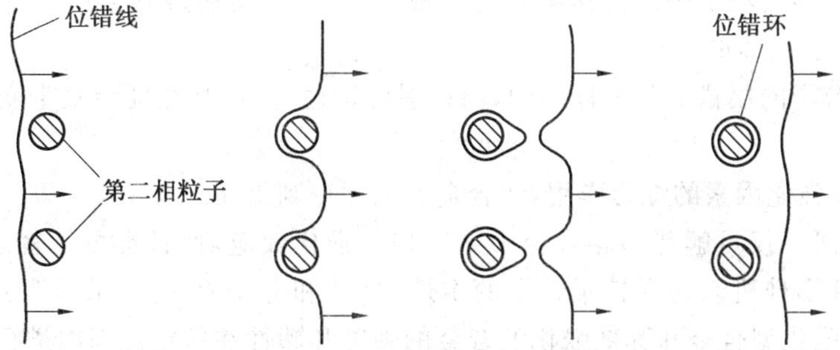

图 2.42 位错绕过第二相例子的示意图

根据位错理论,迫使位错线弯曲到曲率半径为 R 时所需切应力为

$$\tau = \frac{Gb}{2R} \tag{2.8}$$

此时由于 $R = \frac{\lambda}{2}$,所以位错线弯曲到该状态所需切应力为

$$\tau = \frac{Gb}{\lambda} \tag{2.9}$$

这是一临界值，只有外加应力大于此值时，位错线才能绕过去。由上式可见，不可变形粒子的强化作用与粒子间距 λ 成反比，即粒子越多，粒子间距越小，强化作用越明显。因此，减小粒子尺寸（在同样的体积分数时，粒子越小，则粒子间距也越小）或提高粒子的体积分数都会导致合金强度的提高。

上述位错绕过障碍物的机制是由奥罗万（E. Orowan）首先提出的，故通常称为奥罗万机制，它已被试验所证实。

当第二相粒子为可变形微粒时，位错将切过粒子使之随同基体一起变形，如图 2.43 所示。在这种情况下，强化作用主要决定于粒子本身的性质以及与基体的联系，其强化机制甚为复杂，且因合金而异，其主要作用如下：

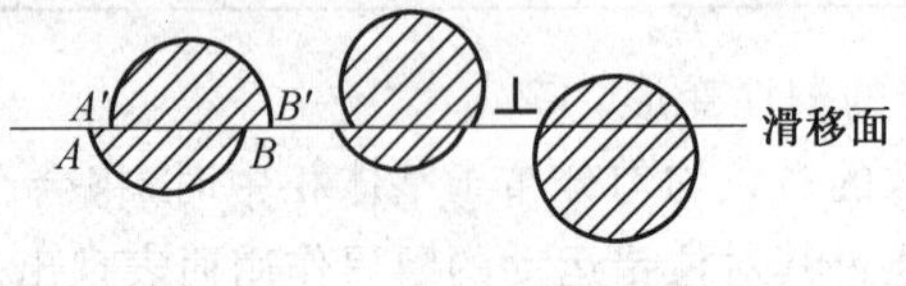

图 2.43　位错切割粒子的机制

① 位错切过粒子时，粒子产生宽度为 b 的表面台阶，由于出现了新的表面积，使总的界面能升高。

② 当粒子是有序结构时，则位错切过粒子时会打乱滑移面上下的有序排列，产生反相畴界，引起能量的升高。

③ 由于第二相粒子与基体的晶体点阵不同或至少是点阵常数不同，故当位错切过粒子时必然在其滑移面上引起原子的错排，需要额外做功，给位错运动带来困难。

④ 由于粒子与基体的比体积差别，而且沉淀粒子与母相之间保持共格或半共格结合，故在粒子周围产生弹性应力场，此应力场与位错会产生交互作用，对位错运动有阻碍。

⑤ 由于基体与粒子中的滑移面取向不相一致，则位错切过后会产生一割阶，割阶存在会阻碍整个位错线的运动。

⑥ 由于粒子的层错能与基体不同，当扩展位错通过后，其宽度会发生变化，引起能量升高。

以上这些强化因素的综合作用，使合金的强度得到提高。

总之，上述不仅可解释多相合金中第二相的强化效应，而且也可解释多相合金的塑性。然而不管哪种机制均受控于粒子的本性、尺寸和分布等因素，故合理地控制这些参数，可使沉淀强化型合金和弥散强化型合金的强度和塑性在一定范围内进行调整。

2.3　热塑性变形机制图及其应用

2.3.1　热塑性变形机制图概念

当外在条件（例如应力、温度、应变速率）不同时，或者金属的组织结构（例如晶粒大小）不同时将有不同的塑性变形机理起作用；或者在特定的条件下，起作用的几种塑性变形机理中，将由某一种机理起控制作用。确定在各种特定条件下，支配材料性能的变形机理对材料科技工作者和工程师们都是重要的。

可以通过解各种变形机理的本构方程(应力、温度、材料常数和应变速率关系的表达式)并分析各种变形机理的相互依赖或相互独立的关系，在应力－温度坐标上作出变形机理图，揭示出某一种特定的变形机理在哪一个应力－温度范围内对应变速率起控制作用。或者更广泛地说，可把在某一种变数范围内对应变速率起控制作用的变形机理表示出来，这就是变形机制图。如图 2.44 所示为纯银的晶粒大小为 32 μm，以 10^{-8}/s 的应变速率来确定边界的变形机制图。它给出了不同变形机制起控制作用的应力－温度区间。由图可以看出，在温度较低(低于 $0.5T_m$ 时)或者应力很高时起控制作用的变形机制是位错的滑移机理。而温度较高时，即相应温度 T/T_m 大于 0.5 时，在应力不是太高的情况下，位错易于攀移，扩散－位错机制(位错蠕变)将是起控制应变速率的机理。温度再增高一些，应力降低一些时，晶间(界)定向空位流机理以及晶内定向空位流机理依次成为控制机理。图中未画出晶间滑动区域，这是因为适用于晶间滑动机制的本构方程中，尚有不确定的因素。它是综合性的变形机制。

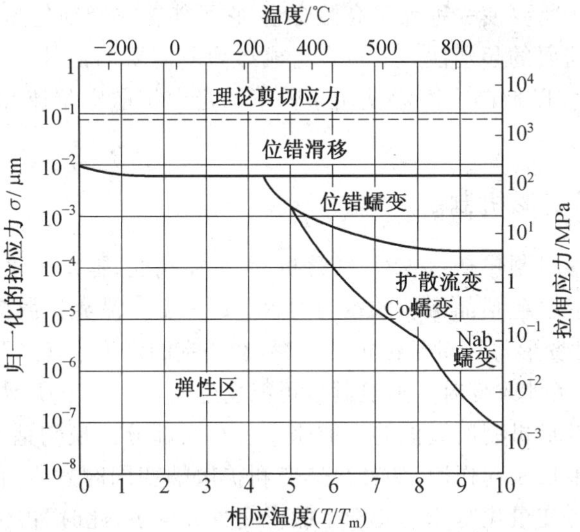

图 2.44　纯银的变形机制图

前已说明，图 2.44 是纯银在一定晶粒大小、一定应变速率的条件下作出的。显然金属材料、晶粒大小、应变速率不同时，变形机制图的区别将很大。如果把应变速率的影响(以等应变速率线的形式来表示)也在变形图中反映出来，就可把某种材料(包含有一定的晶粒大小)的使用、试验和加工的应力—温度—应变速率范围起控制作用的变形机理表示出来。晶粒大小的影响也可以通过在恒定温度下、应力—晶粒直径坐标上的等应变速率线把起控制作用的变形机理的作用范围表示出来，清楚地表明每种变形机制对晶粒尺寸的依赖关系。

各种变形机制图是非常有用的。材料工作者如果确知某种特定条件下的控制机理是什么，就可以根据不同的需要，设法改进材料来抑制或加强该种变形机制的作用，甚至改变控制变形机制的类型来满足生产和使用材料的要求。

例如，高温承载部件中，在其工作条件下，定向扩散空位流机制、晶界滑动机制可能是应变速率的控制性机理。为了提高部件的使用寿命，应设法抑制应变（也就是蠕变）速率，措施之一就是粗化晶粒，减少空位流的源和减少晶间滑动。这是一种抑制性机理发挥作用的情况。

如果为了顺利地加工某种材料，自然希望改善成形性，尽可能地提高应变速率。我们知道具有超塑性行为的材料，其总应变时常可能超过100%。这种大应变发生在低应力水平下。超塑性可大幅度地改善某些合金的可成形性。超塑性变形机理问题虽然尚在讨论之中，但比较近期的理论，都把注意力集中到了晶界滑动的观点上，这样的理论取得了较大的成功。既然材料在超塑性条件下起控制作用的变形机理是晶间滑动，要提高应变速率，改善可成形性，就要加强该种形变机理的作用，措施之一就是细化晶粒。这种情况则正与抑制控制性变形机理发挥作用的情况相反。

为了便于加工，希望材料处于超塑状态，希望细化晶粒。一旦一个合金通过细化处理，变成超塑性材料后，它就不再具有高温承载条件下的最佳晶粒尺寸。为了解决这一个矛盾，目前正在探索发展双重热处理，以使合金得到最佳的热成形性和承载性能。例如，在气体涡轮发动机中将要使一种镍基高温合金，它可能首先经细化晶粒热处理，以提高供锻造成形操作中所需要的超塑性。一旦合金成形为所需要的部件后，紧接着进行另一种热处理，使晶粒长大，以抑制在高温使用条件下的定向扩散空位流和晶间滑动的蠕变过程。

2.3.2 高温变形机制

主要的高温变形机制包括：热激活滑移机制、幂律蠕变、幂律失效、固溶体合金的黏滞性滑移机制、扩散蠕变（包括晶格扩散控制的N－H蠕变和晶界扩散控制的Coble蠕变）、H－D蠕变和超塑性变形等。对于给定的材料，在一定的温度/应力下某一种变形机制占优势，当温度/应力条件改变时变形机制也可能发生变化。这里所谓“占优势”的机制是指总变形速率中该变形机制所提供的变形速率占绝大部分。换句话说，在一定温度/应力下可能有多种变形机制起作用，如幂律蠕变和扩散蠕变同时发生，但温度高、应力低时扩散蠕变所产生的应变量比幂律蠕变产生的应变量大得多，此时“占优势”的机制是扩散蠕变。材料的变形机制图就是该材料在给定的温度/应力下占优势的变形机制及变形速率的图示。图2.45是变形机制图的一个例子。图中横坐标是熔点归一化温度，纵坐标是弹性模量归一化应力的对数。图面被分割成若干个区域，每一个区域对应一种占优势的变形机制，在该区域的温度/应力下，标注的变形机制占优势。图中还标出了一系列应变速率的等值线，这个应变速率是在给定温度/应力下的总应变速率，即各种变形机制所产生的应变速率的总和。

变形机制图是温度、应力和应变速率三者关系的图示。在图2.45中以温度（横坐标）和应力（纵坐标）作为控制变量，以应变速率为函数值（即等值线）。当然也可以用不同的方式建立变形机制图，如温度和应变速率为变量而等值线为流变应力，或应力和应变速率为变量而等值线为温度等。图2.46是用图2.45的数据建立的以温度和应变速率为变量的变形机制图。

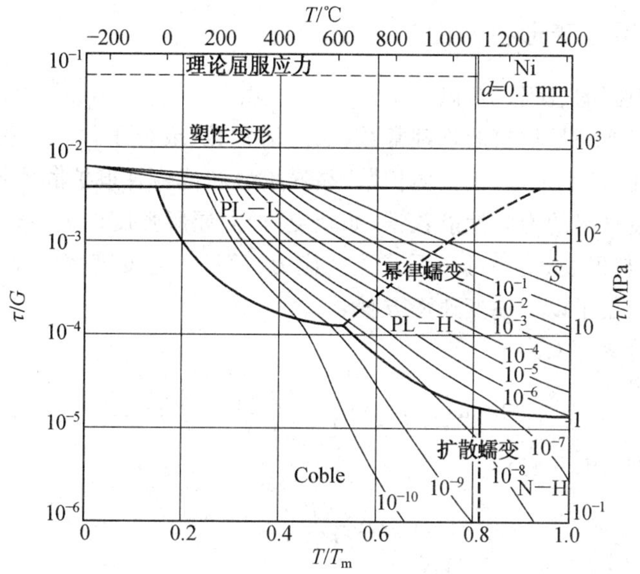

图 2.45 纯 Ni(晶粒直径 0.1 mm) 应力－温度变形机制图

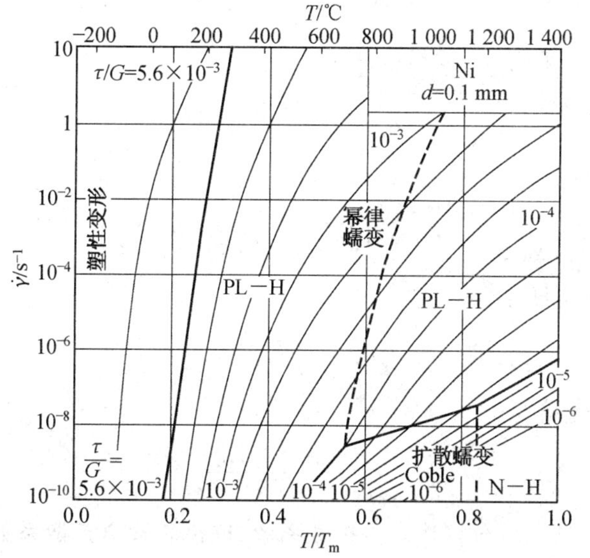

图 2.46 纯 Ni(晶粒直径 0.1 mm) 应变速率－温度－变形机制图

变形机制图理论以及主要耐热材料变形机制图的建立工作是由 Frost 和 Ashby 完成。在建立各种材料的变形机制图的过程中，Frost 和 Ashby 收集和整理了大量的蠕变试验数据(包括蠕变激活能、应力指数以及 Dorn 常数 A) 和各种材料的物理常数(包括弹性模量及其温度依赖性、晶格扩散、晶界扩散和位错扩散的激活能 Q 及扩散常数 D_0、晶格常数及原子体积等)，从而形成了相当完整的蠕变数据库。这些数据不仅可以用来建立高温变形机制图，对实际材料的蠕变应力分析和蠕变构件的设计以及蠕变损伤和断裂分析等工作也有很高的应用价值。本节将比较详细地介绍 Frost 和 Ashby 的理论和方法。

2.3.3 热塑性变形机制图的建立

建立变形机制图的过程包括以下步骤：

第一步：收集或测量材料的物理常数，如晶格常数(或分子体积)、柏氏矢量、弹性模量及其温度依赖性、扩散系数(包括体扩散、晶界扩散和位错管道扩散系数)等。

第二步：收集材料的力学性能数据，如硬度、低温屈服强度以及各种变形机制的本构方程，即蠕变速率与温度、应力的关系或流变应力与温度、应变速率的关系。Ashby在建立变形机制图时利用了以下蠕变速率方程。

位错热激活滑移(AG)：

$$\dot{\gamma}=\alpha\left(\frac{\tau}{G}\right)^{2}\exp\left[-\frac{\Delta F}{kT}\left(1-\frac{\tau}{\hat{\tau}}\right)\right] \tag{2.10}$$

高温幂律端变(PL－H)：

$$\dot{\gamma}=A\,\frac{DGb}{kT}\left(\frac{\tau}{G}\right)^{n} \tag{2.11}$$

低温幂律蠕变(PL－L)：

$$\dot{\gamma}=A\,\frac{10a_{c}D_{c}Gb}{kTb^{2}}\left(\frac{\tau}{G}\right)^{n+2} \tag{2.12}$$

H－D蠕变(H－D)：

$$\dot{\gamma}=A_{HD}\,\frac{DGb}{kT}\left(\frac{\tau}{G}\right) \tag{2.13}$$

幂律失效(PLB)：

$$\dot{\gamma}=A'\left[\sinh\left(\alpha'\,\frac{\tau}{G}\right)\right]^{n'}\exp\left(-\frac{Q_{c}}{kT}\right) \tag{2.14}$$

体扩散蠕变(N－H)：

$$\dot{\gamma}=\frac{42b^{3}D\tau}{kTd^{2}} \tag{2.15}$$

晶界扩散蠕变(Coble)：

$$\dot{\gamma}=\frac{42\pi b^{3}\delta_{B}D_{B}\tau}{kTd^{3}} \tag{2.16}$$

上述方程中 D、D_c、D_B 分别代表体扩散系数、位错芯管道扩散系数和晶界扩散系数；δ_B 为晶界厚度；a_c 为位错管道扩散的横截面积(位错芯横截面积)；Q_c 为蠕变激活能，kJ/mol。一般情况下，位错管道扩散系数和扩散面积与晶界扩散系数及扩散面积之间存在 $D_c=D_B$ 和 $a_c\approx 2\delta_B^2$ 的关系。各变形机制名称后括号内字符是变形机制简称，在变形机制图中用这些字符标注各区域的主导变形机制。

第三步：利用式(2.10)～式(2.16)计算各温度、应力下各变形机制所产生的变形速率，比较各变形速率以确定占优势的变形机制，将各种机制应变速率叠加起来计算总的应变速率(即应变速率等值线)。在某一温度/应力下上述7种变形机制不可能都起很大的作用，一般是两种机制起比较大的作用而其余可以忽略。变形机制图中两个区域的分界线是起作用的两种变形机制对总应变速率的贡献相同的那些点的轨迹，也就是两种变形机制应变速率相等的 $\tau - T$ 关系曲线即为两个区域的边界曲线。例如，令式(2.16) 和式(2.11) 相等，可得到 N－H 蠕变和 Coble 蠕变这两个区域的分界线方程，$\tau/G = f(T/T_m)$，据此可以画出两区域的分界线。

2.3.4 典型的 FCC 金属热塑性变形机制图

Ni、Cu、Al 等 FCC 金属是工程上极重要的材料，是各种钢铁、Ni 基高温合金、铜合金和铝合金等常用的工程材料的主要构成元素。研究这些金属的变形机制图对工程实际很有价值。

表 2.2 是建立变形机制图所用的各种物理常数。这些物理常数本身就是很有实际应用价值的数据，利用这些数据可以计算并绘出各金属的变形机制图。由于篇幅所限，本节只介绍纯 Ni 和纯 Al 的变形机制图。

表 2.2 几种典型 FCC 金属的物理常数

金　属	Ni	Cu	Al
晶体结构及热数据			
原子体积 /($\Omega \cdot m^{-2}$)	1.09×10^{-29}	1.18×10^{-29}	1.66×10^{-29}
柏氏矢量 $\boldsymbol{b}$/m	2.49×10^{-10}	2.56×10^{-10}	2.86×10^{-10}
熔点 T/K	1 726	1 356	933
弹性模量①			
300 K 剪切模量 G/MPa	7.89×10^{4}	4.21×10^{4}	2.54×10^{4}
$(T_m/G_0)/(dG/dT)$	−0.64	−0.54	−0.50
体扩散②			
指前项 D_0/($m^2 \cdot s^{-1}$)	1.9×10^{-4}	2.9×10^{-4}	1.7×10^{-4}
扩散激活能 Q/($kJ \cdot mol^{-1}$)	284	197	142
晶界扩散②			
指前项 D_0/($m^2 \cdot s^{-1}$)	3.5×10^{-15}	5.0×10^{-15}	5.0×10^{-14}
扩散激活能 Q/($kJ \cdot mol^{-1}$)	115	104	84
位错管道扩散			
指前项 D_0/($m^2 \cdot s^{-1}$)	3.1×10^{-23}	1.0×10^{-24}	7.0×10^{-25}
扩散激活能 Q/($kJ \cdot mol^{-1}$)	170	117	82
幂律蠕变			
应力指数 n	4.6	4.8	4.4
Dom 常数 A	3.0×10^{5}	7.4×10^{5}	3.4×10^{6}
幂律失效 α'	—	794	1 000
热激活滑移			
0 K 流变应力 $\hat{\tau}/G_0$	6.3×10^{-3}	6.3×10^{-3}	7.2×10^{-3}
指前项 $\dot{\gamma}_0$/s^{-1}	10^{6}	10^{6}	10^{6}
激活能 $\Delta F/G_0 b^3$	0.5	0.5	0.5

注：① $G = G_0\left(1 + \frac{T-300}{T_m}\right)\frac{T_m dG}{G_0 dT}$；

② $D = D_0 \exp\left(-\frac{Q}{RT}\right)$

面心立方金属的晶格摩擦力(peierls 应力或称 P－N 力)很小,决定流变应力的主要因素是位错结构,即位错的排列和密度,因此流变应力强烈地依赖于加工硬化程度。面心立方金属的变形机制图也多是对加工硬化状态建立的,位错密度设定为 $6.25\times10^{14}\ m^{-2}$,这相当于位错间距 $l=\rho^{-1/2}=4\times10^{-8}\ m$。对于退火金属位错间距设定为 $l=2\times10^{-7}\ m$。

图 2.46 是晶粒尺寸为 0.1 mm 的纯 Ni 的变形机制图。晶粒尺寸为 1 mm 的加工硬化态纯 Ni 的变形机制图如图 2.47 所示。变形机制图分为三个区域:塑性变形区(应力超过屈服应力而发生塑性变形)、幂律蠕变区和扩散蠕变区。其中幂律蠕变区被细分为位错芯扩散控制的低温蠕变区和体扩散控制的高温蠕变区。在图 2.46 中,扩散蠕变区被细分为体扩散控制的 N－H 蠕变区(或高温区)和晶界扩散控制的 Coble 蠕变区(或低温区);而在图 2.47 中,因晶粒尺寸很大,没有出现 Coble 蠕变。根据现有的试验数据还不能求得方程式(2.14)中的常数 A' 和 a',因此未能确定出 PLB 区。图中上部虚线为理论屈服强度线。

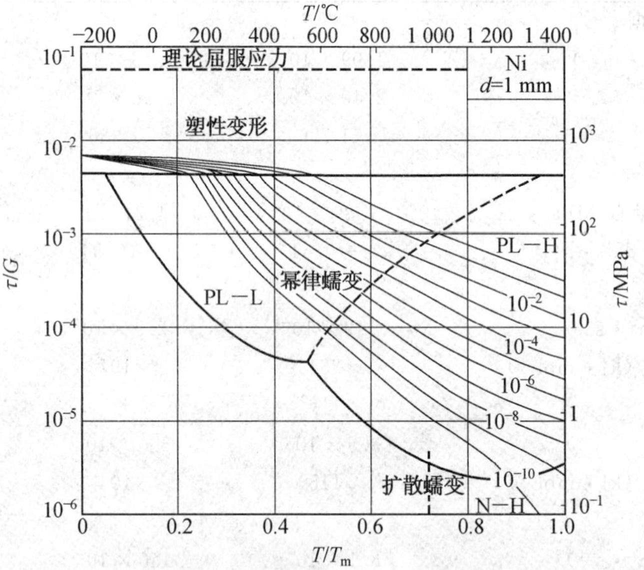

图 2.47 加工硬化态纯 Ni 的变形机制图

Al 是纯金属蠕变试验用的典型材料,过去几十年来已对纯 Al 做了大量的研究,积累了非常丰富的蠕变数据,为建立变形机制图奠定了基础。图 2.48 是细晶粒($d=10\ \mu m$)纯 Al 的变形机制图。在高温、低应力下,细晶粒 Al 的变形中扩散蠕变占优势,扩散蠕变又被细分为体扩散控制的 N－H 蠕变和晶界扩散控制的 Coble 蠕变。图中将 $\tau/G=10^{-3}$ 作为幂律失效的应力。另外,粗晶粒($d=1$ mm)Al 的变形中 Harper－Dorn 蠕变占优势,不出现扩散蠕变区。

2.3.5 Fe 与 Ni 基合金材料的变形机制图

三种晶体结构的纯 Fe、铁素体耐热钢和奥氏体不锈钢的各种物理常数及蠕变方程的常数见表 2.3 和表 2.4。利用这些数据可以绘制工程上重要的耐热钢及不锈钢的变形机

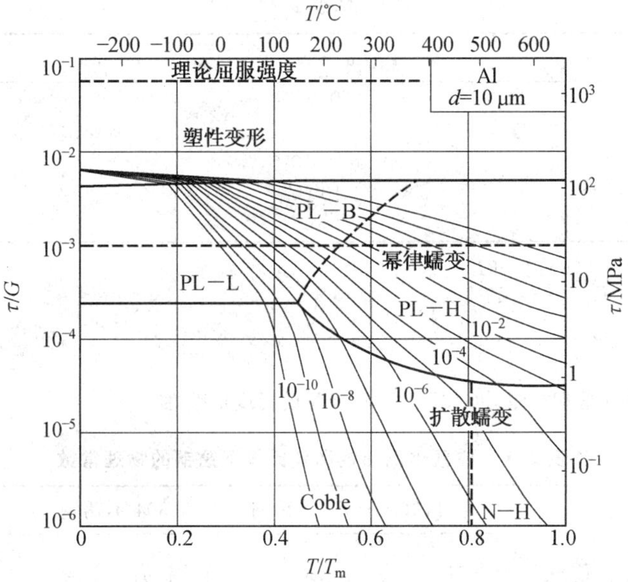

图 2.48 细晶粒纯 A1 的变形机制图($d = 10\ \mu$m)

制图,这里只给出 304 不锈钢的变形机制图,如图 2.49 所示。因为从室温到固相线温度保持单相奥氏体组织,其变形机制图与纯金属类似。因为晶粒尺寸较小,只出现晶界扩散控制的 Coble 蠕变,而不出现体扩散控制的 N－H 蠕变。

表 2.3 三种晶体结构的纯铁的物理常数

材　　料	α－Fe		γ－Fe	δ－Fe
晶体结构及热数据				
原子体积 /($\Omega \cdot m^{-2}$)	1.18×10^{-29}		1.21×10^{-29}	1.18×10^{-29}
柏氏矢量 $\boldsymbol{b}$/m	2.48×10^{-10}		2.58×10^{-10}	2.48×10^{-10}
温度区间 T/K	0 ~ 1 184		1 184 ~ 1 665	1 665 ~ 1 810
弹性模量①	铁磁性	压磁性		
300 K 剪切模量 G/MPa	6.4×10^4	6.92×10^4	8.1×10^4	3.9×10^4
$(T_m/G_0)/(dG/dT)$	−0.81	−1.31	−0.91	−0.72
体扩散(正常)②				
指前项 D_0/($m^2 \cdot s^{-1}$)	2.0×10^{-4}	1.9×10^{-4}	1.8×10^{-4}	1.9×10^{-4}
扩散激活能 Q/($kJ \cdot mol^{-1}$)	251	239	270	239
晶界扩散②				
指前项 D_0/($m^2 \cdot s^{-1}$)	1.1×10^{-12}		7.5×10^{-14}	1.1×10^{-12}
扩散激活能 Q/($kJ \cdot mol^{-1}$)	174		159	174
位错管道扩散②				
指前项 D_0/($m^2 \cdot s^{-1}$)	1.0×10^{-23}		1.0×10^{-23}	1.0×10^{-23}
扩散激活能 Q/($kJ \cdot mol^{-1}$)	174		159	174
幂律蠕变				
应力指数 n	6.9		4.5	6.9
Dom 常数 A	7.0×10^{10}		4.3×10^5	7.0×10^{12}
热激活滑移				
0 K 流变应力 $\hat{\tau}/G_0$	1.7×10^{-3}		—	—
指前项 $\dot{\gamma}_0/s^{-1}$	10^6		—	—

续表 2.3

材　　料	$\alpha-Fe$	$\gamma-Fe$	$\delta-Fe$
激活能 $\Delta F/G_0b^3$	0.5	—	—
晶格摩擦控制滑移			
0 K 流变应力 $\hat{\tau}/G_0$	1.0×10^{-2}	—	—
指前项 $\dot{\gamma}_0/s^{-1}$	10^{11}	—	—
激活能 $\Delta F/G_0b^3$	0.1	—	—

注：①$G=G_0\left(1+\frac{T-300}{T_m}\right)\frac{T_m dG}{G_0 dT}$；

②$D=D_0\exp\left(-\frac{Q}{RT}\right)$；

③G_0 为 0 K(下的) 剪切模量，dG/dT 为弹性模量的温度依赖性

表 2.4　铁素体耐热钢和奥氏体不锈钢的物理常数

材　　料	1%Cr－Mo－V 钢		304 不锈钢	316 不锈钢
晶体结构及热数据				
原子体积 /$(\Omega\cdot m^{-2})$	1.18×10^{-29}		1.21×10^{-29}	1.21×10^{-29}
柏氏矢量 b/m	2.48×10^{-10}		2.58×10^{-10}	2.58×10^{-10}
熔点 T/K	1 753		1 680	1 680
弹性模量①				
300 K 剪切模量 G/MPa	8.1×10^{4}		8.1×10^{4}	8.1×10^{4}
$(T_m/G_0)(dG/dT)$	－1.09		－0.85	－0.85
体扩散(正常)②	铁磁性	顺磁性		
指前项 $D_0/(m^2\cdot s^{-1})$	2.0×10^{-4}	1.9×10^{-4}	3.7×10^{-5}	3.7×10^{-5}
扩散激活能 $Q/(kJ\cdot mol^{-1})$	251	239	280	280
晶界扩散②				
指前项 $D_0/(m^2\cdot s^{-1})$	1.1×10^{-12}		2.0×10^{-13}	2.0×10^{-13}
扩散激活能 $Q/(kJ\cdot mol^{-1})$	174		167	167
位错芯扩散②				
指前项 $D_0/(m^2\cdot s^{-1})$	1.0×10^{-24}		—	—
扩散激活能 $Q/(kJ\cdot mol^{-1})$	174		—	—
幂律蠕变				
应力指数 n	6.0		7.5	7.9
Dorn 常数 A	1.1×10^{4}		1.5×10^{12}	1.0×10^{10}
热激活滑移				
0 K 流变应力 $\hat{\tau}/G_0$	6.2×10^{-3}		6.5×10^{-3}	6.5×10^{-3}
指前项 $\dot{\gamma}_0/s^{-1}$	10^{6}		10^{6}	10^{6}
激活能 $\Delta F/G_0b^3$	2.0		0.5	0.5
晶格摩擦控制滑移				
0 K 流变应力 $\hat{\tau}/G_0$	1.0×10^{-2}		—	—
指前项 $\dot{\gamma}_0/s^{-1}$	10^{11}		—	—
激活能 $\Delta F/G_0b^3$	0.1		—	—

注：$G=G_0\left(1+\frac{T-300}{T_m}\right)\frac{T_m dG}{G_0 dT}$；

②$D=D_0\exp\left(-\frac{Q}{RT}\right)$；

③G_0 为 0 K(下的) 剪切模量，dG/dT 为弹性模量的温度依赖性

Ni 基高温合金是制造航空发动机的重要材料。Ni 基高温合金的基本成分是 Ni－Cr－Al，Ti。15％～25％(质量分数)Cr 溶解在 Ni 中构成合金的固溶体基体，合金元素 A1 和 Ti 则在合金中析出 γ′ 相 —Ni_3(A1，Ti)，起沉淀强化作用。在某些 Ni 基合金中还添加氧化物粒子(如 ThO_2)，弥散分布的细小氧化物粒子进一步提高了合金的高温强度。本节介绍三种典型 Ni 基合金的物理常数和其中一种合金的变形机制图。Ni－20Cr 是大多数商用 Ni 基合金的基体成分，是单相固溶体合金；Ni－22.6Cr－1％(体积分数)ThO_2 是氧化物弥散强化合金(ODS 合金)，MAR－M200 合金是利用 γ′ 相沉淀强化的商用合金。表 2.5 是三种 Ni 基高温合金的物理常数。图 2.50 是细晶粒 MAR－M200 合金的变形机制图。

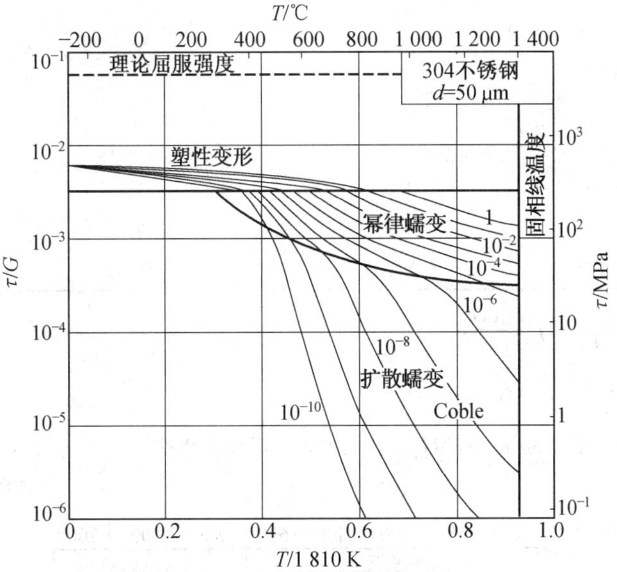

图 2.49 晶粒尺寸为 5 μm 的 304 不锈钢的变形机制图

表 2.5 三种 Ni 基高温合金的物理常数

材　料	Ni－20Cr	Ni－22.6Cr－1％(体积分数)ThO_2	MAR－M200
晶体结构及热数据			
原子体积 /(Ω · m^{-2})	1.1×10^{-29}	1.1×10^{-29}	1.1×10^{-29}
柏氏矢量 b/m	2.5×10^{-10}	2.5×10^{-10}	2.5×10^{-10}
熔点 T/K	1 653	1 660	1 600
弹性模量①			
300 K 剪切模量 G/MPa	8.31×10^{4}	8.31×10^{4}	8.0×10^{4}
$(T_m/G_0)(dG/dT)$	－0.5	－0.5	－0.5
体扩散(正常)②	铁磁性　顺磁性		
指前项 D_0/(m^2 · s^{-1})	1.6×10^{-4}	1.6×10^{-4}	1.6×10^{-4}
扩散激活能 Q/(kJ · mol^{-1})	285	285	285
晶界扩散②			
指前项 D_0/(m^2 · s^{-1})	2.8×10^{-15}	2.8×10^{-15}	2.8×10^{-15}

续表 2.5

材　　料	Ni－20Cr	Ni－22.6Cr－1%(体积分数)ThO_2	MAR－M200
扩散激活能 $Q/(kJ \cdot mol^{-1})$	115	115	115
位错芯扩散②			
指前项 $D_0/(m^2 \cdot s^{-1})$	1.0×10^{-25}	1.0×10^{-25}	1.0×10^{-25}
扩散激活能 $Q/(kJ \cdot mol^{-1})$	170	170	170
幂律蠕变			
应力指数 n	4.6	7.2	7.7
Dorn 常数 A	1.22×10^{5}	1.5×10^{11}	
蠕变激活能 $Q_c/(kJ \cdot mol^{-1})$			556
蠕变指前因子 A'/s^{-1}	—	—	5.3×10^{-34}
热激活滑移			
0 K 流变应力 $\hat{\tau}/G_0$	6.3×10^{-3}	1.0×10^{-3}	8.3×10^{-3}
指前项 $\dot{\gamma}_0/s^{-1}$	10^6	10^6	10^6
激活能 $\Delta F/G_0b^3$	0.5	2.0	2.0
层错能 $\gamma_{SF}/(J \cdot m^{-2})$	0.10	0.80	—

注：①$G = G_0\left(1+\frac{T-300}{T_m}\right)\frac{T_m dG}{G_0 dT}$；

②$D = D_0\exp\left(-\frac{Q}{RT}\right)$；

③G_0 为 0 K(下的) 剪切模量，dG/dT 为弹性模量的温度依赖性

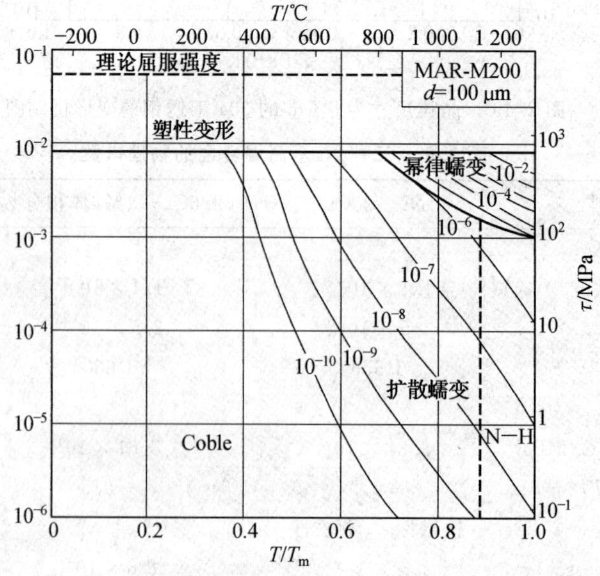

图 2.50　晶粒尺寸为 0.1 mm 的 MAR－M200 合金的变形机制图

第3章　材料热塑性变形行为

热加工过程通常指锻造、热轧等工艺过程。许多金属材料或成品都要经受热加工。金属的塑性、变形抗力以及中间制品和成品的组织性能，都受热加工过程的影响。

热加工是在高温下进行的塑性变形过程，一般变形温度均高于 $0.5T_m$（T_m 是金属材料的熔化温度，K）以上，即远高于再结晶温度以上。但是，热加工过程不一定都属于热变形过程，也可能是不完全热变形过程。因此，热加工中的塑性变形机理，不仅取决于材料的化学成分、组织结构，而且与变形温度、变形速度等因素密切相关。

3.1　热塑性变形时材料的软化过程

金属在塑性变形过程中一般都伴随有加工硬化现象，有加工硬化的金属在高温下就发生回复或再结晶。就热加工过程而言，变形温度高于再结晶温度，因此在变形体内，加工硬化与回复或再结晶软化过程总是同时存在。就回复或再结晶发生的状态来看，可分为五种形态：静态回复、静态再结晶、动态回复、动态再结晶和亚动态再结晶。

3.1.1　静态回复

冷加工后的金属材料在较低温度退火时其性能朝着原来的水平作某种程度的回复，反映这种变化的反应称为静态回复。在回复阶段，由于不发生大角度晶界的迁移，所以晶粒的形状和大小与变形态的相同，仍保持纤维状或扁平状，从光学显微组织上几乎看不出变化。

1. 回复动力学

回复是冷变形金属在退火时发生组织性能变化的早期阶段，在此阶段内物理或力学性能（如强度和电阻率等）的回复程度是随温度和时间而变化的。图3.1为同一变形程度的多晶体铁在不同温度退火时，屈服强度的回复动力学曲线。图中横坐标为时间，纵坐标为剩余应变硬化分数$(1-R)$，R 为屈服强度回复率，其计算公式为

$$R=\frac{\sigma_m-\sigma_r}{\sigma_m-\sigma_o}$$

式中　σ_m、σ_r、σ_o—— 变形后、回复后和完全退火后的屈服强度。

显然，$(1-R)$ 越小，即 R 越大，则表示回复程度越大。

动力学曲线表明，回复是一个弛豫过程，其特点为：

① 没有孕育期。

② 在一定温度时，初期的回复速率很大，随后即逐渐变慢，直到趋近于零。

③ 每一温度的回复程度有一极限值，退火温度越高，这个极限值也越高，而达到此一极限值所需时间则越短。

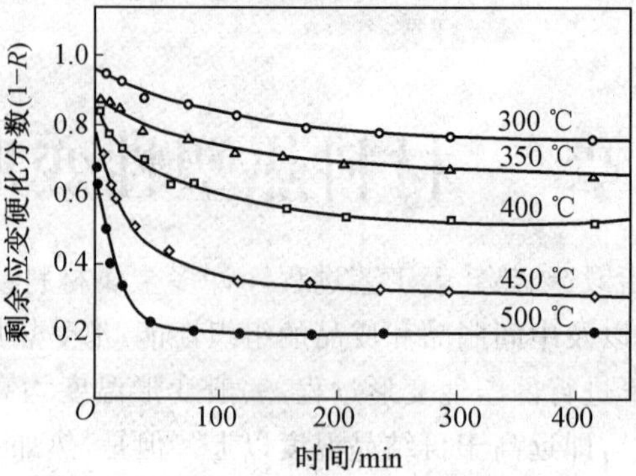

图 3.1 同一变形程度的多晶体铁在不同温度退火时，屈服强度的回复动力学曲线

④ 预变形量越大，起始的回复速率也越快。

⑤ 晶粒尺寸减小也有利于回复过程的加快。

这种回复特征通常可用一级反应方程来表达：

$$\frac{\mathrm{d}x}{\mathrm{d}t}=-cx \tag{3.1}$$

式中 t—— 恒温下的加热时间；

x—— 冷变形导致的性能增量经加热后的残留分数；

c—— 与材料和温度有关的比例常数，c 值与温度的关系具有典型的热激活过程的特点，可由著名的阿累尼乌斯(Arrhenius) 方程来描述：

$$c=c_0\,\mathrm{e}^{\frac{-Q}{RT}} \tag{3.2}$$

式中 Q—— 激活能；

R—— 气体常数；

T—— 绝对温度；

c_0—— 比例常数。

将上式代入一级反应方程中并积分，以 x_0 表示开始时性能增量的残留分数，则得

$$\int_{x_0}^{x}\frac{\mathrm{d}x}{x}=-c_0\,\mathrm{e}^{\frac{-Q}{RT}}\int_0^t\mathrm{d}t$$

$$\ln\frac{x_0}{x}=c_0t\mathrm{e}^{\frac{-Q}{RT}} \tag{3.3}$$

在不同温度下，如以回复到相同程度做比较，此时上式的左边为一常数，两边取对数，可得

$$\ln t=A+\frac{Q}{RT} \tag{3.4}$$

式中 A—— 常数。

作 $\ln t-1/T$ 图，如为直线，则由直线斜率可求得回复过程的激活能。

试验研究表明，对冷变形铁在回复时其激活能因回复程度不同而有不同的激活能值。如在短时间回复时求得的激活能与空位迁移能相近，而在长时间回复时求得的激活

能则与自扩散激活能相近。这说明对于冷变形铁的回复，不能用一种单一的回复机制来描述。

2. 回复机制

回复阶段的加热温度不同，冷变形金属的回复机制各异。

(1) 低温回复。

低温时，回复主要与点缺陷的迁移有关。冷变形时产生大量点缺陷 —— 空位和间隙原子，而从式(3.1)中得知，点缺陷运动所需的热激活较低，因而可在较低温度就可进行。它们可迁移至晶界(或金属表面)，并通过空位与位错的交互作用、空位与间隙原子的重新结合，以及空位聚合起来形成空位对、空位群和空位片 —— 崩塌成位错环而消失，从而使点缺陷密度明显下降，故对点缺陷很敏感的电阻率此时也明显下降。

(2) 中温回复。

加热温度稍高时，会发生位错运动和重新分布。回复的机制主要与位错的滑移有关：同一滑移面上异号位错可以相互吸引而抵消；位错偶极子的两根位错线相消等。

(3) 高温回复。

高温(约为 $0.3T_m$) 时，刃型位错可获得足够能量产生攀移。攀移产生了两个重要的后果：

① 使滑移面上不规则的位错重新分布，刃型位错垂直排列成墙，这种分布可显著降低位错的弹性畸变能，因此，可看到对应于此温度范围有较大的应变能释放；

② 沿垂直于滑移面方向排列并具有一定取向差的位错墙(小角度亚晶界)，以及由此所产生的亚晶，即多边化结构。

显然，高温回复多边化过程的驱动力主要来自应变能的下降。多边化过程产生的条件为：

① 塑性变形使晶体点阵发生弯曲。

② 在滑移面上有塞积的同号刃型位错。

③ 需加热到较高的温度，使刃型位错能够产生攀移运动。

多边化后刃型位错的排列情况如图 3.2 所示，故形成了亚晶界。一般认为，在产生单滑移的单晶体中多边化过程最为典型；而在多晶体中，由于容易发生多系滑移，不同滑移系上的位错往往会缠结在一起，会形成胞状组织，故多晶体的高温回复机制比单晶体更为复杂，但从本质上看也是包含位错的滑移和攀移。通过攀移使同一滑移面上异号位错相消，位错密度下降，位错重排成较稳定的组态，构成亚晶界，形成回复后的亚晶结构。

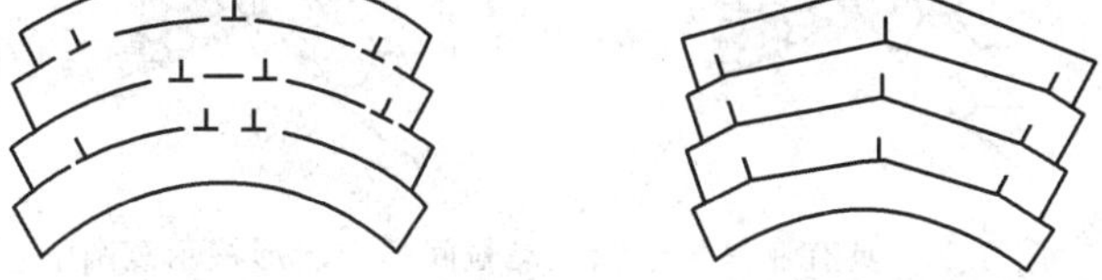

(a) 多边化前刃型位错散乱分布　(b) 多边化后刃型位错排列成位错墙

图 3.2　位错在多边化过程中重新分布

从上述回复机制可以理解，回复过程中电阻率的明显下降主要是由于过量空位的减少和位错应变能的降低；内应力的降低主要是由于晶体内弹性应变的基本消除；硬度及强度下降不多则是由于位错密度下降不多，亚晶还较细小。

据此，回复退火主要是用作去应力退火，使冷加工的金属在基本上保持加工硬化状态的条件下降低其内应力，以避免变形并改善工件的耐蚀性。

3.1.2 静态再结晶

冷变形后的金属加热到一定温度之后，在原变形组织中重新产生了无畸变的新晶粒，而性能也发生了明显的变化并恢复到变形前的状况，这个过程称为再结晶。因此，与前述回复的变化不同，再结晶是一个显微组织重新改组的过程。

再结晶的驱动力是变形金属经回复后未被释放的储存能（相当于变形总储能的90％）。通过再结晶退火可以消除冷加工的影响，故在实际生产中起重要作用。

1. 再结晶过程

再结晶是一种形核和长大过程，即通过在变形组织的基体上产生新的无畸变再结晶晶核，并通过逐渐长大形成等轴晶粒，从而取代全部变形组织的过程。不过，再结晶的晶核不是新相，其晶体结构并未改变，这是与其他固态相变不同的地方。

(1) 形核。

再结晶时，透射电镜观察表明，再结晶晶核是现存于局部高能量区域内的，以多边化形成的亚晶为基础形核。由此提出了几种不同的再结晶形核机制：

① 晶界弓出形核。对于变形程度较小（一般小于20％）的金属，其再结晶核心多以晶界弓出方式形成，即应变诱导晶界移动或称为凸出形核机制。

当变形度较小时，各晶粒之间将由于变形不均匀性而引起位错密度不同。如图3.3所示，A、B两相邻晶粒中，若B晶粒因变形度较大而具有较高的位错密度时，则经多边化后，其中所形成亚晶尺寸也相对较为细小。于是，为了降低系统的自由能，在一定温度条件下，晶界处A晶粒的某些亚晶将开始通过晶界弓出迁移而凸入B晶粒中，以吞食B晶粒中亚晶的方式开始形成无畸变的再结晶晶核。

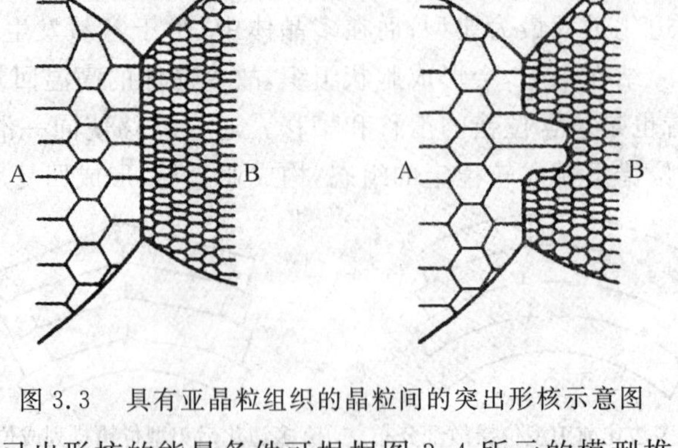

图3.3　具有亚晶粒组织的晶粒间的突出形核示意图

再结晶时，晶界弓出形核的能量条件可根据图3.4所示的模型推导。设弓出的晶界由位置1移到位置2时扫过的体积为dV，其面积为dA，由此而引起的单位体积总的自由能变化为ΔG，令晶界的表面能为γ，而冷变形晶粒中单位体积的储存能为E_S。假定晶界

扫过地方的储存能全部释放，则弓出的晶界由位置 1 移到位置 2 时的自由能变化为

$$\Delta G = -E_S + \gamma \frac{dA}{dV} \tag{3.5}$$

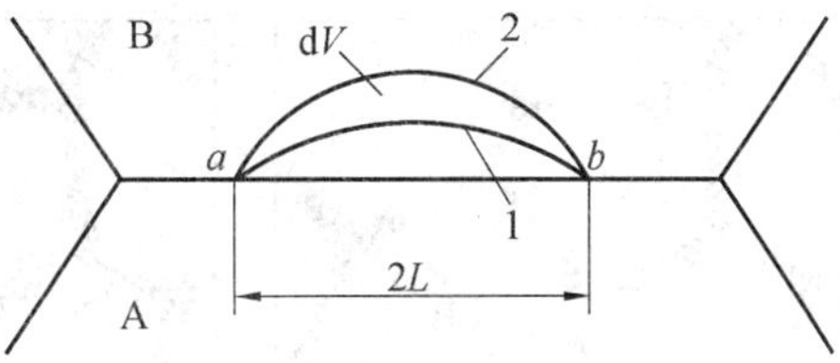

图 3.4 晶界弓出形核模型

对一个任意曲面，可以定义两个主曲率半径：r_1 与 r_2，当这个曲面移动时，有

$$\frac{dA}{dV} = \frac{1}{r_1} + \frac{1}{r_2} \tag{3.6}$$

如果该曲面为一球面，则 $r_1 = r_2 = r$，而

$$\frac{dA}{dV} = \frac{2}{r} \tag{3.7}$$

故此，当弓出的晶界为一球面时，其自由能变化为

$$\Delta G = -E_S + \frac{2\gamma}{r} \tag{3.8}$$

显然，若晶界弓出段两端 a，b 固定，且 γ 值恒定，则开始阶段随 ab 弓出弯曲，r 逐渐减小，ΔG 值增大，当 r 达到最小值（$r_{min} = \frac{ab}{2} = L$）时，$\Delta G$ 将达到最大值。此后，若继续弓出，由于 r 的增大而使 ΔG 减小，于是，晶界将自发地向前推移。因此，一段长为 $2L$ 的晶界，其弓出形核的能量条件为 $\Delta G < 0$，即

$$E_S \geqslant \frac{2\gamma}{L} \tag{3.9}$$

这样，再结晶的形核将在现成晶界上两点间距离为 $2L$，而弓出距离大于 L 的凸起处进行。使弓出距离达到 L 所需的时间即为再结晶的孕育期。

② 亚晶形核。图 3.5 所示为三种再结晶形核方式的示意图，此机制一般是在大的变形度下发生。前面已述及，当变形度较大时，晶体中位错不断增殖，由位错缠结组成的胞状结构，将在加热过程中容易发生胞壁平直化，并形成亚晶。借助亚晶作为再结晶的核心，其形核机制又可分为以下两种：

a. 亚晶合并机制。在回复阶段形成的亚晶，其相邻亚晶边界上的位错网络通过解离、拆散，以及位错的攀移与滑移，逐渐转移到周围其他亚晶界上，从而导致相邻亚晶边界的消失和亚晶的合并。合并后的亚晶，由于尺寸增大，以及亚晶界上位错密度的增加，使相邻亚晶的位向差相应增大，并逐渐转化为大角度晶界，它比小角度晶界具有大得多的迁移率，故可以迅速移动，清除其移动路程中存在的位错，使在它后面留下无畸变的晶体，从而构成再结晶核心。在变形程度较大且具有高层错能的金属中，多以这种亚晶合并机制形核。

b. 亚晶迁移机制。由于位错密度较高的亚晶界，其两侧亚晶的位向差较大，故在加热过程中容易发生迁移并逐渐变为大角晶界，于是就可作为再结晶核心而长大。此机制常出现在变形度很大的低层错能金属中。

上述两种机制都是依靠亚晶粒的粗化来发展为再结晶核心的。亚晶粒本身是在剧烈应变的基体只通过多边化形成的，几乎无位错的低能量地区，它通过消耗周围的高能量区

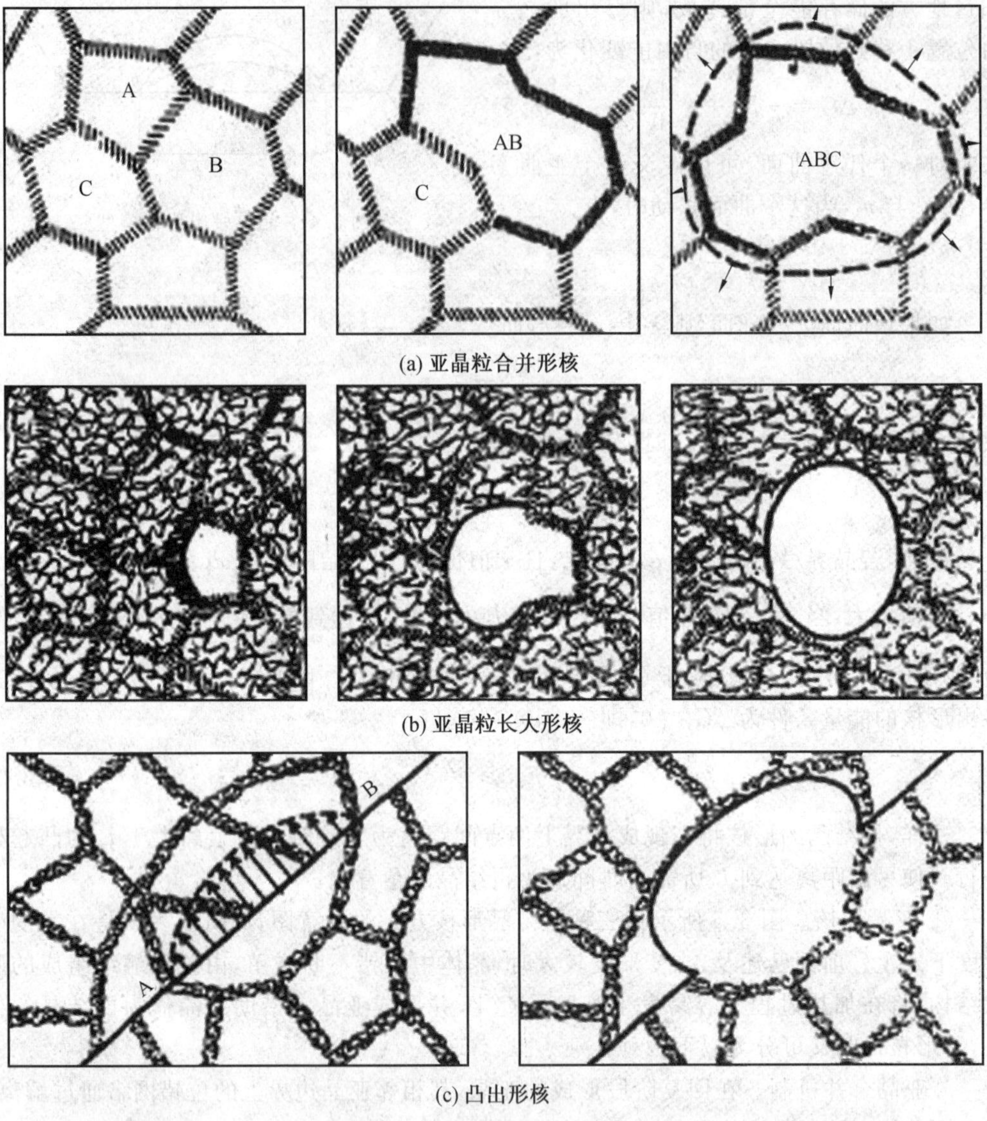

图 3.5　三种再结晶形核方式的示意图

长大成为再结晶的有效核心，因此，随着形变度的增大会产生更多的亚晶而有利于再结晶形核。这就可解释再结晶后的晶粒为什么会随着变形度的增大而变细的问题。

(2) 长大。

再结晶晶核形成之后，它就借界面的移动而向周围畸变区域长大。界面迁移的推动力是无畸变的新晶粒本身与周围畸变的母体(即旧晶粒)之间的应变能差，晶界总是背离其曲率中心，向着畸变区域推进，直到全部形成无畸变的等轴晶粒为止，再结晶即完成。

2. 再结晶动力学

再结晶动力学决定于形核率 $\dot{N}$ 和长大速率 G 的大小。若以纵坐标表示已发生再结晶的体积分数，横坐标表示时间，则由试验得到的恒温动力学曲线具有图 3.6 所示的典型

"S"形曲线特征。该图表明，再结晶过程有一孕育期，且再结晶开始时的速度很慢，随之逐渐加快，至再结晶的体积分数约为50%时速度达到最大，最后又逐渐变慢，这与回复动力学有明显的区别。

Johnson和Mehl在假定均匀形核、晶核为球形，$\dot{N}$和G不随时间而改变的情况下，推导出在恒温下经过t时间后，已经再结晶的体积分数φ_R可表示为

$$\varphi_R = 1 - \exp\left(\frac{-\pi \dot{N} G^3 t^4}{3}\right) \tag{3.10}$$

这就是约翰逊－梅厄方程，它适用于符合上述假定条件的任何相变(一些固态相变倾向于在晶界形核生长，不符合均匀形核条件，此方程就不能直接应用)。用它对Al的计算结果与试验符合。

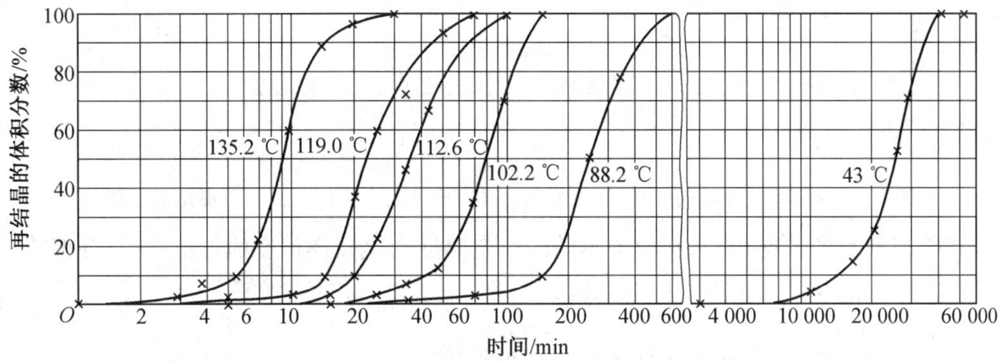

图3.6　经98%冷轧的纯铜(质量分数为99.999%)在不同温度下的等温再结晶曲线

但是，由于恒温再结晶时的形核率$\dot{N}$是随时间的增加而呈指数关系衰减的，故通常采用阿弗拉密(Avrami)方程进行描述，即

$$\varphi_R = 1 - \exp(-Bt^K)\ \text{或}\ \lg\ln\frac{1}{1-\varphi_R} = \lg B + k\lg t \tag{3.11}$$

式中　B、K——常数，可通过试验确定，作$\lg\ln\frac{1}{1-\varphi_R}-\lg t$图，直线的斜率即为$K$值，直线的截距为$\lg B$。

等温温度对再结晶速率v的影响可用阿累尼乌斯公式表示，即$v = Ae^{\frac{-Q}{RT}}$，而再结晶速率与产生某一体积分数φ_R所需的时间t成反比，即$v \propto \frac{1}{t}$，故

$$\frac{1}{t} = A' e^{\frac{-Q}{RT}} \tag{3.12}$$

式中　A'——常数；

Q——再结晶的激活能；

R——气体常数；

T——绝对温度。

对上式两边取对数，则得

$$n\frac{1}{t} = \ln A' - \frac{Q}{R}\cdot\frac{1}{T} \tag{3.13}$$

应用常用对数($2.3\lg x=\ln x$)可得$\frac{1}{T}=\frac{2.3R}{Q}\lg A'+\frac{2.3R}{Q}\lg t$。作$\lg t-\frac{1}{T}$图,直线的斜率为$2.3R/Q$。作图时常以$\varphi_R$为50%时作为比较标准(图3.7)。照此方法求出的再结晶激活能是一定值,它与回复动力学中求出的激活能因回复程度而改变是有区别的。

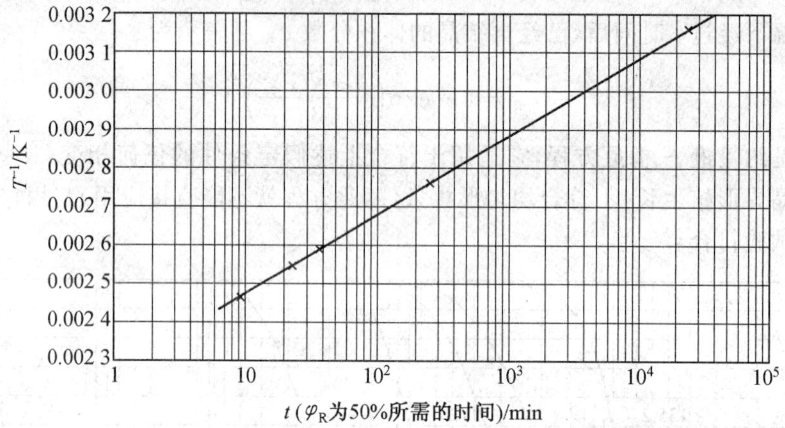

图3.7 经98%冷轧的纯铜(质量分数为99.999%)在不同温度下等温结晶曲线

和等温回复的情况相似,在两个不同的恒定温度产生同样程度的再结晶时,可得

$$\frac{t_1}{t_2}=e^{-\frac{Q}{R}\left(\frac{1}{T_2}-\frac{1}{T_1}\right)} \tag{3.14}$$

这样,若已知某晶体的再结晶激活能及此晶体在某恒定温度完成再结晶所需的等温退火时间,就可计算出它在另一温度等温退火时完成再结晶所需的时间。例如H70黄铜的再结晶激活能为251 kJ/mol,它在400 ℃的恒温下完成再结晶需要1 h,若在390 ℃的恒温下完成再结晶就需1.97 h。

3. 再结晶温度及其影响因素

由于再结晶可以在一定温度范围内进行,为了便于讨论和比较不同材料再结晶的难易,以及各种因素的影响,需对再结晶温度进行定义。

冷变形金属开始进行再结晶的最低温度称为再结晶温度,它可用金相法或硬度法测定,即以显微镜中出现第一颗新晶粒时的温度或以硬度下降50%所对应的温度,定为再结晶温度。工业生产中则通常以经过大变形量(70%以上)的冷变形金属,经1 h退火能完成再结晶($\varphi_R>95\%$)所对应的温度定为再结晶温度。

再结晶温度并不是一个物理常数,它不仅随材料而改变,同一材料其冷变形程度、原始晶粒度等因素也影响着再结晶温度。

(1) 变形程度的影响。

随着冷变形程度的增加,储能也增多,再结晶的驱动力就越大,因此再结晶温度越低(图3.8),同时等温退火时的再结晶速度也越快。但当变形量增大到一定程度后,再结晶温度就基本上稳定不变了。对工业纯金属,经强烈冷变形后的最低再结晶温度T_R/K约等于其熔点T_m/K的0.35～0.4倍。表3.1列出了一些金属的再结晶温度。

注意,在给定温度下发生再结晶需要一个最小变形量(临界变形度)。低于此变形度,不发生再结晶。

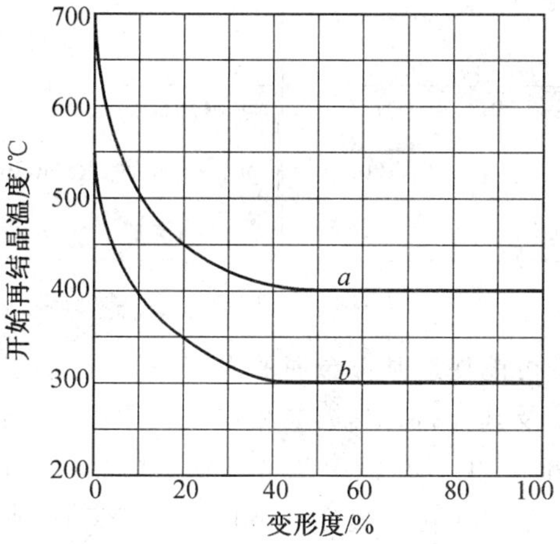

图 3.8 铁和铝的开始再结晶温度与预先冷变形程度的关系
a— 电解铁；*b*— 铝(质量分数 99%)

表 3.1 一些金属的再结晶温度(工业纯金属，经强烈冷变形，在 1 h 退火后完全再结晶)

金属	再结晶温度 /℃	熔点 /℃	$(T_R/K)/(T_M/K)$	金属	再结晶温度 /℃	熔点 /℃	$(T_R/K)/(T_M/K)$
Sn	< 15	232	—	Cu	200	1 083	0.35
Pb	< 15	327	—	Fe	450	1 538	0.40
Zn	15	419	0.43	Ni	600	1 455	0.51
Al	150	660	0.45	Mo	900	2 625	0.41
Mg	150	650	0.46	W	1200	3 410	0.40
Ag	200	960	0.39				

(2) 原始晶粒尺寸。

在其他条件相同的情况下，金属的原始晶粒越细小，则变形的抗力越大，冷变形后储存的能量较高，再结晶温度则较低。此外，晶界往往是再结晶形核的有利地区，所以细晶粒金属的再结晶形核率 $\dot{N}$ 和长大速率 G 均增加，所形成的新晶粒更细小，再结晶温度也被降低。

(3) 微量溶质原子。

微量溶质原子的存在对金属的再结晶有很大的影响。表 3.2 列出了一些微量溶质原子对冷变形纯铜的再结晶温度的影响。微量溶质原子存在显著提高再结晶温度的原因可能是溶质原子与位错及晶界间存在交互作用，使溶质原子倾向于在位错及晶界处偏聚，对位错的滑移与攀移和晶界的迁移起着阻碍作用，从而不利于再结晶的形核和核的长大，阻碍再结晶过程。

表 3.2 微量溶质原子对光谱纯铜(质量分数为 99.999%)50% 再结晶的温度影响

材料	50% 再结晶温度 /℃	材料	50% 再结晶温度 /℃
光谱纯铜	140	光谱纯铜加 Sa(w(Sa) = 0.01%)	315
光谱纯铜加 Ag(w(Ag) = 0.01%)	205	光谱纯铜加 Sb(w(Sb) = 0.01%)	320
光谱纯铜加 Cd(w(Cd) = 0.01%)	305	光谱纯铜加 Te(w(Te) = 0.01%)	370

(4) 第二相粒子。

第二相粒子的存在既可能促进基体金属的再结晶，也可能阻碍再结晶，这主要取决于基体上分散相粒子的大小及其分布。当第二相粒子尺寸较大，间距较宽(一般大于 1 μm)时，再结晶核心能在其表面产生。在钢中常可见到再结晶核心在夹杂物 MnO 或第二相粒状 Fe_3C 表面上产生：当第二相粒子尺寸很小且又较密集时，则会阻碍再结晶的进行，在钢中常加入 Nb、V 或 Al 形成 NbC、V_4C_3、AlN 等尺寸很小的化合物(< 100 nm)，它们会抑制形核。

(5) 再结晶退火工艺参数。

加热速度、加热温度与保温时间等退火工艺参数，对变形金属的再结晶有不同程度的影响。若加热速度过于缓慢时，变形金属在加热过程中有足够的时间进行回复，使点阵畸变度降低，储能减小，从而使再结晶的驱动力减小，再结晶温度上升。但是，极快速度的加热也会因在各温度下停留时间过短而来不及形核与长大，而致使再结晶温度升高。

当变形程度和退火保温时间一定时，退火温度越高，再结晶速度越快，产生一定体积分数的再结晶所需要的时间也越短，再结晶后的晶粒越粗大。但在一定范围内延长保温时间会降低再结晶温度，如图 3.9 所示。

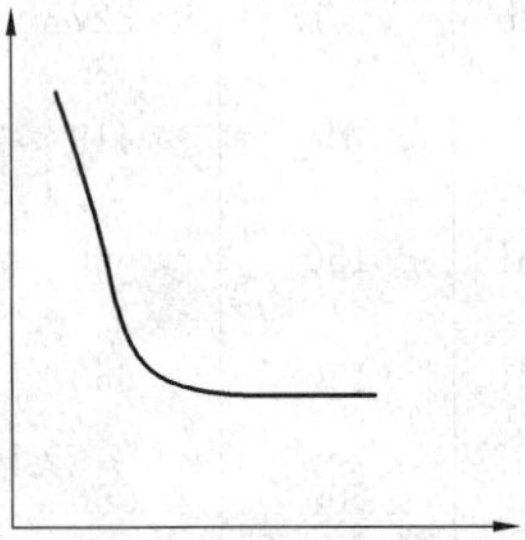

图 3.9 退火时间与再结晶温度的关系

4. 再结晶后的晶粒大小

再结晶完成以后，位错密度较小的新的无畸变晶粒取代了位错密度很高的冷变形晶粒。由于晶粒大小对材料性能将产生重要影响，因此，调整再结晶退火参数，控制再结晶的晶粒尺寸，在生产中具有一定的实际意义。

运用约翰逊 - 梅厄方程，可以证明再结晶后晶粒尺寸 d 与 $\dot{N}$ 和长大速率 $\dot{G}$ 之间存在下列关系：

$$d = 常数(\dot{G}/\dot{N})^{1/4} \tag{3.15}$$

由此可见，凡是影响 $\dot{N}$,$\dot{G}$ 的因素，均影响再结晶的晶粒大小。

(1) 变形度的影响。

冷变形程度对再结晶后晶粒大小的影响如图 3.10 所示。当变形程度很小时，晶粒尺寸即为原始晶粒的尺寸，这是因为变形量过小，造成的储存能不足以驱动再结晶，所以晶粒大小没有变化。当变形程度增大到一定数值后，此时的畸变能已足以引起再结晶，但由于变形程度不大，$\dot{N}/\dot{G}$ 比值很小，因此得到特别粗大的晶粒。通常，把对应于再结晶后得到特别粗大晶粒的变形程度称为"临界变形度"，一般金属的临界变形度为 2% ~ 10%。在生产实践中，要求细晶粒的金属材料应当避开这个变形量，以免恶化工件性能。

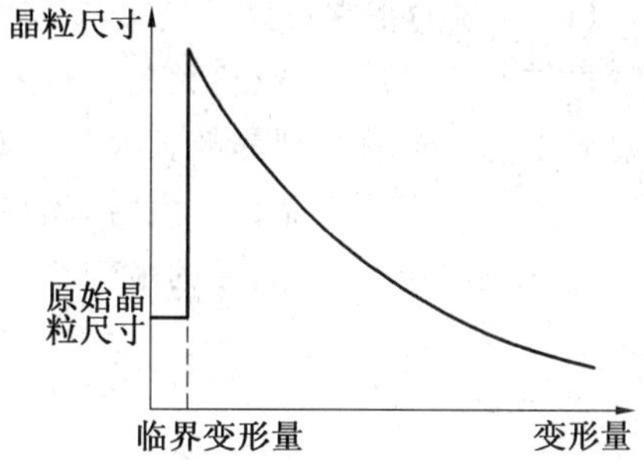

图 3.10　变形量与再结晶晶粒尺寸的关系

当变形量大于临界变形量之后，驱动形核与长大的储存能不断增大，而且形核率 $\dot{N}$ 增大较快，使 $\dot{N}/\dot{G}$ 变大，因此，再结晶后晶粒细化，且变形度越大，晶粒越细化。

(2) 退火温度的影响。

退火温度对刚完成再结晶时晶粒尺寸的影响比较弱，这是因为它对 $\dot{N}/\dot{G}$ 比值影响微弱。但提高退火温度可使再结晶的速度显著加快，临界变形度变小(图 3.11)。若再结晶过程已完成，随后还有一个明显的晶粒长大阶段，温度越高晶粒越粗。如果将变形程度、退火温度及再结晶后晶粒大小的关系表示在一个立体图上，就构成了"再结晶全图"，它对于控制冷变形后退火的金属材料的晶粒大小有很好的参考价值。

此外，原始晶粒大小、杂质含量以及形变温度等均对再结晶后的晶粒大小有影响，在此不再叙述。

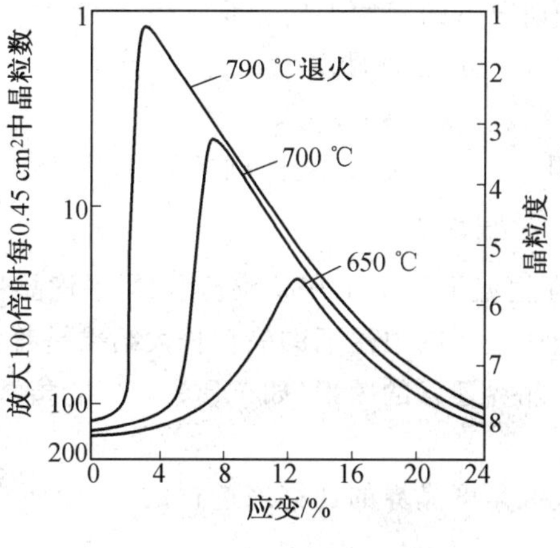

图 3.11　低碳钢(碳质量分数为 0.06%) 应变度及退火温度对再结晶后晶粒大小的影响

5. 晶粒长大

再结晶结束后，材料通常得到细小等轴晶粒，若继续提高加热温度或延长加热时间，将引起晶粒进一步长大。

对晶粒长大而言，晶界移动的驱动力通常来自总的界面能的降低。晶粒长大按其特点可分为两类：正常晶粒长大与异常晶粒长大(二次再结晶)，前者表现为大多数晶粒几乎同时逐渐均匀长大，而后者则为少数晶粒突发性的不均匀长大。

(1) 晶粒的正常长大及其影响因素。

再结晶完成后，晶粒长大是一自发过程。从整个系统而言，晶粒长大的驱动力是降低其总界面能。若就个别晶粒长大的微观过程来说，晶粒界面的不同曲率是造成晶界迁移的直接原因。实际上晶粒长大时，晶界总是向着曲率中心的方向移动。

正常晶粒长大时，晶界的平均移动速度 $\bar{v}$ 的计算式为

$$\bar{v}=\bar{m}\cdot\bar{p}=\bar{m}\cdot\frac{2\gamma_b}{\bar{R}}\approx\frac{d\bar{D}}{dt} \tag{3.16}$$

式中　$\bar{m}$—— 晶界的平均迁移率；

$\bar{p}$—— 晶界的平均驱动力；

$\bar{R}$—— 晶界的平均曲率半径；

γ_b—— 单位面积的晶界能；

$\frac{d\bar{D}}{dt}$—— 晶粒平均直径的增大速度。

对于大致上均匀的晶粒组织而言，$\bar{R}\approx\bar{D}/2$，而 $\bar{m}$ 和 γ_b 对各种金属在一定温度下均可看作常数。因此上式可写成

$$k\cdot\frac{1}{\bar{D}}=\frac{d\bar{D}}{dt} \tag{3.17}$$

分离变量并积分，可得

$$\bar{D}_t^2-\bar{D}_0^2=K'\cdot t$$

式中　$\bar{D}_0$—— 恒定温度情况下的起始平均晶粒直径；

$\bar{D}_t$——t 时间时的平均晶粒直径；

K'—— 常数。

若 $\bar{D}_t\gg\bar{D}_0$，则上式中 $\bar{D}_0^2$ 项可略去不计，则近似有

$$\bar{D}_0^2=K^t \text{ 或 } \bar{D}_t=Ct^{\frac{1}{2}} \tag{3.18}$$

式中，$C=\sqrt{K'}$。这表明在恒温下发生正常晶粒长大时，平均晶粒直径随保温时间的平方根而增大。这与一些试验所表明的恒温下的晶粒长大结果是符合的，如图 3.12 所示。

但当金属中存在阻碍晶界迁移的因素(如杂质)时，t 的指数项常小于 1/2，所以一般可表示为 $\bar{D}_t=Ct^n$。

由于晶粒长大是通过大角度晶界的迁移来进行的，因而所有影响晶界迁移的因素均对晶粒长大有影响。

① 温度。由图 3.12 可看出，温度越高，晶粒的长大速度也越快，这是因为晶界的平均迁移率 $\bar{m}$ 与 $e^{-Q_m/RT}$ 成正比(Q_m 为晶界迁移的激活能或原子扩散通过晶界的激活能)。因此，恒温下的晶粒长大速度与温度的关系存在如下关系式：

$$\frac{d\bar{D}}{dt}=K_1\cdot\frac{1}{\bar{D}}e^{\frac{-Q_m}{RT}} \tag{3.19}$$

式中　K_1—— 常数。

将上式积分，则

$$\bar{D}_t^2-\bar{D}_0^2=K_2e^{\frac{-Q_m}{RT}}\cdot t \tag{3.20}$$

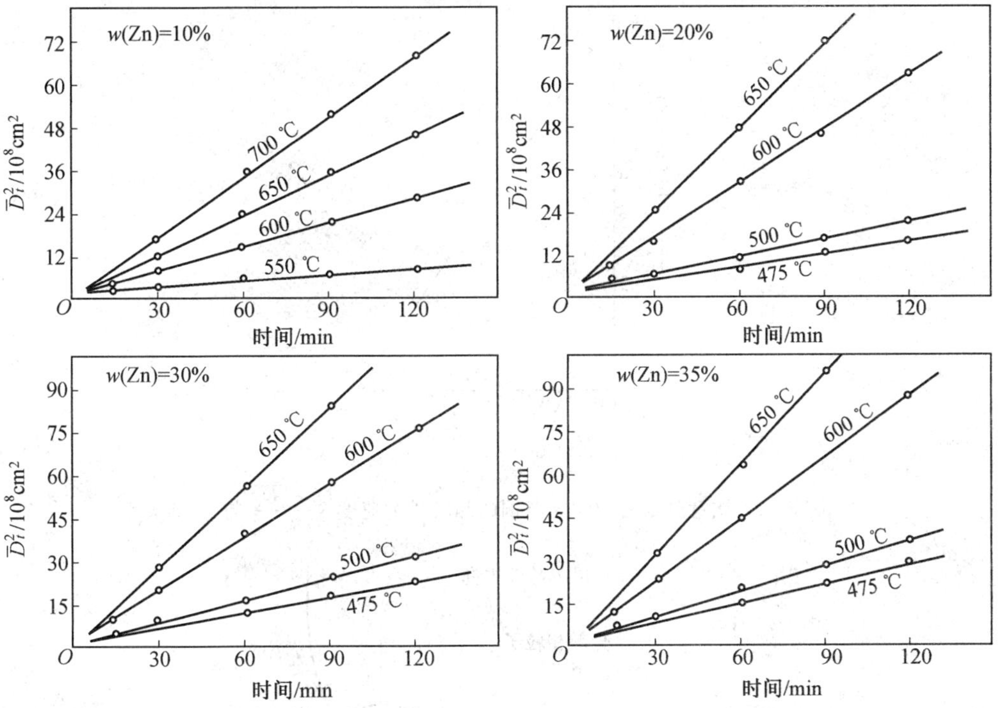

图 3.12 α 黄铜在恒温下的晶粒长大曲线

或

$$\lg\left(\frac{\overline{D}_t^2-\overline{D}_0^2}{t}\right)=\lg K_2-\frac{Q_m}{2.3RT}$$

若将试验中所测得的数据绘于 $\lg\left(\frac{\overline{D}_t^2-\overline{D}_0^2}{t}\right)-\frac{1}{T}$ 坐标中构成直线，直线的斜率为 $-Q_m/2.3R$。

图 3.13 所示为 H90 的晶粒长大速度 $\frac{\overline{D}_t^2-\overline{D}_0^2}{t}$ 与 $\frac{1}{T}$ 的关系，它呈线性关系，由此求得 H90 的晶界移动的激活能 Q_m 为 73.61 kJ/mol。

② 分散相粒子。当合金中存在第二相粒子时，由于分散颗粒对晶界的阻碍作用，从而使晶粒长大速度降低。为讨论方便，假设第二相粒子为球形，其半径为 r，单位面积的晶界能为 γ_b，当第二相粒子与晶界的相对位置如图 3.14(a) 所示时，其晶界面积减小 πr^2，晶界能则减小 $\pi r^2\gamma_b$，从而处于晶界能最小状态，同时粒子与晶界是处于力学上平衡的位置。当晶界右移至图 3.14(b) 所示的位置时，不但因为晶界面积增大而增加了晶界能，此外在晶界表面张力的作用下，与粒子相接触处晶界还会发生弯曲，以使晶界与粒子表面相垂直。若以 θ 表示与粒子接触处晶界表面张力的作用方向与晶界平衡位置间的夹角，则晶界右移至此位置时，晶界沿其移动方向对粒子所施的拉力为

$$F=2\pi\gamma\cos\theta\cdot\gamma_b\sin\theta=\pi r\gamma_b\sin 2\theta \tag{3.21}$$

根据牛顿第二定律，此力也等于在晶界移动的相反方向粒子对晶界移动所施的后拉力或约束力，当 $\theta=45°$ 时此约束力为最大，即

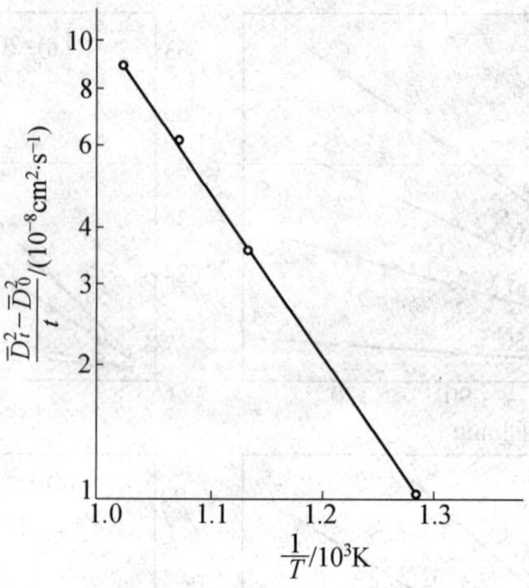

图 3.13 Zn 质量分数为 10%α 黄铜的晶粒长大速度 $\frac{\overline{D}_t^2-\overline{D}_0^2}{t}$ 与 $\frac{1}{T}$ 的关系

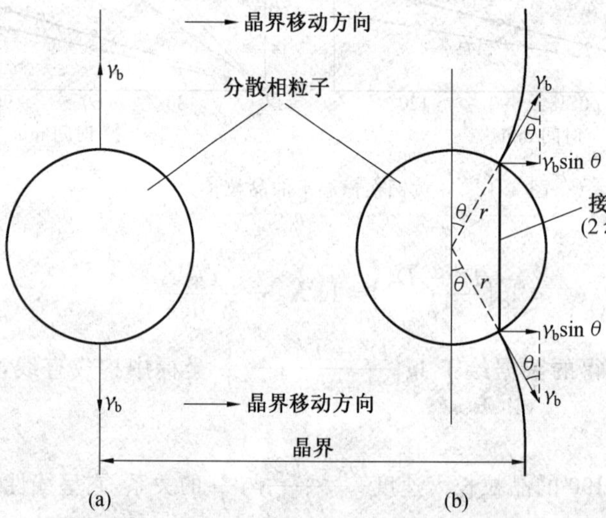

图 3.14 移动中的晶界与分散相粒子的交互作用示意图

$$F_{\max}=\pi r\gamma_b \tag{3.22}$$

实际上，由于合金基体均匀分布着许多第二相颗粒，因此，晶界迁移能力及其所决定的晶粒长大速度，不仅与分散相粒子的尺寸有关，而且单位体积中第二相粒子的数量也具有重要影响。通常，在第二相颗粒所占体积分数一定的条件下，颗粒越细，其数量越多，则晶界迁移所受到的阻力也越大，故晶粒长大速度随第二相颗粒的细化而减小。当晶界能所提供的晶界迁移驱动力正好与分散相粒子对晶界迁移所施加的阻力相等时，晶粒的正常长大即停止。此时的晶粒平均直径称为极限平均晶粒直径 $\overline{D}_{\min}$。经分析与推导，可存在如下关系式：

$$\overline{D}_{\min}=\frac{4r}{3\varphi} \tag{3.23}$$

式中 φ—— 单位体积合金中分散相粒子所占的体积分数。

可见 φ 一定时，粒子尺寸越小，极限平均晶粒尺寸也越小。

③ 晶粒间的位向差。试验表明，相邻晶粒间的位向差对晶界的迁移有很大影响。当晶界两侧的晶粒位向较为接近或具有孪晶位向时，晶界迁移速度很小。但若晶粒间具有大角晶界的位向差时，则由于晶界能和扩散系数相应增大，其晶界的迁移速度也随之加快。

④ 杂质与微量合金元素。图 3.15 所示为 300 ℃ 时，微量 Sn 在高纯 Pb 中对晶界移动速度的影响。从中可见，当 Sn 在纯 Pb 中由小于 1×10^{-6} 增加到 60×10^{-6} 时，一般晶界的迁移速度降低约 4 个数量级。通常认为，由于微量杂质原子与晶界的交互作用及其在晶界区域的吸附，形成了一种阻碍晶界迁移的"气团"(如 Cottrell 气团对位错运动的钉扎)，从而随着杂质含量的增加，显著降低了晶界的迁移速度。但是，如图 3.15 中虚线所示，微量杂质原子对某些具有特殊位向差的晶界迁移速度影响较小，这可能与该类晶界结构中的点阵重合性较高，从而不利于杂质原子的吸附有关。

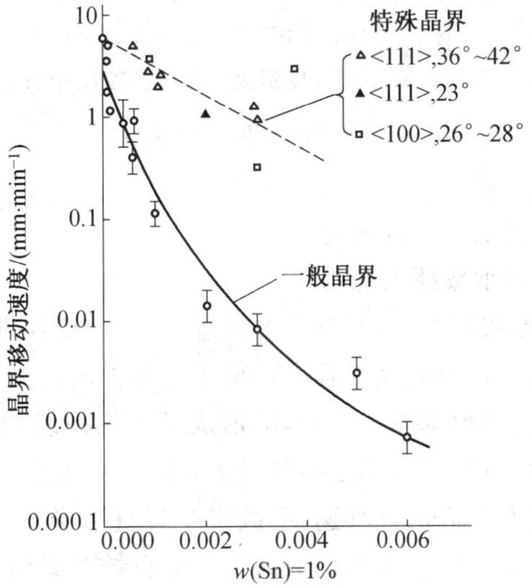

图 3.15 300 ℃ 时，微量 Sn 对区域提纯的高纯 Pb 的晶界移动速度的影响

(2) 异常晶粒长大(二次再结晶)。

异常晶粒长大又称不连续晶粒长大或二次再结晶，是一种特殊的晶粒长大现象。

发生异常晶粒长大的基本条件是正常晶粒长大过程被分散相微粒、织构或表面的热蚀沟等强烈阻碍。当晶粒细小的一次再结晶组织被继续加热时，上述阻碍正常晶粒长大的因素一旦开始消除时，少数特殊晶界将迅速迁移，这些晶粒一旦长到超过它周围的晶粒时，由于大晶粒的晶界总是凹向外侧的，因而晶界总是向外迁移而扩大，结果它就越长越大，直至互相接触为止，形成二次再结晶。因此，二次再结晶的驱动力是来自界面能的降低，而不是来自应变能。它不是靠重新产生新的晶核，而是以一次再结晶后的某些特殊晶粒作为基础而长大的。图 3.16 所示为纯的和含少量 MnS 的 Fe－3Si 合金(变形度为 50%)在不同温度退火 1 h 后晶粒尺寸的变化。可从图中清楚看到二次再结晶的某些特征。

5. 再结晶织构与退火孪晶

(1) 再结晶织构。

通常具有变形织构的金属经再结晶后的新晶粒若仍具有择优取向，称为再结晶织构。

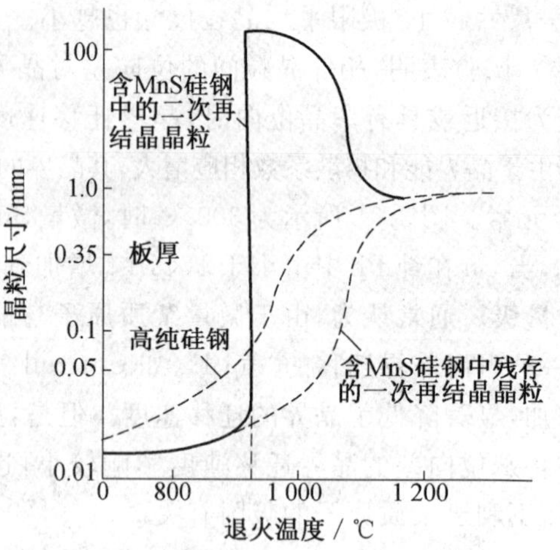

图 3.16　纯的和含少量 MnS 的 Fe－3Si 合金(冷轧到 0.35 mm 厚，$\varepsilon = 50\%$)在不同温度退火 1 h 后晶粒尺寸的变化

再结晶织构与原变形织构之间可存在以下三种情况：

① 与原有的织构相一致。

② 原有织构消失而代之以新的织构。

③ 原有织构消失不再形成新的织构。

关于再结晶织构的形成机制，有两种主要的理论：定向生长理论与定向形核理论。

定向生长理论认为：一次再结晶过程中形成了各种位向的晶核，但只有某些具有特殊位向的晶核才可能迅速向变形基体中长大，即形成了再结晶织构。当基体存在变形织构时，其中大多数晶粒取向是相近的，晶粒不易长大，而某些与变形织构呈特殊位向关系的再结晶晶核，其晶界则具有很高的迁移速度，故发生择优生长，并通过逐渐吞食其周围变形基体达到互相接触，形成与原变形织构取向不同的再结晶织构。

定向形核理论认为：当变形量较大的金属组织存在变形织构时，由于各亚晶的位向相近，而使再结晶形核具有择优取向，并经长大形成与原有织构相一致的再结晶织构。

许多研究工作表明，定向生长理论较为接近实际情况，有人还认为定向形核和择优生长的综合理论更符合实际。表 3.3 列出了一些金属及合金的再结晶织构。

(2) 退火孪晶。

某些面心立方金属和合金如铜及铜合金、镍及镍合金和奥氏体不锈钢等冷变形后经再结晶退火，其晶粒中会出现图 3.17 所示的退火孪晶。图中的 A、B、C 代表三种典型的退火孪晶形态：A 为晶界交角处的退火孪晶，B 为贯穿晶粒的完整退火孪晶，C 为一端终止于晶内的不完整退火孪晶。孪晶带两侧互相平行的孪晶界属于共格的孪晶界，由(111)组成；孪晶带在晶粒内终止处的孪晶界以及共格孪晶界的台阶处均属于非共格的孪晶界。

在面心立方晶体中形成退火孪晶需在{111}面的堆垛次序中发生层错，即由正常堆垛顺序 ABCABC… 改变为 ABCBACBACBACABC… 如图 3.18 所示，其中 $\overline{C}$ 和 $\overline{C}$ 两面为共格孪晶界面，其间的晶体则构成退火孪晶带。

表 3.3 一些金属及合金的再结晶织构

冷拔线材的再结晶织构	
面心立方金属	⟨111⟩＋⟨$\bar{1}$00⟩以及⟨112⟩
体心立方金属	⟨110⟩
密排六方金属	
Be	⟨11$\bar{1}$0⟩
Ti,Zr	⟨11$\bar{2}$0⟩
冷轧板材的再结晶织构	
面立立方金属	
Al,Au,Cu,Cu－Ni,Ni,Fe－Cu－Ni,Ni－Fe,Th	{100}⟨001⟩
Ag,Ag－30%[①]Au,Ag－1%Zn,Cu－(5%～39%)Zn,Cu－(1%～5%)Sn,Cu－0.5%Be,Cu－0.5%Cd,Cu－0.05%P,Cu－10%Fe	{113}⟨21$\bar{1}$⟩
体心立方金属	
Mo	与变形织构相同
Fe,Fe－Si,V	{111}⟨$\bar{2}$11⟩;{001}＋{112}且⟨1$\bar{1}$0⟩与轧制方向呈15°角
Fe－Si	经两阶段轧制及退火(高斯法)后{110}⟨001⟩;经高温(＞1 100 ℃)退火后{110}⟨001⟩,{100}⟨001⟩
Ta	{111}⟨$\bar{2}$11⟩
W(＜1 800 ℃)	与变形织构相同
W(＞1 800 ℃_	{001}且⟨$\bar{1}$10⟩与轧制方向呈12°角
密排六方金属	与变形织构相同

注:① 表中出现的百分数若无说明指原子数分数

关于退火孪晶的形成机制,一般认为退火孪晶是在晶粒生长过程中形成的。如图3.19所示,当晶粒通过晶界移动而生长时,原子层在晶界处(111)面上的堆垛顺序偶然错堆,就会出现一共格的孪晶界并在晶界角处形成退火孪晶,这种退火孪晶通过大角度晶界的移动而长大。在长大过程中,如果原子在(111)表面再次发生错堆而恢复原来的堆垛顺序,则又形成第二个共格孪晶界,构成了孪晶带。同样,形成退火孪晶必须满足能量条件,层错能低的晶体容易形成退火孪晶。

静态回复和静态再结晶是在塑性变形终止后重新加热时发生的。热加工后的静态回复或静态再结晶是利用热加工后的余热进行的。

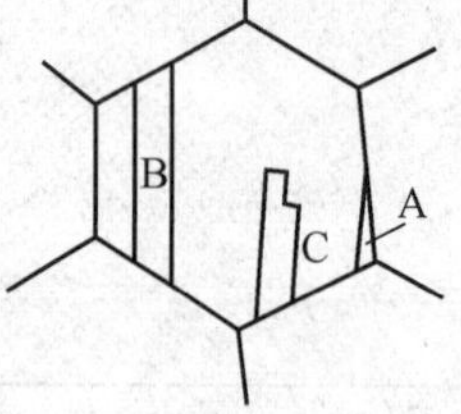

(a) 示意图

(b) 纯铜的退火孪晶

图 3.17 退火孪晶

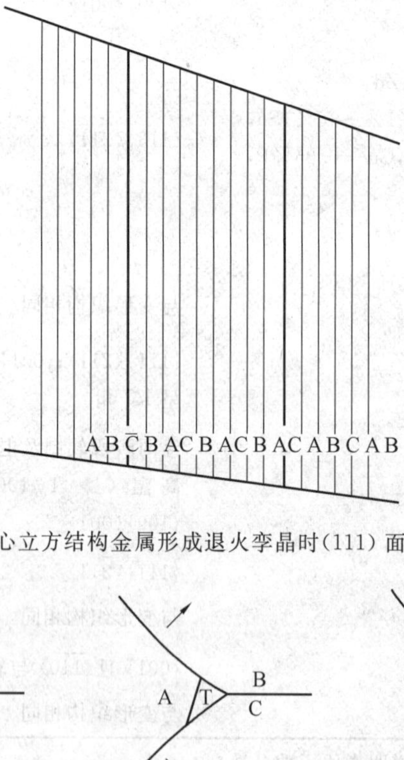

图 3.18 面心立方结构金属形成退火孪晶时(111)面的堆垛次序

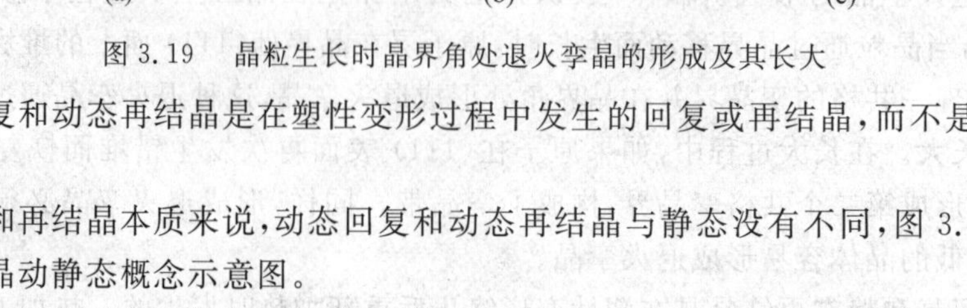

(a) (b) (c)

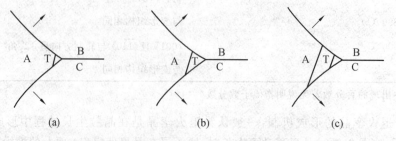

图 3.19 晶粒生长时晶界角处退火孪晶的形成及其长大

动态回复和动态再结晶是在塑性变形过程中发生的回复或再结晶，而不是在变形停止之后。

就回复和再结晶本质来说，动态回复和动态再结晶与静态没有不同，图 3.20 所示为回复和再结晶动静态概念示意图。

亚动态再结晶是指在热变形的过程，中断热变形，此时动态再结晶还未完成，遗留下来的组织将继续发生无孕育期的再结晶。

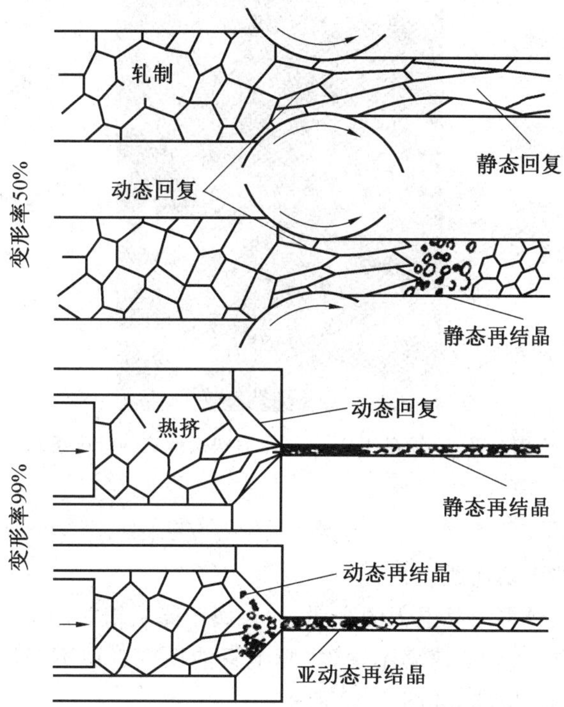

图 3.20 回复和再结晶动静态概念示意图

热加工过程中的动态回复和动态再结晶都是使热变形金属软化的机制，在动态回复没有被人们认清以前，人们很长时期曾错误地认为热变形过程中，再结晶是唯一的软化机制。

根据金属及固溶体合金在热加工过程中所发生组织变化的不同，可将其分为两类：一类是层错能较高的金属材料，如工业纯度的 δ－Fe、铁素体钢及铁素体合金，铝和铝合金以及密排六方的金属（如锌、镁、锡等）。由于它们中位错的交滑移和攀移比较容易进行，一般认为这类金属材料的热加工过程中只发生动态回复，即动态回复是这类材料热加工过程中唯一的软化机制。即使在远高于静态再结晶温度下进行热加工，在热变形过程中通常也不会发生动态再结晶。如果这类材料在热变形终止后，迅速将其冷却到室温，可发现这类材料的显微组织仍为沿变形方向拉长的晶粒，如图 3.21 所示。

另一类堆垛层错能较低的金属及固溶体合金，例如 γ－Fe、奥氏体钢及奥氏体合金，镍及镍合金，铜及铜合金，金、银、铂及其合金，以及高纯度的 α－Fe 等。它们大多数属于面心立方晶格结构材料。这类金属材料中的全位错易形成扩展位错，其层错能较低，扩展位错中的两个不全位错之间层错带较宽，因两个不全位错相距较远，较难束集成一个全位错，故这类材料中位错的交滑移和攀移比高层错能的铝及铝合金等材料困难得多。由于位错交滑移和攀移困难，不易发生动态回复，因此，这类材料在一定条件下的热加工过程中，由于塑性变形会积累局部足够高的位错密度，此时将导致发生动态再结晶。特别是在较高的变形温度和较低的应变速度条件下，动态再结晶将是热加工过程中主要的软化机制。

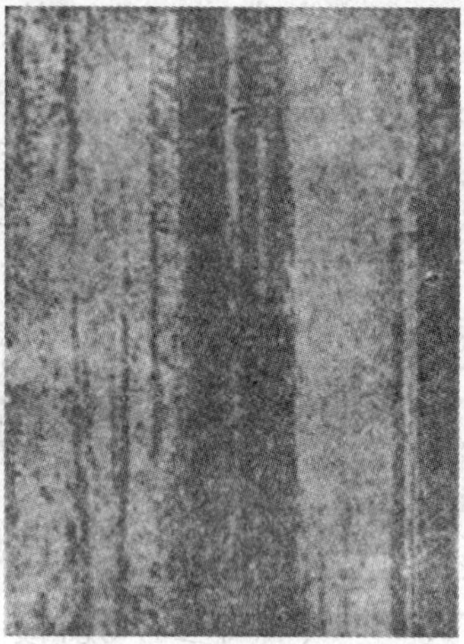

图 3.21　铝在 400 ℃ 挤压后快冷形成的纤维组织

3.1.3　动态回复

1. 动态回复时的流动曲线

未经塑性变形或经再结晶退火的金属，如果属于高层错能的金属材料，在高温塑性变形中只发生动态回复，在应变速率不变（实际上只能做到近似不变）条件下，其流动曲线特点可分为三个不同的阶段，如图 3.22 所示。

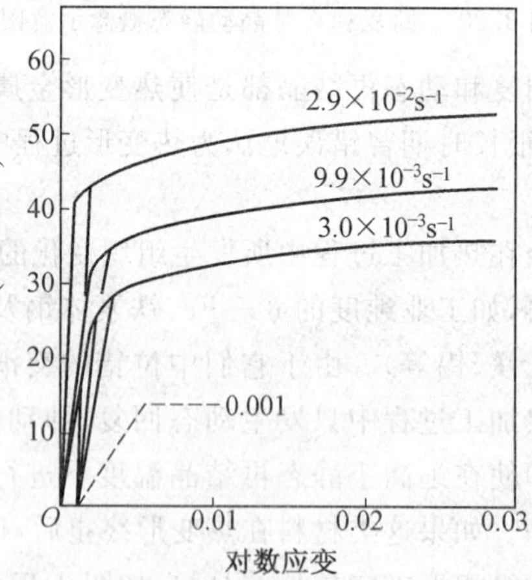

图 3.22　动态回复时的流动应力应变曲线（Zr－0.7%Sn 合金，775 ℃）

第一阶段是微应变阶段，在此区域内应变速率从零增加到试验应变速率。虽应力应变曲线不如常温曲线陡，但应力升高迅速，其斜率在 $E/50$（高温低应变速率）～$E/5$（较低温度较高应变速率）之间（E 指弹性模量），当温度高加载速度低时，微残余应变为 1%。当温度低而加载速度高时，微残余应变为 0.2%。当应力应变曲线的斜率约低一个数量级时，微应变阶段结束，屈服极限可定为残余应变为 0.1%～0.2% 时的应力数值。

继续变形则进入第二阶段，即加工硬化率逐渐降低阶段。此阶段曲线斜率在 $E/500$（高温低速）～$E/100$（低温高速）之间。斜率对温度和应变速率都是敏感的。

最后变形达到第三阶段，加工硬化实际净速度为零，称为稳定状态阶段，此时应力、温度、应变速率不变，三个参数守恒。

图 3.22 所示的流动曲线是只发生动态回复时的流动曲线。如果此时过程中除动态回复外，还有其他过程出现，如沉淀相粗化，硬组织消失，绝热升温，超塑性流动等，曲线将下降。如果发生析出或软组织消失等变化，曲线将上升。

2. 动态回复过程中塑性体内显微组织的形成

在第一微应变阶段，金属中位错密度由退火状态的 $10^6 \sim 10^7 cm^{-2}$ 增加到 $10^7 \sim 10^8 cm^{-2}$。

第二阶段，宏观流变开始后直到稳定态的第三阶段。位错密度增加并保持在 $10^{10} \sim 10^{11} cm^{-2}$。在第一微应变和第二加工硬化阶段所发生的滑移变形过程中，位错塞积，出现位错缠结和胞状亚组织，到第三阶段稳定态出现时，加工硬化净速度为零。此时加工硬化过程中出现的胞状亚组织达到平衡状态。也就是说，在第三阶段的塑性变形过程中胞壁之间的位错密度、胞壁之间的距离以及胞状亚组织之间的取向差均保持不变，即出现了位错密度保持不变的状态。这就是由于位错增殖速度与位错相消速度达到平衡时建立起来的平衡位错密度。

位错增殖速度取决于应变速率和位错增殖的有效应力。这个过程是由滑移变形时位错塞积使位错密度增高的机构所引起的。

另一方面，位错相消使位错密度降低的速度，取决于已产生的位错密度和控制回复机构的难易性，位错交滑移、攀移和位错脱锚的难易性。位错相消机制可以认为是由于螺型位错通过交滑移从它们原来存在的滑移面(塞积带) 内逸出，随后在新的滑移面上与异号的螺型位错相抵消。因此，一定的应力及高温有助于交滑移。同样高温也有助于刃型位错通过攀移离开原来存在的滑移面(塞积带)。随后在新的滑移面与异号刃型位错相抵消，并且因位错的交滑移和攀移也有助于位错脱锚。这样能够使位错增殖速度和相消速度相等，实现维持恒定的位错密度和恒定应力条件下，使加工硬化净速度为零的塑性变形过程，这也就是动态回复过程的实质。

这个过程的特点是随着变形程度的增大，晶粒形状随着金属主变形方向而变形，而亚组织形状始终保持等轴。这时如果快速冷却下来，就得到晶粒形状伸长或变形量很大时的纤维状组织，而亚晶粒保持等轴的组织形态。

这是由于亚晶界在滑移变形过程中反复被拆散，并且在胞壁之间距离、胞壁之间位错密度及胞状组织之间取向差保持不变条件下，由位错的交滑移、攀移而反复多边化再形成新的亚晶界。

在这样反复被拆散和反复形成亚晶界的过程中，亚组织的尺寸受变形温度和速度控制，因为应变速率的变化引起了平衡位错密度的变化。温度提高，应变速率降低，流动应力降低，位错增殖速度降低，而位错相消速度主要取决于温度和已生成的位错密度。温度升高，增加位错相消速度，但位错增殖速度的降低使已形成的位错密度降低，也降低了位错的相消速度，这样平衡位错密度也相应降低。所以降低应变速率、升高变形温度，使亚组织尺寸增大。此时亚组织中含有较少位错，亚组织边界中的位错密度相应也低，且排列整齐，亚组织边界轮廓清晰。

由此可知，动态回复过程不能看作冷变形和静态回复(消除应力退火)过程的叠加。此时，金属的位错密度低于相应冷变形量时的位错密度，而高于相应冷变形后再经静态回复时的位错密度。同样亚组织的尺寸大于相应冷变形的胞状组织的尺寸，而小于相应静态回复时亚晶粒的尺寸。此时塑性变形的金属内不存在冷变形时的高位错密度和亚组织。

如上所述，动态回复是通过位错的攀移、交滑移和位错结点的脱锚而进行的，因此层错能高的金属容易发生动态回复；而层错能低的金属所形成的扩展位错中的两不全位错间的距离较宽，所以位错的攀移、交滑移和结点脱锚不易进行，也就不易发生动态回复(可易发生动态结晶)，因此高层错能金属的热变形过程中，动态回复是唯一的软化机制。

3.1.4 动态再结晶

1. 动态再结晶时的流动曲线

在容易发生动态再结晶的金属中，开始塑性变形阶段回复程度较小，紧接着塑性变形过程中便发生动态再结晶。当再结晶一旦开始后，位错密度很快下降，此时不是通过位错攀移、交滑移和结点脱锚使位错相消，而是以无畸变的晶核的生成、长大形成再结晶晶粒代替含有高位错密度的形变晶粒的过程。它的流动应力应变曲线比动态回复时的流动应力应变曲线要复杂些。图 3.23 所示为发生动态再结晶时的流动应力应变曲线。

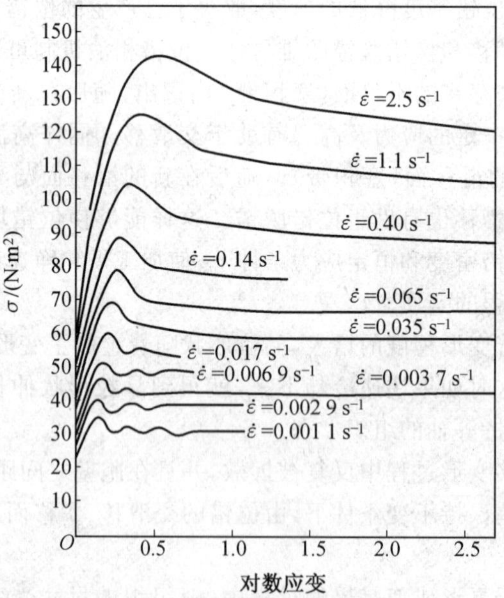

图 3.23　动态再结晶时的流动应力应变曲线

(碳质量分数为 0.25% 的普通碳钢，1 100 ℃)

在应变速率较高的情况下，开始塑性变形阶段，流动曲线表现了加工硬化特征，当升高到一极大值时，与流动应力对应的应变用 ε_p 表示(ε_p 称为峰值应变)。此后随应变增加，由于开始出现再结晶，流动应力下降，最后出现平稳态。

在应变速率低的情况下，动态再结晶引起软化，流动应力下降之后，紧跟着便是重新加工硬化，流动应力上升，这样循环就出现周期几乎不变，但幅度逐渐减小的流动应力应变曲线。例如在 $\gamma-Fe$ 中，大于 $10^{-1}s^{-1}$ 应变速率下，再结晶软化一开始就是连续的；相反在小于 $10^{-1}s^{-1}$ 应变速率下，出现加工硬化与再结晶软化的周期性过程。

上述动态再结晶时流动曲线这种宏观表现与高温变形过程中具体的动态再结晶过程有关。

2. 动态再结晶过程中塑性体内显微组织的形成

在易发生动态再结晶的金属中，由于开始塑性变形阶段回复程度小，形成的位错胞状亚结构尺寸要小，胞壁中有较多的位错缠结，有利于再结晶的生核。当应变速率小时，再结晶通过已存在的大角度晶界弓出形核。当应变速率较大时，易出现较大取向差的胞状亚结构，再结晶通过胞状亚结构生核，无论是哪种生核方式，再结晶生核就将要发生长大。再结晶生核长大是依靠大角度晶界的迁移，决定晶界迁移的驱动力和速度的是晶界两侧位错密度差。在再结晶生核长大生成再结晶晶粒的过程中，同时塑性变形还在进行，这种再结晶晶粒生成过程中也要发生应变，所以正在生成的再结晶晶粒不可能是无应变的晶粒。

(1) 在低应变速率情况下。

由正在生成的再结晶晶粒的中心到正在前进着的晶界，应变能梯度减小，并且紧靠着前进着的晶界后面的地方，由于还没有应变，几乎没有位错，前进着的晶界两侧位错密度差与静态再结晶时没有较大的差别，因此连续形变对再结晶驱动力和晶界迁移速度影响较小。由于形变不断进行，当某一次再结晶完成之后，再结晶晶粒内的中心部分进行的形变，随着变形程度增加，其位错密度增加到一定程度(即加工硬化过程)，又开始一轮新的再结晶在上次再结晶晶粒内发生，这样热加工过程中出现了如图 3.24 中周期性波浪曲线。

(2) 在高应变速率情况下。

由于再结晶晶粒中心到正在移动着的晶界之间，应变能梯度较高，紧靠着前进着的晶界后面(已再结晶) 的地方，也有一定程度的应变，因此位错密度也较大。这样前进着晶界两侧位错密度差相应减小(与静态再结晶比较)，再结晶驱动力在一定程度上下降，晶界迁移速度也减慢，再次再结晶完成之前，再结晶晶粒内进行的形变达到一定程度，其位错密度也增加到足够发生另一次再结晶生核。这样就又发生了新的一次再结晶生核长大。在形变金属内各个形变的再结晶晶粒中心到第一次再结晶发生时，前进着的晶界之间均存在一个变形程度分布不等的区域，它的应变量的差异范围由零到略大于峰值应变 ε_p 之间，由此加工硬化与再结晶同时发生，并使加工硬化速率与再结晶软化速率达到平衡态，形成了稳定态的流动曲线，此时流动应力保持在再结晶退火后的金属在此温度下的屈服应力和动态再结晶开始时的峰值应力之间的数值。

如果将这种再结晶状态下的组织极迅速地冷却下来，所获得的晶粒强度、硬度高于由静态再结晶后获得同样大小的晶粒强度和硬度。因此，无论高应变速率还是低应变速率下的动态再结晶的组织状态，都不等于冷加工后经再结晶后的组织。这也说明为什么不能用冷变形加再结晶来理解热加工过程。

通常发生动态再结晶金属，是高温变形时动态回复能力较低的金属。低速率的动态

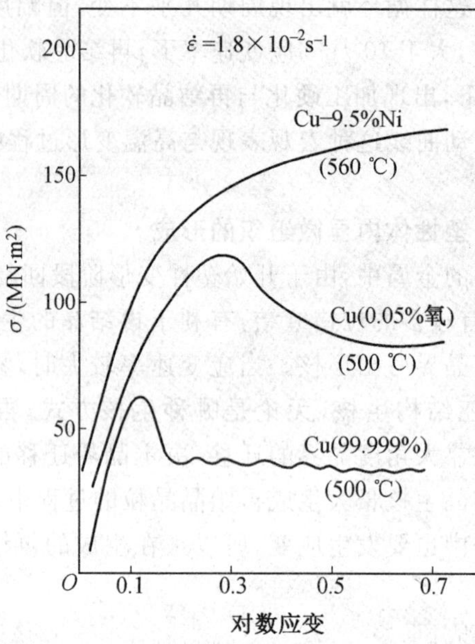

图 3.24　三种铜及合金压缩时的流变曲线

回复可产生加速再结晶生核的稠密位错亚结构，在较低层错能的一些面心立方金属中发现这种情况，如 Ni、Cu 和奥氏体钢等。除此之外，动态再结晶的倾向性也取决于晶界迁移的难易程度，在金属的纯度提高时，它会增加。例如在真空熔炼和区域熔炼的 α－Fe 中看到动态再结晶，但在工业纯 Fe 中没有观察到动态再结晶。

固溶体合金中溶质原子趋于减少金属回复的可能性，因此有增加动态再结晶倾向。然而溶质原子也可能阻碍晶界迁移、减慢动态再结晶速率。

图 3.24 表示三种铜及合金压缩时的流变曲线。开始阶段在应变达到 0.1～0.15 以前，回复过程控制的加工硬化速率随着应变的增加而减少，但开始再结晶后流动曲线迅速下降。进一步变形到应变为 0.5 之后，流动应力才变平稳。在含 0.05%(质量分数) 氧的铜中，存在许多 Cu_2O 弥散粒子，它阻碍晶界迁移，因而动态再结晶软化被滞后，要求进一步增加应变才能开始发生动态再结晶软化过程。在 Cu－Ni 合金中的流动应力曲线可看到更大差别。这里加入质量分数为 9.5% 的 Ni，大大减小动态回复速率，而且加工硬化速率比其他两种材料都高。Ni 的加入也影响再结晶成核和晶界迁移过程，因此在变形结束时，动态再结晶软化过程仍然未能发生。由此可见，固溶体中的溶质原子、杂质原子和细小弥散第二相对动态再结晶发生的倾向性有很大影响。因此为达到稳态流变，使动态再结晶发生，要求更高的变形温度。

3.1.5　亚动态再结晶

动态再结晶如果因故中断，则再结晶未完成的过程(如已经形成的再结晶核心、生长之中的再结晶晶粒等)被遗留下来。当有条件发生静态再结晶时，不经孕育就能完成此未完成的过程，即再结晶核心生长以及生长之中的晶粒继续长大。

3.2 热塑性变形对材料组织的影响

铸态组织的主要特点是形成粗大的树枝状晶。对于铸锭来讲，一般分为三个主要晶区，表面细小等轴晶区、中间粗大的柱状晶区和心部粗大等轴晶区。在铸锭内还存在许多缺陷，主要有缩孔、疏松、偏析、夹渣和皮下气泡，还可能出现表面和心部裂缝等。

铸锭上述组织及缺陷经热加工发生很大变化，这些变化情况如下：

(1) 粗大树枝状晶经塑性变形及再结晶后变成等轴晶粒组织。

(2) 第二相和夹杂物被变形伸长成带状或破碎成链状分布。热变形后经再结晶形成的组织形态，习惯称为流线，其中塑性的第二相或夹杂物，沿主变形流动方向被拉长形成带状，脆性者则破碎成链状。

(3) 铸态组织中疏松、空隙及微裂纹，被压实或通过热变形焊合，提高了金属的致密度。

(4) 可在一定程度上改善铸态组织的偏析，主要对枝晶偏析改善较大，这与变形程度有关，对区域偏析改善不显著。热变形改善偏析，是通过塑性变形破碎树枝晶状，加速扩散速率，即发生扩散塑性变形所造成的。

对铸锭热加工后，要切掉铸锭头部的冒口和缩孔，以及铸锭底部，称为水口的部位(此部位杂质较多)。

由于热加工改变铸态组织，从而引起性能变化，它与变形程度密切相关，对铸锭热加工的变形程度，生产中常用锻比(y)来表示。为确保锻后材料的质量，锻比的经验计算方法是：两次连续拔长或镦粗的总锻比，为两次分锻比相乘；如果两次拔长之间有镦粗或两次墩粗之间有拔长，一般规定总锻比为两次分锻比相加，中间的镦粗或拔长的锻比不计算在总锻比内。铸锭的倒棱、冲孔、扭转、错移等工序的锻比一般不计算在总锻比之内。

因变形程度不同，铸锭内组织变化程度也不相同，其机械性能也不一样。图 3.25 给出了碳素结构钢铸锭经不同锻比进行拔长后的机械性能。钢材的性能变化随锻比的增加而变化，其中强度极限 σ_b 几乎没有变化，塑性指标 δ、Ψ 和 α_k 量值变化很大。

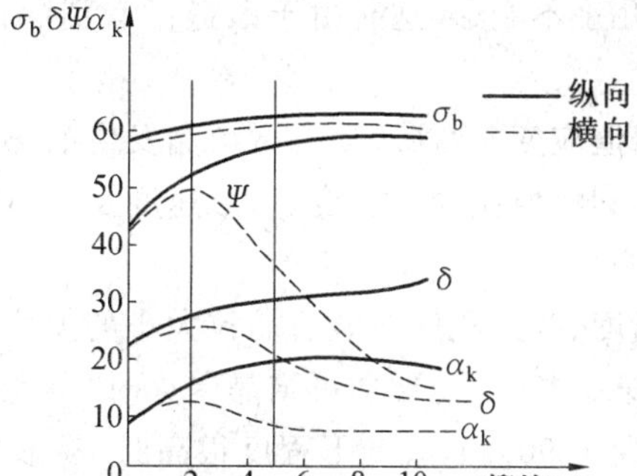

图 3.25 不同锻比对 45 号钢机械性能的影响

因此，锻比的大小主要决定钢材的塑性指标。锻比的选取不是越大越好，过大不但会浪费能源，而且使材料方向性严重，甚至在杂质含量较多时，形成缺陷断口。因此锻比确定总的原则是消除铸态组织及缺陷，不要或极少残存铸态组织的痕迹。具体的确定要根据材料化学成分、组织特点及铸锭尺寸或质量的大小来确定。

对于重要结构件及合金钢都要选择较大锻比及反复镦拔工序，例如莱氏体钢。对于钛合金如 Ti_6A1_4V，常易残留铸态组织，使延伸率、断面收缩及疲劳性能指标不合格。实践证明，当 $y > 10$ 时才能消除铸态组织的痕迹。对于截面积不等的结构中，应保证受力最大部位有足够锻比。

上面的讨论说明经热加工形成的流线是钢或合金的杂质经塑性变形后在主流动方向上分布的一种形态，在酸浸低倍时能显现出来。钢中的氧化物、碳化物、氮化物等属于脆性杂质，在变形中只能被碎成链状分区；而硫化物属于塑性杂质，随变形而拉长呈条带状分布。使钢材纵向和横向性能出现差异，这要影响塑性指标、疲劳性能、抗腐蚀性机能以及机加工性能和线膨胀系数的差别。为此对结构零件，必须考虑流线分布形态。

热加工时，应根据零件使用时的受力状态、工作条件，即根据具体的破坏方式来制定工艺方案和流线分布。

3.2.1 显微组织

热加工主要指锻轧工艺，对于热轧来讲，其工艺对材料晶粒大小影响，在轧制工艺中有专门的论述。本节只讨论锻造工艺过程的影响。

锻造加热温度越高，晶粒越粗大。加热时如保温时间越长，晶粒也逐渐长大。加热温度影响与机械阻碍物质有关。某些细小弥散的第二相颗粒限制晶粒长大，它不但限制高温过程中的晶粒长大，而且限制动态再结晶和静态再结晶，以及聚合再结晶时的晶粒长大。在不同的金属中这些第二相颗粒呈现不同的化合物或相，如 MnS、Al_2O_3、TiN 以及 W、Nb、V、Zr 的碳化物以及双相金属中的第二相如铁素体中的奥氏体等。由于机械阻碍物质的存在，随加热温度升高，晶粒长大速度减小。只有到某一高温，这些机械阻碍物质集聚或固溶于基体中后，晶粒长大才会迅速发生。

因锻造加热温度过高或高温加热时间过长引起晶粒粗大的现象称为过热。锻造加热的温度较高，一般晶粒都较粗大，但经变形和再结晶可消除过热粗晶。可是由于变形时的不均匀性，有些难变形区几乎不变形，这时由于锻造没有消除该部位因过热引起的粗晶，使锻件局部晶粒粗大。

在临界变形程度和峰值应变左右（对动态再结晶发生的热变形）时，锻造后的晶粒一般都粗大。临界变形程度和峰值应变与温度、变形速度及材料的特点有关，一般随温度升高而增大。

将热加工时的变形温度、变形程度与锻后晶粒大小的关系，绘制的再结晶图称第二类再结晶图，其基本规律与第一类（冷变形加再结晶退火时）再结晶图类同。

当变形程度很大时（大于 90%），且变形程度很高时，易形成再结晶织构大晶粒，发生异常晶粒长大现象，称二次再结晶。

变形程度不均匀，锻后易造成晶粒大小不均匀，特别是模锻时，锻件某区域可能处于临界变形程度，这样会出现局部墩粗现象。

锻后晶粒大小是由锻后再结晶晶粒大小决定的，而再结晶晶粒大小取决于再结晶的生核率和再结晶速。具体来讲，取决于动态回复或动态再结晶时的组织状态，以及三种静态软化机构的作用，三种静态软化机构中最主要的是静态再结晶和亚动态再结晶。它们主要与终锻温度、终锻温度下的应变速度和变形程度有关。

对于只发生动态回复的金属的热加工，只要变形程度达到稳态阶段，随后静态再结晶晶粒大小与变形程度无关。因稳态动态回复阶段，亚结构是均匀相等的（认为温度不变）。此时取决于平衡位错密度所建立起来的亚结构尺寸的大小，这与温度和应变速率有关。若终锻温度高，应变速率低，锻后静态再结晶晶粒较粗，而高应变速率和低温，一般可获得较细小晶粒。当然还与锻后冷却速度有关。若终锻温度低或应变速率高，静态再结晶可能不充分，在以后的热处理（正火、淬火或固溶处理），可能引起晶粒不均匀，形成混晶现象。

对于只发生动态再结晶金属，热加工后晶粒大小与动态再结晶时组织状态和亚动态再结晶过程有关。因亚动态再结晶进展速度很快，因此动态再结晶时的晶粒比亚动态再结晶的晶粒要细小。

较高形变温度和较低应变速率时，动态再结晶晶粒较大，经亚动态再结晶后晶粒也较粗大。相反，较低温度和较高应变速率下可得细小动态再结晶晶粒，则亚动态再结晶后晶粒也细小。上述是指发生在稳态区的情况。由于动态再结晶时材料内的亚结构是高度不均匀的，包含有高位错密度区域。一方面，较高温度和较低应变速率促使再结晶生核及低位错密度区的作用，使晶粒粗化；另一方面，较低温度和较高应变速率使位错密度相对较高，且分布也较上述均匀，因此动态再结晶晶粒变小，使亚动态再结晶的晶粒也较细小。

合金元素的影响，一方面表现在溶质原子可能引起生核位置的密度增加；另一方面溶质原子对晶界迁移运动起阻碍作用，减小再结晶速度，这样也可能导致更细的再结晶晶粒。例如添加微量 Nb 的碳钢比普通碳钢显著降低再结晶速率，有利于晶粒细化。

添加适当的合金元素后可能形成弥散细小第二相或杂质颗粒，既有利于生核率，也限制了晶界迁移，减慢再结晶速度，阻碍晶粒长大，起到机械阻碍物质的作用。

对于具体工艺过程来讲，要根据材料化学成分组织结构特点，综合考虑上述诸因素的影响。

若锻造加热温度过高，引起过热晶粒粗大，经塑性变形又没有消除过热粗晶，这样可能会形成过热粗晶组织，降低材料性能。例如，在某些合金结构钢，因锻造加热温度过高，阻碍了物质大量固溶，使晶粒粗大，在冷却过程中沿粗大奥氏体晶界析出，形成由细小第二相颗粒封闭的晶界。由于这些析出相固溶温度很高，经一般热处理（正火、淬火）很难消除，使粗晶遗传到制品中。又如贝氏体或马氏体钢，因锻造加热温度过高或热变形后晶粒粗大，冷却后形成贝氏体或马氏体的晶内织构，这样的粗大组织采用一般的热处理方法很难消除粗晶。

形变温度是决定晶粒大小的重要参数。例如 18Ni 钢（马氏体时效钢），用一组圆柱试样，在 954 ～ 1 093 ℃ 范围内，每隔 10 ℃ 进行压缩量为 75% 的镦粗试验。温度在 1 038 ℃ 或略高的情况下，获得较细等轴晶粒。而在 1 093 ℃ 锻造，获得的晶粒非常粗大。试验表明，1 065 ～ 1 090 ℃ 之间晶粒长大迅速。在 1 010 ℃ 时锻造获得等轴晶粒和拉长晶粒混合组织。在 950 ～ 980 ℃ 的最低温度下，锻后获得的晶粒被严重拉长的纤维状组织。可见在变形程度较大时，晶粒大小主要取决锻造温度。低的终锻温度虽然对获得细晶有利，但是过低的终锻温度又会形成混合组织。

在高速成形过程中，还必须注意热效应引起的温升。例如高速锤上挤压叶片，锻造加热温度应比锤上和压力机上模锻时要低 30 ～ 50 ℃，否则因热效应引起过热，使晶粒粗大。

在上述诸因素中，除要综合考虑外，应对锻造最高加热温度、终锻温度、变形程度及在锻件内分布的均匀性要特别注意。

3.2.2 第二相

金属材料内第二相的大小和形态分布将决定材料的使用性能。第二相呈细小颗粒并弥散均匀地分布于基体中时是最佳的大小形态及分布。

热变形可粉碎粗大的第二相，这必须在一定的变形程度下才能达到。第二相的分布形态与变形方式有关，基本的变形方式有三类，如图 3.26 所示。挤压（或拔长）和轧制只能使第二相及杂质呈带状、线状或链状分布，大变形时形成方向一致的流线，镦粗可使第二相或杂质呈圆片状、块状。特别是反复挤压（或拔长）和轧制工序可避免形成稳定的流线，减小材料的方向性。

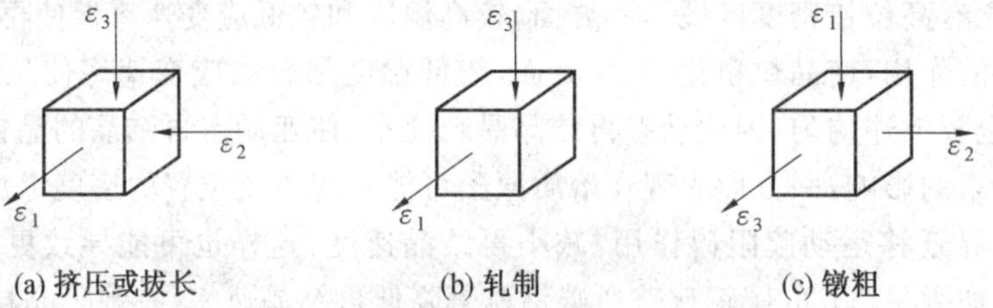

图 3.26 变形的三种类型

对于低碳钢，若热加工工艺不当可形成铁素体带状组织，降低横向性能。一种铁素带状组织的形成是由于在两相区锻造，初始生成的铁素体与奥氏体一起变形，形成铁素体带状组织；另一种情况是热变形形成稳定的流线，从奥氏体冷却时的组织转变中，铁素体优先在杂质上形核，进而生长的铁素体形成带状。前一种铁素体带状组织通过热处理可以消除，而后一种不能消除。只有在热变形时采取反复镦拔工序，防止形成稳定流线，可避免铁素体带状组织；或者是降低钢中杂质含量，变形时不出现稳定流线也可避免生成铁素体带状组织。

对于过共析钢，锻后从奥氏体缓冷时，先生成的渗碳体易沿奥氏体晶界分布，形成网状渗碳体，降低了性能。这时要采取降低终锻温度，在两相区锻造，可通过变形消除渗碳体沿奥氏晶界的网状分布；或者采取锻后快冷的方法，抑制碳化物沿奥氏体晶界析出，防止网状碳化物的形成。

许多试验还表明，虽然锻造不能完全消除铸锭中存在的宏观偏析，但可在一定程度上得到改善。特别是对高合金钢，热变形可增进合金元素微观分布的均匀性（改善微观偏析），从而提高材料热处理后组织的均匀和机械性能及在方向上的均匀性。

热变形还可加速合金元素的扩散速率，改变第二相形态，加速第二相析出或固溶。

例如，Cr－Ni－V 钢在加热和冷却相同条件下，经过锻造与未锻造的钢中 AlN 析出量，后者比前者显著减少。特别是在变形程度较大时表现更为明显。如 Al－1.38%(原子数分数)Mn 的铸锭，经挤压后棒材周边区比心部地区固溶体(Mn 在 Al 中形成的置换固溶体)的浓度明显降低。通过测定晶格常数，这种差别得到证实。因热变形使第二相析出，使固溶体浓度降低。由于周边区在挤压时比心部变形程度大，故第二相析出较心部多，相应固溶体浓度下降也较大。

热变形坯可使第二相通过扩散改变形态。特别是在变形达到稳态阶段时，在较高的变形温度和较低的应变速率下，第二相粒子可能发生粗化。在亚共析和共析钢中，还可看到第二相球化。例如，$w(\mathrm{C})=0.8\%$ 的共析钢，在 700 ℃，$\dot{\varepsilon}=1.6*10^{-2}\mathrm{s}^{-1}$，变形经过 210 s，变形前本来是片状珠光体，变形后渗碳体发生了球化，并使流动应力连续降低。

第二相发生的上述变化，是由于热变形时(与没有变形只加热时相比)，形成了密集的位错网络或亚结构，以及增加了空位的浓度，其一是为加速第二相析出创造了能量条件；其二为扩散提供了通道，比同样高温条件下的晶格扩散快得多。

第二相粒子在位错网络、亚结构及晶界析出，不但阻碍亚结构的形成，而且限制动态回复和动态再结晶速率。在发生动态回复的金属中，由于形成较均匀的位错亚结构，使析出的第二相粒子分布均匀，这样特别有利于稳定亚结构，实现亚结构强化(如形变热处理工艺)。例如镍基高温合金的形变热处理试验表明，若第二相粒子在热变形过程中析出比变形前和变形后析出的综合性能要好。这种现象在等温锻成形过程中也可以利用。

在因变形引起的热效应使温升比较显著的热加工过程中，可能使第二相细小粒子溶于基体，即使这种固溶是很有限量的。

3.2.3 亚结构

热加工形成的亚结构，如果在金属材料中保留，可以提高屈服强度及其他性能，在工业中有节约能源，提高经济效益等重要实际意义。这种强化工艺是通过变形和热处理结合来实现的，通常称形变热处理。通过热变形和热处理结合的工艺，称高温形变热处理。

热变形形成被拉长的晶粒，微观上出现锯齿状晶界，是较高位错密度和较稳定的亚结构。这样的组织形态，热变形后必须采用快速冷却的办法(淬火)，才能保存下来，因此必须注意控制冷却速度，防止发生再结晶。用热加工产生的亚结构强化，已成功地应用于生产中。

对于固溶处理时效强化的合金，热变形时形成的位错亚结构，通过变形后迅速冷却保留下来，达到亚结构强化。同时，第二相细小颗粒易沿位错亚结构析出，形成细小弥散的颗粒，达到沉淀强化的目的。

对于淬火形成马氏体的结构钢，采用奥氏体区热变形，得到奥氏体亚结构，然后淬火保存在马氏体中，结果形成回火马氏体中碳化物沿位错亚结构均匀分布。既提高了强度，又改善了韧性。

如果动态再结晶材料热加工后迅速淬火，在冷却到室温时，保存动态再结晶时较不均匀的亚结构。由于防止了亚动态再结晶，所以也保持了动态再结晶时的晶粒大小。但是，限制发生亚动态再结晶的冷却速度的控制，在生产中不易实现。为限制静态再结晶和亚动态再结晶，在钢中可添加 Ni、Mn、Nb 等元素，限制再结晶速率(也有利于形变时位错密度增加)，以便实现形变热处理。

形变热处理后材料的性能，取决于保存下来的位错密度或亚结构尺寸、动态再结晶晶粒大小和第二相沉淀时的大小形态分布，决定于形变温度(特别是终锻温度)、应变速率、变形程度、冷却速度以及所采取的热处理规范。

3.2.4 纤维组织

在塑性变形中，随着形变程度的增加，各个晶粒的滑移面和滑移方向都要向主形变方向转动，逐渐使多晶体中原来取向互不相同的各个晶粒在空间取向上呈现一定程度的规律性，这一现象称为择优取向，这种组织状态则称为形变织构。

形变织构随加工变形方式不同主要有两种类型：拔丝时形成的织构称为丝织构，其主要特征为各晶粒的某一晶向大致与拔丝方向相平行；轧板时形成的织构称为板织构，其主要特征为各晶粒的某一晶面和晶向分别趋于同轧面与轧向相平行。几种常见金属的丝织构与板织构见表 3.4。

表 3.4　常见金属的丝织构与板织构

晶体结构	金属或合金	丝织构	板织构
体心立方	α－Fe，Mo，W，铁素体钢	⟨110⟩	{110}⟨011⟩ ＋ {112}⟨110⟩ ＋ {111}⟨112⟩
面心立方	Al，Cu，Au，Ni，Cu－Ni	⟨111⟩ ⟨111⟩＋⟨100⟩	{100}⟨112⟩＋{112}⟨111⟩ {110}⟨112⟩
密排六方	Mg，Mg 合金 Zn	⟨2130⟩ ⟨0001⟩ 与丝轴成 70°	{0001}⟨$10\bar{1}0$⟩ {0001} 与轧制面成 70°

实际上多晶体材料无论经过多么激烈的塑性变形也不可能使所有晶粒都完全转到织构的取向上去，其集中程度决定于加工变形的方法、变形量、变形温度以及材料本身情况(金属类型、杂质、材料内原始取向等)等因素。在实用中，经常用变形金属的极射赤面投影图来描述它的织构及各晶粒向织构取向的集中程度。

由于织构造成了各向异性，其存在对材料的加工成形性和使用性能都有很大的影响，尤其因为织构不仅出现在冷加工变形的材料中，即使进行了退火处理也仍然存在，故在工业生产中应予以高度重视。一般说，不希望金属板材存在织构，特别是用于深冲压成形的板材，织构会造成其沿各方向变形的不均匀性，使工件的边缘出现高低不平，产生了所谓“制耳”。但在某些情况下，又有利用织构提高板材性能的例子，如变压器用硅钢片，由于 α－Fe＜100＞方向最易磁化，故生产中通过适当控制轧制工艺可获得具有(110)[001]织构和磁化性能优异的硅钢片。

3.3 热塑性变形对材料性能的影响

3.3.1 力学性能

材料在塑性变形过程中，随着内部组织与结构的变化，其力学、物理和化学性能均发生明显的改变。

(1) 加工硬化。图 3.27 是铜材经不同程度冷轧后的强度和塑性变化情况，表 3.5 是冷拉对低碳钢(C 的质量分数为 0.16%) 力学性能的影响。从上述两例可清楚地看到，金属材料经冷加工变形后，强度(硬度) 显著提高，而塑性则很快下降，即产生了加工硬化现象。加工硬化是金属材料的一项重要特性，可被用作强化金属的途径。特别是对那些不能通过热处理强化的材料(如纯金属以及某些合金)，主要是借助冷加工实现强化的。

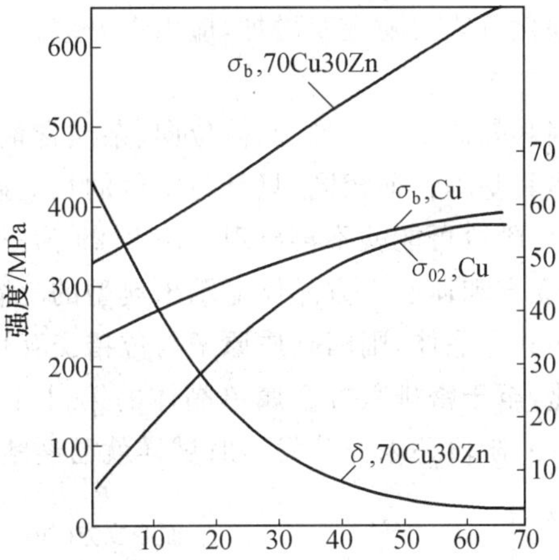

图 3.27 冷轧对铜材拉伸性能的影响

表 3.5 冷拉对低碳钢(C 的质量分数为 0.16%) 力学性能的影响

冷拉截面减缩率 /%	屈服强度 /MPa	抗拉强度 /MPa	延伸率 /%	断面收缩率 /%
0	276	456	34	70
10	497	518	20	65
20	566	580	17	63
40	593	656	16	60
60	607	704	14	54
80	662	792	7	26

图 3.28 是金属单晶体的典型切应力－切应变曲线(也称加工硬化曲线)，其塑性变形部分是由以下三个阶段所组成：

第 Ⅰ 阶段(易滑移阶段)：当 τ 达到晶体的 τ_c 后，应力增加不多，便能产生相当大的变形。此段接近于直线，其斜率 θ_{I} ($d\theta=\dfrac{d\tau}{d\lambda}$ 或 $d\theta=\dfrac{d\sigma}{d\varepsilon}$) 即加工硬化率低，一般 θ_{I} 为 $10^{-4}G$

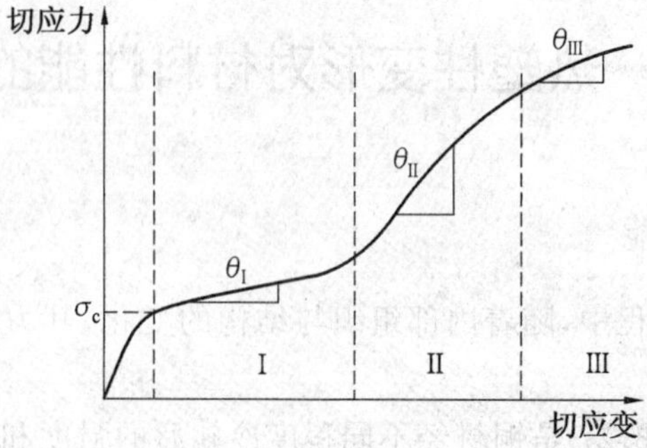

图 3.28 金属单晶体的切应力－切应变曲线

数量级(G 为材料的切变模量)。

第 Ⅱ 阶段(线性硬化阶段):随着应变量增加,应力线性增长,此段也呈直线,且斜率较大,加工硬化十分显著,$\theta_{II} \approx G/300$,近乎常数。

第 Ⅲ 阶段(抛物线型硬化阶段):随应变增加,应力上升缓慢,呈抛物线型,θ_{III} 逐渐下降。

各种晶体的实际曲线因其晶体结构类型、晶体位向、杂质含量以及试验温度等因素的不同而有所变化,但总的说,其基本特征相同,只是各阶段的长短通过位错的运动、增殖和交互作用而受影响,甚至某一阶段可能就不再出现。图 3.29 为三种典型晶体结构金属单晶体的硬化曲线,其中面心立方和体心立方晶体显示出典型的三阶段加工硬化情况,只是当含有微量杂质原子的体心立方晶体,则因杂质原子与位错交互作用,将产生前面所述的屈服现象并使曲线有所变化,至于密排六方金属单晶体的第 Ⅰ 阶段通常很长,远远超过其他结构的晶体,以至于第 Ⅱ 阶段还未充分发展时试样就已经断裂了。

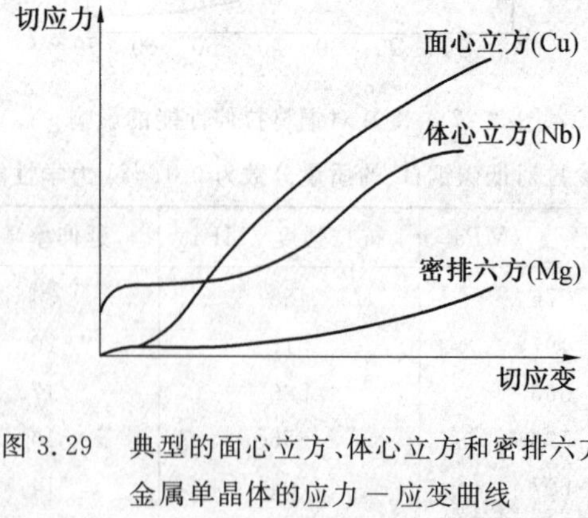

图 3.29 典型的面心立方、体心立方和密排六方金属单晶体的应力－应变曲线

多晶体的塑性变形由于晶界的阻碍作用和晶粒之间的协调配合要求,各晶粒不可能以单一滑移系动作而必然有多组滑移系同时作用,因此多晶体的应力－应变曲线不会出现单晶曲线的第 Ⅰ 阶段,而且其硬化曲线通常更陡,细晶粒多晶体在变形开始阶段尤为明显(图 3.30)。

有关加工硬化的机制曾提出不同的理论,然而,最终的表达形式基本相同,即流变应力是位错密度的平方根的线性函数,这已被许多试验证实。因此,塑性变形过程中位错密

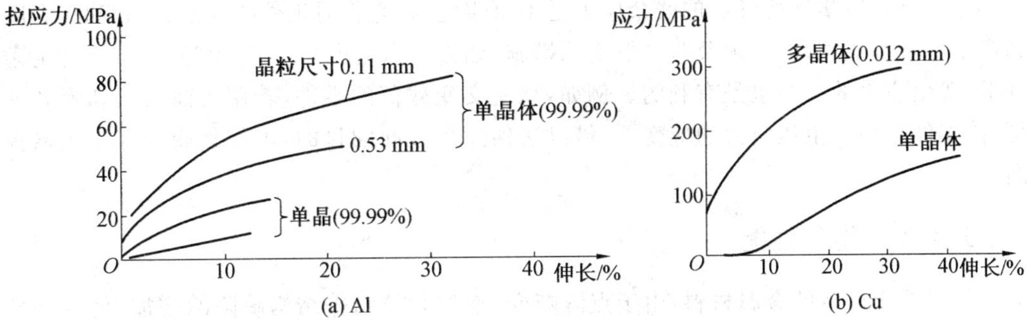

图 3.30　单晶与多晶的应力－应变曲线比较(室温)

度的增加及其所产生的钉扎作用是导致加工硬化的决定性因素。

3.3.2　残余应力

塑性变形中外力所做的功除大部分转化成热之外,还有一小部分以畸变能的形式储存在形变材料内部。这部分能量叫作储存能,其大小因形变量、形变方式、形变温度以及材料本身性质而异,约占总形变功的百分之几。储存能的具体表现方式为宏观残余应力、微观残余应力及点阵畸变。残余应力是一种内应力,它在工件中处于自相平衡状态,其产生是由于工件内部各区域变形不均匀性,以及相互间的牵制作用所致。按照残余应力平衡范围的不同,通常可将其分为以下三种:

(1) 第一类内应力,又称宏观残余应力,它是由工件不同部分的宏观变形不均匀性引起的,故其应力平衡范围包括整个工件。例如,将金属棒施以弯曲载荷(图 3.31),则上边受拉而伸长,下边受到压缩。变形超过弹性极限产生了塑性变形时,则外力去除后被伸长的一边就存在压应力,短边为张应力。又如,金属线材经拔丝加工后(图 3.32),由于拔丝模壁的阻力作用,线材的外表面较心部变形少,故表面受拉应力,而心部受压应力。这类残余应力所对应的畸变能不大,仅占总储存能的 0.1% 左右。

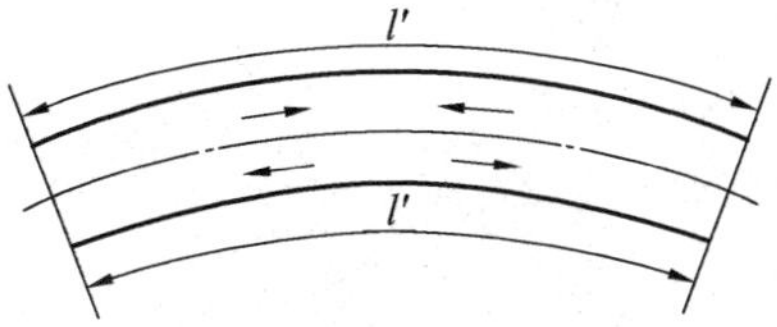

图 3.31　金属棒弯曲变形后的残余应力

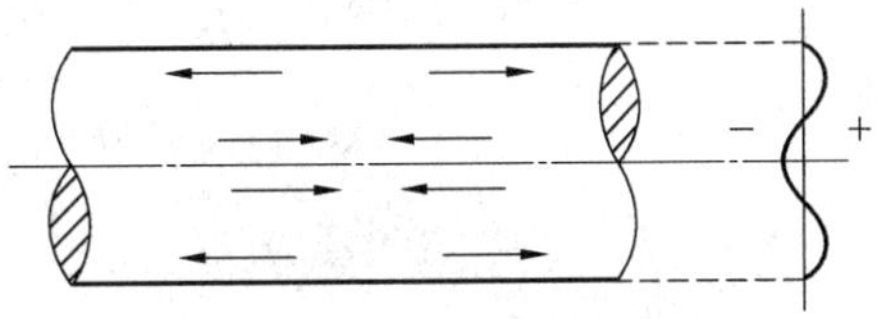

图 3.32　金属拉丝后的残留应力

(2) 第二类内应力,又称微观残余应力,它是由晶粒或亚晶粒之间的变形不均匀性产生的。其作用范围与晶粒尺寸相当,即在晶粒或亚晶粒之间保持平衡。这种内应力有时可达到很大的数值,甚至可能造成显微裂纹并导致工件破坏。

(3) 第三类内应力,又称点阵畸变。其作用范围是几十至几百纳米,它是由于工件在塑性变形中形成的大量点阵缺陷(如空位、间隙原子、位错等)引起的。变形金属中储存能的绝大部分(80%～90%)用于形成点阵畸变。这部分能量提高了变形晶体的能量,使之处于热力学不稳定状态,故它有一种使变形金属重新恢复到自由焓最低的稳定结构状态的自发趋势,并导致塑性变形金属在加热时的回复及再结晶过程。

金属材料经塑性变形后的残余应力是不可避免的，它将对工件的变形、开裂和应力腐蚀产生影响和危害，故必须及时采取消除措施(如去应力退火处理)。但是，在某些特定条件下，残余应力的存在也是有利的。例如，承受交变载荷的零件，若用表面滚压和喷丸处理，使零件表面产生压应力的应变层，借以达到强化表面的目的，可使其疲劳寿命成倍提高。

3.3.3 物化性能

经塑性变形后的金属材料，由于点阵畸变，空位和位错等结构缺陷的增加，使其物理性能和化学性能也发生一定的变化。如塑性变形通常可使金属的电阻率增高，增加的程度与形变量成正比，但增加的速率因材料而异，差别很大。例如，冷拔形变率为82%的纯铜丝电阻率升高2%，同样形变率的H70黄铜丝电阻率升高20%，而冷拔形变率为99%的钨丝电阻率升高50%。另外，塑性变形后，金属的电阻温度系数下降，磁导率下降，热导率也有所降低，铁磁材料的磁滞损耗及矫顽力增大。

由于塑性变形使得金属中的结构缺陷增多，自由焓升高，因而导致金属中的扩散过程加速，金属的化学活性增大，腐蚀速度加快。

第 4 章　金属本构关系理论

4.1 Rice－Hill 本构关系理论

在绝对温度 θ 与每单位质量的熵 η 两个变量之中，为了方便我们选择温度 θ 为自变量，熵 η 为响应。在第二类 P－K 应力张量 $\boldsymbol{T}$ 与 Green 应变张量 $\boldsymbol{E}$ 两者之中，可以选一者为自变量，另一者为响应。记 ψ 与 ψ_{G} 为每单位质量的 Hemholtz 自由能与 Gibbs 自由能：

$$\psi=\psi(\boldsymbol{E},\theta,\mathscr{H}) \tag{4.1}$$

$$\psi_{\mathrm{G}}=\psi_{\mathrm{G}}(\boldsymbol{T},\theta,\mathscr{H})=\psi(\boldsymbol{E},\theta,\mathscr{H})-\frac{1}{\rho_0}\boldsymbol{T}:\boldsymbol{E} \tag{4.2}$$

由 $\rho\theta\gamma_{\mathrm{int}}=-\rho\dot{\psi}-\rho\eta\dot{\theta}+\sigma:d=0$，并利用$\frac{1}{J}w=\sigma:d=\frac{1}{J}\tau:d=\frac{\rho}{\rho_0}\boldsymbol{T}:\dot{\boldsymbol{E}}$，可得热力学第二定律的表达式：

$$\theta\gamma_{\mathrm{int}}=-\dot{\psi}-\eta\dot{\theta}+\frac{1}{\rho_0}\boldsymbol{T}:\dot{\boldsymbol{E}}\geqslant 0 \tag{4.3}$$

利用$\dot{\psi}_{\mathrm{G}}+\frac{1}{\rho_0}\boldsymbol{E}:\dot{\boldsymbol{T}}=\dot{\psi}-\frac{1}{\rho_0}\boldsymbol{T}:\dot{\boldsymbol{E}}$，上式又可写为

$$\theta\gamma_{\mathrm{int}}=-\dot{\psi}_{\mathrm{G}}-\eta\dot{\theta}-\frac{1}{\rho_0}\boldsymbol{E}:\dot{\boldsymbol{T}}\geqslant 0 \tag{4.4}$$

将式(4.1) 代入式(4.3) 得

$$\theta\gamma_{\mathrm{int}}=\left(-\frac{\partial\psi}{\partial\boldsymbol{E}}+\frac{1}{\rho_0}\boldsymbol{T}\right):\dot{\boldsymbol{E}}-\left(\frac{\partial\psi}{\partial\theta}+\eta\right)\dot{\theta}-\frac{\partial\psi}{\partial\xi_\alpha}\dot{\xi}_\alpha\geqslant 0 \tag{4.5}$$

同样将式(4.2) 代入式(4.4)，得

$$\theta\gamma_{\mathrm{int}}=-\left(\frac{\partial\psi_{\mathrm{G}}}{\partial\boldsymbol{T}}+\frac{1}{\rho_0}\boldsymbol{E}\right):\dot{\boldsymbol{T}}-\left(\frac{\partial\psi_{\mathrm{G}}}{\partial\theta}+\eta\right)\dot{\theta}-\frac{\partial\psi_{\mathrm{G}}}{\partial\xi_\alpha}\dot{\xi}_\alpha\geqslant 0 \tag{4.6}$$

注意，在实际进行的物理过程中，自变量 $\boldsymbol{E}$(或 $\boldsymbol{T}$) 与 θ 是可以控制的。但内变量的率 $\dot{\xi}_\alpha$ ($\alpha=1,2,\cdots,n$) 却取决于自变量 $\dot{\boldsymbol{E}}$(或 $\dot{\boldsymbol{T}}$) 与 $\dot{\theta}$ 的率。若在式(4.5) 中取 $\dot{\boldsymbol{E}}$ 与 $\dot{\theta}$ 为指向应变－温度空间中弹性区(如 $\dot{\theta}=0$，则 $\dot{\boldsymbol{E}}$ 指向应变空间中弹性区) 的任意方向的应变率与温度率，因为响应为弹性，所有的 $\dot{\xi}_\alpha=0$，式(4.5) 成为

$$\theta\gamma_{\mathrm{int}}=\left(-\frac{\partial\psi}{\partial\boldsymbol{E}}+\frac{1}{\rho_0}\boldsymbol{T}\right):\dot{\boldsymbol{E}}-\left(\frac{\partial\psi}{\partial\theta}+\eta\right)\dot{\theta}=0 \tag{4.5a}$$

由式(4.5a) 可导出

$$\boldsymbol{T}=\rho_0\frac{\partial\psi(\boldsymbol{E},\theta,\mathscr{H})}{\partial\boldsymbol{E}},\eta=\frac{\partial\psi(\boldsymbol{E},\theta,\mathscr{H})}{\partial\theta} \tag{4.7}$$

同样，欲使式(4.6) 的不等式成立，必须有

$$\boldsymbol{E}=-\rho_0\frac{\partial\psi_G(\boldsymbol{T},\theta,\mathscr{H})}{\partial\boldsymbol{T}},\eta=-\frac{\partial\psi_G(\boldsymbol{E},\theta,\mathscr{H})}{\partial\theta}\tag{4.8}$$

而热力学第二定律(4.5)或(4.6)则成为

$$\theta\gamma_{\text{int}}=\boldsymbol{F}_\alpha\dot{\xi}_\alpha\geqslant 0\tag{4.9}$$

式中

$$F_\alpha=-\frac{\partial\psi(\boldsymbol{E},\theta,\mathscr{H})}{\partial\xi_\alpha}=-\frac{\partial\psi_G(\boldsymbol{T},\theta,\mathscr{H})}{\partial\xi_\alpha}\tag{4.10}$$

$F_\alpha(\alpha=1,2,\cdots,n)$称为热力学作用力。$F_\alpha$既可以表示为$\boldsymbol{E}$，$\theta$，$\mathscr{H}$函数，也可以表示为$\boldsymbol{T}$，$\theta$，$\mathscr{H}$的函数。虽然两种表示的函数不同，但为简单起见，均用同一字母F_α表示。

4.1.1 率形式本构关系

现在分两种选择，分别讨论本构关系，把式(4.8)与(4.7)分别写成率形式。

(1) 以第二类P－K应力$\boldsymbol{T}$为自变量，Green应变张量$\boldsymbol{E}$为响应函数。

将式(4.8)代入

$$\dot{\boldsymbol{E}}=(\dot{\boldsymbol{E}})^{\mathrm{e}}+(\dot{\boldsymbol{E}})^{\mathrm{p}},\dot{\eta}=(\dot{\eta})^{\mathrm{e}}+(\dot{\eta})^{\mathrm{p}},(\dot{\boldsymbol{E}})^{\mathrm{e}}=\left(\frac{\partial\boldsymbol{E}}{\partial\theta}\right)_{\theta,H}:\dot{\boldsymbol{T}}+\left(\frac{\partial\boldsymbol{E}}{\partial\theta}\right)_{T,H}\dot{\theta}$$

$$(\dot{\eta})^{\mathrm{p}}=\lim_{\mathrm{d}t\to\infty}\frac{\eta(\boldsymbol{T},\theta,H+\mathrm{d}H)-\eta(\boldsymbol{T},\theta,H)}{\mathrm{d}t}=\left(\frac{\partial\eta}{\partial\xi_\alpha}\right)_{T,\theta}\dot{\xi}_\alpha$$

$$(\dot{\eta})^{\mathrm{e}}=\left(\frac{\partial\eta}{\partial T}\right)_{\theta,H}:\dot{\boldsymbol{T}}+\left(\frac{\partial\eta}{\partial\theta}\right)_{T,H}\dot{\theta}$$

$$(\dot{\eta})^{\mathrm{p}}=\lim_{\mathrm{d}t\to\infty}\frac{\eta(\boldsymbol{T},\theta,H+\mathrm{d}H)-\eta(\boldsymbol{T},\theta,H)}{\mathrm{d}t}=\left(\frac{\partial\eta}{\partial\xi_\alpha}\right)_{T,\theta}\dot{\xi}_\alpha$$

得到率形式本构方程如下：

$$\dot{\boldsymbol{E}}=(\dot{\boldsymbol{E}})^{\mathrm{e}}+(\dot{\boldsymbol{E}})^{\mathrm{p}},\dot{\eta}=(\dot{\eta})^{\mathrm{e}}+(\dot{\eta})^{\mathrm{p}}\tag{4.11}$$

式中

$$(\dot{\boldsymbol{E}})^{\mathrm{e}}=\boldsymbol{M}:\dot{\boldsymbol{T}}+n\dot{\theta},\quad(\dot{\boldsymbol{E}})^{\mathrm{p}}=\boldsymbol{P}_\alpha\dot{\xi}_\alpha\tag{4.12}$$

$$(\dot{\eta})^{\mathrm{e}}=\frac{1}{\rho_0}(\boldsymbol{n}:\dot{\boldsymbol{T}}-\zeta\dot{\theta}),\quad(\dot{\eta})^{\mathrm{p}}=\frac{1}{\rho_0}\boldsymbol{P}_\alpha\dot{\xi}_\alpha\tag{4.13}$$

$$\begin{aligned}
\boldsymbol{M}&=\frac{\partial\boldsymbol{E}(\boldsymbol{T},\theta,\mathscr{H})}{\partial\boldsymbol{T}}=-\rho_0\frac{\partial^2\psi_G(\boldsymbol{T},\theta,\mathscr{H})}{\partial\boldsymbol{T}\partial\boldsymbol{T}}\\
\boldsymbol{n}&=\frac{\partial\boldsymbol{E}(\boldsymbol{T},\theta,\mathscr{H})}{\partial\theta}=-\rho_0\frac{\partial^2\psi_G(\boldsymbol{T},\theta,\mathscr{H})}{\partial\boldsymbol{T}\partial\theta}\\
\zeta&=-\rho_0\frac{\partial\eta(\boldsymbol{T},\theta,\mathscr{H})}{\partial\theta}=\rho_0\frac{\partial^2\psi_G(\boldsymbol{T},\theta,\mathscr{H})}{\partial\theta^2}\\
\boldsymbol{P}_\alpha&=\frac{\partial\boldsymbol{E}(\boldsymbol{T},\theta,\mathscr{H})}{\partial\varepsilon_\alpha}=-\rho_0\frac{\partial^2\psi_G(\boldsymbol{T},\theta,\mathscr{H})}{\partial\boldsymbol{T}\partial\varepsilon_\alpha}\\
p_\alpha&=\rho_0\frac{\partial\eta(\boldsymbol{T},\theta,\mathscr{H})}{\partial\varepsilon_\alpha}=-\rho_0\frac{\partial^2\psi_G(\boldsymbol{T},\theta,\mathscr{H})}{\partial\theta\partial\varepsilon_\alpha}
\end{aligned}\tag{4.14}$$

式(4.11)～(4.14)分量形式为

$$\dot{E}_{AB}=(\dot{E})^{\mathrm{e}}{}_{AB}+(\dot{E})^{\mathrm{p}}_{AB},\dot{\eta}=(\dot{\eta})^{\mathrm{e}}+(\dot{\eta})^{\mathrm{p}}\tag{4.11a}$$

式中

$$(\dot{E})^{e}_{AB}=M_{ABCD}\dot{T}_{CD}+n_{AB}\dot{\theta},\ (\dot{E})^{p}_{AB}=(P_{\alpha})_{AB}\dot{\xi}_{\alpha} \tag{4.12a}$$

$$(\dot{\eta})^{e}=\frac{1}{\rho_0}(n_{AB}\dot{T}_{AB}-\zeta\dot{\theta}),\ (\dot{\eta})^{p}=\frac{1}{\rho_0}p_{\alpha}\dot{\xi}_{\alpha} \tag{4.13a}$$

$$M_{ABCD}=\frac{\partial E_{AB}(\boldsymbol{T},\theta,\mathscr{H})}{\partial T_{CD}}=-\rho_0\frac{\partial^2\psi_G(\boldsymbol{T},\theta,\mathscr{H})}{\partial T_{AB}\partial T_{CD}}$$

$$n_{AB}=\frac{\partial E_{AB}(\boldsymbol{T},\theta,\mathscr{H})}{\partial\theta}=-\rho_0\frac{\partial^2\psi_G(\boldsymbol{T},\theta,\mathscr{H})}{\partial T_{AB}\partial\theta}$$

$$\zeta=-\rho_0\frac{\partial\eta(\boldsymbol{T},\theta,\mathscr{H})}{\partial\theta}=-\rho_0\frac{\partial^2\psi_G(\boldsymbol{T},\theta,\mathscr{H})}{\partial\theta^2} \tag{4.14a}$$

$$(P_{\alpha})_{AB}=\frac{\partial E_{AB}(\boldsymbol{T},\theta,\mathscr{H})}{\partial\xi_{\alpha}}=-\rho_0\frac{\partial^2\psi_G(\boldsymbol{T},\theta,\mathscr{H})}{\partial T_{AB}\partial\xi_{\alpha}}$$

$$p_{\alpha}=\rho_0\frac{\partial\eta(\boldsymbol{T},\theta,\mathscr{H})}{\partial\xi_{\alpha}}=-\rho_0\frac{\partial^2\psi_G(\boldsymbol{T},\theta,\mathscr{H})}{\partial\theta\partial\xi_{\alpha}}$$

由 Kirchhoff 应力张量 $\boldsymbol{\tau}$ 与第二类 P－K 应力张量 $\boldsymbol{T}$ 关系式：

$$\boldsymbol{\tau}=\boldsymbol{F}\cdot\boldsymbol{T}\cdot\boldsymbol{F}^{T}$$

$$\boldsymbol{T}=\boldsymbol{F}^{-1}\cdot\boldsymbol{\tau}\cdot\boldsymbol{F}^{-T}$$

设在Lagrange嵌入曲线坐标系中的 $\boldsymbol{\tau}$ 与 $\boldsymbol{T}$ 具有相同的逆变分量。我们称这一种转移为张量的逆变转移(记为 ## 转移)。

把本构关系(4.11) 参考构形 $\mathscr{H}$ 协变(bb) 前推到即时构形中，其中式(4.12) 的 $\boldsymbol{M}$ 做协变(bbbb} 前推，$\dot{\boldsymbol{T}}$ 做逆变(##) 前推，得到

$$\boldsymbol{d}=\boldsymbol{d}^{e}_{RH}+\boldsymbol{d}^{p}_{RH},\quad \dot{\eta}=(\dot{\eta})^{e}+(\dot{\eta})^{p} \tag{4.15}$$

式中，下标 RH 表示 Rice 与 Hill。

$$\boldsymbol{d}^{e}_{RH}=\mu:\tau^{Oldr}+n\dot{\theta},d^{p}_{RH}=\rho_{\alpha}\dot{\xi}_{\alpha} \tag{4.16}$$

$$(\dot{\eta})^{e}=\frac{1}{\rho_0}(\mu:\tau^{Oldr}-\zeta\dot{\theta}),\ (\dot{\eta})^{p}=\frac{1}{\rho_0}\boldsymbol{P}_{\alpha}\dot{\xi}_{\alpha} \tag{4.17}$$

$$\mu=(\boldsymbol{F}^{-T}\boldsymbol{F}^{-T}\boldsymbol{F}^{-T}\boldsymbol{F}^{-T})\begin{smallmatrix}*\\*\\*\\*\\*\end{smallmatrix}\boldsymbol{M}=-\rho_0(\boldsymbol{F}^{-T}\boldsymbol{F}^{-T}\boldsymbol{F}^{-T}\boldsymbol{F}^{-T})\begin{smallmatrix}*\\*\\*\\*\\*\end{smallmatrix}\frac{\partial^2\psi_G(\boldsymbol{T},\theta,\mathscr{H})}{\partial\boldsymbol{T}\partial\boldsymbol{T}}$$

$$n=(\boldsymbol{F}^{T}\boldsymbol{F}^{T})\begin{smallmatrix}*\\*\end{smallmatrix}n=-\rho_0(\boldsymbol{F}^{T}\boldsymbol{F}^{T})\begin{smallmatrix}*\\*\end{smallmatrix}\frac{\partial^2\psi_G(\boldsymbol{T},\theta,\mathscr{H})}{\partial\boldsymbol{T}\partial\theta} \tag{4.18}$$

$$\zeta=\rho_0\frac{\partial^2\psi_G(\boldsymbol{T},\theta,\mathscr{H})}{\partial\theta^2}$$

$$\boldsymbol{P}_{\alpha}=(\boldsymbol{F}^{-T}\boldsymbol{F}^{-T}):\boldsymbol{P}_{\alpha}=-\rho_0(\boldsymbol{F}^{-T}\boldsymbol{F}^{-T}):\frac{\partial^2\psi_G(\boldsymbol{T},\theta,\mathscr{H})}{\partial\boldsymbol{T}\partial\xi_{\alpha}}$$

$$p_{\alpha}=-\rho_0\frac{\partial^2\psi_G(\boldsymbol{T},\theta,\mathscr{H})}{\partial\theta\partial\xi_{\alpha}}$$

式(4.15) ～ (4.18) 分量形式为(略去表示 Rice 与 Hill 的下标 RH)

$$d_{ij}=d^{e}_{ij}+d^{p}_{ij},\dot{\eta}=(\dot{\eta})^{e}+(\dot{\eta})^{p} \tag{4.15a}$$

式中

$$d_{ij}^{e}=\mu_{ijkl}\tau_{kl}^{\mathrm{Oldr}}+u_{ij}\dot{\theta},d_{ij}^{p}=(\boldsymbol{P}_{\alpha})_{ij}\dot{\xi}_{\alpha} \tag{4.16a}$$

$$(\dot{\eta})^{e}=\frac{1}{\rho_0}(n_{ij}\tau_{ij}^{\mathrm{Oldr}}-\zeta\dot{\theta}),(\dot{\eta})^{p}=\frac{1}{\rho_0}p_{\alpha}\dot{\xi}_{\alpha} \tag{4.17a}$$

$$\mu_{ijkl}\frac{\partial X_A}{\partial x_i}\frac{\partial X_B}{\partial x_j}\frac{\partial X_C}{\partial x_k}\frac{\partial X_D}{\partial x_l}M_{ABCD}=-\rho_0\frac{\partial X_A}{\partial x_i}\frac{\partial X_B}{\partial x_j}\frac{\partial X_C}{\partial x_k}\frac{\partial X_D}{\partial x_l}\frac{\partial^2\psi_G(\boldsymbol{T},\theta,\mathscr{H})}{\partial T_{AB}\partial T_{CD}}$$

$$u_{ij}=\frac{\partial X_A}{\partial x_i}\frac{\partial X_B}{\partial x_j}n_{AB}=-\rho_0\frac{\partial X_A}{\partial x_i}\frac{\partial X_B}{\partial x_j}\frac{\partial^2\psi_G(\boldsymbol{T},\theta,\mathscr{H})}{\partial T_{AB}\partial\theta}$$

$$\zeta=\rho_0\frac{\partial^2\psi_G(\boldsymbol{T},\theta,\mathscr{H})}{\partial\theta^2} \tag{4.18a}$$

$$(\boldsymbol{\kappa}_{\alpha})_{ij}=\frac{\partial X_A}{\partial x_i}\frac{\partial X_B}{\partial x_j}(P_{\alpha})_{AB}=-\rho_0\frac{\partial X_A}{\partial x_i}\frac{\partial X_B}{\partial x_j}\frac{\partial^2\psi_G(\boldsymbol{T},\theta,\mathscr{H})}{\partial T_{AB}\partial\xi_{\alpha}}$$

$$p_{\alpha}=-\rho_0\frac{\partial^2\psi_G(\boldsymbol{T},\theta,\mathscr{H})}{\partial\theta\partial\xi_{\alpha}}$$

τ^{Oldr} 及其分量表达式见 $\tau^{\mathrm{Oldr}}=\dot{\tau}-l\cdot\tau-\tau\cdot l^{\mathrm{T}},\tau_{ij}^{\mathrm{Oldr}}=\dot{\tau}_{ij}-l_{ik}\cdot\tau_{kj}-\tau_{ik}\cdot l_{kj}$。

现在研究二阶张量的转移 —— 张量的协变转移(bb 转移)。

由 Cauchy-Green 变形张量 $\boldsymbol{C}$ 有

$$\boldsymbol{E}=\frac{1}{2}(\boldsymbol{C}-1)=\frac{1}{2}(\boldsymbol{F}^{\mathrm{T}}\cdot\boldsymbol{F}-1)$$

$$\boldsymbol{e}=\frac{1}{2}(1-\boldsymbol{c})=\frac{1}{2}(1-\boldsymbol{F}^{\mathrm{T}}\cdot\boldsymbol{F})$$

因此在 Green 应变张量 $\boldsymbol{E}$ 与 Almansi 应变张量 $\boldsymbol{e}$ 之间存在着关系：

$$\boldsymbol{e}=\boldsymbol{F}^{\mathrm{T}}\cdot\boldsymbol{E}\cdot\boldsymbol{F}=(\boldsymbol{F}^{\mathrm{T}}\cdot\boldsymbol{F})\ {}^{*}_{*}\ \boldsymbol{E}$$

设在 Lagrange 嵌入曲线坐标中的 $\boldsymbol{E}$ 与 $\boldsymbol{e}$ 的分解式为

$$\boldsymbol{E}=E_{AB}G^{A}G^{B},\boldsymbol{e}=e_{AB}\hat{g}^{a}\hat{g}^{B}$$

可知 $\boldsymbol{e}_{AB}=\boldsymbol{E}_{AB}$，因此将在 Lagrange 嵌入曲线坐标系中的 $\boldsymbol{e}$ 与 $\boldsymbol{E}$ 具有相同的协变分量。我们称这第二种转移为张量的协变转移(记为 bb转移)。bb转移表达式具体见表4.1、4.2、4.3。

表 4.1　基本几何张量的(bb 转移)

构形 $\mathscr{R}$	构形 $\overline{\mathscr{R}}$	构形 z
度量张量 $\boldsymbol{G}$	$(\overline{\boldsymbol{B}}^{p})^{-1}=(\boldsymbol{F}^{p})^{-\mathrm{T}}\cdot\boldsymbol{G}\cdot(\boldsymbol{F}^{p})^{-1}$ $=(\boldsymbol{F}^{e})^{-\mathrm{T}}\cdot\boldsymbol{b}^{-1}\cdot\boldsymbol{F}^{e}$	$\boldsymbol{c}=\boldsymbol{b}^{-1}=\boldsymbol{F}^{-\mathrm{T}}\cdot\boldsymbol{G}\cdot\boldsymbol{F}^{-1}$
Green 塑性变形张量 $\boldsymbol{C}^{p}=\boldsymbol{F}^{p\mathrm{T}}\cdot\overline{\boldsymbol{G}}\cdot\boldsymbol{F}^{p}$	$\overline{\boldsymbol{G}}$	$(\boldsymbol{b}^{e})^{-1}=(\boldsymbol{F}^{e})^{-\mathrm{T}}\cdot\overline{\boldsymbol{G}}\cdot(\boldsymbol{F}^{e})^{-1}$
Green 塑性变形张量 $\boldsymbol{C}=\boldsymbol{F}^{\mathrm{T}}\cdot\boldsymbol{g}\cdot\boldsymbol{F}$	$\overline{\boldsymbol{C}}^{e}=(\boldsymbol{F}^{p})^{-\mathrm{T}}\cdot\boldsymbol{C}\cdot(\boldsymbol{F}^{p})^{-1}=$ $(\boldsymbol{F}^{e})^{\mathrm{T}}\cdot\boldsymbol{g}\cdot\boldsymbol{F}^{e}$	$\boldsymbol{g}$

续表 4.1

构形 $\mathscr{R}$	构形 $\overline{\mathscr{R}}$	构形 z
Green 塑性变形张量 $\boldsymbol{E}=\dfrac{1}{2}(\boldsymbol{C}-\boldsymbol{G})$	$\overline{\boldsymbol{E}}=\dfrac{1}{2}(\overline{\boldsymbol{C}}^{\mathrm{e}}-(\overline{\boldsymbol{B}}^{\mathrm{p}})^{-1})$	$\boldsymbol{e}=\dfrac{1}{2}(\boldsymbol{g}-\boldsymbol{b}^{-1})$
Green 塑性变形张量 $\boldsymbol{E}^{\mathrm{p}}=\dfrac{1}{2}(\boldsymbol{C}^{\mathrm{p}}-\boldsymbol{G})$	$\overline{\boldsymbol{E}}^{\mathrm{p}}=\dfrac{1}{2}(\overline{\boldsymbol{C}}-\overline{\boldsymbol{G}})$	$(\boldsymbol{e}^{\mathrm{p}})^{-1}=\dfrac{1}{2}(\boldsymbol{b}^{\mathrm{e}})^{-1}-\boldsymbol{b}^{-1}$
Green 塑性变形张量 $\boldsymbol{E}^{\mathrm{e}}=\dfrac{1}{2}(\boldsymbol{C}-\boldsymbol{C}^{\mathrm{p}})$	$\boldsymbol{E}^{\mathrm{e}}=\dfrac{1}{2}(\overline{\boldsymbol{C}}-\overline{\boldsymbol{G}})$	$(\boldsymbol{e}^{\mathrm{e}})^{-1}=\dfrac{1}{2}(\boldsymbol{g}-(\boldsymbol{b}^{\mathrm{e}})^{-1})$
Green 塑性变形张量 $\boldsymbol{E}=\boldsymbol{E}^{\mathrm{p}}+\boldsymbol{E}^{\mathrm{e}}$	$\overline{\boldsymbol{E}}=\boldsymbol{E}^{\mathrm{p}}+\boldsymbol{E}^{\mathrm{e}}$	$\boldsymbol{e}=\boldsymbol{e}^{\mathrm{p}}+\boldsymbol{e}^{\mathrm{e}}$

表 4.2 变形率与旋率的分解与协变(bb 转移)

	构形 $\mathscr{R}$	构形 $\overline{\mathscr{R}}$	构形 z
变形率	$\boldsymbol{D}\cdot\boldsymbol{F}^{\mathrm{T}}\cdot\boldsymbol{d}\cdot\boldsymbol{F}=\dot{\boldsymbol{E}}$	$\overline{\boldsymbol{D}}=(\boldsymbol{F}^{\mathrm{p}})^{-\mathrm{T}}\cdot\boldsymbol{D}\cdot(\boldsymbol{F}^{\mathrm{p}})^{-1}$ $=(\boldsymbol{F}^{\mathrm{e}})^{\mathrm{T}}\cdot\boldsymbol{d}\cdot\boldsymbol{F}^{\mathrm{e}}$	$\boldsymbol{d}=\dfrac{1}{2}(\boldsymbol{l}+\boldsymbol{l}^{\mathrm{T}})$
弹性变形率	$\boldsymbol{D}^{\mathrm{e}}=\boldsymbol{F}^{\mathrm{T}}\cdot\boldsymbol{d}^{\mathrm{e}}\cdot\boldsymbol{F}$	$\overline{\boldsymbol{D}}^{\mathrm{e}}=(\boldsymbol{F}^{\mathrm{p}})^{-\mathrm{T}}\cdot\boldsymbol{D}^{\mathrm{e}}\cdot(\boldsymbol{F}^{\mathrm{p}})^{-1}$ $=(-\boldsymbol{F}^{\mathrm{e}})^{\mathrm{T}}\cdot\boldsymbol{d}^{\mathrm{e}}\cdot\boldsymbol{F}^{\mathrm{e}}=\dot{\overline{\boldsymbol{E}}}^{\mathrm{e}}$	$\boldsymbol{d}^{\mathrm{e}}=\dfrac{1}{2}(\boldsymbol{l}^{\mathrm{e}}+\boldsymbol{l}^{\mathrm{eT}})$
塑性变形率	$\boldsymbol{D}^{\mathrm{p}}=\boldsymbol{F}^{\mathrm{T}}\cdot\boldsymbol{d}^{\mathrm{p}}\cdot\boldsymbol{F}$	$\overline{\boldsymbol{D}}^{\mathrm{p}}=(\boldsymbol{F}^{\mathrm{p}})^{-\mathrm{T}}\cdot\boldsymbol{D}^{\mathrm{p}}\cdot(\boldsymbol{F}^{\mathrm{p}})^{-1}$ $=(\boldsymbol{F}^{\mathrm{e}})^{\mathrm{T}}\cdot\boldsymbol{d}^{\mathrm{p}}\cdot\boldsymbol{F}^{\mathrm{e}}$	$\boldsymbol{d}^{\mathrm{p}}=\dfrac{1}{2}(\boldsymbol{l}^{\mathrm{e}}+\boldsymbol{l}^{\mathrm{pT}})$
旋率	$\boldsymbol{W}=\boldsymbol{F}^{\mathrm{T}}\cdot\boldsymbol{w}\cdot\boldsymbol{F}$	$\overline{\boldsymbol{W}}=(\boldsymbol{F}^{\mathrm{p}})^{-\mathrm{T}}\cdot\boldsymbol{W}\cdot(\boldsymbol{F}^{\mathrm{p}})^{-1}$ $=(\boldsymbol{F}^{\mathrm{e}})^{\mathrm{T}}\cdot\boldsymbol{w}\cdot\boldsymbol{F}^{\mathrm{e}}$	$\boldsymbol{w}^{\mathrm{e}}=\dfrac{1}{2}(\boldsymbol{l}-\boldsymbol{l}^{\mathrm{eT}})$
弹性旋率	$\boldsymbol{W}^{\mathrm{e}}=\boldsymbol{F}^{\mathrm{T}}\cdot\boldsymbol{w}^{\mathrm{e}}\cdot\boldsymbol{F}$	$\overline{\boldsymbol{W}}^{\mathrm{e}}=(\boldsymbol{F}^{\mathrm{p}})^{-\mathrm{T}}\cdot\boldsymbol{W}^{\mathrm{e}}\cdot(\boldsymbol{F}^{\mathrm{p}})^{-1}$ $=(\boldsymbol{F}^{\mathrm{e}})^{\mathrm{T}}\cdot\boldsymbol{w}^{\mathrm{e}}\cdot\boldsymbol{F}^{\mathrm{e}}$	$\boldsymbol{w}^{\mathrm{e}}=\dfrac{1}{2}(\boldsymbol{l}^{\mathrm{e}}-\boldsymbol{l}^{\mathrm{eT}})$
塑性旋率	$\boldsymbol{W}^{\mathrm{p}}=\boldsymbol{F}^{\mathrm{T}}\cdot\boldsymbol{w}^{\mathrm{p}}\cdot\boldsymbol{F}$	$\overline{\boldsymbol{W}}^{\mathrm{p}}=(\boldsymbol{F}^{\mathrm{p}})^{-\mathrm{T}}\cdot\boldsymbol{W}^{\mathrm{p}}\cdot(\boldsymbol{F}^{\mathrm{p}})^{-1}$ $=(\boldsymbol{F}^{\mathrm{e}})^{\mathrm{T}}\cdot\boldsymbol{w}^{\mathrm{p}}\cdot\boldsymbol{F}^{\mathrm{e}}$	$\boldsymbol{w}^{\mathrm{p}}=\dfrac{1}{2}(\boldsymbol{l}^{\mathrm{p}}-\boldsymbol{l}^{\mathrm{pT}})$

表 4.3 变形率与旋率的分解与协变(bb 转移)

	构形 $\mathscr{R}$ $\boldsymbol{Z}$	构形 $\overline{\mathscr{R}}$ $\overline{\boldsymbol{Z}}$	构形 z $\boldsymbol{z}$
变形率	$\dot{\boldsymbol{E}}$	$\overline{\boldsymbol{D}}=(\boldsymbol{F}^{\mathrm{p}})^{-\mathrm{T}}\cdot\dot{\boldsymbol{E}}\cdot(\boldsymbol{F}^{\mathrm{p}})^{-1}$ $=(\boldsymbol{F}^{\mathrm{e}})^{\mathrm{T}}\cdot\boldsymbol{d}\cdot\boldsymbol{F}^{\mathrm{e}}$	$\boldsymbol{d}=\boldsymbol{F}^{-\mathrm{T}}\cdot\dot{\boldsymbol{F}}\cdot\boldsymbol{F}^{-1}$
弹性变形率	$\dot{\boldsymbol{E}}^{\mathrm{e}}$	$\overline{\boldsymbol{D}}_{\mathrm{SO}}^{\mathrm{e}}=(\boldsymbol{F}^{\mathrm{p}})^{-\mathrm{T}}\cdot\dot{\boldsymbol{E}}^{\mathrm{e}}\cdot(\boldsymbol{F}^{\mathrm{p}})^{-1}$ $=(\boldsymbol{F}^{\mathrm{e}})^{\mathrm{T}}\cdot\boldsymbol{d}_{\mathrm{SO}}^{\mathrm{e}}\cdot\boldsymbol{F}^{\mathrm{e}}$	$\boldsymbol{d}_{\mathrm{SO}}^{\mathrm{e}}=\boldsymbol{F}^{-\mathrm{T}}\cdot\dot{\boldsymbol{F}}^{\mathrm{e}}\cdot\boldsymbol{F}^{-1}$

(2) 以 Green 应变张量 E 为自变量，以第二类 P－K 应力 T 为响应函数。

率形式本构方程如下：

$$\dot{\boldsymbol{T}}=(\dot{\boldsymbol{T}})^{\mathrm{e}}+(\dot{\boldsymbol{T}})^{\mathrm{p}},\dot{\eta}=(\dot{\eta})^{\mathrm{e}}+(\dot{\eta})^{\mathrm{p}} \tag{4.19}$$

式中

$$(\dot{\boldsymbol{T}})^{\mathrm{e}}=\boldsymbol{L}:\boldsymbol{E}+\boldsymbol{m}\dot{\theta},(\dot{\boldsymbol{T}})^{\mathrm{p}}=\boldsymbol{Q}_\alpha\dot{\xi}_\alpha \tag{4.20}$$

$$(\dot{\eta})^{\mathrm{e}}=-\frac{1}{\rho_0}(\boldsymbol{m}:\boldsymbol{E}+\zeta\dot{\theta})\ (\dot{\eta})^{\mathrm{p}}=\frac{1}{\rho_0}q_\alpha\dot{\xi}_\alpha \tag{4.21}$$

$$\begin{aligned}
L&=\frac{\partial \boldsymbol{T}(\boldsymbol{E},\theta,\mathscr{H})}{\partial \boldsymbol{E}}=\rho_0\frac{\partial^2\psi(\boldsymbol{E},\theta,\mathscr{H})}{\partial \boldsymbol{E}\partial \boldsymbol{E}}\\
\boldsymbol{m}&=\frac{\partial \boldsymbol{T}(\boldsymbol{E},\theta,\mathscr{H})}{\partial \theta}=\rho_0\frac{\partial^2\psi(\boldsymbol{E},\theta,\mathscr{H})}{\partial \boldsymbol{E}\partial \theta}\\
\zeta&=-\rho_0\frac{\partial \eta(\boldsymbol{E},\theta,\mathscr{H})}{\partial \theta}=\rho_0\frac{\partial^2\psi(\boldsymbol{E},\theta,\mathscr{H})}{\partial \theta^2}\\
\boldsymbol{Q}_\alpha&=\frac{\partial \boldsymbol{T}(\boldsymbol{E},\theta,\mathscr{H})}{\partial \xi_\alpha}=\rho_0\frac{\partial^2\psi(\boldsymbol{E},\theta,\mathscr{H})}{\partial \boldsymbol{E}\partial \xi_\alpha}\\
q_\alpha&=\rho_0\frac{\partial \eta(\boldsymbol{E},\theta,\mathscr{H})}{\partial \xi_\alpha}=-\rho_0\frac{\partial \eta(\boldsymbol{E},\theta,\mathscr{H})}{\partial \theta\partial \xi_\alpha}
\end{aligned} \tag{4.22}$$

式(4.19)～(4.22)的分量形式为

$$\dot{T}_{AB}=(\dot{T})^{\mathrm{e}}_{AB}+(\dot{T})^{\mathrm{p}}_{AB},\dot{\eta}=(\dot{\eta})^{\mathrm{e}}+(\dot{\eta})^{\mathrm{p}} \tag{4.19a}$$

式中

$$(\dot{T})^{\mathrm{e}}_{AB}=L_{ABCD}\dot{E}_{CD}+m_{AB}\dot{\theta},\quad (\dot{T})^{\mathrm{p}}_{AB}=(Q_\alpha)_{AB}\dot{\xi}_\alpha \tag{4.20a}$$

$$(\dot{\eta})^{\mathrm{e}}=-\frac{1}{\rho_0}(m_{AB}\dot{E}_{AB}+\zeta\dot{\theta}),\ (\dot{\eta})^{\mathrm{p}}=\frac{1}{\rho_0}q_\alpha\dot{\xi}_\alpha \tag{4.21a}$$

$$\begin{aligned}
L_{ABCD}&=\frac{\partial T_{AB}(\boldsymbol{E},\theta,\mathscr{H})}{\partial \boldsymbol{E}_{CD}}=\rho_0\frac{\partial^2\psi(\boldsymbol{E},\theta,\mathscr{H})}{\partial E_{AB}\partial E_{CD}}\\
m_{AB}&=\frac{\partial T_{AB}(\boldsymbol{E},\theta,\mathscr{H})}{\partial \theta}=\rho_0\frac{\partial^2\psi(\boldsymbol{E},\theta,\mathscr{H})}{\partial E_{AB}\partial \theta}\\
\zeta&=-\rho_0\frac{\partial \eta(\boldsymbol{E},\theta,\mathscr{H})}{\partial \theta}=\rho_0\frac{\partial^2\psi(\boldsymbol{E},\theta,\mathscr{H})}{\partial \theta^2}\\
(\boldsymbol{Q}_\alpha)_{AB}&=\frac{\partial T_{AB}(\boldsymbol{E},\theta,\mathscr{H})}{\partial \xi_\alpha}=\rho_0\frac{\partial^2\psi(\boldsymbol{E},\theta,\mathscr{H})}{\partial E_{AB}\partial \xi_\alpha}\\
q_\alpha&=\rho_0\frac{\partial \eta(\boldsymbol{E},\theta,\mathscr{H})}{\partial \xi_\alpha}=-\rho_0\frac{\partial^2\psi(\boldsymbol{E},\theta,\mathscr{H})}{\partial \theta\partial \xi_\alpha}
\end{aligned} \tag{4.22a}$$

把本构关系(4.19)从参考构形 $\mathscr{H}$ 逆变(♯♯)前推到即时构形 $\boldsymbol{z}$ 中，其中(4.20)的 L 做逆变(♯♯)前推，$\dot{\boldsymbol{E}}$ 后做协变(bb)前推，得到

$$\tau^{\mathrm{Oldr}}=(\boldsymbol{\tau}^{\mathrm{Oldr}})^{\mathrm{e}}+(\boldsymbol{\tau}^{\mathrm{Oldr}})^{\mathrm{p}},\dot{\eta}=(\dot{\eta})^{\mathrm{e}}+(\dot{\eta})^{\mathrm{p}} \tag{4.23}$$

式中

$$(\boldsymbol{\tau}^{\mathrm{Oldr}})^{\mathrm{e}}=\boldsymbol{L}:\boldsymbol{d}+\boldsymbol{m}\dot{\theta},\quad (\tau^{\mathrm{Oldr}})^{\mathrm{p}}=\boldsymbol{Q}_\alpha\dot{\xi}_\alpha \tag{4.24}$$

$$(\dot{\eta})^{\mathrm{e}}=-\frac{1}{\rho_0}(\boldsymbol{m}:\boldsymbol{d}+\zeta\dot{\theta}),\quad (\dot{\eta})^{\mathrm{p}}=\frac{1}{\rho_0}q_\alpha\dot{\xi}_\alpha \tag{4.25}$$

$$\boldsymbol{L}=(\boldsymbol{FFFF})\,\underset{*}{\overset{*}{\underset{*}{\overset{*}{}}}}\,L=\rho_0\,(\boldsymbol{FFFF})\,\underset{*}{\overset{*}{\underset{*}{\overset{*}{}}}}\,\frac{\partial^2\psi(\mathbf{E},\theta,\mathscr{H})}{\partial\mathbf{E}\partial\mathbf{E}}$$

$$m=(\boldsymbol{FF})\,\underset{*}{\overset{*}{}}\,m=\rho_0\,(\boldsymbol{FF})\,\underset{*}{\overset{*}{}}\,\frac{\partial^2\psi(\mathbf{E},\theta,\mathscr{H})}{\partial\mathbf{E}\partial\theta}$$

$$\zeta=\rho_0\,\frac{\partial^2\psi(\mathbf{E},\theta,\mathscr{H})}{\partial\theta^2} \tag{4.26}$$

$$\mathscr{Q}_\alpha=(\boldsymbol{FF})\,\underset{*}{\overset{*}{}}\,Q_\alpha=\rho_0\,(\boldsymbol{FF})\,\underset{*}{\overset{*}{}}\,\frac{\partial^2\psi(\mathbf{E},\theta,\mathscr{H})}{\partial\mathbf{E}\partial\xi_\alpha}$$

$$q_\alpha=-\rho_0\,\frac{\partial^2\psi(\mathbf{E},\theta,\mathscr{H})}{\partial\theta\partial\xi_\alpha}$$

式(4.23)～(4.26)的分量形式为

$$\tau_{ij}^{\mathrm{Oldr}}=(\tau^{\mathrm{Oldr}})_{ij}^{\mathrm{e}}+(\tau^{\mathrm{Oldr}})_{ij}^{\mathrm{p}},\quad \dot{\eta}=(\dot{\eta})^{\mathrm{e}}+(\dot{\eta})^{\mathrm{p}} \tag{4.23a}$$

式中

$$(\tau^{\mathrm{Oldr}})_{ij}^{\mathrm{e}}=L_{ijkl}d_{kl}+m_{ij}\dot{\theta},\quad (\tau^{\mathrm{Oldr}})_{ij}^{\mathrm{p}}=(Q_\alpha)_{ij}\dot{\xi}_\alpha \tag{4.24a}$$

$$(\dot{\eta})^{\mathrm{e}}=-\frac{1}{\rho_0}(m_{ij}d_{ij}+\zeta\dot{\theta}),\ (\dot{\eta})^{\mathrm{p}}=\frac{1}{\rho_0}q_\alpha\dot{\xi}_\alpha \tag{4.25a}$$

$$\kappa_{ijkl}=\frac{\partial x_i}{\partial X_A}\frac{\partial x_j}{\partial X_B}\frac{\partial x_k}{\partial X_C}\frac{\partial x_l}{\partial X_D}L_{ABCD}=\rho_0\frac{\partial x_i}{\partial X_A}\frac{\partial x_j}{\partial X_B}\frac{\partial x_k}{\partial X_C}\frac{\partial x_l}{\partial X_D}\frac{\partial^2\psi(\mathbf{E},\theta,\mathscr{H})}{\partial E_{AB}\partial E_{CD}}$$

$$m_{ij}=\frac{\partial x_i}{\partial X_A}\frac{\partial x_j}{\partial X_B}m_{AB}=\rho_0\frac{\partial x_i}{\partial X_A}\frac{\partial x_j}{\partial X_B}\frac{\partial^2\psi(\mathbf{E},\theta,\mathscr{H})}{\partial E_{AB}\partial\theta}$$

$$\zeta=\rho_0\,\frac{\partial^2\psi(\mathbf{E},\theta,\mathscr{H})}{\partial\theta^2} \tag{4.26a}$$

$$(\boldsymbol{Q}_\alpha)_{ij}=\frac{\partial x_i}{\partial X_A}\frac{\partial x_j}{\partial X_B}(Q_\alpha)_{AB}=\rho_0\frac{\partial x_i}{\partial X_A}\frac{\partial x_j}{\partial X_B}\frac{\partial^2\psi(\mathbf{E},\theta,\mathscr{H})}{\partial E_{AB}\partial\xi_\alpha}$$

$$q_\alpha=-\rho_0\,\frac{\partial^2\psi(\mathbf{E},\theta,\mathscr{H})}{\partial\theta\partial\xi_\alpha}$$

4.1.2 内变量的演化及正交法则

分两种情况讨论：

1. 取第二类 P－K 应力与绝对温度为自变量

为了要确定塑性响应，我们要根据已知的应力率 $\dot{\boldsymbol{T}}$ 来确定内变量的演化率 $\dot{\xi}_\alpha(\alpha=1,2,\cdots,n)$。Rice(1971)把热力学作用力 $\boldsymbol{F}_\alpha$(见(4.10))看作是屈服函数，在应力 $\boldsymbol{T}$ 空间中屈服面由 $\boldsymbol{F}_\alpha(\boldsymbol{T},\theta,\mathscr{H})$ 常数值表示，但这个常数值是随着加载历史而演化的。由式(4.12)，利用式(4.14)与(4.10)可得

$$(\dot{\mathbf{E}})^{\mathrm{p}}=\rho_0\,\frac{\partial\boldsymbol{F}_\alpha(\boldsymbol{T},\theta,\mathscr{H})}{\partial\boldsymbol{T}}\dot{\xi}_\alpha \tag{4.27}$$

每个 $\dot{\xi}_\alpha$ 对应于一定机制的塑性变形。如果这个机制不开动，则 $\dot{\xi}_\alpha=0$。如果把正反向看成不同的机制(即不同的 α，则有权利规定 $\dot{\xi}_\alpha\geqslant 0$。如果 $\dot{\xi}_\alpha>0$，则称这个内变量 $\dot{\xi}_\alpha$“开

动"(active)。式(4.27) 中 $\partial \boldsymbol{F}_{\alpha}(\boldsymbol{T},\theta,\mathscr{H})/\partial \boldsymbol{T}$ 是沿着应力 T 空间屈服面的外法线方向的。如果只有一个内变量 $\dot{\xi}_{\alpha}$ 开动，式(4.27) 表明的正是正交法则。这里式(4.27) 具体指的是 Green 应变率的塑性部分 $(\dot{\boldsymbol{E}})^{\mathrm{p}}$(可称 Green 塑性变形率) 沿第二类 P－K 应力 T 空间中屈服面外法线方向。如果有若干个内变量 $\dot{\xi}_{\alpha}$ 开动，即 $\alpha \in \{A\}$，A 表示开动的 $\dot{\xi}_{\alpha}$ 序号 α 集合，则式(4.27) 表明塑性变形率 $(\dot{\boldsymbol{E}})^{\mathrm{p}}$ 是由该若干开动内变量对应的屈服面外法向矢量相加而成。这说明在屈服面的角点上塑性变形率 $(\dot{\boldsymbol{E}})^{\mathrm{p}}$ 必在塑性锥内。设屈服面表达式为

$$F_{\beta}(\boldsymbol{T},\theta,\mathscr{H})=Y_{\beta}(\theta,\mathscr{H}),\beta=1,2,\cdots,n \tag{4.28}$$

若 $F_{\beta}<Y_{\beta}$，则应力点 $\boldsymbol{T}$ 在第 β 屈服面之内，$\dot{\xi}_{\beta}$ 不开动，$\dot{\xi}_{\beta}=0$。因 A 表示开动的 ξ_{α} 序号 α 的集合($\dot{\xi}_{\alpha}>0$)。由式(4 .28) 对时间求导，可得一致性条件

$$\frac{\partial F_{\beta}}{\partial \boldsymbol{T}}:\dot{\boldsymbol{T}}+\frac{\partial F_{\beta}}{\partial \theta}\dot{\theta}+\frac{\partial F_{\beta}}{\partial \xi_{\alpha}}\dot{\xi}_{\alpha}=\frac{\partial Y_{\beta}}{\partial \theta}\dot{\theta}+\frac{\partial Y_{\beta}}{\partial \xi_{\varepsilon}}\dot{\xi}_{\alpha},\alpha,\beta\in A \tag{4.29}$$

假定存在着唯一的一个内变量序号集合 A，使(4.29) 联立方程组满足，且对集合 A 以外的内变量 ξ_{γ} 序号($\gamma\notin A$)，两者必居其一或者应力 T 在屈服面内(弹性区)，即 $F_{\gamma}<Y_{\gamma}$，或者虽然应力 T 在屈服面上，即 $F_{\gamma}=Y_{\gamma}$，但属于卸载，即

$$\frac{\partial F_{\gamma}}{\partial \boldsymbol{T}}:\dot{\boldsymbol{T}}+\frac{\partial F_{\gamma}}{\partial \theta}\dot{\theta}+\frac{\partial F_{\gamma}}{\partial \xi_{\alpha}}\dot{\xi}_{\alpha}<\frac{\partial Y_{\gamma}}{\partial \theta}\dot{\theta}+\frac{\partial Y_{\gamma}}{\partial \xi_{\alpha}}\dot{\xi}_{\alpha},\ \gamma\notin A \tag{4.30}$$

由式(4.29) 确定了 $\dot{\xi}_{\alpha}$ 以后，可用式(4.27) 确定 $(\dot{\boldsymbol{E}})^{\mathrm{p}}$。

如上所述，式(4.27) 表明在第二类 P－K 应力 $\boldsymbol{T}$ 空间中，Green 塑性变形率 $(\dot{\boldsymbol{E}})^{\mathrm{p}}$ 的正交法则。我们把式(4.27) 从参考形 $\mathscr{R}$ 协变(bb) 前推到即时构形 z 中，可得到

$$\mathrm{d}^{\mathrm{p}}=\rho_0(\boldsymbol{F}^{-\mathrm{T}}\boldsymbol{F}^{-\mathrm{T}})\overset{*}{\underset{*}{}}\frac{\partial \boldsymbol{F}_{\alpha}(\boldsymbol{T},\theta,\mathscr{H})}{\partial \boldsymbol{T}}\dot{\xi}_{\alpha} \tag{4.31}$$

利用第二类 P－K 应力 $\boldsymbol{T}$ 与 Kirchhoff 应力 τ 的转移关系

$$\boldsymbol{\tau}=(\boldsymbol{FF})\overset{*}{\underset{*}{}}\boldsymbol{T},\boldsymbol{T}=(\boldsymbol{F}^{-1}\boldsymbol{F}^{-1}):\boldsymbol{\tau} \tag{4.32}$$

可对屈服面函数 $F_{\alpha}(\boldsymbol{T},\theta,\mathscr{H})$ 进行换变量，得到在 Kirchhoff 应力 τ 空间中的屈服面函数：

$$f_{\alpha}(\boldsymbol{\tau},\theta,H,\boldsymbol{F})=F_{\alpha}(\boldsymbol{T},\theta,\mathscr{H})=F_{\alpha}\left((\boldsymbol{F}^{-1}\boldsymbol{F}^{-1})\overset{*}{\underset{*}{}}\tau,\theta,\mathscr{H}\right) \tag{4.33}$$

注意因为 $\boldsymbol{\tau}$ 与 $\boldsymbol{T}$ 的关系式(4.32) 中含有变形梯度 $\boldsymbol{F}$，所以在式(4.33) 中经过换变量以后，f_{α} 不但 $\boldsymbol{\tau},\theta,H$，而且还依赖于 $\boldsymbol{F}$，定义 $\underset{\sim}{\boldsymbol{d}\tau}$ 为(4.32)τ 由于 $\mathrm{d}\boldsymbol{T}$ 引起的变化($\boldsymbol{F}$ 被看作固定)，即

$$\tilde{\mathrm{d}}\tau=(\boldsymbol{FF})\overset{*}{\underset{*}{}}\mathrm{d}\boldsymbol{T}-(\boldsymbol{FF})\overset{*}{\underset{*}{}}\dot{\boldsymbol{T}}\mathrm{d}t=\tau^{\mathrm{Oldr}}\mathrm{d}t \tag{4.34}$$

式(4.34) 的最后一个等式用到 $\tau^{\mathrm{Oldr}}=\boldsymbol{F}\cdot\dot{\boldsymbol{T}}\cdot\boldsymbol{F}^{\mathrm{T}}=(\boldsymbol{FF}):\dot{\boldsymbol{T}}$，同时定义

$$\frac{\partial f_{\alpha}}{\partial \boldsymbol{\tau}}=\frac{\partial F_{\alpha}(\boldsymbol{\tau},\theta,\mathscr{H},F)}{\partial \boldsymbol{\tau}}\Big|_{\theta,\mathscr{H},F} \tag{4.35}$$

式中，右端对 $\boldsymbol{\tau}$ 求导时，$\boldsymbol{F}$ 被看作固定，则由式(4.33)，计算由 d$\boldsymbol{T}$ 引起的两端的变化

$$\frac{\partial f_\alpha}{\partial \boldsymbol{\tau}} : \mathrm{d}\tilde{\boldsymbol{\tau}} = \frac{\partial \boldsymbol{F}_\alpha(\boldsymbol{T},\theta,\mathscr{H})}{\partial \boldsymbol{T}} : \mathrm{d}\boldsymbol{T}$$

利用上式及式(4.34)，可证

$$\frac{\partial f_\alpha}{\partial \boldsymbol{\tau}} = (\boldsymbol{F}^{-\mathrm{T}}\boldsymbol{F}^{-\mathrm{T}}) \overset{*}{\underset{*}{}} \frac{\partial \boldsymbol{F}_\alpha(\boldsymbol{T},\theta,\mathscr{H})}{\partial \boldsymbol{T}} \tag{4.36}$$

因此利用式(4.36)可将式(4.31)写作

$$\boldsymbol{d}^{\mathrm{p}} = \rho_0 \frac{\partial f_\alpha}{\partial \boldsymbol{\tau}} \dot{\xi}_\alpha \tag{4.37}$$

式(4.37)表明在 Kirchhoff 应力 $\boldsymbol{\tau}$ 空间中的正交法则：如果只有一个内变量 ξ_α 开动，塑性变形率 $\boldsymbol{d}^{\mathrm{p}}$ 必沿屈服面，$f_\alpha(\boldsymbol{\tau},\theta,\mathscr{H})$ ＝常数值的外法线方向(4.35)。这性质是由第二类 P－K 应力 $\boldsymbol{T}$ 空间的正交法则由式(4.27)转移而来的。

2. 取 Green 应变张量 $\boldsymbol{E}$ 与绝对温度 θ 为自变量

类似于式(4.27)的推导，由式(4.20)，利用式(4.22)与式(4.10)，可得

$$(\dot{\boldsymbol{T}})^{\mathrm{p}} = -\rho_0 \frac{\partial F_\alpha(\boldsymbol{E},\theta,\mathscr{H})}{\partial \boldsymbol{E}} \dot{\xi}_\alpha \tag{4.38}$$

式中，$\partial F_\alpha(\boldsymbol{E},\theta,\mathscr{H})/\partial \boldsymbol{E}$ 是沿着 Green 应变 $\boldsymbol{E}$ 空间中第 α 屈服面的内向法线方向。因此，应力率塑性部分 $(\dot{\boldsymbol{T}})^{\mathrm{p}}$ 是由若干开动内变量对应的屈服面的内法向张量相加而成。也就是说，在屈服面的角点上应力率的塑性部分 $(\dot{\boldsymbol{T}})^{\mathrm{p}}$ 或 $\mathrm{d}^{\mathrm{p}}\boldsymbol{T} = (\dot{\boldsymbol{T}})^{\mathrm{p}}\mathrm{d}t$ 的相反方向必在塑性锥内。

内变量的演化(即求 $\dot{\xi}_\alpha$)也可仿照情况 1 的式(4.28)、(4.29)进行。屈服面表达式(4.28)可以通过自变量 $\boldsymbol{E}$ 表示：

$$F_\beta(\boldsymbol{E},\theta,\mathscr{H}) = Y_\beta(\theta,\mathscr{H}),\beta = 1,2,\cdots,n \tag{4.39}$$

和前面情况 1 类似，我们试图把式(4.38)从参考构形 $\mathscr{H}$ 逆变(＃＃)前推到即时构形 $\boldsymbol{z}$ 中，由 $\boldsymbol{e} = \boldsymbol{F}^{-\mathrm{T}} \cdot \boldsymbol{E} \cdot \boldsymbol{F}^{-1} = (\boldsymbol{F}^{-\mathrm{T}}\boldsymbol{F}^{-\mathrm{T}}) : \boldsymbol{E}$，Green 应变张量 $\boldsymbol{E}$ 与 Alrnansi 应变张量 $\boldsymbol{e}$ 之间的转换关系为

$$\boldsymbol{e} = (\boldsymbol{F}^{-\mathrm{T}}\boldsymbol{F}^{-\mathrm{T}}) \overset{*}{\underset{*}{}} \boldsymbol{E}, \boldsymbol{E} = (\boldsymbol{F}^{\mathrm{T}}\boldsymbol{F}^{\mathrm{T}}) \overset{*}{\underset{*}{}} \boldsymbol{e} \tag{4.40}$$

令

$$f_\alpha(\boldsymbol{e},\theta,\mathscr{H},\boldsymbol{F}) = \boldsymbol{F}_\alpha(\boldsymbol{E},\theta,\mathscr{H}) = \boldsymbol{F}_\alpha\left((\boldsymbol{F}^{\mathrm{T}}\boldsymbol{F}^{\mathrm{T}}) \overset{*}{\underset{*}{}} \boldsymbol{e},\theta,\mathscr{H}\right) \tag{3.41}$$

类似于情况 1，由式(4.27)到式(4.37)的推导，由式(4.38)可导出

$$(\boldsymbol{\tau}^{\mathrm{Oldr}})^{\mathrm{p}} = -\rho_0 \frac{\partial f_\alpha(\boldsymbol{e},\theta,\mathscr{H},\boldsymbol{F})}{\partial \boldsymbol{e}} \dot{\xi}_\alpha \tag{4.42}$$

式(4.41)表明在 Almansi 应变 $\boldsymbol{e}$ 空间中的正交法则：如果只有一个内变量 $\boldsymbol{\xi}_\alpha$ 氛开动，Kirchhoff 应力 Oldroyd 导数的塑性部分 $(\boldsymbol{\tau}^{\mathrm{Oldr}})^{\mathrm{p}}$ 必沿屈服面，$f_\alpha(\boldsymbol{e},\theta,\mathscr{H},\boldsymbol{F})$ ＝常数值的内向法线方向。这性质是由 Green 应变 $\boldsymbol{E}$ 空间中的正交法则(4.38)转移而来的。

最后指出，在以上所述 Rice－Hill 大变形弹塑性理论中(包括率形式本构关系与内变量演化)，所有的关系式或是在参考构形 $\mathscr{R}$ 中给出，或是在即时构形 $\boldsymbol{z}$ 中给出，而不必涉及

中间构形 $\bar{\mathscr{R}}$的概念。

(1) 弹性增量与塑性增量。

当状态量(例如Green应变$\boldsymbol{E}$,或第二类P－K应力$\boldsymbol{T}$等)与内变量之间不一定是函数关系,这时状态量对内变量的导数就没有意义。这时为了表达状态量与内变量的关系,可以用增量型的关系,或称“演化关系”。任何一个状态量τ'(标量或张量)、它与自变量$\boldsymbol{T}$或$\boldsymbol{E}$,θ或η之间为函数关系,但它与内变量ξ_α之间不是函数关系,则可把在时间$\mathrm{d}t$内Φ少的增量$\mathrm{d}\Phi$分成两部分:

$$\mathrm{d}\Phi = \mathrm{d}^{\mathrm{e}}\Phi + \mathrm{d}^{\mathrm{p}}\Phi \tag{4.43}$$

其中$\mathrm{d}^{\mathrm{e}}\Phi$是由自变量$\boldsymbol{T}$(或$\boldsymbol{E}$),$\theta$(或$\eta$)的变化所引起的,可表示为(以自变量取$\boldsymbol{T}$与$\theta$为例)

$$\mathrm{d}^{\mathrm{e}}\Phi = (\dot{\Phi})^{\mathrm{e}}\mathrm{d}t = \frac{\partial \Phi}{\partial \boldsymbol{T}} : \mathrm{d}\boldsymbol{T} + \frac{\partial \Phi}{\partial \theta}\mathrm{d}\theta$$

$$(\dot{\Phi})^{\mathrm{e}} = \frac{\partial \Phi}{\partial \boldsymbol{T}} : \dot{\boldsymbol{T}} + \frac{\partial \Phi}{\partial \theta}\dot{\theta} \tag{4.44}$$

而$\mathrm{d}^{\mathrm{p}}\Phi$是由于材料内部结构(记为PIR或$\mathscr{H}$),或者内变量$\xi_\alpha(\alpha=1,2,\cdots,n)$的变化所引起的:

$$\mathrm{d}^{\mathrm{p}}\Phi = (\dot{\Phi})^{\mathrm{p}}\mathrm{d}t = \Phi(\boldsymbol{T},\theta,\mathscr{H}+\mathrm{d}\mathscr{H}) - \Phi(\boldsymbol{T},\theta,\mathscr{H}) = \Phi_\alpha \xi_\alpha (\alpha=1,2,\cdots,n) \tag{4.45}$$

$$(\dot{\Phi})^{\mathrm{p}} = \Phi_\alpha \dot{\xi}_\alpha$$

式中,如果Φ与内变量$\xi_\alpha(\alpha=1,2,\cdots,n)$之间是函数关系,则有

$$\Phi_\alpha = \frac{\partial \Phi}{\partial \xi_\alpha} \quad (\alpha=1,2,\cdots,n) \tag{4.46}$$

否则,如果Φ与ξ_α之间不是函数关系,则式(4.45)就是一个独立的“演化方程”,其中的Φ_α也是按一定的规律演化的。按照这一表示,凡是$\frac{\partial \varphi}{\partial \xi_\alpha}\mathrm{d}\xi_\alpha$都应改写为$\mathrm{d}^{\mathrm{p}}\Phi$。Hemholtz自由能$\psi(\boldsymbol{E},\theta,\mathscr{H})$的增量可表示为

$$\mathrm{d}\psi = \dot{\psi}\mathrm{d}t = \mathrm{d}^{\mathrm{e}}\psi + \mathrm{d}^{\mathrm{p}}\psi \tag{4.47a}$$

$$\mathrm{d}^{\mathrm{e}}\psi = (\dot{\psi})^{\mathrm{e}}\mathrm{d}t = \frac{\partial \psi}{\partial \boldsymbol{E}} : \mathrm{d}\boldsymbol{E} + \frac{\partial \psi}{\partial \theta}\mathrm{d}\theta \tag{4.47b}$$

$$\mathrm{d}^{\mathrm{p}}\psi = (\dot{\psi})^{\mathrm{p}}\mathrm{d}t = -F_\alpha \mathrm{d}\xi_\alpha \tag{4.47c}$$

式中,以F_α表示热力学作用力(见式(4.10))。而Gibbs自由能$\psi_{\mathrm{G}}(\boldsymbol{T},\theta,\mathscr{H})$的增量则可表示为

$$\mathrm{d}\psi_{\mathrm{G}} = (\dot{\psi}_{\mathrm{G}})^{\mathrm{e}}\mathrm{d}t = \mathrm{d}^{\mathrm{e}}\psi_{\mathrm{G}} + \mathrm{d}^{\mathrm{p}}\psi_{\mathrm{G}} \tag{4.48a}$$

$$\mathrm{d}^{\mathrm{e}}\psi_{\mathrm{G}} = (\dot{\psi}_{\mathrm{G}})^{\mathrm{e}}\mathrm{d}t = \frac{\partial \psi_{\mathrm{G}}}{\partial \boldsymbol{T}} : \mathrm{d}\boldsymbol{T} + \frac{\partial \psi_{\mathrm{G}}}{\partial \theta}\mathrm{d}\theta \tag{4.48b}$$

$$\mathrm{d}^{\mathrm{p}}\psi_{\mathrm{G}} = (\dot{\psi}_{\mathrm{G}})^{\mathrm{p}}\mathrm{d}t = -F_\alpha \mathrm{d}\xi_\alpha \tag{4.48c}$$

式中,以F_α表示热力学作用力(见式(4.10)),比较式(4.47c)与式(4.48c),可知

$$\mathrm{d}^{\mathrm{p}}\psi = \mathrm{d}^{\mathrm{p}}\psi_{\mathrm{G}} \tag{4.49}$$

本构关系(4.11)的增量形式为

$$\mathrm{d}\boldsymbol{E}=\dot{\boldsymbol{E}}\mathrm{d}t=\mathrm{d}^{\mathrm{e}}\boldsymbol{E}+\mathrm{d}^{\mathrm{p}}\boldsymbol{E},\mathrm{d}\eta=\dot{\eta}\mathrm{d}t=\mathrm{d}^{\mathrm{e}}+\mathrm{d}^{\mathrm{p}}\eta \tag{4.50a}$$

式中，

$$\mathrm{d}^{\mathrm{e}}\boldsymbol{E}=(\dot{\boldsymbol{E}})^{\mathrm{e}}\mathrm{d}t=-\rho_0\frac{\partial(\mathrm{d}^{\mathrm{e}}\psi_{\mathrm{G}})}{\partial\boldsymbol{T}},\mathrm{d}^{\mathrm{p}}\boldsymbol{E}=(\dot{\boldsymbol{E}})^{\mathrm{p}}\mathrm{d}t=-\rho_0\frac{\partial(\mathrm{d}^{\mathrm{p}}\psi_{\mathrm{G}})}{\partial\boldsymbol{T}} \tag{4.50b}$$

$$\mathrm{d}^{\mathrm{e}}\eta=(\dot{\eta})^{\mathrm{e}}\mathrm{d}t=-\frac{\partial(\mathrm{d}^{\mathrm{e}}\psi_{\mathrm{G}})}{\partial\theta},\mathrm{d}^{\mathrm{p}}\eta=(\dot{\eta})^{\mathrm{p}}\mathrm{d}t=-\frac{\partial(\mathrm{d}^{\mathrm{p}}\psi_{\mathrm{G}})}{\partial\theta} \tag{4.50c}$$

而本构关系(4.19)的增量形式则为

$$\mathrm{d}\boldsymbol{T}=\dot{\boldsymbol{T}}\mathrm{d}t=\mathrm{d}^{\mathrm{e}}\boldsymbol{T}+\mathrm{d}^{\mathrm{p}}\boldsymbol{T},\mathrm{d}\eta=\dot{\eta}\mathrm{d}t=\mathrm{d}^{\mathrm{e}}\eta+\mathrm{d}^{\mathrm{p}}\eta \tag{4.51a}$$

式中

$$\mathrm{d}^{\mathrm{e}}\boldsymbol{T}=(\dot{\boldsymbol{T}})^{\mathrm{e}}\mathrm{d}t-\rho_0\frac{\partial(\mathrm{d}^{\mathrm{e}}\psi)}{\partial\boldsymbol{E}},\mathrm{d}^{\mathrm{p}}\boldsymbol{T}=(\dot{\boldsymbol{T}})^{\mathrm{p}}\mathrm{d}t=\rho_0\frac{\partial(\mathrm{d}^{\mathrm{p}}\psi)}{\partial\boldsymbol{E}} \tag{4.51b}$$

$$\mathrm{d}^{\mathrm{e}}\eta=(\dot{\eta})^{\mathrm{e}}\mathrm{d}t=-\frac{\partial(\mathrm{d}^{\mathrm{e}}\psi)}{\partial\theta},\quad \mathrm{d}^{\mathrm{p}}\eta=(\dot{\eta})^{\mathrm{p}}\mathrm{d}t=-\frac{\partial(\mathrm{d}^{\mathrm{p}}\psi)}{\partial\theta} \tag{4.51c}$$

易证式(4.38) $(\dot{\boldsymbol{T}})^{\mathrm{p}}$与式(4.27)$(\dot{\boldsymbol{E}})^{\mathrm{p}}$之间存在着关系;

$$(\dot{\boldsymbol{T}})^{\mathrm{p}}=-\boldsymbol{L}:(\dot{\boldsymbol{E}})^{\mathrm{p}} \tag{4.52}$$

式中 $\boldsymbol{L}$—— 弹性刚度张量。

证明式(4.52)只需利用以下关系式:

$$\frac{\partial F_\alpha(\boldsymbol{E},\theta,\mathscr{H})}{\partial\boldsymbol{E}}=\frac{\partial F_\alpha(\boldsymbol{T},\theta,\mathscr{H})}{\partial\boldsymbol{T}}:\frac{\partial\boldsymbol{T}(\boldsymbol{E},\theta,\mathscr{H})}{\partial\boldsymbol{E}}$$

上式右端的第二因子$\frac{\partial\boldsymbol{T}}{\partial\boldsymbol{E}}$就是四阶弹性刚度张量$\boldsymbol{L}$。因为$\boldsymbol{L}$具有 Voigt 对称性，故

$$\frac{\partial F_\alpha(\boldsymbol{E},\theta,\mathscr{H})}{\partial\boldsymbol{E}}=\boldsymbol{L}:\frac{\partial F_\alpha(\boldsymbol{E},\theta,\mathscr{H})}{\partial\boldsymbol{T}} \tag{4.53}$$

式(4.53)乘以$-\rho_0\dot{\xi}_\alpha$并对α取和，左右端各利用式(4.38)与式(4.27)，就得到式(4.52)。式(4.52)乘以时间增量 dr 以后，可写成

$$\mathrm{d}^{\mathrm{p}}\boldsymbol{T}=-\boldsymbol{L}:\mathrm{d}^{\mathrm{p}}\boldsymbol{E} \tag{4.54}$$

由此

$$\mathrm{d}^{\mathrm{p}}\boldsymbol{E}=-\boldsymbol{M}:\mathrm{d}^{\mathrm{p}}\boldsymbol{T} \tag{4.55}$$

式中 $\boldsymbol{M}$—— 弹性柔度张量。

(2) 在参考构形中提屈服条件。

① 等向硬化情况。

a. 率形式本构关系。

现在我们假定只有一个($n=1$)内变量$\xi_1=\xi$，对应的热力学作用力$F_1=F$设为

$$F=T_{\mathrm{eq}} \tag{4.56}$$

式中，T_{eq}称为等效应力(第二类 P－K 等效应力)，其定义为

$$T_{\mathrm{eq}}=\left(\frac{3}{2}\boldsymbol{T}':\boldsymbol{T}'\right)\frac{1}{2} \tag{4.57}$$

$\boldsymbol{T}'$为$\boldsymbol{T}$之偏量:

$$\boldsymbol{T}'=\boldsymbol{T}-\frac{1}{3}(\mathrm{tr}\boldsymbol{T})\,\mathrm{G} \tag{4.58}$$

由式(4.56)得

$$\frac{\partial F}{\partial \boldsymbol{T}}=\frac{3}{2\boldsymbol{F}}\boldsymbol{T}',\frac{\partial \boldsymbol{F}}{\partial \boldsymbol{T}_{AB}}=\frac{3}{2\boldsymbol{F}}\boldsymbol{T}'_{AB} \tag{4.59}$$

代入式(4.27),得到

$$(\dot{\boldsymbol{E}})^{\mathrm{p}}=\frac{3}{2\boldsymbol{F}}\rho_0\dot{\xi}\boldsymbol{T}',(\dot{\boldsymbol{E}})^{\mathrm{p}}_{AB}=\frac{3}{2F}\rho_0\dot{\xi}\boldsymbol{T}'_{AB} \tag{4.60}$$

定义 $\dot{E}^{\mathrm{p}}$ 为累积塑性变形率,E^{p} 为累积塑性变形:

$$\dot{E}^{\mathrm{p}}=\left[\frac{2}{3}(\dot{\boldsymbol{E}})^{\mathrm{p}}:(\dot{\boldsymbol{E}})^{\mathrm{p}}\right]^{1/2} \tag{4.61}$$

$$E^{\mathrm{p}}=\int\dot{\boldsymbol{E}}^{\mathrm{p}}\mathrm{d}t$$

式中,对时间 t 的积分从材料进入塑性的时刻开始。显然,$\dot{E}^{\mathrm{p}}\geqslant 0$,$E^{\mathrm{p}}$ 随着加载过程恒为递增的。将式(4.60)代入式(4.61),并利用式(4.56)、(4.67),得到

$$\dot{E}^{\mathrm{p}}=\rho_0\dot{\xi},E^{\mathrm{p}}=\rho_0\xi \tag{4.62}$$

因此,内变量 ξ 的含义就是累积塑性变形率 E^{p} 除以质量密度(构形 $\mathscr{R}$ 每单位体积的质量)ρ_0。设材料的屈服条件(硬化规律)为

$$T_{\mathrm{eq}}=F=Y(E^{\mathrm{p}}) \tag{4.63}$$

取式(4.63)对时间 t 的导数,得到一致性条件:

$$\dot{T}_{\mathrm{eq}}=\frac{\mathrm{d}Y}{\mathrm{d}\boldsymbol{E}^{\mathrm{p}}}\dot{E}^{\mathrm{p}} \tag{4.64}$$

式中 $\mathrm{d}Y/\mathrm{d}E^{\mathrm{p}}$—— 塑性模量 E_{p},可由材料的单向拉伸曲线得到

$$E_{\mathrm{p}}(E^{\mathrm{p}})=\frac{\mathrm{d}Y(E^{\mathrm{p}})}{\mathrm{d}E^{\mathrm{p}}} \tag{4.65}$$

由式(4.57),对时间 t 求导,得

$$\dot{T}_{\mathrm{eq}}=\frac{3}{2T_{\mathrm{eq}}}\boldsymbol{T}':\dot{\boldsymbol{T}} \tag{4.66}$$

式(4.66)代入一致性条件(4.64),并利用式(4.63)、(4.65),可求出内变量的率:

$$\dot{E}^{\mathrm{p}}=\rho_0\dot{\xi}=\frac{3}{2E_{\mathrm{p}}(E^{\mathrm{p}})\,Y(E^{\mathrm{p}})}\boldsymbol{T}':\boldsymbol{T}' \tag{4.67}$$

式(4.67)代入式(4.60),得变形率塑性部分

$$\dot{E}^{\mathrm{p}}=\frac{9}{4E_{\mathrm{p}}(E^{\mathrm{p}})\,[Y(E^{\mathrm{p}})]^2}\boldsymbol{T}'\boldsymbol{T}':\dot{\boldsymbol{T}} \tag{4.68}$$

令 $\boldsymbol{M}^{ep}$ 为弹性柔度张量。弹塑性率形式本构关系为(设等温条件,$\dot{\theta}=0$)

$$\dot{\boldsymbol{E}}=\boldsymbol{M}^{\mathrm{ep}}:\dot{\boldsymbol{T}} \tag{4.69}$$

$$\dot{E}_{AB}=M^{\mathrm{eq}}_{ABCD}\dot{T}_{CD}$$

式中 $\boldsymbol{M}^{\mathrm{ep}}$—— 弹塑性柔度张量。

$$\boldsymbol{M}^{\mathrm{ep}}=\boldsymbol{M}+\alpha\frac{9}{4E_{\mathrm{p}}(E_{\mathrm{p}})\,[Y(E_{\mathrm{p}})]^2}\boldsymbol{T}\boldsymbol{T}' \tag{4.70}$$

式中 α—— 加载参数。

因 $\dot{E}^{p} \geqslant 0$，由式(4.67) 可知

$$\alpha = \begin{cases} 1 & \text{当 } \boldsymbol{T} \text{ 在屈服面上，且 } \boldsymbol{T}' : \boldsymbol{T} \geqslant 0 \\ 0 & \text{当 } \boldsymbol{T} \text{ 在屈服面内或当 } \boldsymbol{T} \text{ 在屈服面上，且 } \boldsymbol{T}' : \boldsymbol{T} \leqslant 0 \end{cases} \tag{4.71}$$

本构关系(4.69) 对应于在应力 $\boldsymbol{T}$ 空间中屈服面等向硬化(各向同性硬化) 的情况。类似于前面的(4.11) 从参考构形 $\mathscr{H}$ 协变(bb) 前推到即时构形 z 得到(4.15)，将本构关系(4.69) 从参考构形 $\mathscr{H}$ 协变(bb) 前推到即时构形 z 中。可得变形率 $\boldsymbol{d}$ 与 Kirchhoff 应力 Oldroyd 导数 $d_{\mathrm{RH}}^{\mathrm{p}}$ 间的本构关系式：

$$\boldsymbol{d} = \mu^{\mathrm{ep}} : \tau^{\mathrm{Oldr}} \tag{4.72}$$

式中

$$\mu^{ep} = (\boldsymbol{F}^{-\mathrm{T}}\boldsymbol{F}^{-\mathrm{T}}\boldsymbol{F}^{-\mathrm{T}}\boldsymbol{F}^{-\mathrm{T}}) \overset{*}{\underset{*}{\overset{*}{\underset{*}{}}}} \boldsymbol{M}^{\mathrm{ep}} = \mu + \alpha \frac{9}{4E_{\mathrm{p}}(E_{\mathrm{p}})[Y(E_{\mathrm{p}})]^{2}} (\boldsymbol{cccc}) \overset{*}{\underset{*}{\overset{*}{\underset{*}{}}}} (\boldsymbol{\tau} * \boldsymbol{\tau} *) \tag{4.74}$$

$$\mu = (\boldsymbol{F}^{-\mathrm{T}}\boldsymbol{F}^{-\mathrm{T}}\boldsymbol{F}^{-\mathrm{T}}\boldsymbol{F}^{-\mathrm{T}}) \overset{*}{\underset{*}{\overset{*}{\underset{*}{}}}} \boldsymbol{M}$$

式中 μ—— 弹性柔度张量；

μ^{ep}—— 弹塑性柔度张量，它们都是即时构形 z 中的张量加载系数。

由(4.71) 决定，可表示

$$\alpha = \begin{cases} 1 & \text{当 } \boldsymbol{\tau} \text{ 在屈服面上，且 } \boldsymbol{c} \cdot \boldsymbol{\tau}^{*} \cdot \boldsymbol{c} \cdot \boldsymbol{\tau}^{\mathrm{Oldr}} \geqslant 0 \\ 0 & \text{当 } \boldsymbol{\tau} \text{ 在屈服面内或当 } \boldsymbol{\tau} \text{ 在屈服面上，且 } \boldsymbol{c} \cdot \boldsymbol{\tau}^{*} \cdot \boldsymbol{c} \cdot \boldsymbol{\tau}^{\mathrm{Oldr}} \leqslant 0 \end{cases} \tag{4.75}$$

式(4.73) 与式(4.75) 中 $\boldsymbol{\tau}^{*}$ 为(4.58)$\boldsymbol{T}'$ 的逆变(＃＃) 前推

$$\boldsymbol{\tau}^{*} = (\boldsymbol{FF}) \overset{*}{\underset{*}{}} \boldsymbol{T}' = \tau - \frac{1}{3} J_{1}(\boldsymbol{T}) c^{-1}$$

$$\boldsymbol{T}' = (\boldsymbol{F}^{-1}\boldsymbol{F}^{-1}) : \tau^{*} \tag{4.76}$$

$\boldsymbol{c}^{-1} = \boldsymbol{b}$ 称为左 Cauchy－Green 变形张量。注意 $\boldsymbol{T}$ 的逆变(＃＃) 前推是 $\boldsymbol{\tau}$，但偏量 $\boldsymbol{T}'$ 的逆变(＃＃) 前推 $\boldsymbol{\tau}^{*}$ 不是偏量。$\boldsymbol{\tau}$ 的偏量表达式应为

$$\boldsymbol{\tau}' = \boldsymbol{\tau} - \frac{1}{3} \boldsymbol{J}_{1}(\boldsymbol{\tau}) \boldsymbol{g}^{-1}, (\boldsymbol{g} = \boldsymbol{g}^{-1} = 1) \tag{4.77}$$

$\boldsymbol{T}'$ 的协变(bb) 前推为

$$\begin{aligned} (\boldsymbol{F}^{-\mathrm{T}}\boldsymbol{F}^{-\mathrm{T}}) \overset{*}{\underset{*}{}} \boldsymbol{T}' &= \boldsymbol{F}^{-\mathrm{T}} \cdot \left(\boldsymbol{T} - \frac{1}{3} J_{1}(\boldsymbol{T}) \quad \boldsymbol{1}\right) \cdot \boldsymbol{F}^{-1} \\ &= \boldsymbol{F}^{-\mathrm{T}} \left[\boldsymbol{F}^{-1} \cdot \tau \cdot \boldsymbol{F}^{-\mathrm{T}} - \frac{1}{3} \boldsymbol{J}_{1}(\boldsymbol{T}) \quad \boldsymbol{1}\right] \cdot \boldsymbol{F}^{-1} \\ &= \boldsymbol{c} \cdot \boldsymbol{\tau} \cdot \boldsymbol{c} - \frac{1}{3} \boldsymbol{J}_{1}(\boldsymbol{T}) \boldsymbol{c} = \boldsymbol{c} \cdot \boldsymbol{\tau}^{*} \cdot \boldsymbol{c} = (\boldsymbol{cc}) : \boldsymbol{\tau}^{*} \end{aligned} \tag{4.78}$$

屈服面(4.63) 在 Kirchhoff 应力 $\boldsymbol{\tau}$ 空间的表示为(利用式(4.57) 与式(4.76))

$$\left[\frac{3}{2}\mathrm{tr}(\boldsymbol{c}\cdot\boldsymbol{\tau}^{*}\cdot\boldsymbol{c}\cdot\boldsymbol{\tau}^{*})\right]^{1/2}=Y(E^{\mathrm{p}}) \tag{4.79}$$

如果采用

$$\begin{aligned}M_{ABCD}&=\frac{1}{2G}I_{ABCD}+\frac{1}{9K}\delta_{AB}\delta_{CD}\\&=\frac{1}{E}\left[\frac{1+\nu}{2}(\delta_{AC}\delta_{BD}+\delta_{AD}\delta_{BC})-\nu\delta_{AB}\delta_{CD}\right]\end{aligned}$$

为弹性柔度张量 $\boldsymbol{M}$，代入式(4.74)后，可得

$$\mu_{ijkl}=\frac{1}{E}\left[\frac{1+\upsilon}{2}(c_{ik}c_{jl}+c_{jl}c_{jk})-\nu c_{ij}c_{kl}\right] \tag{4.80}$$

如果采用

$$M_{ABCD}=\frac{1}{4\mu'}(C_{AC}C_{BD}+C_{AD}C_{BC})-\frac{\lambda}{2\mu'(2\mu'+3\lambda)}C_{AB}C_{CD}$$

为弹性柔度张量 $\boldsymbol{M}$，则 μ 的分量 μ_{ijkl} 就是

$$\begin{aligned}H_{ijkl}&=\frac{1}{2\mu'}I_{ijkl}+\frac{1}{3(2\mu'+3\lambda)}\delta_{ij}\delta_{kl}=\frac{1}{2\mu'}I_{ijkl}+\frac{\lambda}{2\mu'(2\mu'+3\lambda)}\delta_{ij}\delta_{kl}\\&=\frac{1}{4\mu'}(\delta_{ik}\delta_{jl}+\delta_{ij}\delta_{jk})-\frac{\lambda}{2\mu'(2\mu'+3\lambda)}\delta_{ij}\delta_{kl}\end{aligned}$$

现在来讨论本构关系(4.69)所对应的 Gibbs 自由能(每单位质量)$\psi_{\mathrm{G}}(\boldsymbol{T},\theta,\mathscr{H})$。设 ψ_{G} 由弹性与塑性两部分组成：

$$\psi_{\mathrm{G}}(\boldsymbol{T},\theta,\mathscr{H})=\psi_{\mathrm{G}}^{\mathrm{e}}(\boldsymbol{T},\theta)+\psi_{\mathrm{G}}^{\mathrm{p}}(\boldsymbol{T},\theta,\mathscr{H}) \tag{4.81}$$

将式(4.81)代入热力学作用力式(4.10)，得

$$\frac{\partial\psi_{\mathrm{G}}^{\mathrm{p}}(\boldsymbol{T},\theta,\mathscr{H})}{\partial\boldsymbol{\xi}}=-F \tag{4.82}$$

因此，利用式(4.56)与式(4.62)，由式(4.82)，有

$$\psi_{\mathrm{G}}^{\mathrm{p}}(\boldsymbol{T},\theta,\mathscr{H})=-\int F\mathrm{d}\boldsymbol{\xi}=-\frac{1}{\rho_0}\int T_{\mathrm{eq}}\mathrm{d}E^{\mathrm{p}} \tag{4.83}$$

所以本征耗散率(每单位质量)为(利用式(4.63))

$$\theta\gamma_{\mathrm{int}}=\frac{1}{\rho_0}T_{\mathrm{eq}}\dot{E}^{\mathrm{p}}=\frac{1}{\rho_0}Y(E^{\mathrm{p}})\dot{E}^{\mathrm{p}}\geqslant 0 \tag{4.84}$$

由式(4.9)、(4.48)、(4.56)、(4.62)，在 dr 时间内的内禀耗散(每单位质量)为

$$-\mathrm{d}^{\mathrm{p}}\psi_{\mathrm{G}}=\theta\gamma_{\mathrm{int}}\mathrm{d}t=F\mathrm{d}\boldsymbol{\xi}=\frac{1}{\rho_0}T_{\mathrm{eq}}\mathrm{d}E^{\mathrm{p}}\geqslant 0 \tag{4.85}$$

b. 率形式逆本构关系。

式(4.69)、(4.70)是变形率 $\dot{\boldsymbol{E}}$ 通过应力率 $\dot{\boldsymbol{T}}$ 表示的率形式本构关系，其形式类似于小变形情况 $\dot{\varepsilon}=\mu:\dot{\sigma}+\frac{a}{h}\mu\mu:\sigma=\boldsymbol{M}:\dot{\sigma}$，$\boldsymbol{M}=\mu+\frac{a}{h}\mu\mu$。比较 $\boldsymbol{M}=\mu+\frac{a}{h}\mu\mu$ 与此处的(4.70)，可见该处的 $1/h$ 相当于此处的

$$\frac{1}{h}=\frac{9}{4E_{\mathrm{p}}(E_{\mathrm{p}})[Y(E_{\mathrm{p}})]^2},\boldsymbol{\mu}=T' \tag{4.86}$$

类似于从率形式本构关系 $\dot{\varepsilon}=\mu:\dot{\sigma}+\frac{a}{h}\mu\mu:\sigma=M:\dot{\sigma}$, $M=\mu+\frac{a}{h}\mu\mu$ 到率形式逆本构关系 $L=M^{-1}=f-\frac{\alpha}{g}\lambda\lambda FFF$ 的推导,可以得到此处本构关系式(4.69)、(4.70)之逆:

$$\dot{\boldsymbol{T}}=\boldsymbol{L}^{\mathrm{ep}}:\dot{\boldsymbol{E}} \tag{4.87}$$

$$\dot{T}_{AB}=L^{\mathrm{ep}}_{ABCD}\dot{E}_{CD}$$

式中,以 $\boldsymbol{L}$ 表示弹性刚度张量

$$\boldsymbol{L}^{\mathrm{ep}}=(\boldsymbol{M}^{\mathrm{ep}})^{-1}=\boldsymbol{L}-\frac{a}{g}\boldsymbol{\Lambda\Lambda} \tag{4.88}$$

$$\boldsymbol{L}=\boldsymbol{M}^{-1} \tag{4.89}$$

$$\boldsymbol{\Lambda}=\boldsymbol{L}:\boldsymbol{T}'=\boldsymbol{T}':\boldsymbol{L} \tag{4.90}$$

$$g=h+\boldsymbol{T}':\boldsymbol{\Lambda}=h+\boldsymbol{T}':\boldsymbol{L}:\boldsymbol{T}' \tag{4.91}$$

将式(4.86)代入式(4.91),得

$$g=\frac{4}{9}E_{\mathrm{p}}(E_{\mathrm{p}})\,[Y(E_{\mathrm{p}})]^{2}+\boldsymbol{T}':\boldsymbol{L}:\boldsymbol{T}' \tag{4.91a}$$

加载参数 α 为

$$\alpha=\begin{cases}1 & \text{当 }\boldsymbol{T}\text{ 在屈服面上,且 }\boldsymbol{T}':\boldsymbol{L}:\dot{\boldsymbol{E}}\geqslant 0\\ 0 & \text{当 }\boldsymbol{T}\text{ 在屈服面内或当 }\boldsymbol{T}\text{ 在屈服面上,且 }\boldsymbol{T}':\boldsymbol{L}:\dot{\boldsymbol{E}}\leqslant 0\end{cases} \tag{4.92}$$

如果采用

$$\begin{aligned}M_{ABCD}&=\frac{1}{2G}\bar{I}_{ABCD}+\frac{1}{9K}\delta_{AB}\delta_{CD}\\&=\frac{1}{\boldsymbol{E}}\left[\frac{1+v}{2}(\delta_{AC}\delta_{BD}+\delta_{AD}\delta_{BC})-v\delta_{AB}\delta_{CD}\right]\end{aligned}$$

为弹性柔度张量

$$\mu=\frac{1}{2G}\bar{\boldsymbol{I}}+\frac{1}{9K}\boldsymbol{\delta\delta}$$

$$\mu_{ijkl}=\frac{1}{2G}\bar{I}_{ijkl}+\frac{1}{9K}\delta_{ij}\delta_{kl}$$

则

$$\boldsymbol{L}=2G\bar{\boldsymbol{I}}+3K\,\frac{1}{3}\boldsymbol{\delta\delta}=2G\bar{\boldsymbol{I}}+K\boldsymbol{\delta\delta}$$

$$\boldsymbol{fL}_{ijkl}=2G\bar{\boldsymbol{I}}_{ijkl}+K\delta_{ij}\delta_{kl}$$

有

$$\boldsymbol{L}=\boldsymbol{M}^{-1}=2G\bar{\boldsymbol{I}}+3K\left(\frac{1}{3}\boldsymbol{II}\right)$$

$$L_{ABCD}=2G\bar{I}_{ABCD}+K\delta_{AB}\delta_{CD} \tag{4.93}$$

如果采用

$$M_{ABCD}=\frac{1}{4\mu'}(\boldsymbol{C}_{AC}\boldsymbol{C}_{BD}+\boldsymbol{C}_{AD}\boldsymbol{C}_{BC})-\frac{\lambda}{2\mu'(2\mu'+3\lambda)}\boldsymbol{C}_{AB}\boldsymbol{C}_{CD}$$

为弹性柔度张量 $\boldsymbol{M}$，则 $\boldsymbol{L}=\boldsymbol{M}^{-1}$ 的分量 L_{ABCD} 为

$$L_{ABCD}=\lambda C_{AB}^{-1}C_{CD}^{-1}+(\mu-\lambda\ln J)(C_{AC}^{-1}C_{BD}^{-1}+C_{AD}^{-1}C_{BC}^{-1})$$

对于软化材料不能按照应力率的方向，而必须根据变形率的方向来判断加载与卸载。因此必须采用变形张量为自变量。因此只能取 Green 应变张量 $\boldsymbol{E}$ 与绝对温度 θ 为自变量，采用率形式本构关系式(4.87)。

② 混合硬化情况。

a. 率形式本构关系。

类似于等向硬化情况，取式(4.61)、(4.62) 所定义的累积塑性变形 E^{p}/ρ_0 为内变量 ξ，对应的热力学作用力为(取代等向硬化情况的式(4.56))

$$F=T_F \tag{4.94}$$

式中

$$T_F=\left[\frac{3}{2}(\boldsymbol{T}'-\boldsymbol{T}'_{\mathrm{b}}):(\boldsymbol{T}'-\boldsymbol{T}'_{\mathrm{b}})\right]^{1/2} \tag{4.95}$$

$\boldsymbol{T}'_{\mathrm{b}}$ 表示背应力 $\boldsymbol{T}_{\mathrm{b}}$ 的偏量。取代等向硬化情况的(4.85)、将 T_{eq} 改为 T_F，在 $\mathrm{d}t$ 时间内的内禀耗散(每单位质量) 为

$$-\mathrm{d}^{\mathrm{p}}\psi_{\mathrm{G}}=\theta\gamma_{\mathrm{int}}\mathrm{d}t=F\mathrm{d}\xi=\frac{1}{\rho_0}T_F\mathrm{d}E^{\mathrm{p}}\geqslant 0 \tag{4.96}$$

由式(4.95)，对 $\boldsymbol{T}$ 求偏导数，可得

$$\frac{\partial T_F}{\partial \boldsymbol{T}}=\frac{3}{2T_F}(\boldsymbol{T}'-\boldsymbol{T}'_{\mathrm{b}}) \tag{4.97}$$

利用式(4.96)，(4.97)，$\mathrm{d}^{\mathrm{p}}\boldsymbol{E}$ 可由(4.50b) 给出：

$$\mathrm{d}^{\mathrm{p}}\boldsymbol{E}=\frac{3}{2T_F}(\boldsymbol{T}'-\boldsymbol{T}'_{\mathrm{b}})\mathrm{d}E^{\mathrm{p}} \tag{4.98}$$

式中的累积塑性变形增量 $\mathrm{d}E^{\mathrm{p}}$ 由一致性条件求出。设材料的屈服条件(硬化规律) 为

$$T_F=Y_F(E^{\mathrm{p}}) \tag{4.99}$$

则一致性条件为(取代等向硬化情况的(4.64)

$$\dot{T}_F=\frac{\mathrm{d}Y_F(E^{\mathrm{p}})}{\mathrm{d}E^{\mathrm{p}}}\dot{E}^{\mathrm{p}} \tag{4.100}$$

式中，$\dfrac{\mathrm{d}Y_F(E^{\mathrm{p}})}{\mathrm{d}E^{\mathrm{p}}}$ 称为各向同性(等向) 硬化模量 E_F

$$E_F(E^{\mathrm{p}})=\frac{\mathrm{d}Y(E^{\mathrm{p}})}{\mathrm{d}E^{\mathrm{p}}} \tag{4.101}$$

为了写成增量形式，将式(4.100) 乘以 $\mathrm{d}t$ 并用(4.95)T_F 代入，得

$$\sqrt{\frac{3}{2}}\boldsymbol{N}:\mathrm{d}\boldsymbol{T}'-\sqrt{\frac{3}{2}}\boldsymbol{N}\ {}^{*}_{*}\ \mathrm{d}\boldsymbol{T}'_{\mathrm{b}}=E_F(E^{\mathrm{p}})\mathrm{d}E^{\mathrm{p}} \tag{4.102}$$

式中　$\boldsymbol{N}$—— 沿屈服面法线(即沿 $\boldsymbol{T}'-\boldsymbol{T}'_{\mathrm{b}}$) 的单位张量：

$$\boldsymbol{N}=\sqrt{\frac{3}{2}}\frac{1}{\boldsymbol{T}_F}(\boldsymbol{T}'-\boldsymbol{T}'_{\mathrm{b}}) \tag{4.103}$$

$$\boldsymbol{N}:\boldsymbol{N}=1$$

由以下两式定义塑性模量 $E_p(E^{\mathrm{p}})$ 与机动硬化模量 $E_{\mathrm{b}}(E^{\mathrm{p}})$

$$\sqrt{\frac{3}{2}}\boldsymbol{N}:\mathrm{d}\boldsymbol{T}'=E_{\mathrm{p}}(E^{\mathrm{p}})\,\mathrm{d}E^{\mathrm{p}}$$

$$\sqrt{\frac{3}{2}}\boldsymbol{N}:\mathrm{d}\boldsymbol{T}'_{\mathrm{b}}=E_{\mathrm{b}}(E^{\mathrm{p}})\,\mathrm{d}E^{\mathrm{p}} \tag{4.104}$$

则由式(4.102)可得

$$E_{\mathrm{p}}(E^{\mathrm{p}})=E_{\mathrm{b}}(E^{\mathrm{p}})+E_{F}(E^{\mathrm{p}}) \tag{4.105}$$

此式表明塑性模量 E_{p} 为机功硬化模量 E_{b} 与各向同性硬化模量 E_F 之和。

当给定应力增量 $\mathrm{d}T$，由式(4.104)，计算 $\mathrm{d}E^{\mathrm{p}}$，然后代入式(4.98)，利用式(4.99)与式(4.103)可得

$$\mathrm{d}^{\mathrm{p}}E=\frac{9}{4E_{\mathrm{p}}(E_{\mathrm{p}})\left[Y_F(E_{\mathrm{p}})\right]^2}(\boldsymbol{T}'-\boldsymbol{T}'_{\mathrm{b}})(\boldsymbol{T}'-\boldsymbol{T}'_{\mathrm{b}}):\mathrm{d}\boldsymbol{T}' \tag{4.106}$$

由此可得混合硬化情况的率形式本构关系：

$$\dot{\boldsymbol{E}}=\boldsymbol{M}^{\mathrm{ep}}:\dot{\boldsymbol{T}}$$

$$\dot{E}_{AB}=M^{\mathrm{ep}}_{ABCD}:\dot{T}_{CD} \tag{4.107}$$

式中

$$\boldsymbol{M}^{\mathrm{ep}}=\boldsymbol{M}+\alpha\frac{9}{4E_{\mathrm{p}}(E^{\mathrm{p}})\left[Y_{\boldsymbol{F}}(E^{\mathrm{p}})\right]^2}(\boldsymbol{T}'-\boldsymbol{T}'_{\mathrm{b}})(\boldsymbol{T}'-\boldsymbol{T}'_{\mathrm{b}}) \tag{4.108}$$

式中　α—— 加载参数。

由式(4.104)与式(4.103)，可知

$$\alpha=\begin{cases}1 & \text{当 } \boldsymbol{T} \text{ 在屈服面上，且}(\boldsymbol{T}'-\boldsymbol{T}'_{\mathrm{b}}):\dot{\boldsymbol{T}}\geqslant 0\\ 0 & \text{当 } \boldsymbol{T} \text{ 在屈服面内或当 } \boldsymbol{T} \text{ 在屈服面上，且}(\boldsymbol{T}'-\boldsymbol{T}'_{\mathrm{b}}):\dot{\boldsymbol{T}}\leqslant 0\end{cases} \tag{4.109}$$

由(4.104)可求 $\mathrm{d}\boldsymbol{T}'_{\mathrm{b}}$，但必须假定 $\mathrm{d}\boldsymbol{T}'_{\mathrm{b}}$ 的方向。无论是按 Prager 假定，T_{b} 为偏量，$\boldsymbol{T}_{\mathrm{b}}=T'_{\mathrm{b}}$，$\mathrm{d}T_{\mathrm{b}}//N$ 或是按 Ziegler 假定 $\mathrm{d}\boldsymbol{T}_{\mathrm{b}}//(\boldsymbol{T}-\boldsymbol{T}_{\mathrm{b}})$，都可由式(4.104)得到

$$\mathrm{d}\boldsymbol{T}'_{\mathrm{b}}=\sqrt{\frac{2}{3}}E_{\mathrm{b}}\boldsymbol{N}\mathrm{d}E^{\mathrm{p}},\quad \boldsymbol{T}'_{\mathrm{b}}=\sqrt{\frac{2}{3}}E_{\mathrm{b}}\boldsymbol{N}\mathrm{d}\dot{E}^{\mathrm{p}} \tag{4.110}$$

本构关系(4.107)可以从参考构形 $\mathscr{R}$ 协变(bb)前推到即时构形。得

$$\boldsymbol{d}=\mu^{\mathrm{ep}}:\boldsymbol{\tau}^{\mathrm{Oldr}} \tag{4.111}$$

式中仿照式(4.73)

$$\mu^{\mathrm{ep}}=(\boldsymbol{F}^{-\mathrm{T}}\boldsymbol{F}^{-\mathrm{T}}\boldsymbol{F}^{-\mathrm{T}}\boldsymbol{F}^{-\mathrm{T}})\begin{smallmatrix}*\\*\\*\\*\end{smallmatrix}\boldsymbol{M}^{\mathrm{ep}}=\mu+\alpha\frac{9}{4E_{\mathrm{p}}(E_{\mathrm{p}})\left[Y(E_{\mathrm{p}})\right]^2}(\boldsymbol{cccc})\begin{smallmatrix}*\\*\\*\\*\end{smallmatrix}\left[(\boldsymbol{\tau}^*-\boldsymbol{\tau}^*_{\mathrm{b}})(\boldsymbol{\tau}^*-\boldsymbol{\tau}^*_{\mathrm{b}})\right] \tag{4.112}$$

μ 同式(4.74)，α 为加载参数，仿照式(4.75)，有

$$\alpha=\begin{cases}1 & \text{当 } \boldsymbol{\tau} \text{ 在屈服面上，且 } \boldsymbol{c}\cdot(\boldsymbol{\tau}^*-\boldsymbol{\tau}^*_{\mathrm{b}})\cdot\boldsymbol{c}\cdot\boldsymbol{\tau}^{\mathrm{Oldr}}\geqslant 0\\ 0 & \text{当 } \boldsymbol{\tau} \text{ 在屈服面内或当 } \boldsymbol{\tau} \text{ 在屈服面上，且 } \boldsymbol{c}\cdot(\boldsymbol{\tau}^*-\boldsymbol{\tau}^*_{\mathrm{b}})\cdot\boldsymbol{c}\cdot\boldsymbol{\tau}^{\mathrm{Oldr}}\leqslant 0\end{cases} \tag{4.113}$$

$\boldsymbol{\tau}^*$ 同(4.76)，而 $\boldsymbol{\tau}^*_{\mathrm{b}}$ 为 $\boldsymbol{T}'_{\mathrm{b}}$ 的逆变(♯♯)前推

$$\boldsymbol{\tau}_{\mathrm{b}}^{*}=(\boldsymbol{FF})\mathop{*}\limits_{*}\boldsymbol{T}_{\mathrm{b}}' \tag{4.114}$$

将式(4.110)逆变(♯♯)前推可得背应力演化率为

$$\boldsymbol{\tau}_{\mathrm{b}}^{*\ \mathrm{Oldr}}=\sqrt{\frac{2}{3}}E_{\mathrm{b}}\boldsymbol{n}^{*}\dot{E}^{\mathrm{p}} \tag{4.110a}$$

式中,由式(4.103)

$$\boldsymbol{n}^{*}=(\boldsymbol{FF})\mathop{*}\limits_{*}N=\sqrt{\frac{3}{2}}\frac{1}{T_F}(\tau^{*}-\tau_{\mathrm{b}}^{*}) \tag{4.111a}$$

仿(4.79),屈服面(4.99)在 Kirchhoff 应力空间中表示为

$$\left[\frac{3}{2}\mathrm{tr}(\boldsymbol{c}\cdot(\boldsymbol{\tau}^{*}-\boldsymbol{\tau}_{\mathrm{b}}^{*})\cdot\boldsymbol{c}\cdot(\boldsymbol{\tau}^{*}-\boldsymbol{\tau}_{\mathrm{b}}^{*}))\right]^{1/2}=Y_F(E^{\mathrm{p}}) \tag{4.115}$$

b. 率形式逆本构关系。

类似于等向硬化情况率形式逆本构关系(4.87)的推导,可得混合硬化情况式(4.106),(4.107)之逆,即率形式逆本构关系

$$\dot{\boldsymbol{T}}=\boldsymbol{L}^{\mathrm{ep}}:\dot{\boldsymbol{E}}$$

$$\dot{T}_{AB}=L_{ABCD}^{\mathrm{ep}}:\dot{E}_{CD} \tag{4.116}$$

式中,以 $\boldsymbol{L}$ 表示弹性刚度张量。

$$\boldsymbol{L}^{\mathrm{ep}}=(\boldsymbol{M}^{\mathrm{ep}})^{-1}=\boldsymbol{L}-\frac{\alpha}{g}\boldsymbol{\lambda\lambda} \tag{4.117}$$

$$\boldsymbol{\lambda}=\boldsymbol{L}:(\boldsymbol{T}'-\boldsymbol{T}_{\mathrm{b}}')=(\boldsymbol{T}'-\boldsymbol{T}_{\mathrm{b}}'):\boldsymbol{L} \tag{4.118}$$

$$g=\frac{4}{9}E_{\mathrm{p}}(E^{\mathrm{p}})\left[Y_{\boldsymbol{F}}(E^{\mathrm{p}})\right]^{2}+(\boldsymbol{T}'-\boldsymbol{T}_{\mathrm{b}}'):\boldsymbol{L}:(\boldsymbol{T}'-\boldsymbol{T}_{\mathrm{b}}') \tag{4.119}$$

α 为加载参数:

$$\alpha=\begin{cases}1 & \text{当 } \boldsymbol{T} \text{ 在屈服面上,且} (\boldsymbol{T}'-\boldsymbol{T}_{\mathrm{b}}'):\boldsymbol{L}:\dot{\boldsymbol{E}}>0\\ 0 & \text{当 } \boldsymbol{T} \text{ 在屈服面内或当 } \boldsymbol{T} \text{ 在屈服面上,且} (\boldsymbol{T}'-\boldsymbol{T}_{\mathrm{b}}'):\boldsymbol{L}:\dot{\boldsymbol{E}}\leqslant 0\end{cases} \tag{4.120}$$

利用以前类似的方法可以把率形式逆本构关系(4.116)从参考构形 $\mathscr{R}$ 及逆变(♯♯)前推到即时构形 τ 中。

(3) 在即时构形中提屈服条件。

作为例子,我们只讨论等向硬化情况(等温条件 $\dot{\theta}=0$)。混合硬化情况可由读者自己补充。

① 率形式本构关系。

假定只有一个内变量 $\boldsymbol{\xi}$,对应的热力学作用力(见(3.9)F,此处改记为 f,即

$$f=\tau_{\mathrm{eq}} \tag{4.121}$$

式中　τ_{eq} ——Kirchhoff 等效应力,其定义为

$$\tau_{\mathrm{eq}}=\left(\frac{3}{2}\boldsymbol{\tau}':\boldsymbol{\tau}'\right)^{1/2} \tag{4.122}$$

$\boldsymbol{\tau}'$ 为 $\boldsymbol{\tau}$ 的偏量:

$$\boldsymbol{\tau}' = \boldsymbol{\tau} - \frac{1}{3}(\mathrm{tr}\boldsymbol{\tau})\boldsymbol{g}^{-1} \tag{4.123}$$

$\boldsymbol{g}^{-1}=\boldsymbol{g}=1$ 为即时构形中的单位张量。在式(4.123)中把单位张量写作 $\boldsymbol{g}^{-1}$ 是由于我们将要对式(4.123)进行逆变(♯♯)转移。将式(4.123)从即时构形了，逆变(♯♯)后拉到参考构形 $\mathscr{R}$，利用 $\boldsymbol{C}=\boldsymbol{F}^{\mathrm{T}}\cdot\boldsymbol{F}$，得

$$\boldsymbol{C}=\boldsymbol{F}^{\mathrm{T}}\cdot\boldsymbol{F},\ C_{AB}=\frac{\partial x_i}{\partial X_A}\frac{\partial x_i}{\partial X_B}$$

$$C^{-1}=\boldsymbol{F}^{-1}\cdot\boldsymbol{F}^{-\mathrm{T}},C^{-1}{}_{AB}=\frac{\partial X_A}{\partial x_i}\frac{\partial X_B}{\partial x_i} \tag{4.124}$$

并将 $\boldsymbol{\tau}'$ 从即时构形 $\boldsymbol{\tau}$ 逆变(♯♯)后拉到参考构形加中，得到 $\boldsymbol{T}^*$ 为

$$\boldsymbol{T}^* = \boldsymbol{F}^{-1}\cdot\boldsymbol{\tau}'\cdot\boldsymbol{F}^{-\mathrm{T}} \tag{4.125}$$

得到

$$\boldsymbol{T}^* = \boldsymbol{T} - \frac{1}{3}(\boldsymbol{T}:\boldsymbol{C})\overset{-1}{\boldsymbol{C}}$$

$$T^*_{AB} = T_{AB} - \frac{1}{3}(T_{CD}C_{CD})C^{-1}_{AB} \tag{4.126}$$

以 $p=-\sigma_{ii}/3$ 表示 Cauchy 应力的三向均压部分(球形张量)，J 表示体积比，式(4.126)中右端第二项系数为

$$-\frac{1}{3}(\boldsymbol{T}:\boldsymbol{C}) = -\frac{1}{3}\boldsymbol{\tau}:\boldsymbol{g} = -\frac{1}{3}\tau_{ii} = -\frac{1}{3}J\sigma_{ii} = Jp \tag{4.127}$$

易证等式

$$\boldsymbol{T}^* : \boldsymbol{C} = \mathrm{tr}(\boldsymbol{T}^*\cdot\boldsymbol{C}) = 0 \tag{4.128}$$

将式(4.125)解出的 τ' 代入式(4.121)、(4.122)，得

$$\begin{aligned} f=\tau_{\mathrm{eq}} &= \left[\frac{3}{2}\mathrm{tr}(\boldsymbol{F}\cdot\boldsymbol{T}^*\cdot\boldsymbol{F}^{\mathrm{T}}\cdot\boldsymbol{F}\cdot\boldsymbol{T}^*\cdot\boldsymbol{F}^{\mathrm{T}})\right]^{1/2} \\ &= \left[\frac{3}{2}\mathrm{tr}(\boldsymbol{C}\cdot\boldsymbol{T}^*\cdot\boldsymbol{C}\cdot\boldsymbol{T}^*)\right]^{1/2} \\ &= \left[\frac{3}{2}\boldsymbol{T}^*_{AB}\boldsymbol{C}_{BC}\boldsymbol{T}^*_{CD}\boldsymbol{C}_{DA}\right]^{1/2} \end{aligned} \tag{4.129}$$

式(4.129)也可表示为(将式(4.123)代入式(4.122))

$$f=\tau_{\mathrm{eq}}=\sqrt{\frac{3}{2}}\left[\mathrm{tr}(\boldsymbol{C}\cdot\boldsymbol{T}\cdot\boldsymbol{C}\cdot\boldsymbol{T}) - \frac{1}{3}(\boldsymbol{T}:\boldsymbol{C})^2\right]^{1/2} \tag{4.129a}$$

为了要求 $\partial f/\partial\boldsymbol{T}$ 与 $\partial f/\partial\boldsymbol{C}$，可以取式(4.129)两端平方，然后计算 $\mathrm{d}\boldsymbol{T}$ 与 $\mathrm{d}\boldsymbol{C}$ 引起的 $\mathrm{d}f$ 变化，利用张量点积公式 $\mathrm{tr}(a\cdot b\cdot c)=\mathrm{tr}(b\cdot c\cdot a)=\mathrm{tr}(c\cdot a\cdot b)$ 得

$$2f\mathrm{d}f = 3\mathrm{tr}(\boldsymbol{C}\cdot\boldsymbol{T}^*\cdot\boldsymbol{C}\cdot\mathrm{d}\boldsymbol{T}^*) + 3\mathrm{tr}(\boldsymbol{T}^*\cdot\boldsymbol{C}\cdot\boldsymbol{T}^*\cdot\mathrm{d}\boldsymbol{C}) \tag{4.130}$$

由式(4.126)可得 $\mathrm{d}\boldsymbol{T}^*$ 为

$$\mathrm{d}\boldsymbol{T}^* = \mathrm{d}\boldsymbol{T} - \frac{1}{3}(\mathrm{d}\boldsymbol{T}:\boldsymbol{C}+\boldsymbol{T}:\mathrm{d}\boldsymbol{C})\boldsymbol{C}^{-1} - \frac{1}{3}(\boldsymbol{T}:\boldsymbol{C})\mathrm{d}\boldsymbol{C}^{-1} \tag{4.131}$$

$\mathrm{d}\boldsymbol{C}^{-1}$ 易由 $\boldsymbol{C}^{-1}\cdot\boldsymbol{C}=1$ 求出，得

$$\mathrm{d}\boldsymbol{C}^{-1} = -\boldsymbol{C}^{-1}\cdot\mathrm{d}\boldsymbol{C}\cdot\overset{-1}{\boldsymbol{C}} \tag{4.132}$$

将式(4.131)代入式(4.130)，注意式(4.132)并利用式(4.128)，化简后得

$$2f\mathrm{d}f=3(\boldsymbol{C}\cdot\boldsymbol{T}^{*}\cdot\boldsymbol{C}):\mathrm{d}\boldsymbol{T}+(\boldsymbol{T}:\boldsymbol{C})\boldsymbol{T}^{*}:\mathrm{d}\boldsymbol{C} \tag{4.133}$$

由定义

$$\mathrm{d}f=\frac{\partial f}{\partial \boldsymbol{T}}:\mathrm{d}\boldsymbol{T}+\frac{\partial f}{\partial \boldsymbol{C}}:\mathrm{d}\boldsymbol{C} \tag{4.134}$$

对比式(4.134)与式(4.133)的 $\mathrm{d}f$ 可知

$$\begin{aligned}\frac{\partial f}{\partial \boldsymbol{T}}&=\frac{\partial \tau_{\mathrm{eq}}}{\partial \boldsymbol{T}}=\frac{3}{2\tau_{\mathrm{eq}}}\boldsymbol{C}\cdot\boldsymbol{T}^{*}\cdot\boldsymbol{C}\\ \frac{\partial f}{\partial \boldsymbol{C}}&=\frac{\partial \tau_{\mathrm{eq}}}{\partial \boldsymbol{C}}=\frac{1}{2\tau_{\mathrm{eq}}}(\boldsymbol{T}:\boldsymbol{C})\boldsymbol{T}^{*}\end{aligned} \tag{4.135}$$

Kirhhoff 应力 τ_{eq} 的增量为

$$\mathrm{d}\tau_{\mathrm{eq}}=\mathrm{d}f=\frac{1}{2\tau_{\mathrm{eq}}}[3(\boldsymbol{C}\cdot\boldsymbol{T}^{*}\cdot\boldsymbol{C}):\mathrm{d}\boldsymbol{T}+(\boldsymbol{T}:\boldsymbol{C})\boldsymbol{T}^{*}:\mathrm{d}\boldsymbol{C}] \tag{4.136}$$

将式(4.135)代入式(4.27)得变形率塑性部分

$$(\dot{\boldsymbol{E}})^{\mathrm{p}}=\rho_0\frac{3}{2\tau_{\mathrm{eq}}}\boldsymbol{C}\cdot\boldsymbol{T}^{*}\cdot\boldsymbol{C}\dot{\xi} \tag{4.137}$$

将 $(\dot{\boldsymbol{E}})^{\mathrm{p}}$ 从参考构形 $\mathscr{R}$ 协变(bb)前推到即时构形，并利用式(4.124)与式(4.125)得到

$$\boldsymbol{d}_{\mathrm{RH}}^{\mathrm{p}}=\boldsymbol{F}^{-\mathrm{T}}\cdot(\dot{\boldsymbol{E}})^{\mathrm{p}}\cdot\boldsymbol{F}^{-1}=\rho_0\frac{3}{2\tau_{\mathrm{eq}}}\tau'\dot{\xi} \tag{4.138}$$

上式与自身双点积，并按下式定义累积塑性变形率 $\dot{\varepsilon}_{\mathrm{RH}}^{\mathrm{p}}$。和累积塑性变形 $\varepsilon_{\mathrm{RH}}^{\mathrm{p}}$ 可得

$$\begin{aligned}\dot{\varepsilon}_{\mathrm{RH}}^{\mathrm{p}}&=\left(\frac{2}{3}\boldsymbol{d}_{\mathrm{RH}}^{\mathrm{p}}:\boldsymbol{d}_{\mathrm{RH}}^{\mathrm{p}}\right)^{1/2}=\rho_0\dot{\xi}\\ \varepsilon_{\mathrm{RH}}^{\mathrm{p}}&=\int\left(\frac{2}{3}\boldsymbol{d}_{\mathrm{RH}}^{\mathrm{p}}:\boldsymbol{d}_{\mathrm{RH}}^{\mathrm{p}}\right)^{1/2}\mathrm{d}t=\rho_0\xi\end{aligned} \tag{4.139}$$

因此可以把内变量 $\boldsymbol{\xi}$ 改为累积塑性变形 $\varepsilon_{\mathrm{RH}}^{\mathrm{p}}/\rho_0$，把式(4. 137)与式(4.138)分别 写为

$$(\dot{\boldsymbol{E}})^{\mathrm{p}}=\frac{3}{2\tau_{\mathrm{eq}}}\boldsymbol{C}\cdot\boldsymbol{T}^{*}\cdot\boldsymbol{C}\dot{\varepsilon}_{\mathrm{RH}}^{\mathrm{p}} \tag{4.137a}$$

$$\boldsymbol{d}_{\mathrm{RH}}^{\mathrm{p}}=\frac{3}{2\tau_{\mathrm{eq}}}\tau'\dot{\varepsilon}_{\mathrm{RH}}^{\mathrm{p}} \tag{4.138a}$$

设材料的硬化规律为

$$\tau_{\mathrm{eq}}=Y(\varepsilon_{\mathrm{RH}}^{\mathrm{p}}) \tag{4.140}$$

一致性条件为

$$\dot{\tau}_{\mathrm{eq}}=\frac{\mathrm{d}Y}{\mathrm{d}\varepsilon_{\mathrm{RH}}^{\mathrm{p}}}\dot{\varepsilon}_{\mathrm{RH}}^{\mathrm{p}} \tag{4.141}$$

式中 $\mathrm{d}Y/\mathrm{d}\varepsilon_{\mathrm{RH}}^{\mathrm{p}}$——塑性模量 E_{p}，可由材料的单向拉伸曲线得到

$$E_{\mathrm{p}}(\varepsilon_{\mathrm{RH}}^{\mathrm{p}})=\frac{\mathrm{d}Y(\varepsilon_{\mathrm{RH}}^{\mathrm{p}})}{\mathrm{d}\varepsilon_{\mathrm{RH}}^{\mathrm{p}}} \tag{4.142}$$

式(4.122)与(4.129)分别是由 τ 均 $\boldsymbol{T}$ 表示的等效应力 τ_{eq}。将利用它们二者之中的任一个代入一致性条件式(4.141)，可以求出 $\dot{\varepsilon}_{\mathrm{RH}}^{\mathrm{p}}$。例如由式(4.122)

$$\tau_{\mathrm{eq}}\dot{\tau}_{\mathrm{eq}}=\frac{3}{2}\boldsymbol{\tau}':\dot{\boldsymbol{\tau}}' \tag{4.143}$$

因为式(4.143)中的应力率 $\dot{\boldsymbol{\tau}}'$ 为非客观张量，我们可改用客观应力率。例如，由 τ' 相对于某一旋率 $*$ 的客观导数公式 $\boldsymbol{\zeta}^{abj}[*]=\dot{\zeta}-*\cdot\boldsymbol{\zeta}-\boldsymbol{\zeta}\cdot *^{\mathrm{T}}(*=l,\boldsymbol{w},\boldsymbol{\Omega},\boldsymbol{\Omega}^b)$ 等。$*=\boldsymbol{w}$，$\boldsymbol{\Omega},\boldsymbol{\Omega}^b$ 等反对称张量，它们都满足 $\tilde{*}\cdot\boldsymbol{Q}(t)-\boldsymbol{Q}(t)\cdot *=\dot{\boldsymbol{Q}}(t)(*=l,\boldsymbol{w},\boldsymbol{\Omega},\boldsymbol{\Omega}^b$ 等) 的标架转换关系

$$\boldsymbol{\tau}'^{\mathrm{obj}}[*]=\dot{\boldsymbol{\tau}}'-*\cdot\boldsymbol{\tau}'-\boldsymbol{\tau}'\cdot *^{\mathrm{T}} \tag{4.144}$$

利用 $\boldsymbol{P}=J\boldsymbol{\sigma}\cdot\boldsymbol{F}^{-\mathrm{T}}$，并注意 $\boldsymbol{\tau}'^{\mathrm{obj}}[*]$ 与 $\boldsymbol{\tau}^{\mathrm{obj}}[*]$ 只相差一个球形张量，可证

$$\boldsymbol{\tau}':\boldsymbol{\tau}^{\mathrm{obj}}[*]=\boldsymbol{\tau}':\boldsymbol{\tau}'^{\mathrm{obj}}[*]=\boldsymbol{\tau}':\dot{\boldsymbol{\tau}}'-\mathrm{tr}[\boldsymbol{\tau}'\cdot\boldsymbol{\tau}'\cdot(*+*^{\mathrm{T}})]=\boldsymbol{\tau}':\dot{\boldsymbol{\tau}}' \tag{4.145}$$

式中，最末一个等式是因为旋率 $*$ 为反对称张量，$*+*^{\mathrm{T}}=0$。因此式(4.143)可通过客观应力率表示：

$$\boldsymbol{\tau}_{\mathrm{eq}}\dot{\boldsymbol{\tau}}_{\mathrm{eq}}=\frac{3}{2}\boldsymbol{\tau}':\dot{\boldsymbol{\tau}}'=\frac{3}{2}\boldsymbol{\tau}':\boldsymbol{\tau}^{\mathrm{obj}}[*] \tag{4.143a}$$

将 $\dot{\tau}_{\mathrm{eq}}$ 由式(4.143a)代入一致性条件式(4.141)，并注意式(4.140)与式(4.142)，得到

$$\dot{\varepsilon}^{\mathrm{p}}_{\mathrm{RH}}=\frac{1}{E_{\mathrm{p}}(\varepsilon^{\mathrm{p}}_{\mathrm{RH}})}\dot{\tau}_{\mathrm{eq}}=\frac{3}{2E_{\mathrm{p}}(\varepsilon^{\mathrm{p}}_{\mathrm{RH}})Y(\varepsilon^{\mathrm{p}}_{\mathrm{RH}})}\boldsymbol{\tau}':\boldsymbol{\tau}^{\mathrm{obj}}[*] \tag{4.145a}$$

因此(4.138a)塑性应变率 $\boldsymbol{d}^{\mathrm{p}}_{\mathrm{RH}}$ 成为

$$\boldsymbol{d}^{\mathrm{p}}_{\mathrm{RH}}=\frac{9}{4E_{\mathrm{p}}(\varepsilon^{\mathrm{p}}_{\mathrm{RH}})[Y(\varepsilon^{\mathrm{p}}_{\mathrm{RH}})]^2}\boldsymbol{\tau}'\boldsymbol{\tau}':\dot{\boldsymbol{\tau}}'=\frac{9}{4E_{\mathrm{p}}(\varepsilon^{\mathrm{p}}_{\mathrm{RH}})[Y(\varepsilon^{\mathrm{p}}_{\mathrm{RH}})]^2}\boldsymbol{\tau}'\boldsymbol{\tau}':\boldsymbol{\tau}^{\mathrm{obj}}[*] \tag{4.146}$$

式中的 $\boldsymbol{\tau}^{\mathrm{obj}}[*]$ 可取 Jaumann 导数 $\overset{\nabla}{\boldsymbol{\tau}}(\overset{\nabla}{\boldsymbol{\zeta}}=\zeta^{abj}[\boldsymbol{w}]=\dot{\boldsymbol{\zeta}}-\boldsymbol{w}\cdot\boldsymbol{\zeta}-\boldsymbol{\zeta}\cdot\boldsymbol{w}^{\mathrm{T}}=\dot{\boldsymbol{\zeta}}-\boldsymbol{w}\cdot\dot{\boldsymbol{\zeta}}+\boldsymbol{\zeta}\cdot\boldsymbol{w}$，$*=\boldsymbol{w}$)，广义 Jaumann 导数 $\overset{\nabla}{\boldsymbol{\tau}}$(见 $\overset{\Delta}{\boldsymbol{\zeta}}=\zeta^{abj}[\Omega]=\dot{\boldsymbol{\zeta}}-\boldsymbol{\Omega}\cdot\zeta-\zeta\cdot\Omega^{\mathrm{T}}=\dot{\boldsymbol{\zeta}}-\boldsymbol{\Omega}\cdot\zeta+\zeta\cdot\boldsymbol{\Omega}$，$*=\boldsymbol{\Omega}$)等。

弹性本构关系(等温条件，$\dot{\theta}=0$)

$$\boldsymbol{d}^{\mathrm{e}}_{\mathrm{RH}}=\mu:\boldsymbol{\tau}^{\mathrm{Oldr}} \tag{4.147}$$

得到在即时构形中写出的率形式本构关系：

$$\boldsymbol{d}=\mu:\boldsymbol{\tau}^{\mathrm{Oldr}}+\frac{9}{4E_{\mathrm{p}}(\varepsilon^{\mathrm{p}}_{\mathrm{RH}})[Y(\varepsilon^{\mathrm{p}}_{\mathrm{RH}})]^2}\boldsymbol{\tau}'\boldsymbol{\tau}':\boldsymbol{\tau}^{\mathrm{obj}}[*] \tag{4.148}$$

在上式中弹性变形率(右端第一项)是用 Kichhoff 应力的 oldroyd 导数 $\boldsymbol{\tau}^{\mathrm{Oldr}}$ 表示。而塑性变形率(右端第二项)则是用相对于旋率 $*$ 的客观导数 $\boldsymbol{\tau}^{\mathrm{obj}}[*]$ 表示的。取 $*=\boldsymbol{w}$，则 $\boldsymbol{\tau}^{\mathrm{obj}}[*]=\overset{\nabla}{\boldsymbol{\tau}}$。利用 $\boldsymbol{\tau}^{\mathrm{obj}}[*]$ 与 $\overset{\nabla}{\boldsymbol{\tau}}$ 的关系($\boldsymbol{\tau}^{\mathrm{Oldr}}=\overset{\nabla}{\boldsymbol{\tau}}-(\boldsymbol{d}\cdot\boldsymbol{\tau}+\boldsymbol{\tau}\cdot\boldsymbol{d})$)，与 $\boldsymbol{\zeta}^{\tau}:\boldsymbol{d}=\boldsymbol{d}\cdot\boldsymbol{\tau}+\boldsymbol{\tau}\cdot\boldsymbol{d}$ 四阶张量 $\boldsymbol{g}^{\tau}$，可得在即时构型中用 $\overset{\nabla}{\boldsymbol{\tau}}$ 表示的本构关系：

$$(\boldsymbol{I}+\mu:g^{\tau}):d=\left[\mu+\alpha\frac{9}{4E_{\mathrm{p}}(\varepsilon^{\mathrm{p}}_{\mathrm{RH}})[Y(\varepsilon^{\mathrm{p}}_{\mathrm{RH}})]^2}\dot{\boldsymbol{\tau}}'\boldsymbol{\tau}'\right]:\overset{\nabla}{\boldsymbol{\tau}} \tag{4.149}$$

式中，$\boldsymbol{I}$ 为四阶等同张量 $\begin{cases}I_{ijkl}=\dfrac{1}{2}(\delta_{jk}\delta_{jl}+\delta_{jl}\delta_{jk})\\ \bar{I}_{ijkl}=\dfrac{1}{2}(\delta_{jk}\delta_{jl}+\delta_{jl}\delta_{jk})-\dfrac{1}{3}\delta_{ij}\delta_{kl}\end{cases}$ 或 $I_{ijkl}=\dfrac{1}{2}(\delta_{jk}\delta_{jl}+\delta_{jl}\delta_{jk})$。$\alpha$

为加载系数,由式(4.146):

$$\alpha=\begin{cases}1 & \text{当}\ \boldsymbol{\tau}\ \text{在屈服面上,且}\ \boldsymbol{\tau}':\overset{\nabla}{\boldsymbol{\tau}}>0\\ 0 & \text{当}\ \boldsymbol{\tau}\ \text{在屈服面内,或当}\ \boldsymbol{\tau}\ \text{在屈服面上,且}\ \boldsymbol{\tau}':\overset{\nabla}{\boldsymbol{\tau}}\leqslant 0\end{cases}\tag{4.150}$$

由式(4.148)同样也可以得到在即时构形 z 中用 τ^{obj} 表示的本构关系:

$$\left[\boldsymbol{I}-\alpha\frac{9}{4E_{\text{p}}(\varepsilon_{\text{RH}}^{\text{p}})[Y(\varepsilon_{\text{RH}}^{\text{p}})]^{2}}\boldsymbol{\tau}'(\boldsymbol{\tau}':g^{\tau})\right]:\boldsymbol{d}=\left[\mu+\alpha\frac{9}{4E_{\text{p}}(\varepsilon_{\text{RH}}^{\text{p}})[Y(\varepsilon_{\text{RH}}^{\text{p}})]^{2}}\boldsymbol{\tau}'\boldsymbol{\tau}'\right]:\boldsymbol{\tau}^{\text{Oldr}}\tag{4.151}$$

如果要把率形式本构关系(4.151)在参考构形 $\mathscr{R}$ 中写出,则应把式(4.151)从即时构形 z 协变(bb)后拉到参考构形 $\mathscr{R}$ 中。由式(4.125)知 T^{*} 是 $\boldsymbol{\tau}'$ 的逆变(##)后拉,并可证 $\boldsymbol{\tau}'$ 的协变(bb)后拉为

$$\boldsymbol{C}\cdot\boldsymbol{T}^{*}\cdot\boldsymbol{C}=\boldsymbol{F}^{\text{T}}\cdot\tau'\cdot\boldsymbol{F}\tag{4.152}$$

利用 $\boldsymbol{\tau}^{\text{Oldr}}=\boldsymbol{F}\cdot\dot{\boldsymbol{T}}\cdot\boldsymbol{F}^{\text{T}}=(\boldsymbol{F}\boldsymbol{F})\underset{*}{\overset{*}{}}\dot{\boldsymbol{T}}$,可得式(4.151)的协变(bb)后拉为

$$\begin{aligned}&\left[\boldsymbol{I}-\alpha\frac{9}{4E_{\text{p}}(\varepsilon_{\text{RH}}^{\text{p}})[Y(\varepsilon_{\text{RH}}^{\text{p}})]^{2}}(\boldsymbol{C}\cdot\boldsymbol{T}^{*}\cdot\boldsymbol{C})(\boldsymbol{C}\cdot\boldsymbol{T}^{*}\cdot\boldsymbol{C}):\boldsymbol{G}^{\text{T}}\right]:\dot{\boldsymbol{E}}\\&=\left[\boldsymbol{M}+\alpha\frac{9}{4E_{\text{p}}(\varepsilon_{\text{RH}}^{\text{p}})[Y(\varepsilon_{\text{RH}}^{\text{p}})]^{2}}(\boldsymbol{C}\cdot\boldsymbol{T}^{*}\cdot\boldsymbol{C})(\boldsymbol{C}\cdot\boldsymbol{T}^{*}\cdot\boldsymbol{C})\right]:\dot{\boldsymbol{T}}\end{aligned}\tag{4.153}$$

式中,$\boldsymbol{G}^{\text{T}}$ 为 g^{τ} 的逆变(####)后拉

$$\boldsymbol{G}^{\text{T}}=(\boldsymbol{F}^{-1}\boldsymbol{F}^{-1}\boldsymbol{F}^{-1}\boldsymbol{F}^{-1})\begin{smallmatrix}*\\ *\\ *\\ *\end{smallmatrix}g^{\tau}\tag{4.154}$$

由 $\boldsymbol{\zeta}^{\tau}:\boldsymbol{d}=\boldsymbol{d}\cdot\boldsymbol{\tau}+\boldsymbol{\tau}\cdot\boldsymbol{d}g^{\tau}$ 的分量式,并注意 $\boldsymbol{F}^{-1}\cdot\boldsymbol{F}^{\text{T}}=\boldsymbol{C}^{-1}(\boldsymbol{C}=\boldsymbol{F}^{\text{T}}\cdot\boldsymbol{F})$,可计算出 $\boldsymbol{G}^{\text{T}}$ 的分量:

$$\boldsymbol{G}_{ABCD}^{\text{T}}=\frac{1}{2}(\boldsymbol{T}_{AC}\overset{-1}{\boldsymbol{C}}_{BD}+\boldsymbol{T}_{AD}\overset{-1}{\boldsymbol{C}}_{BC}+\boldsymbol{T}_{BC}\overset{-1}{\boldsymbol{C}}_{AD}+\boldsymbol{T}_{BD}\overset{-1}{\boldsymbol{C}}_{AC})\tag{4.155}$$

α 为加载系数,见式(4.150),因涉及 Jaumann 导数 $\overset{\nabla}{\boldsymbol{\tau}}$,在参考构形 $\mathscr{R}$ 中的表示较为复杂。

上面是先求得在即时构形 z 中写出的率形式本构关系式(4.148),然后后拉到参考构形 $\mathscr{R}$ 中成为式(4.153)。我们也可以直接建立在参考构形 $\mathscr{R}$ 中的率形式本构关系。这只需要将用等效应力 τ_{eq} 通过 T 的表达式(4.129)来取代上面推导中所用的式(4.122)。将由式(4.129)所导出的 $\mathrm{d}\tau_{\text{eq}}$ 除以 $\mathrm{d}t$ 后得 $\dot{\tau}_{\text{eq}}$,代入式(4.141)得

$$\frac{1}{2\tau_{\text{eq}}}[3(\boldsymbol{C}\cdot\boldsymbol{T}^{*}\cdot\boldsymbol{C}):\dot{\boldsymbol{T}}+2(\boldsymbol{T}:\boldsymbol{C})\boldsymbol{T}^{*}:\dot{\boldsymbol{C}}]=E_{\text{p}}\dot{\varepsilon}_{\text{RH}}^{\text{p}}\tag{4.156}$$

利用式(4.137a)

$$\dot{\boldsymbol{C}}=2\dot{\boldsymbol{E}}=2[(\dot{\boldsymbol{E}})^{\text{e}}+(\dot{\boldsymbol{E}})^{\text{p}}]=2\left[\boldsymbol{M}:\boldsymbol{T}+\frac{3}{2\tau_{\text{eq}}}\boldsymbol{C}\cdot\boldsymbol{T}^{*}\cdot\boldsymbol{C}\dot{\varepsilon}_{\text{RH}}^{\text{p}}\right]\tag{4.157}$$

式中　$\boldsymbol{M}$——弹性柔度张量。

将 $\dot{\boldsymbol{C}}$ 代入式(4.156),并利用式(4.129),可解出 $\dot{\varepsilon}_{\text{RH}}^{\text{p}}$ 为

$$\dot{\varepsilon}^{\mathrm{p}}_{\mathrm{RH}}=\frac{1}{2\tau_{\mathrm{eq}}[E_{\mathrm{p}}-\boldsymbol{T}:\boldsymbol{C}]}[3\boldsymbol{C}\cdot\boldsymbol{T}^{*}\cdot\boldsymbol{C}+2(\boldsymbol{T}:\boldsymbol{C})\boldsymbol{T}^{*}:\boldsymbol{M}]:\dot{\boldsymbol{T}} \tag{4.158}$$

将式(4.158)代入式(4.137a)，得

$$(\dot{\boldsymbol{E}})^{\mathrm{p}}=\frac{9}{4\tau_{\mathrm{eq}}^{2}[E_{\mathrm{p}}-\boldsymbol{T}:\boldsymbol{C}]}(\boldsymbol{C}\cdot\boldsymbol{T}^{*}\cdot\boldsymbol{C})\left[\boldsymbol{C}\cdot\boldsymbol{T}^{*}\cdot\boldsymbol{C}+\frac{2}{3}(\boldsymbol{T}:\boldsymbol{C})\boldsymbol{T}^{*}:\boldsymbol{M}\right]:\dot{\boldsymbol{T}} \tag{4.159}$$

式(4.158)也可以用 Kirchhoff 应力 τ 表示(注意 $\boldsymbol{T}:\boldsymbol{C}=\boldsymbol{\tau}:\boldsymbol{g}=\mathrm{tr}\boldsymbol{\tau}$)：

$$\dot{\varepsilon}^{\mathrm{p}}_{\mathrm{RH}}=\frac{1}{2\tau_{\mathrm{eq}}[E_{\mathrm{p}}-\boldsymbol{\tau}:\boldsymbol{g}]}[3\boldsymbol{\tau}'+2(\boldsymbol{\tau}:\boldsymbol{g})\boldsymbol{\tau}':\mu]:\boldsymbol{\tau}^{\mathrm{Oldr}} \tag{4.160}$$

将式(4.160)代入式(4.138a)，可得

$$\boldsymbol{d}^{\mathrm{p}}_{\mathrm{RH}}=\frac{9}{4\tau_{\mathrm{eq}}^{2}[E_{\mathrm{p}}-\boldsymbol{\tau}:\boldsymbol{g}]}\boldsymbol{\tau}'\left[\boldsymbol{\tau}'+\frac{2}{3}(\boldsymbol{\tau}:\boldsymbol{g})\boldsymbol{\tau}':\mu\right]:\boldsymbol{\tau}^{\mathrm{Oldr}} \tag{4.161}$$

将式(4.159)塑性变形率体$(\dot{\boldsymbol{E}})^{\mathrm{p}}$加上弹性变形率体$(\dot{\boldsymbol{E}})^{\mathrm{e}}$(等温条件，$\theta'=0$})得到率形式本构关系：

$$\dot{\boldsymbol{E}}=\boldsymbol{M}^{\mathrm{ep}}:\dot{\boldsymbol{T}} \tag{4.162}$$

式中

$$\boldsymbol{M}^{\mathrm{ep}}=\boldsymbol{M}+\alpha\frac{9}{4[E_{\mathrm{p}}(\varepsilon^{\mathrm{p}}_{\mathrm{RH}})-\boldsymbol{T}:\boldsymbol{C}][Y(\varepsilon^{\mathrm{p}}_{\mathrm{RH}})]^{2}}(\boldsymbol{C}\cdot\boldsymbol{T}^{*}\cdot\boldsymbol{C})\left[\boldsymbol{C}\cdot\boldsymbol{T}^{*}\cdot\boldsymbol{C}+\frac{2}{3}(\boldsymbol{T}:\boldsymbol{C})\boldsymbol{T}^{*}:\boldsymbol{M}\right] \tag{4.163}$$

α 为加载系数：

$$\alpha=\begin{cases}1 & \text{当 } \boldsymbol{T} \text{ 在屈服面上，且} \left[\boldsymbol{C}\cdot\boldsymbol{T}^{*}\cdot\boldsymbol{C}+\frac{2}{3}(\boldsymbol{T}:\boldsymbol{C})\boldsymbol{T}^{*}:\boldsymbol{M}\right]:\dot{\boldsymbol{T}}>0\\ 0 & \text{当 } \boldsymbol{T} \text{ 在屈服面内，或当 } \boldsymbol{T} \text{ 在屈服面上，且} \left[\boldsymbol{C}\cdot\boldsymbol{T}^{*}\cdot\boldsymbol{C}+\frac{2}{3}(\boldsymbol{T}:\boldsymbol{C})\boldsymbol{T}^{*}:\boldsymbol{M}\right]:\dot{\boldsymbol{T}}\leqslant 0\end{cases} \tag{4.164}$$

可以将率形式本构关系(4.162)从参考构形 R 协变(bb)前推到即时构形 z 中，后者直接将(4.161)塑性变形率 $\boldsymbol{d}^{\mathrm{p}}_{\mathrm{RH}}$ 加上弹性变形率 $\boldsymbol{d}^{\mathrm{e}}_{\mathrm{RH}}$ 得到

$$\boldsymbol{d}=\mu^{\mathrm{ep}}:\boldsymbol{\tau}^{\mathrm{Oldr}} \tag{4.165}$$

式中

$$\mu^{\mathrm{ep}}=\mu+\alpha\frac{9}{4[E_{\mathrm{p}}(\varepsilon^{\mathrm{p}}_{\mathrm{RH}})-\boldsymbol{\tau}:\boldsymbol{g}][Y(\varepsilon^{\mathrm{p}}_{\mathrm{RH}})]^{2}}\boldsymbol{\tau}'\left[\boldsymbol{\tau}'+\frac{2}{3}(\boldsymbol{\tau}:\boldsymbol{g})\boldsymbol{\tau}':\mu\right] \tag{4.166}$$

α 为加载系数：

$$\alpha=\begin{cases}1 & \text{当 } \boldsymbol{T} \text{ 在屈服面上，且} \left[\boldsymbol{\tau}'+\frac{2}{3}(\boldsymbol{\tau}:\boldsymbol{g})\boldsymbol{\tau}':\mu\right]:\boldsymbol{\tau}^{\mathrm{Oldr}}>0\\ 0 & \text{当 } \boldsymbol{T} \text{ 在屈服面内，或当 } \boldsymbol{T} \text{ 在屈服面上，且} \left[\boldsymbol{\tau}'+\frac{2}{3}(\boldsymbol{\tau}:\boldsymbol{g})\boldsymbol{\tau}':\boldsymbol{\mu}\right]:\boldsymbol{\tau}^{\mathrm{Oldr}}\leqslant 0\end{cases} \tag{4.167}$$

由式(4.163)与式(4.166)可见，弹塑性柔度张量 $\boldsymbol{M}^{\mathrm{ep}}$ 与 μ^{ep} 都不满足 Voigt 对称性。但是对于金属材料说来，在大变形情况下，弹性变形仍然很小，因此在 $\boldsymbol{M}^{\mathrm{ep}}$ 与 μ^{ep} 表达式中，可略去右端第 2 项中含弹性柔度张量 $\boldsymbol{M}$ 或 μ 的项，即

$$\boldsymbol{M}^{\mathrm{ep}}=\boldsymbol{M}+\alpha\frac{9}{4[E_{\mathrm{p}}(\varepsilon_{\mathrm{RH}}^{\mathrm{p}})-\boldsymbol{T}:\boldsymbol{C}][Y(\varepsilon_{\mathrm{RH}}^{\mathrm{p}})]^{2}}(\boldsymbol{C}\cdot\boldsymbol{T}^{*}\cdot\boldsymbol{C})(\boldsymbol{C}\cdot\boldsymbol{T}^{*}\cdot\boldsymbol{C}) \tag{4.163a}$$

α 为加载参数：

$$\alpha=\begin{cases}1 & \text{当}\,\boldsymbol{T}\,\text{在屈服面上，且}\,(\boldsymbol{C}\cdot\boldsymbol{T}^{*}\cdot\boldsymbol{C}):\dot{\boldsymbol{T}}>0\\ 0 & \text{当}\,\boldsymbol{T}\,\text{在屈服面内，或当}\,\boldsymbol{T}\,\text{在屈服面上，且}\,(\boldsymbol{C}\cdot\boldsymbol{T}^{*}\cdot\boldsymbol{C}):\dot{\boldsymbol{T}}\leqslant 0\end{cases} \tag{4.164a}$$

$$\mu^{\mathrm{ep}}=\mu+\alpha\frac{9}{4[E_{\mathrm{p}}(\varepsilon_{\mathrm{RH}}^{\mathrm{p}})-\boldsymbol{\tau}:\boldsymbol{g}][Y(\varepsilon_{\mathrm{RH}}^{\mathrm{p}})]^{2}}\boldsymbol{\tau}'\boldsymbol{\tau}' \tag{4.166a}$$

α 为加载参数：

$$\alpha=\begin{cases}1 & \text{当}\,\boldsymbol{\tau}'\,\text{在屈服面上，且}\,\boldsymbol{\tau}':\boldsymbol{\tau}^{\mathrm{Oldr}}>0\\ 0 & \text{当}\,\boldsymbol{\tau}'\,\text{在屈服面内，或当}\,\boldsymbol{\tau}'\,\text{在屈服面上，且}\,\boldsymbol{\tau}':\boldsymbol{\tau}^{\mathrm{Oldr}}\leqslant 0\end{cases} \tag{4.167a}$$

利用式(4.121)与式(4.139)，由式(4.49)与式(4.47c)可得 Gibbs 自由能 ψ_{G} 增量的塑性部分

$$\mathrm{d}^{\mathrm{p}}\psi_{\mathrm{G}}=-f\mathrm{d}\xi=-\frac{1}{\rho_{0}}\tau_{\mathrm{eq}}\mathrm{d}\varepsilon_{\mathrm{RH}}^{\mathrm{p}} \tag{4.168}$$

内禀耗散率为

$$\theta\gamma_{\mathrm{int}}=f\dot{\xi}=\frac{1}{\rho_{0}}\tau_{\mathrm{eq}}\dot{\varepsilon}_{\mathrm{RH}}^{\mathrm{p}} \tag{4.169}$$

② 率形式逆本构关系。

为简单起见，设弹性变形很小，本构关系形式可取(4.163a)或(4.166a)。为了求率形式本构关系(4.163a)弹塑性柔度张量 $\boldsymbol{M}^{\mathrm{ep}}$ 之逆，仿照式(4.87)的推导，把式(4.86)改为

$$\frac{1}{h}=\frac{9}{4[E_{\mathrm{p}}(\varepsilon_{\mathrm{RH}}^{\mathrm{p}})-\boldsymbol{T}:\boldsymbol{C}][Y(\varepsilon_{\mathrm{RH}}^{\mathrm{p}})]^{2}} \tag{4.170}$$

$$\boldsymbol{\mu}=\boldsymbol{C}\cdot\boldsymbol{T}^{*}\cdot\boldsymbol{C}$$

将式(4.170)的 $1/h$，$\boldsymbol{\mu}$ 代入(4.88)～(4.91)，得到作为式(4.163)的逆的率形式本构关系：

$$\dot{\boldsymbol{T}}=\boldsymbol{L}^{\mathrm{ep}}:\dot{\boldsymbol{E}} \tag{4.171}$$

式中，以 $\boldsymbol{L}=\boldsymbol{M}^{-1}$ 表示弹性刚度张量。

$$\boldsymbol{L}^{\mathrm{ep}}=(\boldsymbol{M}^{\mathrm{ep}})^{-1}=\boldsymbol{L}-\frac{a}{g}\boldsymbol{\Lambda}\boldsymbol{\Lambda} \tag{4.172}$$

$$\boldsymbol{\Lambda}=\boldsymbol{L}:\boldsymbol{\mu}=\boldsymbol{L}:(\boldsymbol{C}\cdot\boldsymbol{T}^{*}\cdot\boldsymbol{C})=(\boldsymbol{C}\cdot\boldsymbol{T}^{*}\cdot\boldsymbol{C}):\boldsymbol{L} \tag{4.173}$$

$$g=h+\boldsymbol{\mu}:\boldsymbol{L}:\boldsymbol{\mu}=\frac{4}{9}[\boldsymbol{E}_{\mathrm{p}}(\varepsilon_{\mathrm{RH}}^{\mathrm{p}})-\boldsymbol{T}:\boldsymbol{C}][Y(\varepsilon_{\mathrm{RH}}^{\mathrm{p}})]^{2}+(\boldsymbol{C}\cdot\boldsymbol{T}^{*}\cdot\boldsymbol{C}):\boldsymbol{L}:(\boldsymbol{C}\cdot\boldsymbol{T}^{*}\cdot\boldsymbol{C}) \tag{4.174}$$

加载参数 α 为

$$\alpha=\begin{cases}1 & \text{当}\,\boldsymbol{T}\,\text{在屈服面上，且}(\boldsymbol{C}\cdot\boldsymbol{T}^{*}\cdot\boldsymbol{C}):\boldsymbol{L}:\dot{\boldsymbol{E}}>0\\0 & \text{当}\,\boldsymbol{T}\,\text{在屈服面内，或当}\,\boldsymbol{T}\,\text{在屈服面上，且}(\boldsymbol{C}\cdot\boldsymbol{T}^{*}\cdot\boldsymbol{C}):\boldsymbol{L}:\dot{\boldsymbol{E}}\leqslant 0\end{cases} \tag{4.175}$$

也可以把率形式逆本构关系从参考构形 $\mathscr{R}$ 逆变(＃＃)前推到即时构形 z 中，得到

$$\boldsymbol{\tau}^{\text{Oldr}}=g^{\text{ep}}:\boldsymbol{d} \tag{4.176}$$

式中，g^{ep} 为 L^{ep} 由参考构形 $\mathscr{R}$ 到即时构形 z 的逆变(＃＃＃＃)前推，由式(4.172)，并利用式(4.152)可得

$$g^{\text{ep}}=(\boldsymbol{FFFF})\begin{matrix}\times\\\times\\\times\\\times\end{matrix}\boldsymbol{L}^{\text{ep}}=g-\frac{\alpha}{g}\boldsymbol{\lambda\lambda} \tag{4.177}$$

$$\boldsymbol{\lambda}=g:\boldsymbol{\tau}'=\boldsymbol{\tau}':g \tag{4.178}$$

$$g=\frac{4}{9}\left[\boldsymbol{E}_{\text{p}}(\varepsilon_{\text{RH}}^{\text{p}})-\boldsymbol{T}:\boldsymbol{C}\right]\left[Y(\varepsilon_{\text{RH}}^{\text{p}})\right]^{2}+\boldsymbol{\tau}':g:\boldsymbol{\tau}' \tag{4.179}$$

假设热力学作用力 F 为式(4.121)中用 f 表示的 Kirchhoff 等效应力 τ_{eq}，它可表示为

$$F=\left[\frac{3}{2}\text{tr}(\boldsymbol{C}\cdot\boldsymbol{T}^{*}\cdot\boldsymbol{C}\cdot\boldsymbol{T}^{*})\right]^{1/2} \tag{4.180}$$

式中，$\boldsymbol{T}^{*}$ 见式(4.126)，$\boldsymbol{C}=1+2\boldsymbol{E}$。因此这里的热力学作用力 F 实际上已假定为 $\boldsymbol{T}$ 与 $\boldsymbol{E}$ 的函数(此处未考虑温度 θ 的变化)。按照 Rice 与 Hill 理论，塑性变形率为(设只有一个内变量 ξ)

$$(\dot{\boldsymbol{E}})^{\text{p}}=\rho_0\frac{\partial F(\boldsymbol{T},\theta,\mathscr{H})}{\partial\boldsymbol{T}}\dot{\xi} \tag{4.181}$$

式(4.181)表明正交法则(在 Rice－Hill 理论框架中，F 只依赖于 $\boldsymbol{T},\theta,\mathscr{H}$)。但是(4.180)中假设的 $\boldsymbol{F}$ 不仅依赖于应力 $\boldsymbol{T}$(通过 $\boldsymbol{T}^{*}$)，而且也依赖于 $\boldsymbol{E}$(通过 $\boldsymbol{C}$)。这实际上已经超出了 Rice－Hill 的理论框架，也就是假定当屈服面函数不仅像 Rice 与 Hill 所假定依赖于 $\boldsymbol{T}$，θ，H，而且还依赖于 $\boldsymbol{C}$(或 $\boldsymbol{E}$)时，仍然有

$$(\dot{\boldsymbol{E}})^{\text{p}}=\rho_0\left.\frac{\partial\boldsymbol{F}(\boldsymbol{T},\boldsymbol{C},\theta,\mathscr{H})}{\partial\boldsymbol{T}}\right|_{\boldsymbol{C},\theta,\mathscr{H}}\dot{\xi} \tag{4.182}$$

在前面推导式(4.135)的 $\partial F/\partial\boldsymbol{T}$ 正好就是式(4.182)右端的意义，即在对 $\boldsymbol{T}$ 求偏导数时，假定 $\boldsymbol{C},\theta,\xi$ 都不变。

4.2 Simo－Ortiz 本构关系理论

4.2.1 一般关系

Simo 与 Ortiz(1985)把 Creen 应变张量 $\boldsymbol{E}$ 分解为弹性部分 $\boldsymbol{E}^{\text{e}}$ 与塑性部分 $\boldsymbol{E}^{\text{p}}$，并同时选择 $\boldsymbol{E}^{\text{p}}$ 与 $\xi_\alpha(\alpha=1,2,\cdots,n)$ 为内变量。当内变量保持不变时，材料的响应为弹性 Simo 与 Ortiz 采用弹性应变张量 $\boldsymbol{E}^{\text{e}}$ 与绝对温度 θ 为自变量。为简单起见，我们的讨论仅限于

恒温情况($\theta=0$)。当温度变化时,需要加上熵的变化关系式。因此,以后略去自变量 θ 不写,可得

$$\boldsymbol{T}=\rho_0\,\frac{\partial\psi(\boldsymbol{E}^{\mathrm{e}},\boldsymbol{E}^{\mathrm{p}},\xi)}{\partial\boldsymbol{E}^{\mathrm{e}}} \tag{4.183}$$

这里 ξ 代表内变量 $\xi_\alpha(\alpha=1,2,\cdots,n)$,它们可以是标量也可以是张量。例如对于各向同性(等向)硬化情况,可取屈服面大小(即屈服应力)为内变量;而对于混合硬化情况,可取屈服曲面大小(即屈服应力)与屈服曲面中心(即背应力)为内变量。

由式(4.183),对时间求物质导数,可得率形式的本构关系:

$$\dot{\boldsymbol{T}}=\boldsymbol{A}^{\mathrm{e}}:\dot{\boldsymbol{E}}^{\mathrm{e}}+\boldsymbol{A}^{\mathrm{p}}:\dot{\boldsymbol{E}}^{\mathrm{p}}+\sum_{\alpha=1}^{n}\boldsymbol{A}_\alpha^{\xi}\dot{\xi}_\alpha \tag{4.184}$$

式中

$$\left.\begin{aligned}\boldsymbol{A}^{\mathrm{e}}&=\frac{\partial\boldsymbol{T}}{\partial\boldsymbol{E}^{\mathrm{e}}}=\rho_0\,\frac{\partial^2\psi}{\partial\boldsymbol{E}^{\mathrm{e}}\partial\boldsymbol{E}^{\mathrm{e}}}\\ \boldsymbol{A}^{\mathrm{p}}&=\frac{\partial\boldsymbol{T}}{\partial\boldsymbol{E}^{\mathrm{p}}}=\rho_0\,\frac{\partial^2\psi}{\partial\boldsymbol{E}^{\mathrm{e}}\partial\boldsymbol{E}^{\mathrm{p}}}\\ \boldsymbol{A}_\alpha^{\xi}&=\frac{\partial\boldsymbol{T}}{\partial\boldsymbol{\xi}^{\alpha}}=\rho_0\,\frac{\partial^2\psi}{\partial\boldsymbol{\xi}^{\mathrm{e}}\partial\boldsymbol{\xi}^{\alpha}}\end{aligned}\right\} \tag{4.185}$$

在式(4.184)中,应力率 $\dot{\boldsymbol{T}}$ 表示为分别依赖于弹性变形率 $\dot{\boldsymbol{E}}^{g}$ 与塑性变形率 $\dot{\boldsymbol{E}}^{\mathrm{p}}$ 的形式。我们也可以利用 $\dot{\boldsymbol{E}}^{\mathrm{e}}=\dot{\boldsymbol{E}}-\dot{\boldsymbol{E}}^{\mathrm{p}}$,把式(4.184)写成前面惯用的形式:

$$\dot{\boldsymbol{T}}=\boldsymbol{A}^{\mathrm{e}}:\dot{\boldsymbol{E}}-[(\boldsymbol{A}^{\mathrm{e}}-\boldsymbol{A}^{\mathrm{p}}):\dot{\boldsymbol{E}}^{\mathrm{p}}-\sum\boldsymbol{A}_\alpha^{\xi}\dot{\xi}_\alpha] \tag{4.184a}$$

Simo 与 Ortiz 假定屈服条件(屈服面)方程为

$$\Phi(\boldsymbol{T},\boldsymbol{C},\xi)=0 \tag{4.186}$$

屈服条件方程(4.186)中出现左 Cauchy－Green 张量 $\boldsymbol{C}$ 的情况,以前在式(4.129)(即式(4.129a))已经遇到过。Simo 与 Ortiz 假定流动法则的形式为

$$\dot{\boldsymbol{E}}^{\mathrm{p}}=\dot{\gamma}\boldsymbol{R}(\boldsymbol{T},\boldsymbol{C},\xi)\quad(\dot{\gamma}\geqslant 0) \tag{4.187}$$

内变量的演化规律(硬化规律)为

$$\dot{\xi}_\alpha=\dot{\gamma}H_\alpha(\boldsymbol{T},\boldsymbol{C},\xi)\quad(\alpha=1,2,\cdots,n) \tag{4.188}$$

这里 H_α 可以是标量或张量。与 ξ_α 一样,$\boldsymbol{R}$,H_α 都是材料函数。γ 是随塑性变形过程而递增的一参量,式(4.187)与(4.188)说明塑性应变张量 $\boldsymbol{E}^{\mathrm{p}}$ 与所有的内变量 $\xi_\alpha(\alpha=1,2,\cdots,n)$ 都按照各自的规律随着参量而演化。如果假定广义的正交法则(见式(4.182)),则有

$$\boldsymbol{R}(\boldsymbol{T},\boldsymbol{C},\xi)=\frac{\partial\Phi(\boldsymbol{T},\boldsymbol{C},\xi)}{\partial\boldsymbol{T}} \tag{4.189}$$

Simo 与 Ortiz 认为有必要假定 Φ,$\boldsymbol{R}$ 与 H_α 依赖于 $\boldsymbol{C}$,这样就可以考虑静水应力 p 对塑性响应的影响,因为静水压力 p 可表为

$$p=-\frac{1}{3}\boldsymbol{J}_1(\boldsymbol{\sigma})=-\frac{1}{3}\boldsymbol{\sigma}:\boldsymbol{g}=-\frac{1}{3}\boldsymbol{J\tau}:\boldsymbol{g}=-\frac{1}{3}\boldsymbol{JT}:\boldsymbol{C} \tag{4.190}$$

式中,$\boldsymbol{J}=[j_3(\boldsymbol{C})]^{1/2}$。式(4.190)中最后一个等式是因为 $\boldsymbol{\tau}$ 是 $\boldsymbol{T}$ 从参考构形 $\mathscr{R}$ 到即时构形 z 的逆变前推。

将式(4.187)与式(4.188)代入式(4.184a)，得到

$$\dot{\boldsymbol{T}}=\boldsymbol{A}^{\mathrm{e}}:\dot{\boldsymbol{E}}+\dot{\gamma}\left[(\boldsymbol{A}^{\mathrm{p}}-\boldsymbol{A}^{\mathrm{e}}):\boldsymbol{R}+\sum_{\alpha=1}^{n}\boldsymbol{A}_{\alpha}^{\xi}H_{\alpha}\right] \tag{4.191}$$

在实际问题中，给定的是 $\dot{\boldsymbol{E}}$(或 $\mathrm{d}\dot{\boldsymbol{E}}=\dot{\boldsymbol{E}}\mathrm{d}t$)，欲求 $\dot{\boldsymbol{T}}$(或 $\mathrm{d}\dot{\boldsymbol{T}}=\dot{\boldsymbol{T}}\mathrm{d}t$)，必须知道式(4.191)右端的 $\dot{\gamma}$。为此，必须利用一致性条件。

取式(4.186)对时间的物质导数，得

$$\dot{\Phi}(\boldsymbol{T},\boldsymbol{C},\xi)=\frac{\partial\Phi}{\partial\boldsymbol{T}}:\dot{\boldsymbol{T}}+\frac{\partial\Phi}{\partial\boldsymbol{C}}:\dot{\boldsymbol{C}}+\sum_{\alpha=1}^{n}\frac{\partial\Phi}{\partial\xi_{\alpha}}\dot{\xi}_{\alpha}=0 \tag{4.192}$$

式(4.192)称为一致性条件。将式(4.188)代入式(4.192)，可将一致性条件写为

$$\dot{\Phi}(\boldsymbol{T},\boldsymbol{C},\xi)=\frac{\partial\Phi}{\partial\boldsymbol{T}}:\dot{\boldsymbol{T}}+2\frac{\partial\Phi}{\partial\boldsymbol{C}}:\dot{\boldsymbol{E}}+\dot{\gamma}\sum_{\alpha=1}^{n}\frac{\partial\Phi}{\partial\xi_{\alpha}}H_{\alpha}=0 \tag{4.192a}$$

当 $\dot{\boldsymbol{E}}$ 给定时，可由式(4.191)与(4.192a)联立求解 $\dot{\gamma}$ 与 $\dot{\boldsymbol{T}}$。

但是Simo与Ortiz没有给出上述解析过程，而只讨论了当给定变形率 $\dot{\boldsymbol{E}}$ 后(或变形增量 $\Delta\boldsymbol{E}=\dot{\boldsymbol{E}}\mathrm{d}t$)，计算 $\dot{\boldsymbol{T}}$(或应力增量 $\Delta\boldsymbol{T}=\dot{\boldsymbol{T}}\mathrm{d}t$)的数值计算方法。他建议：

第一步，先略去塑性变形率(即先设 $\dot{\gamma}$ 不变，或 $\dot{\gamma}=0$)，$\Delta\boldsymbol{E}^{\mathrm{e}}=\Delta\boldsymbol{E}$，$\Delta\boldsymbol{E}^{\mathrm{p}}=0$，由式(4.183)计算新的应力 $\boldsymbol{T}+\Delta\boldsymbol{T}$，或由式(4.191)计算 $\Delta\boldsymbol{T}$。

第二步，检验第一步所计算得的 $\boldsymbol{T}+\Delta\boldsymbol{T}$ 是否超过屈服曲面(4.186)，如果不超过，说明属于卸载情况，按第一步计算的结果有效，计算结束。否则进入第三步。

第三步，利用式(4.192a)计算 $\dot{\gamma}$(或 $\Delta\gamma=\dot{\gamma}\Delta t$，然后由式(4.187)计算 $\dot{\boldsymbol{E}}^{\mathrm{p}}=\dot{\gamma}\boldsymbol{R}$(或 $\Delta\dot{\boldsymbol{E}}^{\mathrm{p}}=\dot{\gamma}\boldsymbol{R}\Delta t$，$\dot{\boldsymbol{E}}^{\mathrm{e}}=\dot{\boldsymbol{E}}-\dot{\boldsymbol{E}}^{\mathrm{p}}$(或 $\Delta\boldsymbol{E}^{\mathrm{e}}=\boldsymbol{E}-\Delta\boldsymbol{E}^{\mathrm{p}}$))，由式(4.188)计算 $\Delta\xi$，由式(4.183)计算 $\boldsymbol{T}+\Delta\boldsymbol{T}$(或由式(4.191)计算 $\Delta\boldsymbol{T}$，检验屈服条件(4.186)是否在一定的精度内得到满足。如果不满足，重复第三步，更新 $\Delta\gamma$ 与 $\Delta\boldsymbol{T}$ 值。

4.2.2 各向同性硬化(等向硬化)情况

作为例子，现在我们来推导等向硬化情况的公式。假定只有个内变量 γ，采用式(4.122)与式(4.129)所表示的Kirchhoff等效应力 $\bar{\boldsymbol{R}}$，因此屈服条件式(4.186)可写为

$$\Phi(\boldsymbol{T},\boldsymbol{C},\gamma)=\tau_{\mathrm{eq}}-Y(\gamma)=0 \tag{4.193}$$

式中 Y—— 内变量 γ 的函数。

由式(4.129)与式(4.129a)，以 $\boldsymbol{T}^{*}$ 表示式(4.126)，则

$$\tau_{\mathrm{eq}}=\left[\frac{3}{2}\mathrm{tr}(\boldsymbol{C}\cdot\boldsymbol{T}^{*}\cdot\boldsymbol{C}\cdot\boldsymbol{T}^{*})\right]^{1/2}=\sqrt{\frac{2}{3}}\left[\mathrm{tr}(\boldsymbol{C}\cdot\boldsymbol{T}\cdot\boldsymbol{C}\cdot\boldsymbol{T})-\frac{1}{3}(\boldsymbol{T}:\boldsymbol{C})^{2}\right]^{1/2} \tag{4.194}$$

因此，假定广义正交法则，并利用式(4.135)，可得

$$\boldsymbol{R}=\frac{\partial\tau_{\mathrm{eq}}}{\partial\boldsymbol{T}}=\frac{3}{2\tau_{\mathrm{eq}}}\boldsymbol{C}\cdot\boldsymbol{T}^{*}\cdot\boldsymbol{C} \tag{4.195}$$

将式(4.195)代入式(4.187)，得

$$\dot{\boldsymbol{E}}^{\mathrm{p}}=\dot{\gamma}\,\frac{3}{2\tau_{\mathrm{eq}}}\boldsymbol{C}\cdot\boldsymbol{T}^{*}\cdot\boldsymbol{C} \tag{4.187a}$$

将式(4.187a)中$\boldsymbol{E}^{p}$与Rice－Hill理论式(4.137)中$(\dot{\boldsymbol{E}})^{\mathrm{p}}$比较，此处右端的$\dot{\gamma}$相当于该处(4.137)右端的$\rho_0\dot{\xi}$，类似于式(4.138)与式(4.139)，可得

$$d_{\mathrm{SO}}^{\mathrm{p}}=\overset{-\mathrm{T}}{\boldsymbol{F}^{\mathrm{e}}}\cdot\dot{\boldsymbol{E}}^{\mathrm{p}}\cdot\boldsymbol{F}^{-1}=\dot{\gamma}\,\frac{3}{2\tau_{\mathrm{eq}}}\boldsymbol{\tau}' \tag{4.196}$$

$$\begin{aligned}\dot{\varepsilon}_{\mathrm{SO}}^{\mathrm{p}}&=\left(\frac{2}{3}d_{\mathrm{SO}}^{\mathrm{p}}:d_{\mathrm{SO}}^{\mathrm{p}}\right)^{1/2}=\dot{\gamma}\\ \varepsilon_{\mathrm{SO}}^{\mathrm{p}}&=\int\left(\frac{2}{3}d_{\mathrm{SO}}^{\mathrm{p}}:d_{\mathrm{SO}}^{\mathrm{p}}\right)^{1/2}\mathrm{d}t=\gamma\end{aligned} \tag{4.197}$$

材料的硬化规律式(4.193)可记为

$$\Phi(\boldsymbol{T},\boldsymbol{C},\xi)=\tau_{\mathrm{eq}}-Y(\varepsilon_{\mathrm{SO}}^{\mathrm{p}})=0 \tag{4.193a}$$

塑性模量为

$$\boldsymbol{E}_{\mathrm{p}}(\varepsilon_{\mathrm{SO}}^{\mathrm{p}})=\frac{\mathrm{d}Y(\varepsilon_{\mathrm{SO}}^{\mathrm{p}})}{\mathrm{d}\varepsilon_{\mathrm{SO}}^{\mathrm{p}}} \tag{4.198}$$

为了建立率形式本构关系(4.184)或(4.184a)，Simo与Ortiz建议采用在中间构形$\bar{\boldsymbol{R}}$中，全量形式的弹性本构关系(类似于式(4.183)，但改为中间构形$\bar{\boldsymbol{R}}$的物理量)。我们可以借用大变形本构关系，来建立从中间构形$\bar{\boldsymbol{R}}$(而不是第4章的初始构形$\boldsymbol{R}$，到即时构形z的弹性本构关系，因此应把变形梯度$\boldsymbol{F}$改为弹性变形梯度$\bar{\boldsymbol{R}}$，因此$\boldsymbol{C}$改为$\boldsymbol{R}$，$\mathrm{II}=\mathrm{II}(\boldsymbol{C})=\begin{vmatrix}C_{\mathrm{II}} & C_{\mathrm{III}}\\ C_{\mathrm{III}} & C_{\mathrm{II\,II}}\end{vmatrix}+\begin{vmatrix}C_{\mathrm{II\,II}} & C_{\mathrm{II\,III}}\\ C_{\mathrm{II\,III}} & C_{\mathrm{III\,III}}\end{vmatrix}+\begin{vmatrix}C_{\mathrm{III\,III}} & C_{\mathrm{II\,II}}\\ C_{\mathrm{II\,II}} & C_{\mathrm{II}}\end{vmatrix}$，$\mathrm{I}=\mathrm{I}(\boldsymbol{C})=\mathrm{I}(B)$，$\mathrm{II}=\mathrm{II}(\boldsymbol{C})=\mathrm{II}(B)$，$\mathrm{III}=\mathrm{III}(\boldsymbol{C})=\mathrm{III}(B)$式$\boldsymbol{C}$的不变量 I，II，III 应改为$\boldsymbol{C}^{\mathrm{e}}$的不变量。
即

$$\mathrm{I}^{\mathrm{e}}=\mathrm{I}(\bar{\boldsymbol{C}}^{\mathrm{e}})=\mathrm{I}(b^{\mathrm{e}}),\ \mathrm{II}^{\mathrm{e}}=\mathrm{II}(\bar{\boldsymbol{C}}^{\mathrm{e}})=\mathrm{II}(b^{\mathrm{e}}),\ \mathrm{III}^{\mathrm{e}}=\mathrm{III}(\bar{\boldsymbol{C}}^{\mathrm{e}})=\mathrm{III}(b^{\mathrm{e}}) \tag{4.199}$$

式中，$\mathrm{III}=J^2$的J应改为$\boldsymbol{J}^{\mathrm{e}}$即$\boldsymbol{F}^{\mathrm{e}}$的行列式：

$$\mathrm{III}^{\mathrm{e}}=(J^{\mathrm{e}})^2,\quad J^{\mathrm{e}}=\text{行列式}(\boldsymbol{F}^{\mathrm{e}})=|\boldsymbol{F}_{iA}^{\mathrm{e}}| \tag{4.200}$$

设在中间构形$\bar{\boldsymbol{R}}$材料为各向同性，即式(4.183)中的ψ只通过$\bar{\boldsymbol{C}}^{\mathrm{e}}$的三个不变量 I^{e}，IIe，$\mathrm{III}^{\mathrm{e}}$(见式(4.199)，而依赖于$\bar{\boldsymbol{C}}^{\mathrm{e}}$，由$\bar{\boldsymbol{C}}^{\mathrm{e}}=\boldsymbol{F}^{\mathrm{e}^{\mathrm{T}}}\cdot\boldsymbol{F}^{\mathrm{e}}$，$\boldsymbol{F}^{\mathrm{e}}=\boldsymbol{F}\cdot\overset{-1}{\boldsymbol{F}^{\mathrm{p}}}$可得

$$\bar{\boldsymbol{C}}^{\mathrm{e}}=\boldsymbol{F}^{\mathrm{Tp}}\cdot\boldsymbol{F}^{\mathrm{T}}\cdot\boldsymbol{F}\overset{-1}{\boldsymbol{F}^{\mathrm{p}}}=\boldsymbol{F}^{\mathrm{Tp}}\cdot\boldsymbol{C}\cdot\overset{-1}{\boldsymbol{F}^{\mathrm{p}}} \tag{4.201}$$

利用$\boldsymbol{F}=\boldsymbol{R}_1\cdot\boldsymbol{U}$对$\boldsymbol{F}^{\mathrm{p}}$进行右极分解，可得

$$\boldsymbol{F}^{\mathrm{p}}=\boldsymbol{R}^{\mathrm{p}}\cdot\boldsymbol{U}^{\mathrm{p}}=\boldsymbol{R}^{\mathrm{p}}\cdot(\boldsymbol{C}^{\mathrm{p}})^{1/2} \tag{4.202}$$

将式(4.202)代入式(4.201)并注意$\boldsymbol{C}^{\mathrm{p}}$为参考构形$\boldsymbol{R}$中的对称张量，可得

$$\bar{\boldsymbol{C}}^{\mathrm{e}}=\boldsymbol{R}^{\mathrm{p}}\cdot\boldsymbol{C}^{\mathrm{e}}\cdot\boldsymbol{R}^{p^{\mathrm{T}}} \tag{4.203}$$

式中

$$\boldsymbol{C}^{\mathrm{e}}=(\boldsymbol{C}^{\mathrm{p}})^{1/2}\cdot\boldsymbol{C}\cdot(\boldsymbol{C}^{\mathrm{p}})^{-1/2} \tag{4.204}$$

将$\boldsymbol{C}^{\mathrm{e}}$表示为

$$\boldsymbol{C}^{\mathrm{e}}=(\boldsymbol{G}+2\boldsymbol{E}^{\mathrm{p}})^{-1/2}\cdot(\boldsymbol{G}+2\boldsymbol{E}^{\mathrm{e}}+2\boldsymbol{E}^{\mathrm{p}})\cdot(\boldsymbol{G}+2\boldsymbol{E}^{\mathrm{p}})^{-1/2} \tag{4.205}$$

$\boldsymbol{C}^{\mathrm{e}}$ 是参考构形 $\boldsymbol{R}$ 的张量，$\dot{\boldsymbol{C}}^{\mathrm{e}}$ 是中间构形 $\bar{\boldsymbol{R}}$ 中的张量。由(4.203)，$\bar{\boldsymbol{C}}^{\mathrm{e}}$ 是由 $\boldsymbol{C}^{\mathrm{e}}$ 经过旋转 $\boldsymbol{R}^{\mathrm{p}}$ 而得。$\bar{\boldsymbol{C}}^{\mathrm{e}}$ 受中间构形刚性转动 $\bar{\beta}$ 的影响，但 $\boldsymbol{C}^{\mathrm{e}}$ 与 $\bar{\beta}$ 无关(即 $\boldsymbol{C}^{\mathrm{e}}_{(\bar{\beta})}=\boldsymbol{C}^{\mathrm{e}}$)。显然，由式(4.203)，$\bar{\boldsymbol{C}}^{\mathrm{e}}$ 与 $\boldsymbol{C}^{\mathrm{e}}$ 具有相同的不变量：

$$\mathrm{I}^{\mathrm{e}}=\mathrm{I}(\bar{\boldsymbol{C}}^{\mathrm{e}})=\mathrm{I}(\boldsymbol{C}^{\mathrm{e}}),\ \mathrm{II}^{\mathrm{e}}=\mathrm{II}(\bar{\boldsymbol{C}}^{\mathrm{e}})=\mathrm{II}(\boldsymbol{C}^{\mathrm{e}}),\ \mathrm{III}^{\mathrm{e}}=\mathrm{III}(\bar{\boldsymbol{C}}^{\mathrm{e}})=\mathrm{III}(\boldsymbol{C}^{\mathrm{e}}) \tag{4.206}$$

由式(4.205)可看出 $\bar{\boldsymbol{C}}^{\mathrm{e}}$(或 $\boldsymbol{C}^{\mathrm{e}}$)的三个不变量 I^{e}、IIe、$\mathrm{III}^{\mathrm{e}}$ 都是 $\boldsymbol{E}^{\mathrm{e}}$ 与 $\boldsymbol{E}^{\mathrm{p}}$ 的函数。因此凡是通过三个不变量 $\mathrm{I}^{\mathrm{e}},\mathrm{II}^{\mathrm{e}},\mathrm{III}^{\mathrm{e}}$ 表示的 Hernholtz 自由能

$$\psi=\psi(\mathrm{I}^{\mathrm{e}},\mathrm{II}^{\mathrm{e}},\mathrm{III}^{\mathrm{e}}) \tag{4.207}$$

都是 $\boldsymbol{E}^{\mathrm{e}}$ 与 $\boldsymbol{E}^{\mathrm{p}}$ 的函数(此处 ψ 与 ξ 无关，为(4.183)之特例。

如果作为式(4.183)中每单位质量的 Hernholtz 自由能 ψ，采用 $\psi=\dfrac{1}{\rho_0}\left[\dfrac{1}{2}\mu\boldsymbol{I}+\lambda\boldsymbol{U}(\boldsymbol{J})-\mu\ln\boldsymbol{J}\right]$ 形式：

$$\psi=\frac{1}{\bar{\rho}}\left[\frac{1}{2}\mu\boldsymbol{I}^{\mathrm{e}}+\lambda\boldsymbol{U}(\boldsymbol{J}^{\mathrm{e}})-\mu\ln\boldsymbol{J}^{\mathrm{e}}\right]=\frac{\boldsymbol{J}^{\mathrm{p}}}{\rho_0}\left[\frac{1}{2}\mu\boldsymbol{I}^{\mathrm{e}}+\lambda\boldsymbol{U}(\boldsymbol{J}^{\mathrm{e}})-\mu\ln\boldsymbol{J}^{\mathrm{e}}\right] \tag{4.208}$$

式中 λ,μ—— 材料常数(Lame 常数)；

$\bar{\rho}$—— 中间构形 $\bar{\boldsymbol{R}}$ 每单位体积的质量；

ρ_0—— 参考构形 $\boldsymbol{R}$ 每单位体积的质量

$$\bar{\rho}=\frac{\rho_0}{J^{\mathrm{p}}},\ J^{\mathrm{p}}=\text{行列式}(\boldsymbol{F}^{\mathrm{p}})=|\boldsymbol{F}^{\mathrm{p}}_{AB}| \tag{4.209}$$

U 是一个满足 $\dfrac{\mathrm{d}U}{\mathrm{d}J}=0,\dfrac{\mathrm{d}^2U}{\mathrm{d}J^2}=1$，当 $J=1$ 时条件的函数：

$$\frac{\mathrm{d}U(J^{\mathrm{e}})}{\mathrm{d}J^{\mathrm{e}}}=0,\ \frac{\mathrm{d}^2U(J^{\mathrm{e}})}{\mathrm{d}(J^{\mathrm{e}})^2}=1,\ \text{当 } J^{\mathrm{e}}=1 \tag{4.210}$$

则弹性本构关系 $\boldsymbol{T}=\mu\boldsymbol{1}+\left[\lambda J\dfrac{\mathrm{d}U(J)}{\mathrm{d}J}-\mu\right]\boldsymbol{C}^{-1}$ 与 $J\sigma=\mu B+\left[\lambda J\dfrac{\mathrm{d}U(J)}{\mathrm{d}J}-\mu\right]\boldsymbol{1}$ 分别为

$$\bar{\boldsymbol{T}}=\mu\boldsymbol{1}+\left[\lambda J^{\mathrm{e}}\frac{\mathrm{d}U(J^{\mathrm{e}})}{\mathrm{d}J^{\mathrm{e}}}-\mu\right]\bar{\boldsymbol{C}}^{-1\mathrm{e}} \tag{4.211}$$

$$J^{\mathrm{e}}\boldsymbol{\sigma}=\mu\boldsymbol{b}^{\mathrm{e}}+\left[\lambda J^{\mathrm{e}}\frac{\mathrm{d}U(J^{\mathrm{e}})}{\mathrm{d}J^{\mathrm{e}}}-\mu\right]\boldsymbol{1} \tag{4.212}$$

式中，$\boldsymbol{b}^{\mathrm{e}}=\boldsymbol{F}^{\mathrm{e}}\cdot\boldsymbol{F}^{\mathrm{eT}}$，$\bar{\boldsymbol{T}}$ 为在中间构形 $\bar{\boldsymbol{R}}$ 的第二类 P－K 应力。$\bar{\boldsymbol{T}}$ 是 $J^{\mathrm{e}}\sigma$ 从即时构形 $\boldsymbol{z}$ 到中间构形 $\bar{\boldsymbol{R}}$ 的逆变(# #)后拉。仿 $\boldsymbol{T}=\boldsymbol{F}^{-1}\cdot\boldsymbol{\tau}\cdot\boldsymbol{F}^{-\mathrm{T}}$ 式：

$$\bar{\boldsymbol{T}}=\boldsymbol{F}^{-1\mathrm{e}}\cdot(J^{\mathrm{e}}\boldsymbol{\sigma})\cdot\boldsymbol{F}^{-\mathrm{T}\,\mathrm{e}} \tag{4.213}$$

当取 $U(J^{\mathrm{e}})$，如 $U(J)=\dfrac{1}{2}(\ln J)^2$，则

$$U(J^{\mathrm{e}})=\frac{1}{2}(\ln J^{\mathrm{e}})^2 \tag{4.214}$$

则仿照 $\boldsymbol{T}=\mu\boldsymbol{1}+(\lambda\ln J-\mu)\boldsymbol{C}^{-1}$ 与 $J\sigma=\mu B+(\lambda\ln J-\mu)\boldsymbol{1}$，式(4.211)与式(4.212)分别为

$$\bar{\boldsymbol{T}}=\mu\boldsymbol{1}+(\lambda\ln J^{\mathrm{e}}-\mu)\bar{\boldsymbol{C}}^{-1\mathrm{e}} \tag{4.215}$$

$$J^{\mathrm{e}}\sigma=\mu\boldsymbol{b}^{\mathrm{e}}+(\lambda\ln J^{\mathrm{e}}-\mu)\boldsymbol{1}\tag{4.216}$$

如果塑性变形无体积变化，则 $J^{\mathrm{p}}=1,J=J^{\mathrm{e}},J^{\mathrm{e}}\boldsymbol{\sigma}$ 就是 Kirchhoff 应力 $\boldsymbol{\tau}$。

式(4.215)是用中间构形 $\bar{\boldsymbol{R}}$ 的张量 $\bar{\boldsymbol{T}}$ 与 $\bar{\boldsymbol{C}}^{\mathrm{e}}$ 表示的弹性本构关系。但是中间构形 $\bar{\boldsymbol{R}}$ 本身是随着加载过程(即随时间 t 而变化的，因此更为方便的是用参考构形 R 中的张量，即如(4.183)形式用 $\boldsymbol{T}$ 与 $\boldsymbol{E}^{\mathrm{e}},\boldsymbol{E}^{p}\xi$ 表示本构关系。这只需要把每单位质量的 Hemlholtz 函数 $\psi(\boldsymbol{E}^{\mathrm{e}},\boldsymbol{E}^{\mathrm{p}},\xi)$ 代入式(4.183)即可得到。假设塑性变形无体积变化，即 $J^{\mathrm{p}}=1$，因此由式(4.209)$\bar{\rho}=\rho_0$，Simo 与 Ortiz(1985)

$$\psi=\frac{1}{\rho_0}\left[\frac{1}{2}\mu\boldsymbol{1}^{\mathrm{e}}+\lambda\boldsymbol{U}(J^{\mathrm{e}})-\mu\ln J^{\mathrm{e}}\right]\tag{4.217}$$

式中，$\boldsymbol{I}^{\mathrm{e}}$ 与 $\boldsymbol{J}^{\mathrm{e}}$ 见式(4.206)。由式(4.205)，它们都是 $\boldsymbol{E}^{\mathrm{e}}$ 与 $\boldsymbol{E}^{\mathrm{p}}$ 的函数。为了要求 $\boldsymbol{I}^{\mathrm{e}}$ 与 $\boldsymbol{J}^{\mathrm{e}}$ 对于 $\boldsymbol{E}^{\mathrm{e}}$ 的偏导数 $\dfrac{\partial\boldsymbol{I}^{\mathrm{e}}}{\partial\boldsymbol{E}^{\mathrm{e}}},\dfrac{\partial\boldsymbol{J}^{\mathrm{e}}}{\partial\boldsymbol{E}^{\mathrm{e}}}$，应设 $\mathrm{d}\boldsymbol{E}^{\mathrm{p}}=0,\mathrm{d}\boldsymbol{C}=2\mathrm{d}\boldsymbol{E}=2\mathrm{d}\boldsymbol{E}^{\mathrm{p}}$，以计算由于 $\mathrm{d}\boldsymbol{E}^{\mathrm{e}}$ 引起的 $\mathrm{d}I^{\mathrm{e}}$ 与 $\mathrm{d}J^{\mathrm{e}}$。先由式(4.204)与式(4.205)计算 $\mathrm{d}\boldsymbol{C}^{\mathrm{e}}$，即

$$\mathrm{d}\boldsymbol{C}^{\mathrm{e}}=\overset{1/2}{\boldsymbol{C}}{}^{\mathrm{p}}\cdot\mathrm{d}\boldsymbol{C}\cdot\overset{-1/2}{\boldsymbol{C}}{}^{\mathrm{p}}=2\overset{1/2}{\boldsymbol{C}}{}^{\mathrm{p}}\cdot\mathrm{d}\boldsymbol{E}^{\mathrm{e}}\cdot\overset{-1/2}{\boldsymbol{C}}{}^{\mathrm{p}}\quad(\mathrm{d}\boldsymbol{E}^{\mathrm{p}}=0)\tag{4.218}$$

因此，由式(4.218)与式(4.206)，并利用 $\boldsymbol{a}:\boldsymbol{b}=\mathrm{tr}(\boldsymbol{a}\cdot\boldsymbol{b}^{\mathrm{T}})=\mathrm{tr}(\boldsymbol{a}^{\mathrm{T}}\cdot\boldsymbol{b})=\boldsymbol{a}^{\mathrm{T}}:\boldsymbol{b}^{\mathrm{T}},\mathrm{tr}(\boldsymbol{a}\cdot\boldsymbol{b}\cdot\boldsymbol{c})=\mathrm{tr}(\boldsymbol{b}\cdot\boldsymbol{c}\cdot\boldsymbol{a})=\mathrm{tr}(\boldsymbol{c}\cdot\boldsymbol{a}\cdot\boldsymbol{b})$，有

$$\mathrm{d}I^{\mathrm{e}}=\mathrm{tr}(\mathrm{d}\boldsymbol{C}^{\mathrm{e}})=2\mathrm{tr}(\overset{-1/2}{\boldsymbol{C}}{}^{\mathrm{p}}\cdot\mathrm{d}\boldsymbol{E}^{\mathrm{e}}\cdot\overset{-1/2}{\boldsymbol{C}}{}^{\mathrm{p}})=2\mathrm{tr}(\overset{1}{\boldsymbol{C}}{}^{\mathrm{p}}\cdot\mathrm{d}\boldsymbol{E}^{\mathrm{e}})=2\overset{-1}{\boldsymbol{C}}{}^{\mathrm{p}}:\mathrm{d}\boldsymbol{E}^{\mathrm{e}}(\mathrm{d}\boldsymbol{E}^{\mathrm{p}}=\boldsymbol{0})\tag{4.219}$$

故得偏导数

$$\frac{\partial I^{\mathrm{e}}}{\partial\boldsymbol{E}^{\mathrm{e}}}=2\overset{-1}{\boldsymbol{C}}{}^{\mathrm{p}}\tag{4.220}$$

又由式(4.206)并利用 $\dfrac{\partial\,\mathrm{I}}{\partial\boldsymbol{C}}=\boldsymbol{1},\dfrac{\partial\,\mathrm{II}}{\partial\boldsymbol{C}}=\mathrm{II}-\boldsymbol{C}^{\mathrm{T}},\dfrac{\partial\,\mathrm{III}}{\partial\boldsymbol{C}}=\mathrm{III}\,\boldsymbol{C}^{-\mathrm{T}}$，即张量的第三不变量对张量的导数公式

$$\mathrm{d}\,\mathrm{III}^{\mathrm{e}}=\mathrm{III}^{\mathrm{e}}\overset{-T}{\boldsymbol{C}}{}^{\mathrm{e}}:\mathrm{d}\boldsymbol{C}^{\mathrm{e}}=\mathrm{III}^{\mathrm{e}}\mathrm{tr}(\overset{-1}{\boldsymbol{C}}{}^{\mathrm{e}}\cdot\mathrm{d}\boldsymbol{C}^{\mathrm{e}})\tag{4.221}$$

将 $\mathrm{d}\boldsymbol{C}^{\mathrm{e}}$ 代入式(4.221)，再利用 $\boldsymbol{a}:\boldsymbol{b}=\mathrm{tr}(\boldsymbol{a}\cdot\boldsymbol{b}^{\mathrm{T}})=\mathrm{tr}(\boldsymbol{a}^{\mathrm{T}}\cdot\boldsymbol{b})=\boldsymbol{a}^{\mathrm{T}}:\boldsymbol{b}^{\mathrm{T}}$，$\mathrm{tr}(\boldsymbol{a}\cdot\boldsymbol{b}\cdot\boldsymbol{c})=\mathrm{tr}(\boldsymbol{b}\cdot\boldsymbol{c}\cdot\boldsymbol{a})=\mathrm{tr}(\boldsymbol{c}\cdot\boldsymbol{a}\cdot\boldsymbol{b})$ 和式(4.204)，可得

$$\mathrm{d}\,\mathrm{III}^{\mathrm{e}}=2\,\mathrm{III}^{\mathrm{e}}(\overset{-1/2}{\boldsymbol{C}}{}^{\mathrm{p}}\cdot\overset{-1}{\boldsymbol{C}}{}^{\mathrm{p}}\cdot\overset{1/2}{\boldsymbol{C}}{}^{\mathrm{p}}):\mathrm{d}\boldsymbol{E}^{\mathrm{e}}=2\,\mathrm{III}^{\mathrm{e}}\overset{-1}{\boldsymbol{C}}:\mathrm{d}\boldsymbol{E}^{\mathrm{e}},\mathrm{d}\boldsymbol{E}^{\mathrm{p}}=0\tag{4.221a}$$

故得偏导数(利用式(4.220))

$$\begin{aligned}\frac{\partial\,\mathrm{III}^{\mathrm{e}}}{\partial\boldsymbol{E}^{\mathrm{e}}}&=2\,\mathrm{III}^{\mathrm{e}}\overset{-1}{\boldsymbol{C}}\\ \frac{\partial J^{\mathrm{e}}}{\partial\boldsymbol{E}^{\mathrm{e}}}&=J^{\mathrm{e}}\overset{-1}{\boldsymbol{C}}\end{aligned}\tag{4.222}$$

利用式(4.220)与式(4.222)，可计算 ψ 对 $\boldsymbol{E}^{\mathrm{e}}$ 的偏导数：

$$\frac{\partial\psi}{\partial\boldsymbol{E}^{\mathrm{e}}}=\frac{\partial\psi}{\partial I^{\mathrm{e}}}\frac{\partial I^{\mathrm{e}}}{\partial\boldsymbol{E}^{\mathrm{e}}}+\frac{\partial\psi}{\partial J^{\mathrm{e}}}\frac{\partial J^{\mathrm{e}}}{\partial\boldsymbol{E}^{\mathrm{e}}}=\frac{1}{\rho_0}\left[\mu\overset{-1}{\boldsymbol{C}}{}^{\mathrm{p}}+\left(\lambda J^{\mathrm{e}}\frac{\mathrm{d}\boldsymbol{U}}{\mathrm{d}J^{\mathrm{e}}}-\mu\right)\overset{-1}{\boldsymbol{C}}\right]\tag{4.223}$$

因此当 ψ 如式(4.217)时，本构关系(4.183)成为

$$\boldsymbol{T}=\rho_0\,\frac{\partial\psi}{\partial\boldsymbol{E}^{\mathrm{e}}}=\mu\overset{-1}{\boldsymbol{C}^{\mathrm{p}}}+\left(\lambda J^{\mathrm{e}}\,\frac{\mathrm{d}U}{\mathrm{d}J^{\mathrm{e}}}-\mu\right)\overset{1}{\boldsymbol{C}} \tag{4.224}$$

因 ψ 与内变量 γ 无关，本构关系(4.184)或(4.184a)可以表示为率形式，得到

$$\dot{\boldsymbol{T}}=\boldsymbol{A}^{\mathrm{e}}:\boldsymbol{E}^{\mathrm{e}}+\boldsymbol{A}^{\mathrm{p}}:\boldsymbol{E}^{\mathrm{p}}=\boldsymbol{A}^{\mathrm{e}}:\dot{\boldsymbol{E}}+(\boldsymbol{A}^{\mathrm{p}}-\boldsymbol{A}^{\mathrm{e}}):\boldsymbol{E}^{\mathrm{p}} \tag{4.225}$$

式中

$$\boldsymbol{A}^{\mathrm{e}}=\frac{\partial\boldsymbol{T}}{\partial\boldsymbol{E}^{\mathrm{e}}}=\rho_0\,\frac{\partial^2\psi}{\partial\boldsymbol{E}^{\mathrm{e}}\partial\boldsymbol{E}^{\mathrm{e}}},\boldsymbol{A}^{\mathrm{p}}=\frac{\partial\boldsymbol{T}}{\partial\boldsymbol{E}^{\mathrm{p}}}=\rho_0\,\frac{\partial^2\psi}{\partial\boldsymbol{E}^{\mathrm{e}}\partial\boldsymbol{E}^{\mathrm{p}}} \tag{4.226}$$

当取 ψ 如(4.217)时，可直接由(4.224)计算 $\dot{\boldsymbol{T}}$ 为

$$\dot{\boldsymbol{T}}=\mu(\overset{-1}{\boldsymbol{C}^{\mathrm{p}}})^{\cdot}+\left(\lambda J^{\mathrm{e}}\,\frac{\mathrm{d}U}{\mathrm{d}J^{\mathrm{e}}}-\mu\right)(\overset{-1}{\boldsymbol{C}})^{\cdot}+\lambda\,\frac{\mathrm{d}}{\mathrm{d}J^{\mathrm{e}}}\left(J^{\mathrm{e}}\,\frac{\mathrm{d}U}{\mathrm{d}J^{\mathrm{e}}}\right)\dot{J}^{\mathrm{e}}\overset{-1}{\boldsymbol{C}} \tag{4.227}$$

现在分别计算 $(\overset{-1}{\boldsymbol{C}^{\mathrm{p}}})$，$(\overset{-1}{\boldsymbol{C}^{\mathrm{p}}})$，$\dot{J}^{\mathrm{p}}$，并利用 $\overset{-1}{\boldsymbol{C}^{\mathrm{p}}}\cdot\boldsymbol{C}^{\mathrm{p}}=G=1$，可得

$$\boldsymbol{C}^{\mathrm{p}}=2\dot{\boldsymbol{E}}^{\mathrm{p}}$$

$$(\overset{-1}{\boldsymbol{C}^{\mathrm{p}}})^{\cdot}=-\overset{-1}{\boldsymbol{C}^{\mathrm{p}}}\cdot\dot{\boldsymbol{C}}^{\mathrm{p}}\cdot\overset{-1}{\boldsymbol{C}^{\mathrm{p}}}=-2\overset{-1}{\boldsymbol{C}^{\mathrm{p}}}\cdot\dot{\boldsymbol{E}}^{\mathrm{p}}\cdot\overset{-1}{\boldsymbol{C}^{\mathrm{p}}}=-2(\overset{-1}{\boldsymbol{C}^{\mathrm{p}}}\overset{-1}{\boldsymbol{C}^{\mathrm{p}}})\overset{*}{\underset{*}{\;}}\dot{\boldsymbol{E}}^{\mathrm{p}} \tag{4.228}$$

利用 $\overset{-1}{\boldsymbol{C}}\cdot\boldsymbol{C}=\boldsymbol{G}=1$，有

$$\begin{aligned}&\dot{\boldsymbol{C}}=2\dot{\boldsymbol{E}}\\&(\overset{-1}{\boldsymbol{C}})^{\cdot}=-\overset{-1}{\boldsymbol{C}}\cdot\dot{\boldsymbol{C}}\cdot\overset{-1}{\boldsymbol{C}}=-2\overset{-1}{\boldsymbol{C}}\cdot\dot{\boldsymbol{E}}\cdot\overset{-1}{\boldsymbol{C}}=-2(\overset{-1}{\boldsymbol{C}}\overset{-1}{\boldsymbol{C}})\overset{*}{\underset{*}{\;}}\dot{\boldsymbol{E}}^{\mathrm{p}}\end{aligned} \tag{4.229}$$

但是，计算 $\dot{J}^{\mathrm{e}}$ 比较复杂。由式(4.221)，注意式(4.200)，可得

$$\dot{J}^{\mathrm{e}}=\frac{1}{2}J^{\mathrm{e}}\overset{-\mathrm{T}}{\boldsymbol{C}^{\mathrm{e}}}:\dot{\boldsymbol{C}}^{\mathrm{e}} \tag{4.230}$$

式中，$\dot{\boldsymbol{C}}^{\mathrm{e}}$ 可用式(4.204)计算

$$\dot{\boldsymbol{C}}^{\mathrm{e}}=\overset{-1/2}{\boldsymbol{C}^{\mathrm{p}}}\cdot\dot{\boldsymbol{C}}\cdot\overset{-1/2}{\boldsymbol{C}^{\mathrm{p}}}+(\overset{-1/2}{\boldsymbol{C}^{\mathrm{p}}})^{\cdot}\cdot\boldsymbol{C}\cdot(\overset{-1/2}{\boldsymbol{C}^{\mathrm{p}}})+(\overset{-1/2}{\boldsymbol{C}^{\mathrm{p}}})\cdot\boldsymbol{C}\cdot(\overset{-1/2}{\boldsymbol{C}^{\mathrm{p}}})^{\cdot} \tag{4.231}$$

因为

$$(\boldsymbol{C}^{\mathrm{p}})^{\cdot}=(\overset{1/2}{\boldsymbol{C}^{\mathrm{p}}}\cdot\overset{1/2}{\boldsymbol{C}^{\mathrm{p}}})^{\cdot}=\overset{1/2}{\boldsymbol{C}^{\mathrm{p}}}\cdot(\overset{1/2}{\boldsymbol{C}^{\mathrm{p}}})^{\cdot}+(\overset{1/2}{\boldsymbol{C}^{\mathrm{p}}})^{\cdot}\cdot\overset{1/2}{\boldsymbol{C}^{\mathrm{p}}} \tag{4.232}$$

可记作

$$(\boldsymbol{C}^{\mathrm{p}})^{\cdot}=\boldsymbol{Q}:(\overset{1/2}{\boldsymbol{C}^{\mathrm{p}}})^{\cdot} \tag{4.233}$$

式中，$\boldsymbol{Q}$ 为满足 Voigt 对称性的四阶张量：

$$Q_{ABCD}=\frac{1}{2}\left[(\overset{1/2}{\boldsymbol{C}^{\mathrm{p}}})_{AC}\delta_{BD}+(\overset{1/2}{\boldsymbol{C}^{\mathrm{p}}})_{BD}\delta_{AC}+(\overset{1/2}{\boldsymbol{C}^{\mathrm{p}}})_{AD}\delta_{BC}+(\overset{1/2}{\boldsymbol{C}^{\mathrm{p}}})_{BC}\delta_{AD}\right] \tag{4.234}$$

欲要 $(\overset{1/2}{\boldsymbol{C}^{\mathrm{p}}})$ 通过 $(\boldsymbol{C}^{\mathrm{p}})$ 表示，可求(4.233)之逆，得

$$(\overset{1/2}{\boldsymbol{C}^{\mathrm{p}}})^{\cdot}=\boldsymbol{P}:(\boldsymbol{C}^{\mathrm{p}})^{\cdot} \tag{4.235}$$

式中，四阶张量 $\boldsymbol{P}$ 为 $\boldsymbol{Q}$ 之逆，$\boldsymbol{P}$ 也满足 Voigt 对称性。以 $\boldsymbol{I}$ 表示四阶等同张量($I_{ijkl}=\frac{1}{2}(\delta_{ik}\delta_{jl}+\delta_{jk}\delta_{il})$)

$$P:Q=I,P=Q^{-1} \tag{4.236}$$

因此利用(4.235),可得

$$(\overset{-1/2}{C^{p}})^{\cdot}=-\overset{-1/2}{C^{p}}\cdot(\overset{1/2}{C^{p}})^{\cdot}\cdot\overset{1/2}{C^{p}}=-\overset{1/2}{C^{p}}\cdot(P:(C^{p})^{\cdot})\cdot\overset{-1/2}{C^{p}}=-(\overset{1/2}{C^{p}}\,\overset{-1/2}{C^{p}})\mathbin{\overset{*}{\underset{*}{}}}P:(C^{p})^{\cdot} \tag{4.237}$$

将式(4.237) 代入式(4.231),并利用式(4.204),得

$$\dot{C}^{e}=(\overset{1/2}{C^{p}}\,\overset{-1/2}{C^{p}})\mathbin{\overset{*}{\underset{*}{}}}\dot{C}-(\overset{1/2}{C^{p}}C^{e}+C^{e}\overset{-1/2}{C^{p}})\mathbin{\overset{*}{\underset{*}{}}}P:(C^{p})^{\cdot} \tag{4.238}$$

将式(4.238) 代入式(4.230) 得

$$\dot{J}^{e}=\frac{1}{2}J^{e}\left\{\overset{1}{C^{e}}:\left[(\overset{1/2}{C^{p}}\,\overset{-1/2}{C^{p}})\mathbin{\overset{*}{\underset{*}{}}}\dot{C}\right]-\overset{-1}{C^{e}}:\left[(\overset{-1/2}{C}C^{e}+C^{e}\overset{1/2}{C^{p}})\mathbin{\overset{*}{\underset{*}{}}}P:(C^{p})^{\cdot}\right]\right\} \tag{4.239}$$

将式(4.239) 右端{ }内第一项,可简化如下:

$$\begin{aligned}\overset{-1}{C^{e}}:\left[(\overset{-1/2}{C^{p}}\,\overset{-1/2}{C^{p}})\mathbin{\overset{*}{\underset{*}{}}}\dot{C}\right]&=\overset{-1}{C^{e}}:[\overset{-1/2}{C^{p}}\cdot C\dot{C}\cdot\overset{-1/2}{C^{p}}]=\mathrm{tr}(\overset{-1}{C^{e}}\cdot\overset{1/2}{C^{p}}\cdot C\dot{C}\cdot\overset{-1/2}{C^{p}})\\&=\mathrm{tr}(\overset{-1/2}{C^{p}}\cdot\overset{-1}{C^{e}}\cdot\overset{-1/2}{C^{p}}\cdot\dot{C})=\mathrm{tr}(\overset{-1}{C}\cdot\dot{C})=\overset{-1}{C}:\dot{C}\end{aligned} \tag{4.240}$$

式中,最后一个等式的推导用到式(4.204),同样将式(4.239) 右端{ }内第二项中四阶张量 P 看作两个二阶张量 K 与 N 的并乘,即 $P=KN$,则可将第二项写为

$$\begin{aligned}&\overset{-1}{C^{e}}:\left[(\overset{-1/2}{C^{p}}C^{e}+C^{e}\overset{-1/2}{C^{p}})\mathbin{\overset{*}{\underset{*}{}}}P:(C^{p})^{\cdot}\right]\\&=\overset{-1}{C^{e}}:\left[(\overset{-1/2}{C^{p}}C^{e}+C^{e}\overset{-1/2}{C^{p}})\mathbin{\overset{*}{\underset{*}{}}}K\right][N:(C^{p})^{\cdot}]\\&=\overset{-1}{C^{e}}:[(\overset{-1/2}{C^{p}}\cdot K\cdot C^{e})-(C^{e}\cdot K\cdot\overset{-1/2}{C^{p}})][N:(C^{p})^{\cdot}]\\&=\mathrm{tr}[\overset{-1}{C^{e}}\cdot\overset{-1/2}{C^{p}}\cdot K\cdot C^{e}+\overset{-1}{C^{e}}\cdot C^{e}\cdot K\cdot\overset{-1/2}{C^{p}}][N:(C^{p})^{\cdot}]\\&=2\mathrm{tr}(\overset{-1/2}{C^{p}}\cdot K)(N:(C^{p})^{\cdot})=2\overset{1/2}{C^{p}}:KN:(C^{p})^{\cdot}=2\overset{-1/2}{C^{p}}:P:(C^{p})^{\cdot}\end{aligned} \tag{4.241}$$

将式(4.243) 与式(4.241) 代入式(4.239) 右端,得

$$\dot{J}^{e}=\frac{1}{2}J^{e}[\overset{-1}{C}:\dot{C}-2\overset{-1/2}{C^{p}}:P:(C^{p})^{\cdot}]=J^{e}[\overset{-1}{C}:\dot{E}-2\overset{-1/2}{C^{p}}:P:\dot{E}^{p}] \tag{4.242}$$

将式(4.228)$(\overset{-1}{C^{p}})$,式(4.229)$(\overset{-1}{C})$ 与式(4.242)$\dot{J}^{e}$ 带入式(4.227),可得

$$\begin{aligned}\dot{T}=&-2\mu(\overset{-1}{C^{p}}\overset{-1}{C^{p}})\mathbin{\overset{*}{\underset{*}{}}}\dot{E}^{p}+2\left(\mu-\lambda J^{e}\frac{\mathrm{d}U}{\mathrm{d}J^{e}}\right)(\overset{-1}{C}\overset{-1}{C}):\dot{E}+\\&\lambda J^{e}\frac{\mathrm{d}}{\mathrm{d}J^{e}}\left(J^{e}\frac{\mathrm{d}U}{\mathrm{d}J^{e}}\right)[\overset{-1}{C}(\overset{-1}{C}:\dot{E})-2\overset{-1}{C}(C^{p}:\overset{1/2}{P}:\dot{E}^{p})]\end{aligned} \tag{4.243}$$

式中,由 $\dot{E}=\dot{E}^{e}+\dot{E}^{p}$,率形式本构关系(4.243) 可写成

$$\begin{aligned}\dot{T}&=A^{e}:\dot{E}^{e}+A^{p}:\dot{E}^{p}=A^{e}:\dot{E}-(A^{e}-A^{p}):\dot{E}^{p}\\\dot{T}_{AB}&=A^{e}_{ABCD}\dot{E}^{e}_{CD}+A^{p}_{ABCD}\dot{E}^{p}_{CD}=A^{e}_{ABCD}\dot{E}^{e}-(A^{e}-A^{p})_{ABCD}\dot{E}^{p}_{CD}\end{aligned} \tag{4.244}$$

其中,A^{e} 与 A^{p} 可由式(4.243) 得出,经过指标(对 C 与 D) 对称化以后可表示为

$$\boldsymbol{A}^{C}_{ABCD}=\left(\mu-\lambda\boldsymbol{J}^{e}\frac{\mathrm{d}\boldsymbol{U}}{\mathrm{d}\boldsymbol{J}^{e}}\right)(\overset{-1}{\boldsymbol{C}}_{AC}\overset{-1}{\boldsymbol{C}}_{BD}+\overset{-1}{\boldsymbol{C}}_{AD}\overset{-1}{\boldsymbol{C}}_{BC})+\lambda\boldsymbol{J}^{e}\frac{\mathrm{d}}{\mathrm{d}J^{e}}\left(J^{e}\frac{\mathrm{d}\boldsymbol{U}}{\mathrm{d}\boldsymbol{J}^{e}}\right)\overset{-1}{\boldsymbol{C}}_{AB}\overset{-1}{\boldsymbol{C}}_{CD} \tag{4.245a}$$

$$\begin{aligned}\boldsymbol{A}^{p}_{ABCD}=&-\mu(\overset{-1}{\boldsymbol{C}}{}^{p}_{AC}\overset{-1}{\boldsymbol{C}}{}^{p}_{BD}+\overset{-1}{\boldsymbol{C}}{}^{p}_{AD}\overset{-1}{\boldsymbol{C}}{}^{p}_{BC})+\left(\mu-\lambda\boldsymbol{J}^{e}\frac{\mathrm{d}\boldsymbol{U}}{\mathrm{d}\boldsymbol{J}^{e}}\right)(\overset{-1}{\boldsymbol{C}}_{AC}\overset{-1}{\boldsymbol{C}}_{BD}+\overset{-1}{\boldsymbol{C}}_{AD}\overset{-1}{\boldsymbol{C}}_{BC})+\\&\lambda\boldsymbol{J}^{e}\frac{\mathrm{d}}{\mathrm{d}J^{e}}\left(J^{e}\frac{\mathrm{d}\boldsymbol{U}}{\mathrm{d}\boldsymbol{J}^{e}}\right)[\overset{-1}{\boldsymbol{C}}_{AB}\overset{-1}{\boldsymbol{C}}_{CD}-2\overset{-1}{\boldsymbol{C}}_{AB}\overset{-1/2}{\boldsymbol{C}}{}^{p}_{MN}\boldsymbol{P}_{MNCD}]\end{aligned} \tag{4.245b}$$

$$(\boldsymbol{A}^{e}-\boldsymbol{A}^{p})_{ABCD}=\mu(\overset{-1}{\boldsymbol{C}}{}^{p}_{AC}\overset{-1}{\boldsymbol{C}}{}^{p}_{BD}+\overset{1}{\boldsymbol{C}}{}^{p}_{AD}\overset{-1}{\boldsymbol{C}}{}^{p}_{BC})+2\lambda\boldsymbol{J}^{e}\frac{\mathrm{d}}{\mathrm{d}\boldsymbol{J}^{e}}\left(\boldsymbol{J}^{e}\frac{\mathrm{d}\boldsymbol{U}}{\mathrm{d}\boldsymbol{J}^{e}}\right)\overset{-1}{\boldsymbol{C}}_{AB}\overset{-1/2}{\boldsymbol{C}}{}^{p}_{MN}\boldsymbol{P}_{MNCD} \tag{4.245c}$$

当材料为弹性时,式(4.245a)与

$$L_{ABCD}=\lambda J\frac{\mathrm{d}}{\mathrm{d}J}\left(J\frac{\mathrm{d}\boldsymbol{U}(J)}{\mathrm{d}J}\right)\overset{-1}{\boldsymbol{C}}_{AB}\overset{-1}{\boldsymbol{C}}_{CD}+\left(\mu-\lambda J\frac{\mathrm{d}\boldsymbol{U}}{\mathrm{d}J}\right)(\overset{-1}{\boldsymbol{C}}_{AC}\overset{-1}{\boldsymbol{C}}_{BD}+\overset{-1}{\boldsymbol{C}}_{AD}\overset{-1}{\boldsymbol{C}}_{BC})$$

完全相符。$\boldsymbol{A}^{e}$ 具有 Voigt 的三重对称性,但 $\boldsymbol{A}^{p}_{ABCD}$ 只具有对 A,B 的对称性与对 $\boldsymbol{C},D$ 的对称性。

在实际问题中,给定 $\dot{\boldsymbol{E}}$,可能出现两种情况:

卸载情况:可由式(4.243)(或式(4.244)),令 $\dot{\boldsymbol{E}}^{p}=0,\dot{\boldsymbol{E}}^{e}=\dot{\boldsymbol{E}}$,计算 $\dot{\boldsymbol{T}}$,但必须校核卸载条件是否满足。卸载条件可由式(4.156)导出:

$$3(\boldsymbol{C}\cdot\boldsymbol{T}^{*}\cdot\boldsymbol{C}):\dot{\boldsymbol{T}}+4(\boldsymbol{T}:\boldsymbol{C})\boldsymbol{T}^{*}:\dot{\boldsymbol{E}}\leqslant 0 \tag{4.246}$$

加载情况:由式(4.243)(或式(4.244)),与式(4.187a)联立求 $\dot{\gamma}$ 与 $\dot{\boldsymbol{T}}$。显然,要求 $\dot{\gamma}\geqslant 0$。$\dot{\gamma}=0$ 属于中性加载。

虽然上面所建立的率形式本构关系是在参考构形 R 中写出的,但是很容易把它们前推到中间构形 $\bar{R}$ 或即时构形 z 中。率形式本构关系(4.244)可以从参考构形 R 逆变(# #)前推到即时构形 z,利用 $\boldsymbol{\tau}^{\mathrm{Oldr}}=\boldsymbol{F}\cdot\dot{\boldsymbol{T}}\cdot\boldsymbol{F}^{\mathrm{T}}=(\boldsymbol{FF})\overset{*}{\underset{*}{}}\dot{\boldsymbol{T}}$ 的转换关系,得到

$$\boldsymbol{\tau}^{\mathrm{Oldr}}=\boldsymbol{a}^{e}:\boldsymbol{d}^{e}_{\mathrm{SO}}+\boldsymbol{a}^{p}:\boldsymbol{d}^{p}_{\mathrm{SO}} \tag{4.247}$$

式中,下标 SO 表示 Simo 与 Ortiz 定义的弹性与塑性变形率:

$$\begin{aligned}\boldsymbol{a}^{e}&=(\boldsymbol{FFFF})\begin{smallmatrix}*\\*\\*\\*\end{smallmatrix}\boldsymbol{A}^{e}\\ \boldsymbol{a}^{p}&=(\boldsymbol{FFFF})\begin{smallmatrix}*\\*\\*\\*\end{smallmatrix}\boldsymbol{A}^{p}\end{aligned} \tag{4.248}$$

4.3 应变梯度本构关系理论

近年来的一些试验表明,在某些情况下,一点的应力不仅与该点的应变(历史)有关,而且也与该点的应变梯度(历史)有关,也就是说,材料表现为二阶简单材料。下面介绍近年来发展的应变梯度塑性理论,而且仅限于全量型的理论与小变形情况。假设不发生

卸载,全量型理论实际上就是非线性弹性理论。有些增量型理论可以在文献中部分见到。

4.3.1 应变梯度理论的提出

新近的试验表明,当非均匀塑性变形特征长度在微米量级时,材料具有很强的尺度效应。例如,Fleck 等人(1994) 在细铜丝的扭转试验中观察到,当铜丝的直径为 12 μm 时,无量纲的扭转硬化增加至直径为 170 μm 时的 3 倍(图 4.1)。Stolken 和 Evans(1999) 在薄梁弯曲试验中也观察到当梁的厚度从100 μm减至12.5 μm时,无量纲的弯曲硬化也显著增加;而在单轴拉伸情况,这种尺度效应并不存在。在微米量级的尺度下微观硬度试验与颗粒增强金属基复合材料中也观察到尺度效应,当压痕深度从 10 μm 减至 1 μm 时,金属的硬度增加一倍;对于以碳化硅颗粒加强的铝 - 硅基复合材料,Lloyd(1994) 观察到当保持颗粒体积比为 15% 的条件下,将颗粒直径从 16 μm 减为7.5 μm 后复合材料的强度显著增加。

由于在传统的塑性理论中本构模型不包含任何尺度,所以它不能预测尺度效应。然而,在工程实践中迫切需要处理微米量级的设计和制造问题。例如,厚度在 1 μm 或者更小尺寸下的薄膜;整个系统尺寸不超过 10 μm 的传感器、执行器和微电力系统(MEMS);零部件尺寸小于 10 μm 的微电子封装;颗粒或者纤维的尺寸在微米量级的先进复合材料及微加工。现在的设计方法,如有限元方法(FEM) 和计算机辅助设计(CAD),都是基于经典的塑性理论、而它们在这一微小尺度不再适用。另一方面,现在按照量子力学和原子模拟的方法在现实的时间和长度的尺度下处理微米尺度的结构依然很困难。所以,建立连续介质框架下、考虑尺寸效应的本构模型就成为联系经典塑性力学和原子模拟之间必要的桥梁。

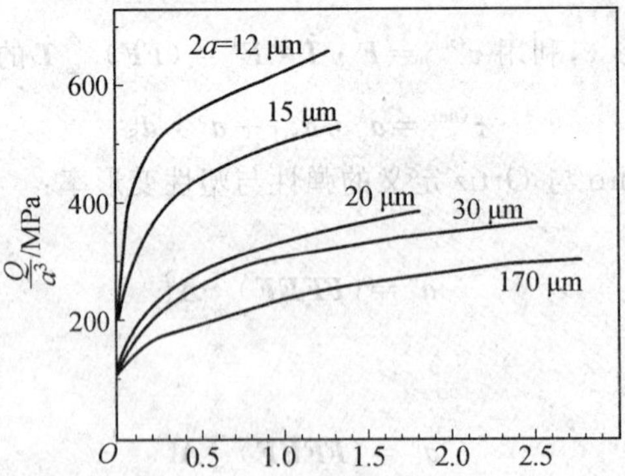

图 4.1 细铜丝扭转曲线

建立细观尺寸下连续介质理论的另一个目的是在韧性材料的宏观断裂行为和原子断裂过程之间建立联系。在一系列值得注意的试验中,Elssner 等(1994) 测量了单晶铌蓝宝石界面的宏观断裂韧度和原子分离功。使用专门设计的四点弯曲试件测量宏观断裂功,以测出界面韧性。原子分离功通过界而上的微观孔隙平衡形状来确定。尽管铌是韧性材料,具有很多位错,但这两种材料的界面裂纹仍保持为原子尺度的尖裂纹,即裂尖没有钝化。原子点阵或强界面分离所需要的力约为 0.03E 或者 $10\sigma_y$(E 为弹性模量,σ_y 为拉伸屈服应力)。而按照经典的塑性理论,Hutchinson(1997) 指出裂纹前方最大应力水平只能达到$(4 \sim 5)\sigma_y$。很明显这远远不足以导致 Elssner 等(1994) 在试验中观察到的结果,不足以达到使原子分离。考虑应变梯度的影响有望解释这一现象。

下面主要介绍近年来发展起来的三种应变梯度塑性理论及其应用。这三种理论分别为:CS(couple stress) 应变梯度塑性理论,SG(stretch and rotation gradients) 应变梯度塑性理论和基于细观机制的应变梯度塑性 MSG(mechanism－based strain gradient) 理论。

现在已有各种各样的应变梯度理论。例如 Aifantis 和他的合作者(Aifantis(1984),Zbid 与 Aifantis(1989),Muhlhaus 与 Aifantis(1991)) 把应变梯度表示为等效应变的第一和第二拉普拉斯算子,然而他们在理论中没有定义应变梯度的功共轭量;Acharya 和 Bassani(1995) 考虑应变梯度塑性可能的构造形式,它应保持经典塑性的基本结构,并且保证满足热力学的限制,他们提出应变梯度理论可能的构造形式为流动理论,而应变梯度作为一个内变量,表示即时切向硬化模量的增加,但因为还没有一个系统的方法构造切向模量,所以这种方法尚未具体化;Dai 和 Parks 在他们的率相关单晶应变梯度塑性理论中已经采用了这种内变量理论。

4.3.2 CS 应变梯度塑性理论 —— 偶应力理论

位错理论表明,材料的塑性硬化来源于几何必需位错(geometrically necessary dislocations) 和统计储存位错(statistically stored dislocations)(Nye (1953),Cottrell (1964),Ashby (1970))。据此,Fleck 和 Hutchinson(1993) 及 Fleck 等(1994) 发展了一种应变梯度塑性理论,它是经典的 J_2 形变或 J_2 流动理论的推广。在该理论中为了考虑旋转梯度的影响,引入了偶应力(Toupin(1962),Koiter(1964),Mindlin (1964,1965))。

Fleck 和 Hutchinson(1997) 应用这种理论成功地预测了前面提到的细铜丝扭转(Fleck 等(1994))、薄梁弯曲(Stolken 和 Fvans(1998)) 和颗粒增强金属基复合材料(Lloyd(1998)) 的尺寸效应。在这个本构关系中,为了平衡应变和应变梯度的量纲引入了材料常数 l(长度量纲),它被认为是材料的内禀长度,依赖于材料的微结构(Fleck 和 Hutchinson (1993,1997),Fleck 等(1994))。Fleck 等(1994) 对于铜,估计 $l = 4\ \mu$m。而 Stolken 和 Evans(1998) 对于镍,估计 $l = 6\ \mu$m。当非均匀变形场的特征尺寸 L 比材料内禀尺寸 l 大得多时,应变梯度效应小到可以略去,因为应变梯度项比应变项 ε 的贡献小得多,即 $l\mathrm{d}\varepsilon/\mathrm{d}x \sim (l/L)\varepsilon \ll \varepsilon$。故此时该理论退化为经典的 J_2 塑性理论;但是当变形场特征尺寸 L 与材料内禀尺寸 l 属于一个数量级时(例如在上面提到的一些试验中),应变梯度效应就很重要。

1. 偶应力与转角梯度

(1) 偶应力。

在偶应力理论中,除了 Cauchy 应力以外,还存在偶应力,而且 Cauchy 应力不是对称张量。以 $\boldsymbol{t}$ 表示 Cauchy 应力张量,$\boldsymbol{m}$ 表示偶应力张量,则作用在单位法向矢量为 $\boldsymbol{n}$ 的平面上每单位面积的力(曳力) 与力偶矩(曳力矩) 各为

$$\boldsymbol{T}=\boldsymbol{t}\cdot\boldsymbol{n},\boldsymbol{q}=\boldsymbol{m}\cdot\boldsymbol{n} \tag{4.249}$$

设无体积力及体力偶作用,物体力与力矩的平衡方程为

$$\boldsymbol{t}\cdot\nabla=0,t_{ijJ}=0 \tag{4.250}$$

与

$$\boldsymbol{m}\cdot\nabla=\boldsymbol{e}:\boldsymbol{t},m_{ipP}=e_{irs}t_{rs} \tag{4.251}$$

式中　$\boldsymbol{e}$——置换张量。

在经典理论中,无偶应力存在,$\boldsymbol{m}\equiv 0$,由 Cauchy 应力 $\boldsymbol{t}$ 为对称张量。反之,只要有偶应力存在,Cauchy 应力 $\boldsymbol{t}$ 一般来说为非对称张量。$\boldsymbol{e}\cdot$(4.251) 式,并利用张量分析中的 $\boldsymbol{e}\sim\boldsymbol{\delta}$ 等式(见黄克智等,1986,张量分析,第二章,58 页式(2.2.8)):

$$e_{ijk}e_{irs}=\delta_{jr}\delta_{ks}-\delta_{js}\delta_{kr} \tag{4.252}$$

可得

$$\boldsymbol{e}\cdot\boldsymbol{m}\cdot\nabla=\boldsymbol{t}-\boldsymbol{t}^{\mathrm{T}},e_{ijk}m_{ip,p}=t_{jk}-t_{kj} \tag{4.253}$$

将 Cauchy 应力 $\boldsymbol{t}$ 进行加法分解,分成对称部分 $\boldsymbol{\sigma}$ 与反对称部分 $\boldsymbol{\tau}$:

$$\begin{gathered}\boldsymbol{t}=\boldsymbol{\sigma}+\boldsymbol{\tau},t_{ij}=\sigma_{ij}+\tau_{ij}\\ \boldsymbol{\sigma}=\frac{1}{2}(\boldsymbol{t}+\boldsymbol{t}^{\mathrm{T}}),\sigma_{ij}=\frac{1}{2}(t_{ij}+t_{ji})\\ \boldsymbol{\tau}=\frac{1}{2}(\boldsymbol{t}-\boldsymbol{t}^{\mathrm{T}}),\tau_{ij}=\frac{1}{2}(t_{ij}-t_{ji})\end{gathered} \tag{4.254}$$

则式(4.253) 成为

$$\frac{1}{2}\boldsymbol{e}\cdot\boldsymbol{m}\cdot\nabla=\boldsymbol{\tau},\frac{1}{2}e_{ijk}m_{ip,p}=\tau_{jk} \tag{4.253a}$$

式(4.253a) 说明反对称应力 $\boldsymbol{\tau}$ 是与偶应力 $\boldsymbol{m}$ 的散度相关的:

$$\begin{gathered}\frac{1}{2}m_{1p,p}=\tau_{23}=-\tau_{32}\\ \frac{1}{2}m_{2p,p}=\tau_{31}=-\tau_{13}\\ \frac{1}{2}m_{3p,p}=\tau_{12}=-\tau_{21}\end{gathered} \tag{4.253b}$$

将 $\boldsymbol{t}=\boldsymbol{\sigma}+\boldsymbol{\tau}$ 与(4.253a) 代入力平衡方程(4.250),可得

$$\boldsymbol{\sigma}\cdot\nabla=-\frac{1}{2}[\boldsymbol{e}\cdot(\boldsymbol{m}\cdot\nabla)]\cdot\nabla \tag{4.255}$$

将 m 写成偏斜部分 $\boldsymbol{m}'$ 与球形部分(tr $\boldsymbol{m}$)1/3 之和,可证式(4.255) 右端与该球形部分无关,即

$$\boldsymbol{\sigma}\cdot\nabla=-\frac{1}{2}[\boldsymbol{e}\cdot(\boldsymbol{m}'\cdot\nabla)]\cdot\nabla \tag{4.255a}$$

如 Fleck 与 Hutchinson(1993) 所指出,Koiter(1964) 曾证明 $\boldsymbol{m}$ 的球形部分(tr $\boldsymbol{m}$)1/3 在所有的场方程中不出现,而且也不出现在本构方程中,因此可以假设 $\boldsymbol{m}$ 的球形部分为零,$\boldsymbol{m}$ 为一无迹张量:

$$\boldsymbol{m}=\boldsymbol{m}',\mathrm{tr}\,\boldsymbol{m}=0 \tag{4.256}$$

$\boldsymbol{m}$ 一般为非对称张量。

(2) 转角与转角梯度。

以 $\boldsymbol{u}$ 表示位移。两个相邻点 $\boldsymbol{x}$ 与 $\boldsymbol{x}+\mathrm{d}\boldsymbol{x}$ 的位移差为

$$\mathrm{d}\boldsymbol{u}=(\boldsymbol{u}\nabla)\cdot\mathrm{d}\boldsymbol{x} \tag{4.257}$$

把位移梯度 $\boldsymbol{u}\nabla$ 按加法分解为对称张量 $\boldsymbol{\varepsilon}$ 与反对称张量 $\boldsymbol{\omega}$：

$$\begin{aligned}&\boldsymbol{u}\nabla=\boldsymbol{\varepsilon}+\boldsymbol{\omega},u_{i,j}=\varepsilon_{ij}+\omega_{ij}\\&\boldsymbol{\varepsilon}=\frac{1}{2}(\boldsymbol{u}\nabla+\nabla\boldsymbol{u}),\varepsilon_{ij}=\frac{1}{2}(u_{i,j}+u_{j,i})\\&\boldsymbol{\omega}=\frac{1}{2}(\boldsymbol{u}\nabla-\nabla\boldsymbol{u}),\omega_{ij}=\frac{1}{2}(u_{i,j}-u_{j,i})\end{aligned} \tag{4.258}$$

式中 $\boldsymbol{\varepsilon}$—— 应变张量；

$\boldsymbol{\omega}$—— 旋度张量。

将式(4.258) 代入式(4.257)

$$\mathrm{d}\boldsymbol{u}=\boldsymbol{\varepsilon}\cdot\mathrm{d}\boldsymbol{x}+\boldsymbol{\omega}\cdot\mathrm{d}\boldsymbol{x} \tag{4.259}$$

张量分析中证明反对称张量 $\boldsymbol{\omega}$ 与矢量 $\mathrm{d}\boldsymbol{x}$ 的点积可以表示成反偶矢量 $\boldsymbol{\theta}$ 与矢量 $\mathrm{d}\boldsymbol{x}$ 的叉积(矢积)：

$$\boldsymbol{\omega}\cdot\mathrm{d}\boldsymbol{x}=\boldsymbol{\theta}\times\mathrm{d}\boldsymbol{x} \tag{4.260}$$

式中 $\boldsymbol{\theta}$—— 转动矢量，它与旋度张量 $\boldsymbol{\omega}$ 的关系为

$$\begin{aligned}&\boldsymbol{\theta}=-\frac{1}{2}\boldsymbol{e}:\boldsymbol{\omega},\boldsymbol{\omega}=-\boldsymbol{e}\cdot\boldsymbol{\theta}=-\boldsymbol{\theta}\cdot\boldsymbol{e}\\&\theta_i=-\frac{1}{2}e_{ijk}\omega_{jk},\omega_{ij}=-e_{ijk}\theta_k\end{aligned} \tag{4.261}$$

将式(4.258) 的 $\boldsymbol{\omega}$ 代入式(4.261)，得

$$\begin{aligned}&\boldsymbol{\theta}=-\frac{1}{2}\boldsymbol{e}:\frac{1}{2}(\boldsymbol{u}\nabla-\nabla\boldsymbol{u})=-\frac{1}{2}\boldsymbol{e}:(\boldsymbol{u}\nabla)=\frac{1}{2}\boldsymbol{e}:(\nabla\boldsymbol{u})=-\frac{1}{2}\boldsymbol{u}\times\nabla=-\frac{1}{2}\nabla\times\boldsymbol{u}\\&\theta_i=-\frac{1}{2}e_{ijk}u_{j,k}=\frac{1}{2}e_{ijk}\partial_i u_k\end{aligned} \tag{4.262}$$

由(4.262) 可看出 $\boldsymbol{\theta}$ 的几何意义就是转动矢量。式(4.259) 可写成

$$\mathrm{d}\boldsymbol{u}=\boldsymbol{\varepsilon}\cdot\mathrm{d}\boldsymbol{x}+\boldsymbol{\theta}\times\mathrm{d}\boldsymbol{x} \tag{4.259a}$$

右端第一项表示在所研究点 $\boldsymbol{x}$ 附近由于变形所造成的位移。第二项表示由于转动所造成的位移。

Fleck 与 Hutchinsot(1993) 定义二阶张量 $\boldsymbol{\chi}$：

$$\boldsymbol{\chi}=\boldsymbol{\theta}\nabla,\chi_{ij}=\theta_{i,j} \tag{4.263}$$

$\boldsymbol{\chi}$ 为转动矢量 $\boldsymbol{\theta}$ 的梯度(简称为转动或旋转梯度)。如果物体做一个刚体转动，则各点的 $\boldsymbol{\theta}$ 相同，$\boldsymbol{\theta}$ 的梯度 $\boldsymbol{\chi}$ 为零。所以 $\boldsymbol{\chi}$ 实际上是描述物体各点变形特征的一个量。应变张量 $\boldsymbol{\varepsilon}$(见(4.258)) 可通过位移对坐标的一阶导数表示，而转动梯度 $\boldsymbol{\theta}\nabla$ 则可通过位移对坐标的二阶导数表示。将式(4.262) 代入式(4.263) 可得

$$\boldsymbol{\chi}=-\frac{1}{2}\boldsymbol{e}:(\boldsymbol{u}\nabla)\nabla=-\frac{1}{2}(\boldsymbol{u}\times\nabla)\nabla$$

$$\chi_{ij}=-\frac{1}{2}e_{ist}u_{s,tj}=\frac{1}{2}e_{its}u_{s,tj} \tag{4.264}$$

利用等式 $u_{s,ij}=u_{s,jt}$，易证 χ_{ij} 可通过应变分量 ε_{ij} 对坐标的导数(应变梯度表示)：

$$\chi_{ij}=-e_{ist}\varepsilon_{js,t}=e_{its}\varepsilon_{js,t} \tag{4.265}$$

式(4.265)称为 $\boldsymbol{\varepsilon}\sim\boldsymbol{\chi}$ 协调方程。$\boldsymbol{\chi}$ 是一个非对称张量，可证明其迹为零，因为由式(4.264)

$$\mathrm{tr}\,\boldsymbol{\chi}=\chi_{ii}=-\frac{1}{2}e_{ist}u_{s,ti}=0 \tag{4.266}$$

其实，由式(4.263)有 $\mathrm{tr}\,\boldsymbol{\chi}=\boldsymbol{\theta}\cdot\nabla$，而由式(4.262)$\boldsymbol{\theta}=\frac{1}{2}\nabla\times\boldsymbol{u}$ 为 $\boldsymbol{u}$ 的旋度矢量，显然其散度 $\boldsymbol{\theta}\cdot\nabla=\frac{1}{2}(\nabla\times\boldsymbol{u})\cdot\nabla$ 为零，式(4.266)成立。因此，用 $\boldsymbol{\varepsilon}$ 与 $\boldsymbol{\chi}$ 来描述变形状态，$\boldsymbol{\varepsilon}$ 有 6 个独立分量，$\boldsymbol{\chi}$ 有 8 个独立的分量。

2. 虚功原理

设 $\boldsymbol{t}=\boldsymbol{\sigma}+\boldsymbol{\tau}$(见(4.254))与 $\boldsymbol{m}$ 为在物体中一组平衡的内力(满足式(4.250)与式(4.251))，$\boldsymbol{\varepsilon}\cdot\boldsymbol{\chi}$ 为一组在物体中由位移 $\boldsymbol{u}$ 所产生的应变(满足式(4.258c)与式(4.264))，则必有

$$\int_a(\boldsymbol{T}\cdot\boldsymbol{u}+\boldsymbol{q}\cdot\boldsymbol{\theta})\,\mathrm{d}a=\int_v(\boldsymbol{\sigma}:\boldsymbol{\delta}+\boldsymbol{m}:\boldsymbol{\chi})\,\mathrm{d}v \tag{4.267}$$

式中 v—— 物体所在的域；

a—— 表面；

$\boldsymbol{T},\boldsymbol{q}$—— 作用于表面的曳力与曳力偶：

证：自式(4.267)左端出发

$$\begin{aligned}\int_a&=\int_a(\boldsymbol{T}\cdot\boldsymbol{u}+\boldsymbol{q}\cdot\boldsymbol{\theta})\,\mathrm{d}a=\int_a(\boldsymbol{u}\cdot\boldsymbol{t}\cdot\boldsymbol{n}+\boldsymbol{\theta}\cdot\boldsymbol{m}\cdot\boldsymbol{n})\,\mathrm{d}a\\&=\int_v[(\boldsymbol{u}\cdot\boldsymbol{t}+\boldsymbol{\theta}\cdot\boldsymbol{m})\cdot\nabla]\,\mathrm{d}v\\&=\int_v[(\boldsymbol{u}\nabla):\boldsymbol{t}+\boldsymbol{u}\cdot(\boldsymbol{t}\cdot\nabla)+(\boldsymbol{\theta}\nabla):\boldsymbol{m}+\boldsymbol{\theta}\cdot(\boldsymbol{m}\cdot\nabla)]\,\mathrm{d}v\end{aligned} \tag{4.268}$$

由式(4.250)可知，式(4.268)中积分符号内第二项为零，积分符号内第二项为零；利用式(4.262)与(4.253a)及 $\boldsymbol{e}$ 的指标轮换特性($e_{ijk}=e_{jki}=e_{kij}$)可将第 4 项化为

$$\boldsymbol{\theta}\cdot(\boldsymbol{m}\cdot\nabla)=-\frac{1}{2}[\boldsymbol{e}:(\boldsymbol{u}\nabla)]\cdot(\boldsymbol{m}\cdot\nabla)=-\frac{1}{2}(\boldsymbol{u}\nabla):\boldsymbol{e}\cdot(\boldsymbol{m}\cdot\nabla)=(\boldsymbol{u}\nabla):\boldsymbol{\tau} \tag{4.269}$$

将式(4.269)代入式(4.268)，可得

$$\int_a=\int_v[(\boldsymbol{u}\nabla):\boldsymbol{\sigma}+(\boldsymbol{\theta}\nabla)\boldsymbol{m}]\,\mathrm{d}v$$

注意到 $\boldsymbol{\sigma}$ 为对称，及式(4.265)，立即有

$$\int_a = \int_v [\boldsymbol{\varepsilon} : \boldsymbol{\sigma} + \boldsymbol{\chi} : \boldsymbol{m}] \mathrm{d}v$$

此即式(4.267)。证毕。

顺便指出，因为 $\boldsymbol{\chi}$ 为无迹张量($\mathrm{tr}\,\boldsymbol{\chi}=0$，见式(4.266))，故对式(4.267) 右端的 $\boldsymbol{m}:\boldsymbol{\chi}$，$\boldsymbol{m}$ 的球形部分不起作用，即 $\boldsymbol{m}:\boldsymbol{\chi}=\boldsymbol{m}':\boldsymbol{\chi}$。正因为如此，式(4.256) 已设 $\boldsymbol{m}$ 为无迹张量。

式(4.267) 表示外力功与内力功数值相等。因此可看出，对称 Cauchy 应力 $\boldsymbol{\sigma}$ 与应变 $\boldsymbol{\varepsilon}$ 互为功共轭。偶应力 $\boldsymbol{m}$ 与转动梯度 $\boldsymbol{\chi}$ 互为功共轭。

3. CS 应变梯度塑性理论本构关系

如本章最早所指出，我们是在建立应变梯度非线性弹性理论。

令物体每单位体积的变形能为 w，设 w 为应变张量 $\boldsymbol{\varepsilon}$ 与转动梯度 $\boldsymbol{\chi}$ 的函数：

$$w = w(\boldsymbol{\varepsilon}, \boldsymbol{\chi}) \tag{4.270}$$

则非线性弹性的本构关系为

$$\begin{gathered}\boldsymbol{\sigma} = \frac{\partial w}{\partial \boldsymbol{\varepsilon}}, \boldsymbol{m} = \frac{\partial w}{\partial \boldsymbol{\chi}} \\ \sigma_{ij} = \frac{\partial w}{\partial \varepsilon_{ij}}, m_{ij} = \frac{\partial w}{\partial \chi_{ij}}\end{gathered} \tag{4.271}$$

因为转动梯度 $\boldsymbol{\chi}$ 是无迹张量(见式(4.266))，它的 9 个分量不完全独立，所以 $\boldsymbol{m} = \frac{\partial w}{\partial \boldsymbol{\chi}}$ 必须也规定为无迹张量才有意义，这正是式(4.256) 所规定的。定义每单位体积的余能为 φ

$$\varphi = \varphi(\boldsymbol{\sigma}, \boldsymbol{m}) = \boldsymbol{\sigma} : \boldsymbol{\varepsilon} + \boldsymbol{m} : \boldsymbol{\chi} - w(\boldsymbol{\varepsilon}, \boldsymbol{\chi}) \tag{4.272}$$

式(4.272) 就是式(4.271) 的 Legendre 变换，把 $\boldsymbol{\sigma}$ 与 $\boldsymbol{m}$ 当作自变量，$\boldsymbol{\varepsilon}$ 与 $\boldsymbol{\chi}$ 为由式(4.271) 所确定的 $\boldsymbol{\sigma}$ 与 $\boldsymbol{m}$ 的函数。由式(4.271) 与式(4.272) 可导出：

$$\begin{gathered}\boldsymbol{\varepsilon} = \frac{\partial \varphi}{\partial \boldsymbol{\sigma}}, \boldsymbol{\chi} = \frac{\partial \varphi}{\partial \boldsymbol{m}} \\ \varepsilon_{ij} = \frac{\partial \varphi}{\partial \sigma_{ij}}, \chi_{ij} = \frac{\partial \varphi}{\partial m_{ij}}\end{gathered} \tag{4.273}$$

式(4.273) 中，因为 $\boldsymbol{m}$ 为无迹张量(见式(4.258))，故 $\boldsymbol{\chi} = \frac{\partial \varphi}{\partial \boldsymbol{m}}$ 也规定为无迹张量(见式(4.266))。

假定无卸载发生，式(4.271) 或式(4.273) 也就是应变梯度塑性(全量理论) 的本构关系。只要有了 $w(\boldsymbol{\varepsilon}, \boldsymbol{\chi})$ 或 $\varphi(\boldsymbol{\sigma}, \boldsymbol{m})$ 的具体表达式，本构关系就可确定。

4. 最小位能原理与最小余能原理

Fleck 与 Hutchinson(1993) 证明了以下两个原理。

设物体在 v 域内边界分 a_u 与 a_T 两部分，在 a_u 上给的是位移与转角边界条件：

$$\begin{gathered}\boldsymbol{u} = \boldsymbol{u}^0, \boldsymbol{\theta} = \boldsymbol{\theta}^0 \\ u_i = u_i^0, \theta_i = \theta_i^0\end{gathered} \tag{4.274}$$

而在 a_T 上给出的是力与力偶边界条件：

$$\begin{gathered}\boldsymbol{T} = \boldsymbol{t} \cdot \boldsymbol{n} = \boldsymbol{T}^0, \boldsymbol{q} = \boldsymbol{m} \cdot \boldsymbol{n} = \boldsymbol{q}^0 \\ T_i = t_{ij} \cdot n_j = T_i^0, q_i = m_{ij} \cdot n_j = q_i^0\end{gathered} \tag{4.275}$$

式中，在右上角带“0”的都是给定的已知量；n 为边界外法向单位矢量。

欲求的解是一组$(\boldsymbol{u},\boldsymbol{\theta},\boldsymbol{\chi},\boldsymbol{\sigma},\boldsymbol{m})$，满足平衡方程式(4.250)与式(4.251)，几何关系式(4.258)($\boldsymbol{\varepsilon}$ 与 $\boldsymbol{u}$ 之间)，式(4.262)($\boldsymbol{\theta}$ 与 $\boldsymbol{u}$ 之间)与式(4.263)($\boldsymbol{\chi}$ 与 $\boldsymbol{\theta}$ 之间)与边界条件(4.274)及(4.275)，称为真解。

设有一位移场 $\boldsymbol{u}$，由 $\boldsymbol{u}$ 按式(4.262)计算出 $\boldsymbol{\theta}$，且 $\boldsymbol{u}$ 与 $\boldsymbol{\theta}$ 满足 a_u 上的边界条件(4.274)，则称 $\boldsymbol{u}$ 为几何可能位移。由 $\boldsymbol{\theta}$ 还可按(4.263)计算 $\boldsymbol{\chi}$，最后可计算位能：

$$P(\boldsymbol{u})=\int_v w(\boldsymbol{\varepsilon},\boldsymbol{\chi})\,\mathrm{d}v-\int_{a_u}(\boldsymbol{T}^0\cdot\boldsymbol{u}+\boldsymbol{q}^0\cdot\boldsymbol{\theta})\,\mathrm{d}a \tag{4.276}$$

$P(\boldsymbol{u})$ 可以看作是几何可能位移 $\boldsymbol{u}$ 的泛函。

最小位能原理　若 w 为$\boldsymbol{\varepsilon},\boldsymbol{\chi}$ 的严格凸函数，则在所有的几何可能位移 $\boldsymbol{u}$ 中，真解的位能 $P(\boldsymbol{u})$ 值为绝对最小。

设有一应力场$(\boldsymbol{\sigma},\boldsymbol{m})$，满足平衡方程(4.250)与(4.251)，且满足 a_T 上的边界条件(4.275)，则称$(\boldsymbol{\sigma},\boldsymbol{m})$为静力可能应力场。余能的定义是

$$\boldsymbol{C}(\boldsymbol{\sigma},\boldsymbol{m})=\int_v \varphi(\boldsymbol{\sigma},\boldsymbol{m})\,\mathrm{d}v-\int_{a_u}(\boldsymbol{T}\cdot\boldsymbol{u}^0+\boldsymbol{q}\cdot\boldsymbol{\theta}^0)\,\mathrm{d}a \tag{4.277}$$

式中，在 a_u 上的 $\boldsymbol{T}$ 与 $\boldsymbol{q}$ 是由$(\boldsymbol{\sigma},\boldsymbol{m})$按(4.249)计算出来的；$\boldsymbol{C}(\boldsymbol{\sigma},\boldsymbol{m})$可以看作是静力可能应力$(\boldsymbol{\sigma},\boldsymbol{m})$的泛函。

最小余能原理　若 φ 为 $\boldsymbol{\sigma},\boldsymbol{m}$ 的严格凸函数，则在所有的静力可能应力场$(\boldsymbol{\sigma},\boldsymbol{m})$中，真解的余能 $C(\boldsymbol{\sigma},\boldsymbol{m})$为绝对最小。

最小位能原理或最小余能原理保证了真解的唯一性。线性情况的详细讨论见 Koiter(1964)。

5. 等效应力与等效应变

在经典塑性全量理论中，Mises 等效应变 $\varepsilon_{\mathrm{eq}}$ 定义为以下的不变量：

$$\varepsilon_{\mathrm{eq}}=\left(\frac{2}{3}\boldsymbol{\varepsilon}':\boldsymbol{\varepsilon}'\right)^{1/2}=\left(\frac{2}{3}\varepsilon'_{ij}\varepsilon'_{ij}\right)^{1/2} \tag{4.278}$$

Fleck 等(1993)用 $\varepsilon_{\mathrm{eq}}$ 代表来自统计储存位错对应变能密度 w 的贡献。Fleck 与 Hutchinson(1994)建议用类似于式(4.278)的不变量表达式 χ_{eq} 来表示来自几何必需位错对应变能密度 ω 的贡献。但是在 $\varepsilon_{\mathrm{eq}}$ 的定义式(4.278)中出现的是应变张量的偏量 $\boldsymbol{\varepsilon}'$，因此已经除去了体积应变 $\mathrm{tr}\,\boldsymbol{\varepsilon}$。怎样从转动梯度 $\boldsymbol{\chi}$ 中除去体积应变的贡献，这还是一个有待于研究的问题。现在暂时回避这一问题，Fleck 与 Hutchinson(1993)，假设材料不可压缩。因此，仿照式(4.278)，定义

$$\chi_{\mathrm{eq}}=\left(\frac{2}{3}\boldsymbol{\chi}:\boldsymbol{\chi}\right)^{1/2}=\left(\frac{2}{3}\chi_{ij}\chi_{ij}\right)^{1/2} \tag{4.279}$$

因为 $\boldsymbol{\chi}$ 是非对称张量，还有

$$\boldsymbol{\chi}:\boldsymbol{\chi}^{\mathrm{T}}=\boldsymbol{\chi}\cdot\cdot\,\boldsymbol{\chi}=\chi_{ij}\chi_{ji} \tag{4.280}$$

也是不变量。但是 Fleck 与 Hutchinson(1993)为简单起见，只考虑式(4.279)，而不考虑式(4.280)。当然，要考虑也是可以的，但数学上要更复杂。为了数学上的方便，由式(4.278)与式(4.279)组合成一个总的参量 $\&$，定义如下：

$$\&^2 = \varepsilon_{eq}^2 + l^2 \chi_{eq}^2 \tag{4.281}$$

式中　l—— 一量纲为长度的材料参数，是为了式(4.281)中的量纲平衡所需要的；

　　$\&$—— 总等效应变(或简称等效应变)。

假设材料每单位体积的应变能 ω 为总等效应变 $\&$ 的函数。定义总等效应力 Σ 为

$$\Sigma = \frac{\mathrm{d}w(\&)}{\mathrm{d}\&} \tag{4.282}$$

将 $w(\&)$ 代入式(4.271)中的 w，可求出

$$\begin{aligned} \boldsymbol{\sigma}' &= \frac{2}{3}\frac{\Sigma}{\&}\boldsymbol{\varepsilon},\ \boldsymbol{m} = \frac{2}{3}l^2\frac{\Sigma}{\&}\boldsymbol{\chi} \\ \sigma'_{ij} &= \frac{2}{3}\frac{\Sigma}{\&}\varepsilon_{ij},\ m_{ij} = \frac{2}{3}l^2\frac{\Sigma}{\&}\chi_{ij} \end{aligned} \tag{4.283}$$

注意，这里已设材料不可压缩，即 $\boldsymbol{\varepsilon} = \boldsymbol{\varepsilon}'$。由式(4.271)中 $\partial w/\partial \boldsymbol{\varepsilon}$ 所计算的应力只能是偏应力 $\boldsymbol{\sigma}'$。对于不可压缩材料，静水应力 $\mathrm{tr}\,\boldsymbol{\sigma}/3$ 不能根据本构关系确定。

在经典塑性理论中定义了 Mises 等效应力

$$\sigma_{eq} = \left(\frac{3}{2}\boldsymbol{\sigma}' : \boldsymbol{\sigma}'\right)^{1/2} \tag{4.284}$$

仿照式(4.284)，可定义等效偶应力：

$$m_{eq} = \left(\frac{3}{2}\boldsymbol{m} : \boldsymbol{m}\right)^{1/2} \tag{4.285}$$

将式(4.283)代入式(4.284)与式(4.285)，可分别得到

$$\sigma_{eq} = \frac{\Sigma}{\&}\varepsilon_{eq},\ m_{eq} = l^2\frac{\Sigma}{\&}\chi_{eq} \tag{4.286}$$

由式(4.281)与式(4.286)可得

$$\Sigma^2 = \sigma_{eq}^2 + l^{-2}m_{eq}^2 \tag{4.287}$$

所以 Σ 是等效应力 σ_{eq} 与等效偶应力 m_{eq} 的组合，可称为总等效应力(或简称等效应力)。

假设总等效应变与总等效应力 Σ 之间为幂函数关系：

$$\frac{\&}{\&_0} = \left(\frac{\Sigma}{\Sigma_0}\right)^n \tag{4.288}$$

式中　$\&_0$、Σ_0—— 材料常数。

这时，可定出

$$\begin{aligned} w &= w(\&_0) = \frac{n}{n+1}\Sigma_0\&_0\left(\frac{\&}{\&_0}\right)^{\frac{n+1}{n}} \\ \varphi &= \varphi(\Sigma) = \frac{1}{n+1}\Sigma_0\&_0\left(\frac{\Sigma}{\Sigma_0}\right)^{n+1} \end{aligned} \tag{4.289}$$

CS 应变梯度理论已经获得不少应用。

Fleck 与 Hutchinson(1993)应用应变梯度理论计算了由于稀疏的刚体颗粒夹杂引起的宏观强化，由于稀疏孔洞引起的宏观软化。这种理论也被用来解决与断裂相关的问题，关于应变梯度效应在断裂力学上的应用可以见 Huang 等(1997a)的综述性文章。Xia 和 Hutchinson(1996)及 Huang 等(1995,1997b)获得了考虑应变梯度效应时弹性－幂硬化材料的裂尖渐近解。

由于在应变梯度塑性理论中获得解析解很困难，所以有限元方法就成为重要手段。有限元方法的主要困难在于，计算结果与单元选取的关系很大。于是提出了一个迫切需要解决的问题，即判断某种有限单元是否合适。这需要用解析解来进行比较，而解析解仅仅在应变梯度弹性情况才有可能。已经有人得到基于偶应力理论弹性材料的应变梯度效应，Sternberg 和 Muki(1967) 研究了应变梯度弹性材料无限大介质中有限长裂纹的 Ⅰ 型应力场；Atkinson 和 Leppington(1977) 采用 Wiener-Hopf 方法研究了在半无限长裂纹上作用有随距离指数衰减的法向表面力时的全场解；张林等(1998) 得到了无限大弹性介质中 Ⅲ 型裂纹远处作用 $K_{\text{Ⅲ}}$ 场下的全场解；Huang 等(1998,1999) 得到了无限大弹性介质中 Ⅰ 型和 Ⅱ 型裂纹远处受 K 场作用的弹性全场解。值得注意的是，弹性解除用于检查有限元计算结果的可信性外，本身还具有很重要的意义：Chen 等(1998) 证明蜂窝状结构的连续介质描述等同于具有应变梯度效应的弹性材料，其内禀材料长度 l 就等同于蜂窝胞元的尺寸。同时，他们由胞元壁的简单破坏准则，证明蜂窝状弹性材料的断裂韧度正比于 $\sigma_c h/\sqrt{L}$，这里 σ_c 是胞元壁的抗拉强度，h 和 L 分别为胞元的壁厚和尺寸。Fleck 和 Shu(1995) 得到纤维增强复合材料同样具有应变梯度效应。材料内禀长度等同于纤维厚度。Xia 和 Huang 等(1997a,1999) 还分别进行了全塑性和小范围屈服条件的有限元分析。

应变梯度塑性的偶应力理论在一定程度上成功地估计了上面提到的细铜丝扭转(Fleck 等 1993)、薄梁弯曲(Stolken 和 Evans1998) 和裂尖场应力分析中所出现的尺度效应。然而，Shu 和 Fleck(1998) 将这种理论应用到压痕问题上，其结果与微压痕或者纳米压痕试验(Nix1989，De Guzman 等 1993，Stc1mashenko 等 1993，Ma 和 Clarke 1995 等，Poole 等 1996，McElhaney 等 1998) 所观测到的提高 200% 甚至 300%，结果符合得不好。按照 Xia 和 Hutchsion(1996) 及 Huang 等(1995，1997) 的解析和数值结果，在裂纹面上距裂尖 r 处，塑性硬化指数 $n=5$ 时，Ⅱ 型问题的最大剪应力是经典塑性解(经典塑性解就是 Ⅱ 型的 HRR 解) 的 2.5 倍。然而，在 Ⅰ 型问题中，没有观察到这种结果。原因是在应变梯度偶应力理论中，位移的二阶梯度只涉及旋转梯度，而 Ⅰ 型问题的裂尖场是无旋的，旋转梯度变为低阶项，因此对裂纹面上的力没有贡献。由于这个原因，Fleck 和 Hutchinson(1997) 提出了另一套理论，即应变梯度塑性 SG 理论，在这个理论中除了考虑旋转梯度外，还考虑拉伸梯度。在下一节将讨论这种理论。

在 Fleck 和 Hutchinson(1993) 文中也提出了一个 CS 应变梯度塑性的增量型理论。

4.3.3 应变梯度塑性 SG 理论 —— 伸长和旋转梯度理论

1. 应变梯度张量 η

除了应变张量 $\boldsymbol{\varepsilon}$ 以外，Fleck 和 Hutchinson(1997) 用位移 $\boldsymbol{u}$ 的二阶梯度 $\boldsymbol{\eta}$(三阶张量) 来描述变形状态，其定义为

$$\boldsymbol{\eta}=\nabla\nabla\boldsymbol{u},\ \eta_{ijk}=\partial_i\partial_j u_k=u_{k,ij} \tag{4.290}$$

$\boldsymbol{\eta}$ 可称为应变梯度张量。显然，$\boldsymbol{\eta}$ 对于其第一与第二指标对称，即 $\eta_{ijk}=\eta_{jik}$ 由式(4.264) 可知 $\boldsymbol{\eta}$ 与转动梯度 $\boldsymbol{\chi}$ 存在着关系：

$$\chi_{ij}=-\frac{1}{2}e_{ist}\eta_{jts}=\frac{1}{2}e_{its}\eta_{jts}$$
$$\boldsymbol{\chi}=\frac{1}{2}\boldsymbol{e}:\boldsymbol{\eta} \tag{4.291}$$

由式(4.291)易证关系式：

$$\eta_{ijk}-\eta_{skj}=2e_{jkp}\chi_{pi} \tag{4.292}$$

Toupin(1962)和 Mindlin(1965)曾经讨论过线弹性固体的情况。对于塑性理论，假定塑性变形无体积变化，因此作为塑性变形的度量，在 $\boldsymbol{\varepsilon}$ 与 $\boldsymbol{\eta}$ 中应该除去体积变形的贡献。应变张量 $\boldsymbol{\varepsilon}$ 中除去代表体积变化的球形部分(或称静水部分)(tr $\boldsymbol{\varepsilon}$)1/3 以后，得到应变偏斜张量(或称应变偏量)$\boldsymbol{\varepsilon}'$。但是，如何把 $\boldsymbol{\eta}$ 分为静水部分和偏斜部分呢？若材料不可压缩，显然有：

$$\boldsymbol{\eta}=\boldsymbol{\eta}^{\mathrm{H}}+\boldsymbol{\eta}',\eta_{ijk}=\eta_{ijk}^{\mathrm{H}}+\eta'_{ijk} \tag{4.293}$$

式(4.293)称为“不可压缩”条件。因此我们希望把 $\boldsymbol{\eta}$ 分成静水部分 $\boldsymbol{\eta}^{\mathrm{H}}$ 与偏量部分 $\boldsymbol{\eta}'$：

$$\eta_{ikk}=\eta_{kik}=0 \tag{4.294}$$

并要求：(1)$\boldsymbol{\eta}^{\mathrm{H}}$ 与 $\boldsymbol{\eta}'$ 均对其第一和第二指标为对称，即 $\eta^{\mathrm{H}}_{ijk}=\eta^{\mathrm{H}}_{jik}$，$\eta'_{ijk}=\eta'_{jik}$；(2)$\boldsymbol{\eta}'$ 满足“不可压缩”条件 η'_{ikk}，$\eta^{\mathrm{H}}_{ikk}=\eta_{\mathrm{ikk}}$；(3)$\boldsymbol{\eta}^{\mathrm{H}}$ 与 $\boldsymbol{\eta}'$ 正交，即 $\boldsymbol{\eta}^{\mathrm{H}}\vdots\boldsymbol{\eta}'=\eta^{\mathrm{H}}_{ijk}\eta'_{ijk}=0$。为了满足要求(1)和(2)，设

$$\eta^{\mathrm{H}}_{ijk}=a\delta_{ij}\eta_{kpp}+\frac{1}{4}(l-a)(\delta_{ik}\eta_{jpp}+\delta_{jk}\eta_{ipp}) \tag{4.295}$$

式中 a——待选的参数。

为了满足要求(3)，须选 $a=0$。故最后得

$$\eta^{\mathrm{H}}_{ijk}=\frac{1}{4}(\delta_{ik}\eta_{jpp}+\delta_{jk}\eta_{ipp}) \tag{4.296}$$

类似于 CS 理论中的式(4.281)，把 Mises 等效应变(4.278)与 $\boldsymbol{\eta}'$ 的所有可能的不变量组合为总等效应变 $\&_{\mathrm{SG}}$，如下：

$$\&^2_{\mathrm{SG}}=\frac{2}{3}\varepsilon'_{ij}\varepsilon'_{ij}+c_1\eta'_{iik}\eta'_{jjk}+c_2\eta'_{ijk}\eta'_{ijk}+c_3\eta'_{ijk}\eta'_{kji} \tag{4.297}$$

式(4.291)给出了 $\boldsymbol{\chi}$ 与 $\boldsymbol{\eta}$ 的关系。由式(4.294)所定定义的 $\boldsymbol{\eta}'$，也可按式(4.291)定义相应的 $\boldsymbol{\chi}'$，即

$$\boldsymbol{\chi}'=\frac{1}{2}\boldsymbol{e}:\boldsymbol{\eta}'(\text{此处：为后二指标缩并}),\quad \chi'_{ij}=\frac{1}{2}e_{its}\eta'_{jts} \tag{4.298}$$

注意原来式(4.290)定义 $\boldsymbol{\eta}$ 为位移 $\boldsymbol{u}$ 的二重梯度，现在由式(4.294)所定义的 $\boldsymbol{\eta}'$ 再也不是某一矢量的二重梯度了。同样，原来式(4.263)定义的 $\boldsymbol{\chi}$ 为转动矢量 $\boldsymbol{\theta}$ 的梯度，现在由式(4.299)所定义的 $\boldsymbol{\chi}'$ 也不再是某一矢量的梯度了。类似于由式(4.291)导出式(4.292)，同样也可以由式(4.299)导出

$$\eta'_{ijk}-\eta'_{ikj}=2e_{jkp}x'_{pi} \tag{4.299}$$

2. 应变梯度偏量 $\boldsymbol{\eta}'$ 的分解与总等效应变 $\&_{\mathrm{SG}}$

Smyshlyaev 和 Fleck(1996)把 $\boldsymbol{\eta}'$ 分解为三个互相正交的部分：

$$\boldsymbol{\eta}'=\boldsymbol{\eta}'^{(1)}+\boldsymbol{\eta}'^{(2)}+\boldsymbol{\eta}'^{(3)} \tag{4.300}$$

且任意两个 $\boldsymbol{\eta}$ 与 $\tilde{\boldsymbol{\eta}}$ 的不同分解部分之间满足正交条件：

$$\boldsymbol{\eta}'^{(i)} \vdots \tilde{\boldsymbol{\eta}}'^{(j)} = 0,\text{当 } i \neq j \tag{4.301}$$

分解过程如下。

首先由 $\boldsymbol{\eta}'$ 产生一个“完全对称”的 $\boldsymbol{\eta}'^{\mathrm{S}}$，它是 $\boldsymbol{\eta}'$ 的分量经过指标轮换平均的结果，即

$$\eta'^{\mathrm{S}}_{ijk} = \frac{1}{3}(\eta'_{ijk} + \eta'_{jki} + \eta'_{kij}) \tag{4.302}$$

可以证明 $\boldsymbol{\eta}'^{\mathrm{S}}$ 不但对第一与第二指标对称，即 $\eta'^{\mathrm{S}}_{ijk} = \eta'^{\mathrm{S}}_{jik}$，而且还具有轮换对称的性质，即 $\eta'^{\mathrm{S}}_{ijk} = \eta'^{\mathrm{S}}_{jki} = \eta'^{\mathrm{S}}_{kij}$。因此 η'^{S}_{ijk} 的值只取决于 (i,j,k) 的组合，而与 i,j,k 的次序无关。按下式定义 η'^{A}

$$\boldsymbol{\eta}'^{\mathrm{A}} = \boldsymbol{\eta}' - \boldsymbol{\eta}'^{\mathrm{S}}, \eta'^{\mathrm{A}}_{ijk} = \eta'_{ijk} - \eta'^{\mathrm{S}}_{ijk} \tag{4.303}$$

由式(4.302)与式(4.303)，易证 η'^{A} 具有性质：

$$\eta'^{\mathrm{A}}_{ijk} + \eta'^{\mathrm{A}}_{jki} + \eta'^{\mathrm{A}}_{kij} = 0 \tag{4.304}$$

且对任意的 $\boldsymbol{\eta}$ 与 $\tilde{\boldsymbol{\eta}}$，$\boldsymbol{\eta}'^{\mathrm{S}}$ 与 $\tilde{\boldsymbol{\eta}}'^{\mathrm{A}}$ 互相正交，即

$$\eta'^{\mathrm{S}} \vdots \tilde{\eta}'^{\mathrm{A}} = \eta'^{\mathrm{S}}_{ijk}\tilde{\eta}'^{\mathrm{A}}_{ijk} = 0 \tag{4.305}$$

将式(4.302)代入式(4.303)并利用式(4.299)，可得 $\boldsymbol{\eta}'^{\mathrm{A}}$ 分量通过 $\boldsymbol{\chi}'$ 的分量表达式：

$$\eta'^{\mathrm{A}}_{ijk} = \frac{2}{3}e_{ikp}\chi'_{pj} + \frac{2}{3}e_{jkp}\chi'_{pi} \tag{4.306}$$

现在把二阶张量 $\boldsymbol{\chi}'$ 分为对称的 $\boldsymbol{\chi}'^{\mathrm{s}}$ 与反对称的 $\boldsymbol{\chi}'^{\mathrm{a}}$ 两部分（上标 s 与 a 用小写字母，以区别于式(4.303)的大写上标字母）：

$$\boldsymbol{\chi}' = \boldsymbol{\chi}'^{\mathrm{s}} + \boldsymbol{\chi}'^{\mathrm{a}} \tag{4.307}$$

$$\boldsymbol{\chi}'^{\mathrm{s}} = \frac{1}{2}(\chi' + \chi'^{\mathrm{T}}), \chi'^{\mathrm{s}}_{ij} = \frac{1}{2}(\chi'_{ij} + \chi'_{ji})$$

$$\boldsymbol{\chi}'^{\mathrm{a}} = \frac{1}{2}(\chi' - \chi'^{\mathrm{T}}), \chi'^{a}_{ij} = \frac{1}{2}(\chi'_{ij} - \chi'_{ji})$$

以 S 和 S^* 表示 $\boldsymbol{\chi}'$ 的两个不变量：

$$\begin{aligned} S &= \boldsymbol{\chi}' : \chi' = \chi'_{ij}\chi'_{ij} \\ S^* &= \boldsymbol{\chi}' : \boldsymbol{\chi}'^{\mathrm{T}} = \boldsymbol{\chi}' \cdot\cdot\, \boldsymbol{\chi}' = \chi'_{ij}\chi'_{ji} \end{aligned} \tag{4.308}$$

则可证

$$\begin{aligned} \boldsymbol{\chi}'^{\mathrm{s}} : \boldsymbol{\chi}'^{\mathrm{a}} &= \chi'^{\mathrm{s}}_{ij}\chi'^{\mathrm{a}}_{ij} = 0 \\ \boldsymbol{\chi}'^{\mathrm{s}} : \boldsymbol{\chi}'^{\mathrm{s}} &= \chi'^{\mathrm{s}}_{ij}\chi'^{\mathrm{s}}_{ij} = \frac{1}{2}(S + S^*) \\ \boldsymbol{\chi}'^{\mathrm{a}} : \boldsymbol{\chi}'^{\mathrm{a}} &= \chi'^{\mathrm{a}}_{ij}\chi'^{\mathrm{a}}_{ij} = \frac{1}{2}(S - S^*) \end{aligned} \tag{4.309}$$

把 $\boldsymbol{\chi}'$ 的分解式(4.307)代入式(4.306)$\boldsymbol{\eta}'^{\mathrm{A}}$，得到 $\boldsymbol{\eta}'^{\mathrm{A}}$ 相应的分解式（分解的两部分以小写字母 a 与 s 表示）

$$\boldsymbol{\eta}'^{\mathrm{A}} = \boldsymbol{\eta}'^{\mathrm{As}} + \boldsymbol{\eta}'^{\mathrm{Aa}} \tag{4.310}$$

式中，类似于式(4.306)，有

$$\eta'^{\mathrm{As}}_{ijk}=\frac{2}{3}e_{ikp}\chi'^{\mathrm{s}}_{pj}+\frac{2}{3}e_{jkp}\chi'^{\mathrm{s}}_{pi}\tag{4.311a}$$

$$\eta'^{\mathrm{Aa}}_{ijk}=\frac{2}{3}e_{ikp}\chi'^{\mathrm{a}}_{pj}+\frac{2}{3}e_{jkp}\chi'^{\mathrm{a}}_{pi}\tag{4.311b}$$

利用式(4.298),可将式(4.311)通过 η' 的分量表示为

$$\begin{aligned}\eta'^{\mathrm{As}}_{ijk}&=\frac{1}{6}[e_{ikp}e_{jlm}\eta'_{lpm}+e_{jkp}e_{ilm}\eta'_{lpm}+2\eta'_{ijk}-\eta'_{jki}-\eta'_{kij}]\\ \eta'^{\mathrm{Aa}}_{ijk}&=\frac{1}{6}[-e_{ikp}e_{jlm}\eta'_{lpm}-e_{jkp}e_{ilm}\eta'_{lpm}+2\eta'_{ijk}-\eta'_{jki}-\eta'_{kij}]\end{aligned}\tag{4.312}$$

由式(4.303)与式(4.310),我们把 $\boldsymbol{\eta}'$ 分成了三个部分:

$$\boldsymbol{\eta}'=\boldsymbol{\eta}'^{\mathrm{S}}+\boldsymbol{\eta}'^{\mathrm{As}}+\boldsymbol{\eta}'^{\mathrm{Aa}}\tag{4.313}$$

在分解式(4.298)时已经要求 $\boldsymbol{\eta}'$ 满足"不可压缩"条件,即 $\eta'_{ikk}=0$。利用式(4.311a)可以证明 η'^{As}(也就是式(4.300)中的 $\eta'^{(2)}$,具有以下性质:

$$\eta'^{(2)}_{ikk}=\eta'^{\mathrm{As}}_{ikk}=0\tag{4.314a}$$

$$\eta'^{(2)}_{iik}=\eta'^{\mathrm{As}}_{iik}=0\tag{4.314b}$$

$$\eta'^{(2)}_{ijk}+\eta'^{(2)}_{jki}+\eta'^{(2)}_{kij}=\eta'^{\mathrm{As}}_{ijk}+\eta'^{\mathrm{As}}_{jkl}+\eta'^{\mathrm{As}}_{kij}=0\tag{4.314c}$$

式(4.314a)说明 $\boldsymbol{\eta}'^{\mathrm{As}}$ 也满足"不可压缩"条件。为了使得 $\boldsymbol{\eta}'$ 分解的三部分都分别满足"不可压缩"条件,定义如下的分解:

$$\begin{gathered}\boldsymbol{\eta}'=\boldsymbol{\eta}'^{(1)}+\boldsymbol{\eta}'^{(2)}+\boldsymbol{\eta}'^{(3)}\\ \boldsymbol{\eta}'^{(1)}=\boldsymbol{\eta}'^{\mathrm{S}}-\boldsymbol{\xi},\boldsymbol{\eta}'^{(2)}=\boldsymbol{\eta}'^{\mathrm{As}},\boldsymbol{\eta}'^{(3)}=\boldsymbol{\eta}'^{\mathrm{Aa}}+\boldsymbol{\xi}\end{gathered}\tag{4.315}$$

式中,$\boldsymbol{\xi}$ 具有同 $\boldsymbol{\eta}'^{\mathrm{S}}$ 一样的对称性,即 ξ_{ijk} 的值只取决于 (i,j,k) 的组合,而与 i,j,k 的次序无关:

$$\xi_{ijk}=b(\delta_{ij}\eta'^{\mathrm{S}}_{kpp}+\delta_{jk}\eta'^{\mathrm{S}}_{ipp}+\delta_{ki}\eta'^{\mathrm{S}}_{jpp})\tag{4.316}$$

b 为一待定系数。根据 $\boldsymbol{\eta}'^{(1)}$(因而 $\boldsymbol{\eta}'^{(3)}$ 满足"不可压缩"条件的要求,即

$$\eta'^{(1)}_{ikk}=\eta'^{(1)}_{kik}=\eta'^{\mathrm{S}}_{ikk}-\xi_{ikk}=0,i=1,2,3\tag{4.317}$$

可定出 $b=1/5$,因此利用式(4.311)与式(4.315)可得 $\boldsymbol{\eta}'$ 的三个部分

$$\eta'^{(1)}_{ijk}=\eta'^{\mathrm{S}}_{ijk}-\xi_{ijk}\tag{4.318a}$$

$$\eta'^{(2)}_{ijk}=\frac{2}{3}e_{ikp}\chi'^{\mathrm{S}}_{pj}+\frac{2}{3}e_{jkp}\chi'^{\mathrm{S}}_{pi}\tag{4.318b}$$

$$\eta'^{(3)}_{ijk}=\frac{2}{3}e_{ikp}\chi'^{\mathrm{a}}_{pj}+\frac{2}{3}e_{jkp}\chi'^{\mathrm{a}}_{pi}+\xi_{ijk}\tag{4.318c}$$

显然,三个部分都对第一、第二指标对称,且都满足"不可压缩",条件:

$$\eta'^{(n)}_{ijk}=\eta'^{(n)}_{jik},\eta'^{(n)}_{ikk}=0,n=1,2,3\tag{4.319a,b}$$

$\boldsymbol{\xi}$ 也可以通过 $\boldsymbol{\chi}'^{\mathrm{a}}$ 表出。直接将式(4.302)、(4.312)与(4.316)代入式(4.315),可得通过 $\boldsymbol{\eta}'$ 分量的表达式:

$$\eta'^{(1)}_{ijk}=\eta'^{\mathrm{S}}_{ijk}-\frac{1}{5}[\delta_{ij}\eta'^{\mathrm{S}}_{kpp}+\delta_{jk}\eta'^{\mathrm{S}}_{ipp}+\delta_{ki}\eta'^{\mathrm{S}}_{jpp}]$$

$$\eta'^{(2)}_{ijk}=\frac{1}{6}[e_{ikp}e_{jlm}\eta'_{lpm}+e_{jkp}e_{ilm}\eta'_{lpm}+2\eta'_{ijk}-\eta'_{jki}-\eta'_{kij}]$$

$$\eta'^{(3)}_{ijk}=\frac{1}{6}\left[-e_{ikp}e_{jlm}\eta'_{lpm}-e_{jkp}e_{ilm}\eta'_{lpm}+2\eta'_{ijk}-\eta'_{jki}-\eta'_{kij}\right]+$$
$$\frac{1}{5}\left[\delta_{ij}\eta'^{\mathrm{S}}_{kpp}+\delta_{jk}\eta'^{\mathrm{S}}_{ipp}+\delta_{ki}\eta'^{\mathrm{S}}_{jpp}\right] \tag{4.320}$$

式中，η'^{S}_{ijk} 见式(4.302)。

将式(4.300)代入总等效应变 $\&_{\mathrm{SG}}$ 的定义式(4.297)，可将 $\&^2_{\mathrm{SG}}$ 写成

$$\&^2_{\mathrm{SG}}=\frac{2}{3}\boldsymbol{\varepsilon}':\boldsymbol{\varepsilon}'+c_1\frac{5}{2}\boldsymbol{\eta}'^{(3)}\vdots\boldsymbol{\eta}'^{(3)}+c_2(\boldsymbol{\eta}'^{(1)}\vdots\boldsymbol{\eta}'^{(1)}+\boldsymbol{\eta}'^{(2)}\vdots\boldsymbol{\eta}'^{(2)}+\boldsymbol{\eta}'^{(3)}\vdots\boldsymbol{\eta}'^{(3)})+$$
$$c_3(\boldsymbol{\eta}'^{(1)}\vdots\boldsymbol{\eta}'^{(1)}-\frac{1}{2}\boldsymbol{\eta}'^{(2)}\vdots\boldsymbol{\eta}'^{(2)}-\frac{1}{4}\boldsymbol{\eta}'^{(3)}\vdots\boldsymbol{\eta}'^{(3)})$$

整理后得

$$\&^2_{\mathrm{SG}}=\frac{2}{3}\varepsilon':\varepsilon'+l_1^2\eta'^{(1)}\vdots\eta'^{(1)}+l_2^2\eta'^{(2)}\vdots\eta'^{(2)}+l_3^2\eta'^{(3)}\vdots\eta'^{(3)} \tag{4.321}$$

式中

$$l_1^2=c_2+c_3,l_2^2=c_2-\frac{1}{2}c_3,l_3^2=\frac{5}{2}c_1+c_2-\frac{1}{4}c_3 \tag{4.322}$$

反之，c_1,c_2,c_3 也可以通过 l_1^2,l_2^2,l_3^2 表示

$$\begin{aligned}c_1&=-\frac{1}{15}l_1^2-\frac{1}{3}l_2^2+\frac{2}{5}l_3^2\\c_2&=\frac{1}{3}l_1^2+\frac{2}{3}l_2^2\\c_3&=\frac{2}{3}l_1^2-\frac{2}{3}l_2^2\end{aligned} \tag{4.323}$$

把式(4.321)中的 $\&^2_{\mathrm{SG}}$ 通过 $\boldsymbol{\chi}'$ 的不变量表示：

$$\&^2_{\mathrm{SG}}=\frac{2}{3}\boldsymbol{\varepsilon}':\boldsymbol{\varepsilon}'+l_1^2\boldsymbol{\eta}'^{(1)}\vdots\boldsymbol{\eta}'^{(1)}+(\frac{4}{3}l_2^2+\frac{8}{5}l_3^2)\boldsymbol{\chi}':\boldsymbol{\chi}'+(\frac{4}{3}l_2^2-\frac{8}{5}l_3^2)\boldsymbol{\chi}':\boldsymbol{\chi}'^{\mathrm{T}} \tag{4.324}$$

式中　l_1,l_2,l_3——以长度为量纲的三个材料常数。

当 l_2 与 l_3 满足下列关系时，

$$l_3=\sqrt{\frac{5}{6}}l_2 \tag{4.325}$$

式(4.324)右端只出现 $\boldsymbol{\chi}'$ 的一个不变量 $\boldsymbol{\chi}':\boldsymbol{\chi}'$ 而不出现另一个不变量 $\boldsymbol{\chi}':\boldsymbol{\chi}'^{\mathrm{T}}$。在下列特殊的材料常数下：

$$l_1=0,l_2=\frac{1}{2}l,l_3=\sqrt{\frac{5}{24}}l \tag{4.326}$$

式(4.324)的 $\&^2_{\mathrm{SG}}$ 就过渡到CS理论的有效应变式(4.281) $\&^2$。因此CS理论可以看作是本节SG理论的一个材料常数组合特殊情况(3.78)。

通过对薄梁弯曲试验(Stolken 和 Evans(1998))、细铜丝扭转试验(Fleck 等(1994))和微压痕试验(Nix(1989)，De Guzman 等(1993)，Stelmashenko 等(1993)，Ma 和 Clarke(1995)，Poole 等(1996)，McElhaney 等(1998))，Begley 和 Hutchinson(1997)定出了这些材料常数：

$$l_1=\frac{1}{16}l\sim\frac{1}{8}l, l_2=\frac{1}{2}l, l_3=\sqrt{\frac{4}{25}}\cdot l \tag{4.327}$$

也就是铜的 $l=4\ \mu\text{m}, l_1=0.25\sim0.5\ \mu\text{m}, l_2=2\ \mu\text{m}, l_3=1.8\ \mu\text{m}$；镍的 $l=6\ \mu\text{m}, l_1=0.38\sim0.75\ \mu\text{m}, l_2=3\ \mu\text{m}, l_3=2.7\ \mu\text{m}$。基于旋转梯度的理论中相应的材料长度见式(4.326)，但按照这样的材料长度，在微压痕或纳米试验中仅仅能预测 10% ～ 20% 的增加，与试验中观察到的增加 200% ～ 300% 相差甚远。

CS理论除了考虑应变偏量 $\boldsymbol{\varepsilon}'$ 外，只考虑了旋转梯度 $\boldsymbol{\chi}'$，而且也不完全，因为略去了不变量 $\boldsymbol{\chi}':\boldsymbol{\chi}'^{\mathrm{T}}$。本节的 SG 理论同时考虑了不变量 $\boldsymbol{\chi}':\boldsymbol{\chi}'$ 与 $\boldsymbol{\chi}':\boldsymbol{\chi}'^{\mathrm{T}}$，而且还考虑了 $\boldsymbol{\eta}'^{(1)}$。如果材料不可压缩，而且旋转或旋转梯度为零，按 CS 与 SG 理论各有：

$$\&^2=\frac{2}{3}\boldsymbol{\varepsilon}':\boldsymbol{\varepsilon}', \&_{\mathrm{SG}}^2=\frac{2}{3}\boldsymbol{\varepsilon}':\boldsymbol{\varepsilon}'+l_1^2\boldsymbol{\eta}'^{(1)}:\boldsymbol{\eta}'^{(1)}$$

在 $\&_{\mathrm{SG}}^2$ 中必然反映了材料的伸长梯度，这就是我们之所以称其为"伸长和旋转梯度理论"。

3. SG 应变梯度塑性理论的本构关系

设物体每单位体积的应变能 w 为以下两部分之和：

$$w=w_{\mathrm{v}}(\varepsilon_{\mathrm{v}})+w(\&_{\mathrm{SG}}) \tag{4.328}$$

式中 w_{v}—— 由于体积变化导致的应变能。

对于各向同性弹性，以 ε_{v} 表示体积变形，则

$$w_{\mathrm{v}}=\frac{1}{2}K\varepsilon_{\mathrm{v}}^2, \varepsilon_{\mathrm{v}}=\mathrm{tr}\,\boldsymbol{\varepsilon}=\varepsilon_{ii} \tag{4.329}$$

式中 K—— 体积模量，$K=E/3(1-2v)$；

E—— 杨氏模量；

v—— 松比。

类似于式(4.282)，定义总等效应力

$$\Sigma=\frac{\partial w(\&_{\mathrm{SG}})}{\partial\&_{\mathrm{SG}}} \tag{4.330}$$

由式(4.321)，$\&_{\mathrm{SG}}$ 取决于 $\boldsymbol{\varepsilon}', \boldsymbol{\eta}'^{(1)}, \boldsymbol{\eta}'^{(2)}, \boldsymbol{\eta}'^{(3)}$。而 $\boldsymbol{\eta}'^{(1)}, \boldsymbol{\eta}'^{(2)}, \boldsymbol{\eta}'^{(3)}$ 为由 $\boldsymbol{\eta}'$ 分解的三个相互正交的部分(见式(4.300))，它们都可唯一地通过 $\boldsymbol{\eta}'$ 线性地表达，即式(4.320)。将 w 看作 $\boldsymbol{\varepsilon}$ 与 $\boldsymbol{\eta}'$ 的函数 $w(\boldsymbol{\varepsilon},\boldsymbol{\eta}')$，非线性弹性关系为

$$\boldsymbol{\sigma}=\frac{\partial w(\boldsymbol{\varepsilon},\boldsymbol{\eta}')}{\partial\boldsymbol{\varepsilon}}, \boldsymbol{\tau}'=\frac{\partial w(\boldsymbol{\varepsilon},\boldsymbol{\eta}')}{\partial\boldsymbol{\eta}'} \tag{4.331}$$

式中 $\boldsymbol{\sigma},\boldsymbol{\tau}'$—— 与 $\boldsymbol{\varepsilon},\boldsymbol{\eta}'$ 功共轭的"应力"。

因为 $\boldsymbol{\varepsilon}$ 对称，$\boldsymbol{\eta}'$ 对第一、第二指标对称，$\eta'_{ijk}=\eta'_{jik}$，且满足"不可压缩"条件 $\eta'_{ikk}=0$(见式(4.329))，所以这里也必须规定 $\boldsymbol{\sigma}$ 对称，τ' 对第一、第二指标对称，$\tau'_{ijk}=\tau'_{jik}$，且满足 $\tau'_{ikk}=0$。为了计算式(4.331) 中的 $\boldsymbol{\sigma},\boldsymbol{\tau}'$ 我们只需要计算 $\mathrm{d}w$。由式(4.328)，利用式(4.329)、式(4.330)，有

$$\mathrm{d}w=\mathrm{d}w_v+\mathrm{d}w(\&_{\mathrm{SG}})=K\varepsilon_{\mathrm{v}}\mathbf{1}:\mathrm{d}\boldsymbol{\varepsilon}+\Sigma\mathrm{d}\&_{\mathrm{SG}} \tag{4.332}$$

其中 $\mathrm{d}\&_{\mathrm{SG}}$ 可由式(4.321) 求出

$$\&_{SG}\mathrm{d}\&_{SG}=\frac{2}{3}\boldsymbol{\varepsilon}':\mathrm{d}\boldsymbol{\varepsilon}'+l_1^2\boldsymbol{\eta}'^{(1)}\vdots\mathrm{d}\boldsymbol{\eta}'^{(1)}+l_2^2\boldsymbol{\eta}'^{(2)}\vdots\mathrm{d}\boldsymbol{\eta}'^{(2)}+l_3^2\boldsymbol{\eta}'^{(3)}\vdots\mathrm{d}\boldsymbol{\eta}'^{(3)} \tag{4.333}$$

由式(4.301)的正交条件，取 $\widetilde{\boldsymbol{\eta}}'$ 为 $\mathrm{d}\boldsymbol{\eta}'$：

$$\boldsymbol{\eta}'^{(i)}\vdots\mathrm{d}\boldsymbol{\eta}'^{(j)}=0,i\neq j \tag{4.334}$$

可将式(4.292)写为

$$\&_{SG}\mathrm{d}\&_{SG}=\frac{2}{3}\boldsymbol{\varepsilon}':\mathrm{d}\boldsymbol{\varepsilon}'+[l_1^2\boldsymbol{\eta}'^{(1)}+l_2^2\boldsymbol{\eta}'^{(2)}+l_3^2\boldsymbol{\eta}'^{(3)}]\vdots\mathrm{d}\boldsymbol{\eta}' \tag{4.333a}$$

将 d_{SG} 由(4.333a)代入式(4.332)，得

$$\mathrm{d}w=(K\varepsilon_{\mathrm{v}}1+\frac{2}{3}\frac{\Sigma}{\xi_{SG}}\varepsilon'):d\varepsilon+\frac{\Sigma}{\xi_{SG}}[l_1^2\boldsymbol{\eta}'^{(1)}+l_2^2\boldsymbol{\eta}'^{(2)}+l_3^2\boldsymbol{\eta}'^{(3)}]\vdots d\eta' \tag{4.335}$$

于是，式(4.331)与式(4.335)给出

$$\boldsymbol{\sigma}=K\varepsilon_{\mathrm{v}}1+\frac{2}{3}\frac{\Sigma}{\&_{SG}}\varepsilon'，即\ \sigma'=\frac{2}{3}\frac{\Sigma}{\&_{SG}}\varepsilon' \tag{4.336}$$

$$\boldsymbol{\tau}'=\sum_{n=1}^{3}\boldsymbol{\tau}'^{(n)},\boldsymbol{\tau}'^{(n)}=\frac{\Sigma}{\&_{SG}}l_n^2\boldsymbol{\eta}'^{(n)}(对\ n\ 不取和),n=1,2,3 \tag{4.337}$$

由式(4.336)与式(4.337)，并利用式(4.321)，可证：

$$\Sigma^2=\frac{3}{2}\boldsymbol{\sigma}':\boldsymbol{\sigma}'+l_1^{-2}\boldsymbol{\tau}'^{(1)}\vdots\boldsymbol{\tau}'^{(1)}+l_2^{-2}\boldsymbol{\tau}'^{(2)}\vdots\boldsymbol{\tau}'^{(2)}+l_3^{-2}\boldsymbol{\tau}'^{(3)}\vdots\boldsymbol{\tau}'^{(3)} \tag{4.338}$$

类似于由式(4.271)导出式(4.273)，对于式(4.331)进行 Legendre 变换，可得

$$\boldsymbol{\varepsilon}=\frac{\partial\varphi(\boldsymbol{\sigma},\boldsymbol{\tau}')}{\partial\boldsymbol{\sigma}},\boldsymbol{\eta}'=\frac{\partial\varphi(\boldsymbol{\sigma},\boldsymbol{\tau}')}{\partial\boldsymbol{\tau}'} \tag{4.339}$$

式中

$$\varphi(\boldsymbol{\sigma},\boldsymbol{\tau}')=\boldsymbol{\sigma}:\boldsymbol{\varepsilon}+\boldsymbol{\tau}'\vdots\boldsymbol{\eta}'-w(\boldsymbol{\varepsilon},\boldsymbol{\eta}') \tag{4.340}$$

类似于式(4.288)，设总等效应变 $\&_{SG}$ 与总等效应力 Σ 之间为

$$\left(\frac{\&_{SG}}{\&_{SG0}}\right)=\left(\frac{\Sigma}{\Sigma_0}\right)^n \tag{4.341}$$

式中 $\&_{SG0}$、Σ_0——材料常数，则类似于式(4.289)，可定出

$$\left.\begin{aligned}w&=\frac{1}{2}K\varepsilon_{\mathrm{v}}^2+\frac{n}{n+1}\Sigma_0\&_{SG0}\left(\frac{\&_{SG}}{\&_{SG0}}\right)^{\frac{n+1}{n}}\\ \varphi&=\frac{1}{2K}\sigma_{\mathrm{m}}^2+\frac{1}{n+1}\Sigma_0\&_{SG0}\left(\frac{\Sigma}{\Sigma_0}\right)^{n+1}\end{aligned}\right\} \tag{4.342}$$

式中 σ_{m}——平均应力。

SG 应变梯度理论的场方程、变分原理和边界条件可参考 Fleck 和 Hutchinson (1997)，这个理论也获得了一些应用。

Fleck 和 Hutchinson(1997)研究了金属基材料由刚性颗粒夹杂导致的强化和孔洞的失稳问题。Chen 等(1999)获得了 Ⅰ 型、Ⅱ 型裂纹的渐近解。

对裂纹尖端场的分析同样采用有限元方法。由于在裂尖具有很大的拉伸梯度，且几乎不可压，为了精确地体现裂尖的应变梯度效应，Wei 和 Hutchinson(1998)发展出一种

新的有限元力法，这种单元在$n=1$的极限情况下与 Shi 和 Huang(1998) 利用 Wiener—Hopf 方法得到的弹性全场解析解，不仅是在裂尖而且在全场范围内都符合得非常好。这一结果说明 Wei 和 Hutchinson(1998) 发展的新有限元方法可以体现裂尖的应变梯度效应，包括旋转梯度和拉伸梯度。Wei 和 Hutchinson(1997) 在 I 型裂纹稳态扩展中应用应变梯度塑性 SG 理论，得到了比应用 CS 理论高得多的裂尖应力场。在 Fleck 和 Hutchinson(1997) 中也提出了一个 SG 应变梯度塑性的增量型理论。

4.3.4 基于细观机制的应变梯度塑性理论(MSG)

1. 应变梯度塑性的试验规律

最近，Nix 和 Gao(1998) 通过对压痕试验结果的分析，阐明了 Fleck 和 Hutchinson(1993) 引进的材料长度 l 的意义，并且提供了基于细观机制的应变梯度塑性理论所必需的试验规律。Nix 和 Gao 从描述材料的抗剪强度和位错密度的 Taylor 关系出发

$$\tau=\alpha\mu b\sqrt{\rho_T}=\alpha\mu b\sqrt{\rho_S+\rho_G} \tag{4.343}$$

式中 ρ_T—— 总的位错密度；

ρ_S—— 统计储存位错密度；

ρ_G—— 几何必需位错密度；

μ—— 剪切模量；

b——Burgers 向量；

a—— 经验常数，其值为 1 的数量级(例如参考 Nix 和 Gibeling,1985)。

应变梯度只与几何必需位错有关，所以等效应变梯度 η 可以定义为

$$\eta=\rho_G b \tag{4.344}$$

根据这个表达式，可以把 η 解释为弯曲问题中的曲率，或者扭转问题中的每单位长度的扭角。

对于多数韧性材料，单向拉伸应力应变关系可以写成幂律形式：

$$\sigma=\sigma_{ref}\varepsilon^N \tag{4.345}$$

式中 $N(0<N<l)$—— 塑性功硬化指数；

σ_{ref}—— 参考应力。

对于多晶体，拉伸流动应力 σ 为剪切流动应力 τ 的 $M(=3.06)$ 倍(Taylor(1938), Kocks(1970))。在单向拉伸情况下，应变梯度为零，式(4.345) 只反映由于统计储存位错造成的硬化，因此 ρ_S 可以由单向拉伸应力应变关系决定。式(4.343) 给出应变梯度塑件的硬化律：

$$\sigma=\sigma_{ref}\sqrt{\varepsilon^{2N}+l\eta} \tag{4.346}$$

式中

$$l=M^2\alpha^2\left(\frac{\mu}{\sigma_{ref}}\right)^2 b \tag{4.347}$$

是应变梯度塑性理论中的内禀材料长度，对韧性金属 l 为微米量级。这与根据 Fleck 等(1994) 的细铜丝扭转和 Stolken 与 Evans(1998) 的镍薄梁弯曲试验估计出来的材料长度

属同一个数量级。应指出 Nix 与 Gao(1998) 曾经根据各向同性固体的 Mises 准则，在式(4.347) 中采用 $M=\sqrt{3}$。

Nix 与 Gao(1998) 用应变梯度律式(4.346) 计算微压痕硬度，证明由应变梯度律式(3.98) 式可导出下面有关压痕硬度 H 的关系式：

$$H/H_0=\sqrt{1+h^*/h} \tag{4.348}$$

这里 H_0 是不考虑应变梯度效应时的硬度，h 是压痕深度，而且有

$$h^*=\frac{81}{2}ba^2\tan^2\theta(\mu/H_0)^2 \tag{4.349}$$

式中　θ—— 压头锥形表面与被压表面平面的夹角。

式(4.348) 和 McElhaney 等(1998) 用单晶和冷加工多晶铜做微压痕试验的数据符合得很好，并且与 Ma 和 Clarke(1995) 用单晶银做微压痕试验的数据也符合得很好。另外重新考察 Poole 等(1996) 的试验数据再次证实了这种 H^2 与 $1/h$ 的线性关系。由图 4.2 可以看出，按照式(4.348) 计算出来的硬度与压痕深度之间的关系和 McElhaney 等(1998) 对(111) 单晶铜所做的压痕试验数据符合得非常好。相反地，经典塑性理论给出的是一条水平直线，即硬度与压痕深度无关，图 4.2 中也给出了这条水平直线。

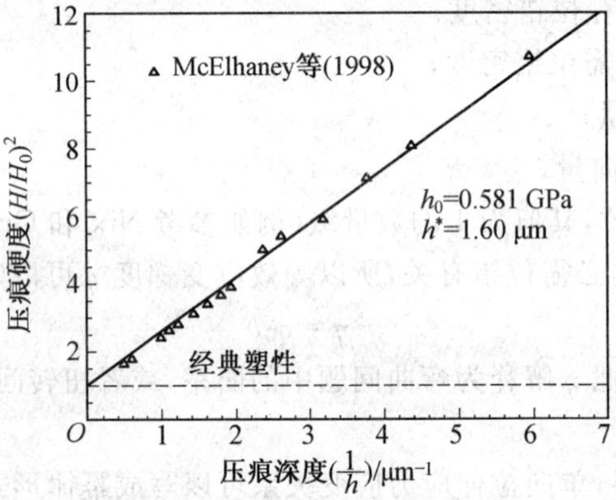

图 4.2　按照式(4.348) 得到的(111) 单晶铜的压痕深度 - 硬度关系图

2. 提出基于细观机制的应变梯度塑性理论的动机

虽然 Fleck 和 Hutchinson(1993,1997) 把位错理论作为他们提出应变梯度塑性理论的动机，但实际上只是将高阶等效应力与应变取代经典塑性本构关系中的等效应力与应变，而高价应变涉及应变梯度与一个或几个需要由试验定出来的材料长度。换句话说，Fleck-Hutchinson 的理论主要是在宏观可以测量的单轴应力应变关系的基础上建立的。而一些微观力学的试验，如微压痕试验、微扭转和微弯曲试验除了用于确定材料长度外，在理论的建立过程中并没有起到什么作用。然而，式(4.346) 应用在各种材料的微压痕试验中得到非常好的效果。即 H^2 与 l/h 呈线性关系，说明式(4.346) 表明了材料在微尺度下一种基本的、内禀的变形特征。这提供了一个强烈的动机，以式(4.346) 作为一个基本假设，以建立另一种理论。Gay 等(1999) 和 Huang 等(1999) 提出了一种多尺度、分层次的理论框架，来实现塑性理论和位错理论的结合。每一个细观尺度胞元内的应变场按

线性规律变化，其内部每一点作为微尺度胞元(图 4.3)。微尺度胞元内的位错交互作用近似遵守 Taylor 关系，所以可以应用应变梯度塑性律式(4.346)。在微尺度胞元内部，η 项是几何必需位错密度的度量，而几何必需位错的积累导致流动应力严格按照 Taylor 模型增大，也就是假设微尺度塑性流动是发生在几何必需位错的背景下统计储存位错的滑移，假设微尺度塑性变形遵守 Talor 功硬化关系及经典塑性关联律，而几何必需位错的概念和应变梯度的关联是建立在细观尺度胞元的水平上。在细观尺度胞元的水平上建立塑性理沦，高阶应力作为应变梯度的热力学共轭量出现，故保证此理论满足连续介质的 Clausius-Duhem 热力学限制。这种分层次的模型提供了一种建立细观本构理论的方法，即在某个代表元上通过微尺度塑性律的平均化处理，得到细观尺度的本构关系。虽然这种新的理论恰好满足 Fleck 和 Hutchinson(1997) 建立的唯象理论的数学框架，但是它基于细观机制的出发点使其不同于所有现存的唯象理论。

3. 基本假设

图 4.3 给出了 MSG 理论所采用的多尺度框架。在微尺度胞元上，胞元尺寸比应变场变化的区域小，位错的交互作用可以描述为在几何必需位错的背景下统计储存位错的滑移。而按照应变梯度律式(4.346)，几何必需位错影响微尺度流动应力。在微尺度胞元上按照经典的方式定义应力和应变，记为 $\tilde{\sigma}$ 和 $\bar{\varepsilon}$。在更高层次的分析中，即以后称为细观分析中，与应变梯度塑性相关的概念，例如高阶应力与应变梯度，是为了保证本构模型满足热力学限制的需要。

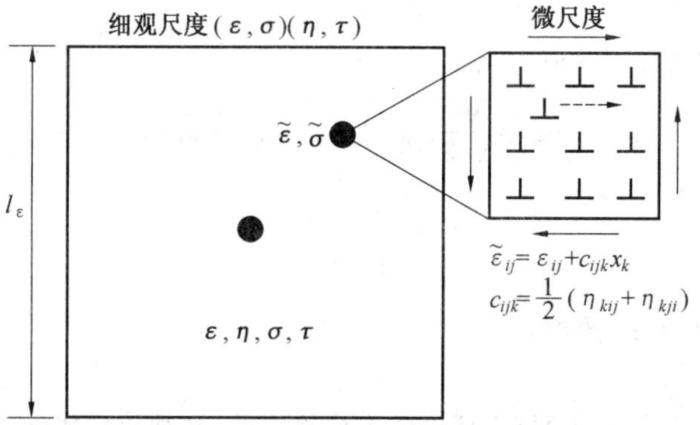

图 4.3 MSG 理论中采用的多尺度框架

为什么在应变梯度塑性理论中需要分层次的框架呢？原因是在微尺度下可以建立与按照 Taylor 模型预测的情况相联系的理论。按照 Taylor 模型，流动应力被定义为使位错在壁垒间滑动的临界力。另一方面，在细观尺度下可建立在几何必需位错与应变梯度之间的联系，并构造满足热力学限制的本构框架。换句话说，多尺度框架可以使几何必需位错成为本构模型的必要部分。细观尺度的变量包括应力 $\boldsymbol{\sigma}$、应变 $\boldsymbol{\varepsilon}$、高阶应力 $\boldsymbol{\tau}$ 和应变梯度 $\boldsymbol{\eta}$。

在建立 MSG 理论细观尺度下的形式时，采用 Fleck 和 Hutchinson(1997) 所建立的高阶梯度框架，而这是基于早期 Toupin(1962)、Koiter(1964) 和 Mindlin(1964，1965) 等人的工作。在这个框架中，广义应变张量包括式(4.258c) 的对称应变张量 $\boldsymbol{\varepsilon}$ 与式(4.290) 的

位移二阶梯度 $\boldsymbol{\eta}$。为简单起见，在以下的分析中忽略弹性变形和材料可压缩性。按照 Fleck 和 Hutchinson(1997) 的理论，不可压缩性可以表示为 $\varepsilon_{ii}=0,\eta_{ikk}^{\mathrm{H}}=\eta_{ikk}=0$。所以位移 $\boldsymbol{u}$ 的任意变化导致每单位体积应变能的变化为

$$\delta w=\sigma'_{ij}\delta\varepsilon_{ij}+\tau'_{ijk}\delta\eta_{ijk} \tag{4.350}$$

为了在细观尺度下的应变梯度塑性和微尺度下的 Taylor 硬化关系之间建立联系，在 MSG 理论框架中采用如下的基本假设：

(1) 假设微尺度的流动应力由位错运动控制，并且遵守应变梯度律式(4.4) 给出的 Taylar 硬化关系

$$\tilde{\sigma}=\sigma_y\sqrt{f^2(\varepsilon)+l\eta} \tag{4.351}$$

(2) 应变梯度塑性是在细观水平上对位错运动的描述。因此它可以从微尺度下基于位错的微尺度塑性律导出。选择细观尺度胞元应尽量小以保证其中的应变可近似按照线性规律变化，且又要足够大以保证可以应用 Taylor 模型。在细观尺度下忽略高阶应变梯度。微观尺度和细观尺度的联系是塑性功相等

$$\int_{V_{\mathrm{cell}}}\tilde{\sigma}'_{ij}\delta\widetilde{\varepsilon_{ij}}\,\mathrm{d}V=(\sigma'_{ij}\delta\varepsilon_{ij}+\tau'_{ijk}\delta\eta_{ijk})V_{\mathrm{cell}} \tag{4.352}$$

(3) 在微尺度胞元中假设经典塑性的基本结构成立。为此，可假定塑性流动为在几何必需位错的背景下统计储存位错的滑移。在微尺度下的几形变理论可以表示为

$$\tilde{\sigma}'_{ij}=(2\tilde{\varepsilon}_{ij}/3\varepsilon_{\mathrm{eq}})\tilde{\sigma}_{\mathrm{eq}} \tag{4.353}$$

式中 $\tilde{\varepsilon}_{\mathrm{eq}}$—— 微尺度等效应变；

$\tilde{\sigma}_{\mathrm{eq}}$—— 微尺度等效应力。

$$\tilde{\sigma}_{\mathrm{eq}}=\sqrt{\frac{2}{3}\tilde{\sigma}'_{ij}\tilde{\sigma}'_{ij}},\ \widetilde{\varepsilon_{\mathrm{eq}}}=\sqrt{\frac{2}{3}\tilde{\varepsilon}_{ij}\tilde{\varepsilon}_{ij}} \tag{4.354}$$

微尺度的屈服条件为

$$\tilde{\sigma}_{\mathrm{eq}}=\tilde{\sigma} \tag{4.355}$$

这里 $\tilde{\sigma}$ 由式(4.351) 给出。

4. 位错模型

在由上述基本假设导出 MSG 理论的本构律之前，必须建立式(4.344) 中的 η 与应变梯度 $\boldsymbol{\eta}$ 之间的关系。Gao 等(1999) 采用 $\boldsymbol{\eta}$ 的不变量来定义等效应变梯度：

$$\eta=\sqrt{c'_1\eta_{ijk}\eta_{jik}+c'_2\eta_{ijk}\eta_{ijk}+c'_3\eta_{ijk}\eta_{kji}} \tag{4.356}$$

并以 η 作为几何必需位错密度的度量。由于目前缺少应变梯度效应的试验数据。他们不是由试验数据来拟合 c'_1，c'_2 与 c'_3，而是由若干个不同的位错模型来决定这些常数，这些模型包括平面应变弯曲、纯扭转与二维轴对称孔洞增长三种。

必须指出，对于给定的连续应变场，可能有多个对应的几何必需位错图像，使得这些常数不能唯一地确定。假设滑移系取向不同，对应的几何必需位错图像也不同。Gao 等(1999) 没有顾及这些复杂性，对给定的变形场，考虑了多种滑移系，但采用了能给出几何必需位错密度为最小值的，即最为有效的位错图像。上述三种位错模型给出 c'_1、c'_2 与 c'_3 的三个方程，其解为

$$c_1' = 0, c_2' = \frac{1}{4}, c_3' = 0 \tag{4.357}$$

因此对应于最有效位错图像的等效应变梯度为

$$\eta = \sqrt{\eta_{ijk}\eta_{jik}/4} \tag{4.358}$$

式(4.358)的形式与经典塑性理论中的 $\varepsilon = \sqrt{2\varepsilon_{ij}\varepsilon_{ji}/3}$ 很相似。按照如式(4.322)中的 c_i' 与 l_i' $(i=1,2,3)$ 间的关系 $l_1^2 = l_2^2 = l_3^2 = \frac{1}{4}$，因此式(4.358)也可写作

$$\eta = \sqrt{\frac{1}{4}(\eta_{ijk}^{(1)}\eta_{ijk}^{(1)} + \eta_{ijk}^{(2)}\eta_{ijk}^{(2)} + \eta_{ijk}^{(3)}\eta_{ijk}^{(3)})} \tag{4.358a}$$

5. MSG 应变梯度塑性理论本构方程

基于上述讨论的理论假设，新的应变梯度塑性理论(MSG)的框架可以按照下面的方法建立。注意这只是 MSG 的形变理论。

考虑一个细观尺度下的胞元，每边的长度为 l_ε(图 4.3)。假设在这个胞元中位移的变化为

$$\tilde{u}_k = \varepsilon_{ik}x_i + \frac{1}{2}\eta_{ijk}x_ix_j + O(x^3) \tag{4.359}$$

这里 x_i 表示以胞元中心为坐标原点的局部坐标，η_{ijk} 是位移场的二阶梯度。当胞元足够小时，可以忽略位移的高阶梯度，所以应变场的变化可以线性表示为

$$\tilde{\varepsilon}_{ij} = \varepsilon_{ij} + \frac{1}{2}(\eta_{kij} + \eta_{kji})x_k \tag{4.360}$$

这样微尺度下的应变 $\tilde{\varepsilon}_{ij}$ 就与细观尺度下的应变 ε_{ij} 和应变梯度 η_{ijk} 建立了联系。

必须强调指出，细观尺度胞元尺寸 l_ε 必须比式(4.347)应变梯度塑性的内禀材料尺度 l 小得多。

把微尺度下的本构关系式(4.353)和运动假设

$$\delta\tilde{\varepsilon}_{ij} = \delta\varepsilon_{ij} + \frac{1}{2}(\delta\eta_{kij} + \eta_{kji})x_k \tag{4.360a}$$

代入塑性功等式(4.352)，并且令方程两端 $\delta\varepsilon_{ij}$ 系数和 $\delta\eta_{ij}$ 的系数对应相等，就可得到 MSG 的形变理论本构方程。由方程两端 $\delta\varepsilon_{ij}$ 的系数对应相等可得

$$\sigma_{ij}' = \frac{1}{V_{\text{cell}}}\int_{V_{\text{cell}}} \tilde{\sigma}_{ij}'\,\mathrm{d}V \tag{4.361}$$

由方程两端 $\delta\eta_{kij}$ 的系数对应相等得到

$$\tau_{ijk}' = \mathrm{Dev}\left[\frac{1}{2}\int_{V_{\text{cell}}}(\tilde{\sigma}_{jk}'x_i + \tilde{\sigma}_{ik}'x_j)\,\mathrm{d}V\right]/V_{\text{cell}} \tag{4.362}$$

这里 Dev[…] 表示[…]的偏斜部分，定义和式(3.46) $\boldsymbol{\eta}' = \boldsymbol{\eta} - \boldsymbol{\eta}^{\mathrm{H}}$ 的形式相似。

由于坐标 x_k 的原点位于正方体胞元的中心，上面式子的积分可以按照如下的法则进行

$$\frac{1}{V_{\text{cell}}}\int_{V_{\text{cell}}}\mathrm{d}V = 1,\quad \int_{V_{\text{cell}}} x_k\,\mathrm{d}V = 0,\quad \frac{1}{V_{\text{cell}}}\int_{V_{\text{cell}}} x_kx_m\,\mathrm{d}V = \frac{1}{12}l_\varepsilon^2\delta_{km} \tag{4.363}$$

保留 l_ε 的最低阶项，得到细观尺度下的本构方程：

$$\sigma'_{ij}=2\varepsilon_{ij}\sigma/3\varepsilon \tag{4.364}$$

$$\tau'_{ijk}=l_\varepsilon^2[\sigma(\Lambda_{ijk}-\Pi_{ijk})/\varepsilon+N\sigma_{ref}^2\varepsilon^{2N-1}\Pi_{ijk}/\sigma] \tag{4.365}$$

其中

$$\sigma=\sigma_{\rm ref}\sqrt{\varepsilon^{2N}+l\eta} \tag{4.366}$$

$$\Lambda_{ijk}=\frac{1}{72}\left[2\eta_{ijk}+\eta_{kji}+\eta_{kij}-\frac{1}{4}(\delta_{ik}\eta_{ppj}+\delta_{jk}\eta_{ppi})\right] \tag{4.367}$$

$$\Pi_{ijk}=\varepsilon_{mn}\left[\varepsilon_{ik}\eta_{jmn}+\varepsilon_{jk}\eta_{imn}-\frac{1}{4}(\delta_{ik}\varepsilon_{jp}+\delta_{jk}\varepsilon_{ip})\eta_{pmn}\right]/54\varepsilon^2 \tag{4.368}$$

注意在σ'_{ij}中略去了$O(l_\varepsilon^2)$，在τ'_{ijk}中略去了$O(l_\varepsilon^4)$在上面的式子中，ε表示经典塑性理论中的等效应变，η见式(4.368)：

$$\varepsilon=\sqrt{\frac{2}{3}\varepsilon_{ij}\varepsilon_{ij}},\quad \eta=\sqrt{\frac{1}{4}\eta_{ijk}\eta_{ijk}} \tag{4.369}$$

可以看出，用这一多层次处理方法可以由反映于 Taylor 模型中的基于位错机制的微尺度塑性律导出 MSG 塑性的细观(mesoscale)本构律。因此无须假设存在应变能密度函数。事实上，在 MSG 塑性理论中不存在应变能密度函数。

6. 在 MSG 塑性理论中不存在应变能密度函数

一个重要问题是：在 MSG 塑性梯度理论中是否存在应变能密度函数$w(\boldsymbol{\varepsilon},\boldsymbol{\eta})$，使得本构方程可以通过$w$表示(见式(4.331))：

$$\boldsymbol{\sigma}'=\frac{\partial w}{\partial\boldsymbol{\varepsilon}},\quad \boldsymbol{\tau}'=\frac{\partial w}{\partial\boldsymbol{\eta}} \tag{4.370}$$

式(4.370)显然不可能成立，因为 MSG 塑性本构方程(4.364)、(4.365)不满足互逆关系，即

$$\frac{\partial\sigma'_{ij}}{\partial\eta_{kmn}}\neq\frac{\partial\tau'_{kmn}}{\partial\varepsilon_{ij}} \tag{4.371}$$

而式(4.371)为应变能密度函数存在的必要条件。这一点对于在 MSG 塑性理论中是否可以应用断裂力学J积分提出了疑问。但应指出，应变能密度函数不存在性正是与在微尺度下几何必需位错密切相关的。

7. 细观尺度胞元尺寸

对 MSG 塑性理论中细观胞元尺寸l_ε的理解会带来困难，因为在经典塑性理论中没有类似的概念。Gao 等(1999)曾指出，它不是一个只是为方便起见而特地引进的参数，而是一个与塑性变形本身性质相关的基本参数。它是为准确地同时描述应变梯度和流动应力这一基本矛盾的产物。细观尺度胞元尺寸l_ε是一个在计算每一胞元中应变梯度时控制精度的分辨率参数。因此，它必须足够小，以保证应变梯度的精度，

$$l_\varepsilon\ll l=M^2\alpha^2\left(\frac{\mu}{\sigma_{\rm ref}}\right)^2 b \tag{4.372}$$

式中　l——应变梯度理论中的内禀材料长度。

另一方面，在胞元中假设 Taylor 关系式成立，因此胞元必须足够大，能包含足够多的位错。这就要求

$$l_\varepsilon\gg L_{\rm yield}\sim\frac{\mu}{\sigma_y}b \tag{4.373}$$

式中 L_{yield}—— 材料屈服时统计储存位错的平均间距，估计为 $(\mu/\sigma_y)b$；

σ_y—— 材料在 0.2% 屈服应变时的屈服应力。

比较这两个互相制约的要求(4.372) 与(4.373)，可得出 l_ε 的适宜选择(Gao 等 1999)

$$l_\varepsilon = \beta \frac{\mu}{\sigma_y} b \tag{4.374}$$

式中 β—— 一由试验决定的常系数。

可用韧性材料的以下代表性力学性质来估计 β 的量级：

$$\begin{aligned} &N = 0.2,\ \varepsilon_y = \sigma_y/\boldsymbol{E} = 0.2\%,\ \sigma_{\text{ref}}/\sigma_y = \varepsilon_y^{-N} \\ &\mu/\boldsymbol{E} = 3/8,\ \alpha = 1,\ \boldsymbol{M} = 3.06 \end{aligned} \tag{4.375}$$

此处 ε_y 为屈服应变，而 $\boldsymbol{E}$ 为杨氏模量。内禀材料长度 l 可用式(4.347) 或式(4.372) 估计：

$$l \approx 27\ 400b \tag{4.376}$$

对于铜($b = 0.255$ mm)，这给出 7 μm，与应变梯度现象学(phenomenological) 理论(Fleck 和 Hutchinson，1997) 中的材料长度量级一致。在屈服时统计储存位错的平均间距由(4.373) 估计：

$$L_{\text{yield}} = 188b \tag{4.377}$$

对应于位错密度的量级 $10^{14}\,\text{m}^{-2}$ 对铜的值为 50 nm。因此，β 应为 10 的量级，即

$$\beta \sim 10 \tag{4.378}$$

Huang 等(1999) 曾研究 MSG 塑性理论的几个典型例子，包括薄梁弯曲、细丝扭转、微孔洞增长、孔洞失稳与双金属剪切。他们的结果表明，宏观物理量(例如弯矩、扭矩、作用的应力等) 对系数 β 颇不敏感，但局部变形场却强烈地受 β 的影响。

4.4 晶体塑性本构关系理论

Taylor 在 1938 年基于对多晶体有限应变下的弹塑性分析，提出了晶体的有限变形弹塑性本构理论。随后，Hill、Rice、Asaro 以及 Peirce 等人进行了完善和补充，给出了合理的描述。这些描述认为，晶体的变形包含了两部分，一部分是由晶体的位错沿着特定晶体学平面滑移引起的，另一部分是由晶格的弹性变形和转动造成的。这两种变形产生的物理机制是不同的，即位错滑移和晶格变形。晶格的变形可以看作是连续介质的弹性变形，因而可以用弹性力学的方法来处理。而位错滑移，由于位错的分布是离散的，不能直接应用连续介质力学来处理，并且位错的滑移使得在晶粒内部产生位移间断，这种间断不能用连续的变形梯度来处理。然而，在实际的晶粒内部存在大量的位错，从宏观角度看滑移在晶粒内部是均匀的，因而用连续介质的场变量变形梯度来描述位错滑移的宏观效应是合适的。

4.4.1 变形梯度

在连续介质力学中，把物体看作是物质点的连续致密集合。物质点通常由它在参考构形中的位置 $\bar{\boldsymbol{X}}$ 来表示，物体在三维空间中所占的区域称为构形。物质点是随着时间 t

变化的，则物质点 $\bar{\boldsymbol{X}}$ 在当前构形中的位置矢量 $\bar{\boldsymbol{x}}$ 是 $\bar{\boldsymbol{X}}$ 和 t 的函数：

$$\bar{\boldsymbol{x}} = x(\bar{\boldsymbol{X}}, t) \tag{4.379}$$

设两个相近的点 P、Q 在初始构形中的位置矢量为 $\bar{\boldsymbol{X}}$ 和 $\bar{\boldsymbol{X}} + \mathrm{d}\bar{\boldsymbol{X}}$，当发生变形后，在当前构形中两个点 $P1$、$Q1$ 的位置矢量为 $\bar{\boldsymbol{x}}$ 和 $\bar{\boldsymbol{x}} + \mathrm{d}\bar{\boldsymbol{x}}$。略去二次项，于是得到

$$\mathrm{d}\bar{\boldsymbol{x}} = \boldsymbol{x}(\bar{\boldsymbol{X}} + \mathrm{d}\bar{\boldsymbol{x}}, t) - \boldsymbol{x}(\bar{\boldsymbol{X}}, t) \approx \boldsymbol{F}\mathrm{d}\bar{\boldsymbol{X}} \tag{4.380}$$

式中　$\boldsymbol{F}$—— 变形梯度张量：

$$\boldsymbol{F} = \frac{\partial \bar{\boldsymbol{x}}}{\partial \bar{\boldsymbol{X}}} \tag{4.381}$$

变形梯度是一个线性变换矩阵，它把参考构形中 $\bar{\boldsymbol{X}}$ 的邻域映射到当前构形 $\bar{\boldsymbol{x}}$ 的一个邻域，它描述了物体在这个变化过程中的变形。

变形梯度可以进行右极分解：

$$\boldsymbol{F} = \boldsymbol{R} \cdot \boldsymbol{U} \tag{4.382}$$

式中　$\boldsymbol{U}$—— 右伸长张量，是对称正定的；

　　$\boldsymbol{R}$—— 正交张量。

定义右 Cauchy-Green 变形张量 $\boldsymbol{C}$ 为

$$\boldsymbol{C} = \boldsymbol{F}^{\mathrm{T}} \cdot \boldsymbol{F} \tag{4.383}$$

$\boldsymbol{C}$ 为对称正定的二阶张量，所以

$$\boldsymbol{C} = (\boldsymbol{R} \cdot \boldsymbol{U})^{\mathrm{T}} \cdot (\boldsymbol{R} \cdot \boldsymbol{U}) = \boldsymbol{U}^{\mathrm{T}} \cdot \boldsymbol{U} = \boldsymbol{U}^2 \tag{4.384}$$

则

$$\boldsymbol{U} = \boldsymbol{C}^{\frac{1}{2}} = (\boldsymbol{F}^{\mathrm{T}} \cdot \boldsymbol{F})\ \frac{1}{2} \tag{4.385}$$

因为 $\boldsymbol{R} = \boldsymbol{F} \cdot \boldsymbol{U}^{-1}$，则

$$\boldsymbol{R}^{\mathrm{T}} \cdot \boldsymbol{R} = \boldsymbol{R} \cdot \boldsymbol{R}^{\mathrm{T}} = I \tag{4.386}$$

证明 $\boldsymbol{R}$ 为正交张量。

同样，变形梯度也可以作左极分解：

$$\boldsymbol{F} = \boldsymbol{V} \cdot \boldsymbol{R}_1 \tag{4.387}$$

由 Cauchy-Green 变形张量 $\boldsymbol{C}$ 可定义 Green 应变张量为

$$\boldsymbol{E} = \frac{1}{2}(\boldsymbol{C} - \boldsymbol{I}) \tag{4.388}$$

常用的对数应变张量定义为

$$\boldsymbol{\varepsilon} = \ln \boldsymbol{U} \tag{4.389}$$

也称为 Cauchy 应变张量，或真应变张量。

4.4.2　晶体塑性变形几何学与运动学

晶体经过时间 t 的变形，变形梯度为 $\boldsymbol{F}$。将变形梯度作极分解：

$$\boldsymbol{F} = \boldsymbol{F}^{\mathrm{e}} \cdot \boldsymbol{F}^{\mathrm{p}} \tag{4.390}$$

式中 $\boldsymbol{F}^{p}$—— 变形梯度中表征晶体沿滑移方向的均匀剪切变形所对应的变形梯度，称为塑性变形梯度；

$\boldsymbol{F}^{e}$—— 晶格畸变和刚性转动所产生的变形梯度。

图 4.4 给出了晶体变形几何学的示意图。可以看出，当晶体滑移时，晶格矢量不发生改变，只有当晶格畸变时，晶格矢量才发生伸缩和转动。

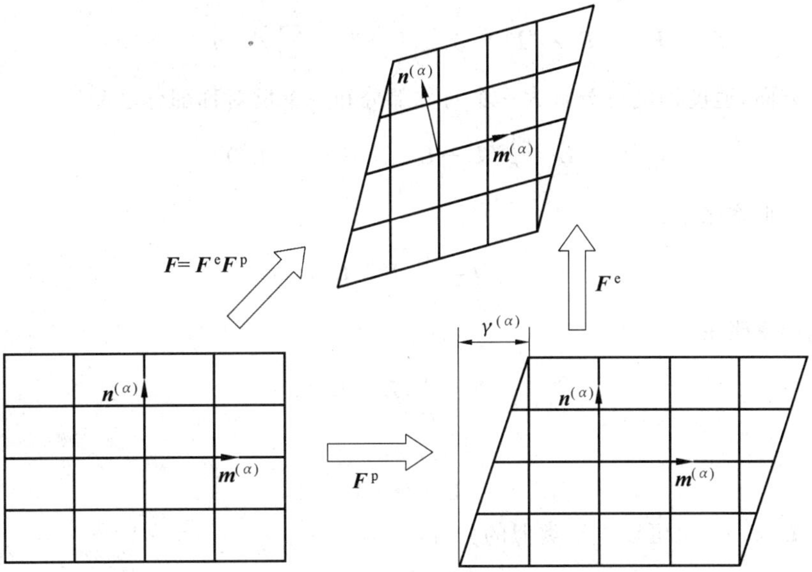

图 4.4 晶体变形几何学

在当前构形中，晶体第 α 滑移系滑移方向的单位向量用 $\boldsymbol{m}^{(\alpha)}$ 来表示，滑移面的单位法向量用 $\boldsymbol{n}^{(\alpha)}$ 表示。在外力作用下，晶格发生畸变，滑移方向变为 $\boldsymbol{m}^{*(\alpha)}$，则有

$$\boldsymbol{m}^{*(\alpha)}=\boldsymbol{F}^{e}\cdot\boldsymbol{m}^{(\alpha)} \tag{4.391}$$

而滑移面的法线方向将变为 $\boldsymbol{n}^{*(\alpha)}$，则有

$$\boldsymbol{n}^{*(\alpha)}=((\boldsymbol{F}^{e})^{-1})^{T}\cdot\boldsymbol{n}^{(\alpha)} \tag{4.392}$$

此时，向量 $\boldsymbol{m}^{*(\alpha)}$ 和 $\boldsymbol{n}^{*(\alpha)}$ 不再是单位向量，但仍然保持相互正交。

定义变形的速度梯度 $\boldsymbol{L}$ 为

$$\boldsymbol{L}=\frac{\partial v}{\partial x}=\frac{\partial v}{\partial \boldsymbol{X}}\frac{\partial \boldsymbol{X}}{\partial x}=\dot{\boldsymbol{F}}\cdot\boldsymbol{F}^{-1} \tag{4.393}$$

式中 $\boldsymbol{X}$—— 初始构形量；

$\boldsymbol{x}$—— 当前构形量。

与变形梯度的乘法分解相对应，速度梯度可分解为与滑移和晶格畸变加刚体转动相对应的两个部分：

$$\boldsymbol{L}=\dot{\boldsymbol{F}}\cdot\boldsymbol{F}^{-1}=\dot{\boldsymbol{F}}^{e}\cdot(\boldsymbol{F}^{e})^{-1}+\boldsymbol{F}^{e}\cdot(\dot{\boldsymbol{F}}^{p}\cdot(\boldsymbol{F}^{p})^{-1})\cdot(\boldsymbol{F}^{e})^{-1}=\boldsymbol{L}^{e}+\boldsymbol{L}^{p} \tag{4.394}$$

$$\boldsymbol{L}^{e}=\dot{\boldsymbol{F}}^{e}\cdot(\boldsymbol{F}^{e})^{-1} \tag{4.395}$$

$$\boldsymbol{L}^{p}=\boldsymbol{F}^{e}\cdot(\dot{\boldsymbol{F}}^{p}\cdot(\boldsymbol{F}^{p})^{-1})\cdot(\boldsymbol{F}^{e})^{-1} \tag{4.396}$$

下面关键的问题是如何将各滑移系引起的剪切应变与整体的塑性变形联系起来。不

难证实

$$\dot{\boldsymbol{F}}^{p}\cdot(\boldsymbol{F}^{p})^{-1}=\sum_{\alpha=1}^{N}\dot{\boldsymbol{\gamma}}^{(\alpha)}\boldsymbol{m}^{(\alpha)}\otimes\boldsymbol{n}^{(\alpha)}\tag{4.397}$$

式中　$\dot{\gamma}^{(\alpha)}$——第 α 滑移系的滑移剪切应变率，对所有激活的滑移系进行求和。

因此有

$$\boldsymbol{L}^{p}=\boldsymbol{F}^{e}\cdot(\dot{\boldsymbol{F}}^{p}\cdot(\boldsymbol{F}^{p})^{-1})\cdot(\boldsymbol{F}^{e})^{-1}=\sum_{\alpha=1}^{N}\dot{\gamma}^{(\alpha)}\boldsymbol{m}^{*(\alpha)}\otimes\boldsymbol{n}^{*(\alpha)}\tag{4.398}$$

另一方面，速度梯度可分解为一个对称部分和一个反对称部分之和

$$\boldsymbol{L}=\frac{1}{2}(\boldsymbol{L}+\boldsymbol{L}^{\mathrm{T}})+\frac{1}{2}(\boldsymbol{L}-\boldsymbol{L}^{\mathrm{T}})\tag{4.399}$$

定义变形率张量：

$$\boldsymbol{D}=\frac{1}{2}(\boldsymbol{L}+\boldsymbol{L}^{\mathrm{T}})\tag{4.400}$$

定义旋率张量：

$$\boldsymbol{W}=\frac{1}{2}(\boldsymbol{L}-\boldsymbol{L}^{\mathrm{T}})\tag{4.401}$$

则有

$$\boldsymbol{L}=\boldsymbol{D}+\boldsymbol{W}\tag{4.402}$$

同样 $\boldsymbol{L}^{e}$ 和 $\boldsymbol{L}^{p}$ 也可以进行类似的分解：

$$\boldsymbol{L}^{e}=\boldsymbol{D}^{e}+\boldsymbol{W}^{e}\tag{4.403}$$

$$\boldsymbol{L}^{p}=\boldsymbol{D}^{p}+\boldsymbol{W}^{p}\tag{4.404}$$

因此对变形率张量有

$$\boldsymbol{D}=\boldsymbol{D}^{e}+\boldsymbol{D}^{p}\tag{4.405}$$

且有

$$\boldsymbol{D}^{e}=\frac{1}{2}(\dot{\boldsymbol{F}}^{e}\cdot(\boldsymbol{F}^{e})^{-1}+((\boldsymbol{F}^{e})^{\mathrm{T}})^{-1}\cdot(\dot{\boldsymbol{F}}^{e})^{\mathrm{T}})\tag{4.406}$$

$$\boldsymbol{D}^{p}=\sum_{\alpha=1}^{N}\boldsymbol{P}^{(\alpha)}\dot{\gamma}^{(\alpha)}\tag{4.407}$$

式中

$$\boldsymbol{P}^{(\alpha)}=\frac{1}{2}(\boldsymbol{m}^{*(\alpha)}\otimes\boldsymbol{n}^{*(\alpha)}+\boldsymbol{n}^{*(\alpha)}\otimes\boldsymbol{m}^{*(\alpha)})\tag{4.408}$$

对旋率张量也有类似的关系

$$\boldsymbol{W}=\boldsymbol{W}^{e}+\boldsymbol{W}^{p}\tag{4.409}$$

则有

$$\boldsymbol{W}^{e}=\frac{1}{2}(\dot{\boldsymbol{F}}^{e}\cdot(\boldsymbol{F}^{e})^{-1}-((\boldsymbol{F}^{e})^{\mathrm{T}})^{-1}\cdot(\dot{\boldsymbol{F}}^{e})^{\mathrm{T}})\tag{4.410}$$

$$\boldsymbol{W}^{p}=\sum_{\alpha=1}^{N}\boldsymbol{W}^{(\alpha)}\dot{\gamma}^{(\alpha)}\tag{4.411}$$

式中

$$\boldsymbol{W}^{(\alpha)}=\frac{1}{2}(\boldsymbol{m}^{*(\alpha)}\otimes\boldsymbol{n}^{*(\alpha)}-\boldsymbol{n}^{*(\alpha)}\otimes\boldsymbol{m}^{*(\alpha)}) \tag{4.412}$$

由以上晶体学的变形基本公式，建立起微观滑移剪切应变率和宏观变形率间的关系。

4.4.3 单晶体本构关系

假定晶体的弹性性能不受滑移变形的影响，可将 Kirchhoff 应力张量的 Jaumann 导数写为

$$\overset{\nabla}{\boldsymbol{\sigma}}{}^{\mathrm{e}}=\boldsymbol{C}^{\mathrm{e}}:\boldsymbol{D}^{\mathrm{e}} \tag{4.413}$$

上式即为弹性本构关系，$\boldsymbol{C}^{\mathrm{e}}$ 为弹性模量张量。$\overset{\nabla}{\boldsymbol{\sigma}}{}^{\mathrm{e}}$ 表示与晶格一起转动的坐标系中柯西应力张量的变化率，即

$$\overset{\nabla}{\boldsymbol{\sigma}}{}^{\mathrm{e}}=\overset{\nabla}{\boldsymbol{\sigma}}-\boldsymbol{W}^{\mathrm{e}}\boldsymbol{\sigma}+\boldsymbol{\sigma}\boldsymbol{W}^{\mathrm{e}} \tag{4.414}$$

这里，$\overset{\nabla}{\boldsymbol{\sigma}}=\dot{\boldsymbol{\sigma}}-\boldsymbol{W}\boldsymbol{\sigma}+\boldsymbol{\sigma}\boldsymbol{W}$。由此可得

$$\overset{\nabla}{\boldsymbol{\sigma}}{}^{\mathrm{e}}=\overset{\nabla}{\boldsymbol{\sigma}}+\boldsymbol{W}^{\mathrm{p}}\boldsymbol{\sigma}-\boldsymbol{\sigma}\boldsymbol{W}^{\mathrm{p}} \tag{4.415}$$

将式(4.412) 带入，则有

$$\overset{\nabla}{\boldsymbol{\sigma}}{}^{\mathrm{e}}=\overset{\nabla}{\boldsymbol{\sigma}}+\sum_{\alpha=1}^{N}\boldsymbol{B}^{(\alpha)}\dot{\gamma}^{(\alpha)} \tag{4.416}$$

式中

$$\boldsymbol{B}^{(\alpha)}=\boldsymbol{W}^{(\alpha)}\boldsymbol{\sigma}-\boldsymbol{\sigma}\boldsymbol{W}^{(\alpha)} \tag{4.417}$$

将式(4.405)、(4.416) 带入式(4.413) 可得

$$\overset{\nabla}{\boldsymbol{\sigma}}=\boldsymbol{C}^{\mathrm{e}}:\boldsymbol{D}-\sum_{\alpha=1}^{N}\boldsymbol{R}^{(\alpha)}\dot{\gamma}^{(\alpha)} \tag{4.418}$$

式中

$$\boldsymbol{R}^{(\alpha)}=\boldsymbol{C}^{\mathrm{e}}:\boldsymbol{P}^{(\alpha)}+\boldsymbol{B}^{(\alpha)} \tag{4.419}$$

这样，式(4.418) 将应力率、变形率以及反映微观变形的滑移剪切应变率联系起来。

4.4.4 率相关剪切应变率计算

有了式(4.418)，下面的主要任务是计算各滑移系的剪切应变率。它的计算是根据硬化方程来进行的，现有硬化方程分为率无关和率相关两种形式。基于 Schmid 法则，将第 α 滑移系的率相关滑移剪切应变率定义为

$$\dot{\gamma}^{(\alpha)}=\dot{\gamma}_0^{(\alpha)}f^{(\alpha)}(\tau^{(\alpha)}/g^{(\alpha)}) \tag{4.420}$$

式中 $\dot{\gamma}_0^{(\alpha)}$—— 第 α 滑移系的参考剪切应变率；

$\tau^{(\alpha)}$—— 临界剪应力；

$g^{(\alpha)}$—— 参考剪应力；

$f^{(\alpha)}$—— 描述了剪切应变率对应力的依赖性。

Hutchinson 在 1976 年用简单能量法给出了 $f^{(\alpha)}$ 的定义：

$$f^{(\alpha)}(x)=x\left|x\right|^{m-1} \tag{4.421}$$

式中 m—— 材料的率敏感系数，当 $m\rightarrow\infty$时即为率无关的材料硬化模型。

材料的应变强化由 $g^{(\alpha)}$ 的演变来描述：

$$\dot{g}^{(\alpha)}=\sum_{\beta=1}^{N}h_{\alpha\beta}\dot{\gamma}^{(\beta)} \tag{4.422}$$

这里的 $h_{\alpha\beta}$ 为滑移硬化模量，对所有开动的滑移系进行求和，决定了滑移系 β 中的滑移剪切应变对滑移系 α 所产生的硬化作用。$h_{\alpha\alpha}$ 和 $h_{\alpha\beta}(\alpha\neq\beta)$ 分别称为自硬化和潜在硬化模量。Peirce 等给出了自硬化模量的简单形式：

$$h_{\alpha\beta}=h(\gamma)=h_0\operatorname{sech}^2\left|\frac{h_0\gamma}{\tau_s-\tau_0}\right| \tag{4.423}$$

式中 h_0—— 初始硬化模量；

τ_0—— 屈服应力；

τ_s—— 第 Ⅰ 阶段的饱和应力；

γ—— 总的剪切应变。

总的剪切应变计算公式为

$$\gamma=\sum_{\alpha}\int_0^t\left|\dot{\gamma}^{(\alpha)}\right|\mathrm{d}t \tag{4.424}$$

潜在硬化模量为

$$h_{\alpha\beta}=qh(\gamma)(\alpha\neq\beta) \tag{4.425}$$

式中 q—— 常数。

该硬化模量忽略了 Bauschinger 效应。

4.4.5 剪切应变增量列式

在晶体的本构方程计算中，为了保证计算在较大时间步长下的稳定性，Peirce 等人采用切线系数法对式(4.420) 进行改进。在 t 时刻，α 滑移系的剪切应变增量 $\Delta\boldsymbol{\gamma}^{(\alpha)}$ 定义为

$$\Delta\boldsymbol{\gamma}^{(\alpha)}=\boldsymbol{\gamma}^{(\alpha)}(\boldsymbol{t}+\Delta\boldsymbol{t})-\boldsymbol{\gamma}^{(\alpha)}(\boldsymbol{t}) \tag{4.426}$$

当时间增量步为 Δt 时，剪切应变增量 $\Delta\gamma^{(\alpha)}$ 可以由下式计算

$$\Delta\boldsymbol{\gamma}^{(\alpha)}=[(1-\theta)\dot{\boldsymbol{\gamma}}^{(\alpha)}(\boldsymbol{t})+\theta\dot{\boldsymbol{\gamma}}^{(\alpha)}(\boldsymbol{t}+\Delta\boldsymbol{t})]\Delta t \tag{4.427}$$

其中，$0\leqslant\theta\leqslant 1$，一般取值为 0.5。用式(4.420) 对上式的最后一项进行泰勒展开：

$$\dot{\boldsymbol{\gamma}}^{(\alpha)}(\boldsymbol{t}+\Delta\boldsymbol{t})=\dot{\boldsymbol{\gamma}}^{(\alpha)}(\boldsymbol{t})+\left.\frac{\partial\dot{\boldsymbol{\gamma}}^{(\alpha)}}{\partial\boldsymbol{\tau}^{(\alpha)}}\right|_t\Delta\boldsymbol{\tau}^{(\alpha)}+\left.\frac{\partial\dot{\boldsymbol{\gamma}}^{(\alpha)}}{\partial\boldsymbol{g}^{(\alpha)}}\right|_t\Delta\boldsymbol{g}^{(\alpha)} \tag{4.428}$$

式中 $\Delta\boldsymbol{\tau}^{(\alpha)}$、$\Delta\boldsymbol{g}^{(\alpha)}$—— 在时间增量步 Δt 内临界切应力和硬化函数的增量。

由式(4.426) ～ 式(4.428) 得出

$$\Delta\boldsymbol{\gamma}^{(\alpha)}=\Delta\boldsymbol{t}\left[\dot{\boldsymbol{\gamma}}^{(\alpha)}(\boldsymbol{t})+\theta\left.\frac{\partial\dot{\boldsymbol{\gamma}}^{(\alpha)}}{\partial\boldsymbol{\tau}^{(\alpha)}}\right|_t\Delta\boldsymbol{\tau}^{(\alpha)}+\theta\left.\frac{\partial\dot{\boldsymbol{\gamma}}^{(\alpha)}}{\partial\boldsymbol{g}^{(\alpha)}}\right|_t\Delta\boldsymbol{g}^{(\alpha)}\right] \tag{4.429}$$

由硬化方程式(4.422)，可以得到当前硬化函数的增量：

$$\Delta\boldsymbol{g}^{(\alpha)}=\sum_{\beta}\boldsymbol{h}_{\alpha\beta}\Delta\boldsymbol{\gamma}^{(\beta)} \tag{4.430}$$

由式(4.413)，临界剪应力增量 $\Delta\boldsymbol{\tau}^{(\alpha)}$ 与应变增量 $\Delta\boldsymbol{\varepsilon}_{ij}$，并考虑到变形可以通过式

(4.394)、(4.405) 和(4.409) 分解为晶格畸变部分和塑性变形部分：

$$\Delta\boldsymbol{\tau}^{(\alpha)}=[\boldsymbol{C}_{ijkl}^{e}\boldsymbol{P}_{kl}^{(\alpha)}+\boldsymbol{W}_{ik}^{(\alpha)}\boldsymbol{\sigma}_{jk}+\boldsymbol{W}_{jk}^{(\alpha)}\boldsymbol{\sigma}_{ik}]\cdot\left[\Delta\boldsymbol{\varepsilon}_{ij}-\sum_{\beta}\boldsymbol{P}_{ij}^{(\beta)}\Delta\boldsymbol{\gamma}^{(\beta)}\right] \quad (4.431)$$

同步转动应力增量 $\Delta\boldsymbol{\sigma}_{ij}$ 由式(4.415) 可以得到：

$$\Delta\boldsymbol{\sigma}_{ij}=\boldsymbol{C}_{ijkl}^{e}\Delta\boldsymbol{\varepsilon}_{kl}-\boldsymbol{\sigma}_{ij}\Delta\boldsymbol{\varepsilon}_{kk}-\sum_{\alpha}[\boldsymbol{C}_{ijkl}^{e}\boldsymbol{P}_{kl}^{(\alpha)}+\boldsymbol{W}_{ik}^{(\varepsilon)}\boldsymbol{\sigma}_{jk}+\boldsymbol{W}_{jk}^{(\alpha)}\boldsymbol{\sigma}_{ik}]\Delta\boldsymbol{\gamma}^{(\alpha)} \quad (4.432)$$

将式(4.430) 和式(4.431) 带入式(4.429)，对给定的 $\Delta\boldsymbol{\varepsilon}_{ij}$ 可以得到滑移系剪切应变的增量关系式：

$$\sum_{\beta}\left\{\delta_{\alpha\beta}+\theta\Delta t\frac{\partial\dot{\boldsymbol{\gamma}}^{(\alpha)}}{\partial\boldsymbol{\tau}^{(\alpha)}}[\boldsymbol{C}_{ijkl}^{e}\boldsymbol{P}_{kl}^{(\alpha)}+\boldsymbol{W}_{ik}^{(\alpha)}\boldsymbol{\sigma}_{jk}+\boldsymbol{W}_{jk}^{(\alpha)}\boldsymbol{\sigma}_{ik}]\boldsymbol{P}^{(\beta)}-\theta\Delta t\frac{\partial\dot{\boldsymbol{\gamma}}^{(\alpha)}}{\partial\boldsymbol{g}^{(\alpha)}}\boldsymbol{h}_{\alpha\beta}\operatorname{sgn}(\dot{\boldsymbol{\gamma}}_{t}^{(\beta)})\right\}\Delta\boldsymbol{\gamma}^{(\beta)}$$

$$=\dot{\boldsymbol{\gamma}}_{t}^{(\alpha)}\Delta t+\theta\Delta t\frac{\partial\dot{\boldsymbol{\gamma}}^{(\alpha)}}{\partial\boldsymbol{\tau}^{(\alpha)}}[\boldsymbol{C}_{ijkl}^{e}\boldsymbol{P}_{kl}^{(\alpha)}+\boldsymbol{W}_{ik}^{(\alpha)}\sigma_{jk}+\boldsymbol{W}_{jk}^{(\alpha)}\boldsymbol{\sigma}_{ik}]\Delta\boldsymbol{\varepsilon}_{ij} \quad (4.433)$$

式中 sgn()——() 内的符号；

$\delta_{\alpha\beta}$——Kronecker 参数。

一旦 $\Delta\boldsymbol{\gamma}^{(\alpha)}$ 由应变增量 $\Delta\boldsymbol{\varepsilon}_{ij}$ 求得，其他变量的增量都可以由式(4.429) ~ (4.432) 求得。

在晶体发生塑性变形时，晶格会发生变形和转动，这可以由滑移方向 $\boldsymbol{m}^{*(\alpha)}$ 和滑移面法向 $\boldsymbol{n}^{*(\alpha)}$ 来描述，写成率形式：

$$\dot{\boldsymbol{m}}^{*(\alpha)}=(\boldsymbol{D}^{*}+\boldsymbol{W}^{*})\cdot\boldsymbol{m}^{*(\alpha)} \quad (4.433)$$

$$\dot{\boldsymbol{n}}^{*(\alpha)}=-\boldsymbol{n}^{*(\alpha)}\cdot(\boldsymbol{D}^{*}+\boldsymbol{W}^{*}) \quad (4.434)$$

与应变增量 $\Delta\boldsymbol{\varepsilon}_{ij}$ 和滑移系剪切应变增量 $\Delta\gamma^{(\alpha)}$ 相对应的滑移方向和滑移面法向向量增量分别为

$$\Delta\boldsymbol{m}_{i}^{*(\alpha)}=\left\{\Delta\boldsymbol{\varepsilon}_{ij}+\boldsymbol{W}_{ij}\Delta t-\sum_{\beta}[\boldsymbol{P}_{ij}^{(\beta)}+\boldsymbol{W}_{ij}^{(\beta)}]\Delta\boldsymbol{\gamma}^{(\beta)}\right\}\boldsymbol{m}_{j}^{*(\alpha)} \quad (4.435)$$

$$\Delta\boldsymbol{n}_{i}^{*(\alpha)}=-\boldsymbol{n}_{j}^{*(\alpha)}\left\{\Delta\boldsymbol{\varepsilon}_{ji}+\boldsymbol{W}_{ji}\Delta t-\sum_{\beta}[\boldsymbol{P}_{ji}^{(\beta)}+\boldsymbol{W}_{ji}^{(\beta)}]\Delta\boldsymbol{\gamma}^{(\beta)}\right\} \quad (4.436)$$

在每个时间步都要更新滑移方向 $\boldsymbol{m}^{*(\alpha)}$ 和滑移面法向 $\boldsymbol{n}^{*(\alpha)}$，来获得当前状态的 Schmid 因子 $P_{ij}^{(\alpha)}$ 和张量 $\boldsymbol{W}_{ij}^{(\alpha)}$。

除式(4.433) 外，由于应力和状态变量是在时间增量步结束时进行更新的，导致所有的增量都是非线性的，因而采用下式来替代式(4.433)：

$$\Delta\boldsymbol{\gamma}^{(\alpha)}-(1-\theta)\Delta t\dot{\boldsymbol{\gamma}}_{t}^{(\alpha)}-\theta\Delta t\dot{\boldsymbol{\gamma}}_{0}^{(\alpha)}f^{(\alpha)}\left(\frac{\boldsymbol{\tau}_{t}^{(\alpha)}+\Delta\boldsymbol{\tau}^{(\alpha)}}{\boldsymbol{g}_{t}^{(\alpha)}+\Delta\boldsymbol{g}^{(\alpha)}}\right)=0 \quad (4.437)$$

该非线性方程通过 Newton－Rhapson 法进行迭代求解，并使用式(4.433) 给出初始值。

第5章　热加工图理论及应用

表征金属塑性成形能力的一个重要指标是材料的“加工性”。所谓“加工性”是指材料在塑性变形过程中不发生破坏所能达到的变形能力。材料的可加工性是机械加工的一个重要工程参数，它是材料在塑性变形过程中不发生破坏的变形能力。材料的可加工性分为两个独立的部分：应力状态可加工性(state of stress workability)和内在可加工性(intrinsic workability)。应力状态可加工性主要通过施加的应力与变形区的几何形状来控制。因此，它主要针对机械加工过程，而与材料特性无关。材料内在可加工性与材料的化学成分、原始组织状态、加工历史及变形温度、应变速率和应变等参数有关。内在加工性则依赖于合金成分以及先前加工历史决定的微观组织和在加工过程中对温度、应变速率和应变等参数的响应。

加工图是一种描述材料可加工性好坏的图形，通过 T 和 $\dot{\varepsilon}$ 为坐标轴绘制而成的加工场来显示材料塑性变形的稳定区域和失稳区域中的加工条件(工艺参数)，最终目的是在制造环境中可重复的基础上生产出没有宏观和微观缺陷的具有特定组织和性能的部件。

加工图根据基于的数学模型主要分为三类：第一类是基于原子模型的加工图，例如Ashby和Frost的变形机制图(Ashby－Frost Deformation Map)和Raj图；第二类是基于动态材料模型和修正动态材料模型的加工图；第三类是基于极性交互模型的加工图。

加工图理论的发展时间虽然不长，但是已经在钢铁、钛、铝、镁、镍、锆、铜、硅、锌及其合金等金属材料以及复合材料等领域得到推广应用。采用加工图理论分析材料的热变形行为，能准确直观地反映出材料在不同变形条件下的组织演变规律，为研究材料的热变形工艺提供了更为便捷有效的方法。

5.1　热加工图基础理论

5.1.1　基于原子模型的热加工图原理

Frost和Ashby率先采用变形机制图来描述材料对加工工艺参数的响应，他们采用归一化的应力值和同系温度为坐标，表明在某个温度－应力区间内某种变形机制起主导作用。这种变形机制图主要适用于低应变速率下的蠕变机制，并已证明对合金设计用处很大。但是一般金属塑性加工是在高于蠕变机制几个数量级的应变速率下进行的，因此通常还有其他不同的显微结构变形机制。

考虑到应变速率和温度这两个直接变量，Raj扩展了Ashby和Frost的变形机制图的概念，并建立了新的加工图——Raj图。Raj图可以显示两种破坏机制的极限变形条件：① 在较低变形温度和较高应变速率下，软基体组织上硬相粒子处产生的空洞；② 在较高变形温度和较低应变速率下，三角晶界处产生的楔形裂纹。纯镍的Ashby－Frost变形机制图如图 5.1 所示。

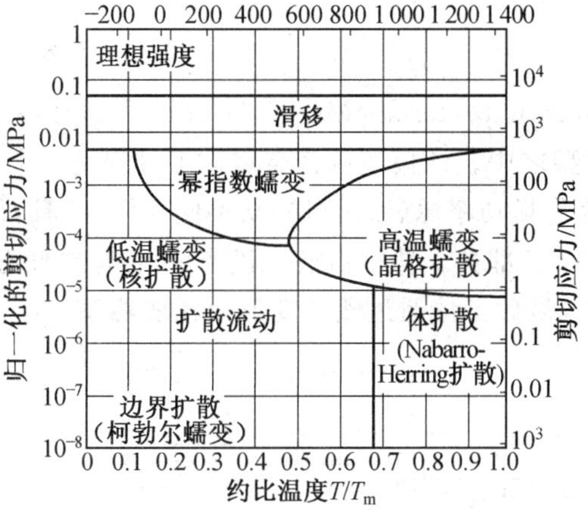

图 5.1　纯镍的 Ash by－Frost 变形机制图

此外，在应变速率非常大的情况下产生绝热剪切带已经得到验证。通常情况下，在加工图中还存在一个不存在破坏变形机制、适合加工的安全区域。Raj 利用原子理论和基本参数相结合，建立了纯金属和简单合金的加工图。在给定条件下一种合金的变形行为与当前的显微组织和先前的热力学历史相关，因此，这种加工图的边界条件变化各异。建立 Raj 图，需要确定大量的基本材料参数，此外有时候复杂合金在加工过程中对加工工艺参数的响应很复杂，无法采用简单的原子模型描述，因此 Raj 图具有一定的局限性。纯铝的 Raj 图如图 5.2 所示。

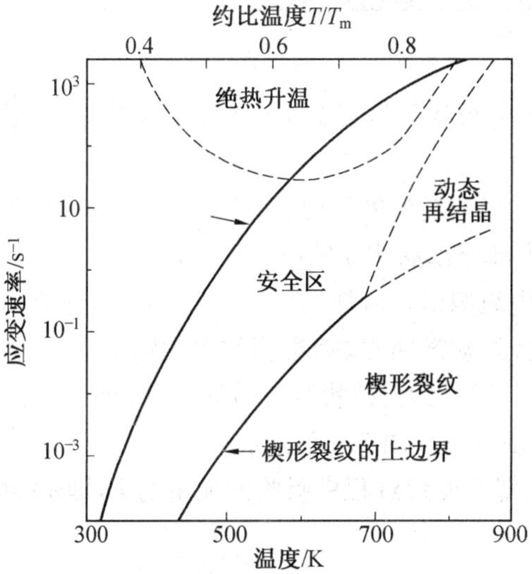

图 5.2　纯铝的 Raj 图

5.1.2 动态材料模型原理

1. 动态材料模型

动态材料模型(Dynamic Materials Model,DMM)最早由Gegel提出,用于将高温的材料特性引入有限元模型之中。该模型认为金属加工过程是一个系统。以锻造加工过程为例(图5.3),这个系统包括功率源(液压机)、功率储存体(工具,例如铁砧、挤压杆、模具等)和功率耗散体(工件)三部分。功率由液压机产生,传输给储存能量,进而通过工具界面(润滑剂)传递给工件,最后工件通过塑性变形而耗散功率。

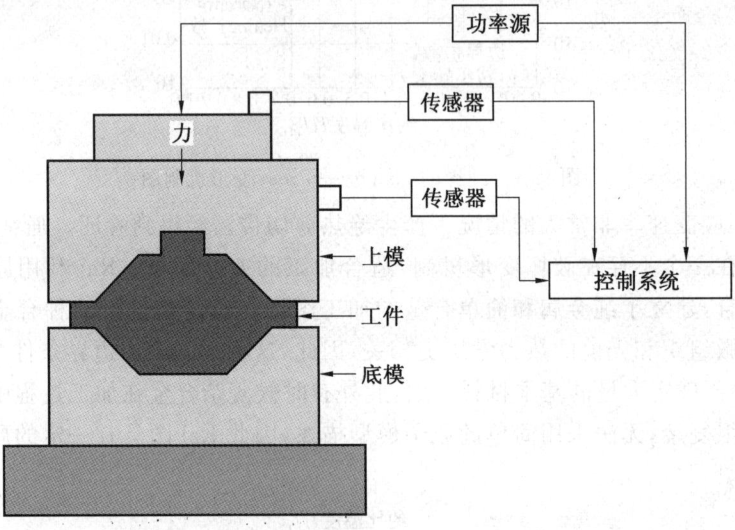

图5.3 锻造过程的各系统单元

在热加工过程中,工件被认为是一个非线性的功率耗散体,将外界输入变形体的功率消耗体现在以下两个方面:

(1) 材料发生塑性变形消耗的能量(黏塑性热),用G表示,称为功率耗散量。其中大部分能量转化为热能,小部分以晶体缺陷能的形式储存。

(2) 材料变形过程中组织演化所耗的能量,用J表示,称为功率耗散协量。它表示在变形过程中与组织演化(如动态回复、动态再结晶、内部裂纹(空穴形成和楔形裂纹)、位错、动态条件下的相和粒子的长大、针状组织的球化、相变等)有关的功率耗散。

材料系统能量耗散示意图如图5.4所示。

根据DMM,工件在塑性变形过程中吸收的能量为P,即$\sigma\cdot\dot{\varepsilon}$,这一过程可以通过公式(5.1)表现出来。

$$P=\sigma\cdot\dot{\varepsilon}=G+J=\int_0^{\dot{\varepsilon}}\sigma\mathrm{d}\dot{\varepsilon}+\int_0^{\sigma}\dot{\varepsilon}\mathrm{d}\sigma \tag{5.1}$$

两种能量所占比例由材料在一定变形温度和应变下的应变速率敏感指数m(strain rate sensitivity)决定,即

$$\frac{\mathrm{d}J}{\mathrm{d}G}=\frac{\dot{\varepsilon}\mathrm{d}\sigma}{\sigma\mathrm{d}\dot{\varepsilon}}=\frac{\mathrm{d}(\ln\sigma)}{\mathrm{d}(\ln\dot{\varepsilon})}\approx\frac{\Delta\ln\sigma}{\Delta\ln\dot{\varepsilon}}=m \tag{5.2}$$

在一定的变形温度和应变条件下，热加工工件所受的应力 σ 与应变速率 $\dot{\varepsilon}$ 存在如下动态关系：

$$\sigma = K\dot{\varepsilon}^{m} \tag{5.3}$$

式中 K—— 应变速率为 1 时的流变应力；

m—— 应变速率敏感指数，则有

$$J = \int_0^{\sigma} \dot{\varepsilon} \mathrm{d}\sigma = \int_0^{\sigma} K' \sigma^{1/m} \mathrm{d}\sigma \tag{5.4}$$

式中，$K' = (1/K)^{1/m}$。

综合式(5.4) 和式(5.3) 得到

$$J = \left[\frac{m}{m+1}\right] \sigma \cdot \dot{\varepsilon} \tag{5.5}$$

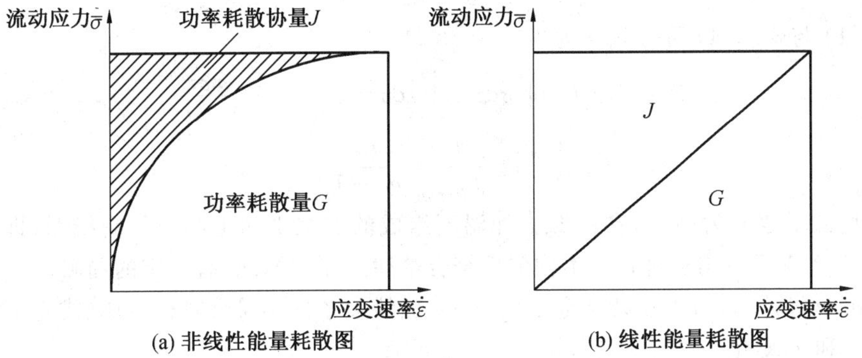

图 5.4 材料系统能量耗散示意图

当材料处于理想线性耗散状态，即 $m = 1$ 时，功率耗散协量 J 达到最大值 $J_{\max}$，且 $J_{\max} = \frac{\sigma\dot{\varepsilon}}{2} = \frac{P}{2}$，反映材料功率耗散特征的参数 η 为功率耗散效率(efficiency of power dissipation)，其物理意义是材料成形过程中显微组织演变所耗散的能量同线性耗散能量的比例关系，定义式如下：

$$\eta_{\mathrm{DMM}} = \frac{J}{J_{\max}} \tag{5.6}$$

则

$$\eta_{\mathrm{DMM}} = \frac{J}{J_{\max}} = \frac{2m}{m+1} \tag{5.7}$$

η_{DMM} 的物理意义是热加工过程的相对内熵产率，表征在不同加工温度和应变速率条件下的耗散微观组织。它随变形温度和应变速率的变化而变化做出的三维图或者对应的等值线图称为功率耗散图。

2. 修正动态材料模型

Prasad 认为动态本构方程中 m 是不变的。但是 Murty 等认为，对于纯金属和合金化低的合金，可简单地认为本构方程 $\sigma = K\dot{\varepsilon}^{m}$ 中 m 值是恒定的，而对于复杂的合金系统，m 值是不恒定的，会随应变速率变化而变化，从而式(5.7) 不成立。Murty 对动态材料模型进行了进一步修正，提出功率耗散系数应为

$$\eta_{\mathrm{DMM}}=\frac{J}{J_{\max}}=\frac{(P-G)}{P/2}=2\left(1-\frac{G}{P}\right)=2\left[1-\frac{1}{\sigma\dot{\varepsilon}}\int_0^{\dot{\varepsilon}}\sigma\,\mathrm{d}\dot{\varepsilon}\right] \tag{5.8}$$

Murty 认为，在应变速率很低（$\dot{\varepsilon}_{\min}=10^{-3}\,\mathrm{s}^{-1}$）时，应力－应变速率曲线满足式(5.3)，因此功率耗散协量 G 采用以下形式进行计算：

$$G=\int_0^{\dot{\varepsilon}}\sigma\,\mathrm{d}\dot{\varepsilon}=\int_0^{\dot{\varepsilon}_{\min}}\sigma\,\mathrm{d}\dot{\varepsilon}+\int_{\dot{\varepsilon}}^{\dot{\varepsilon}}\sigma\,\mathrm{d}\dot{\varepsilon}=\left[\frac{\sigma\dot{\varepsilon}}{m+1}\right]_{\dot{\varepsilon}=\dot{\varepsilon}_{\min}}+\int_{\dot{\varepsilon}_{\min}}^{\dot{\varepsilon}}\sigma\,\mathrm{d}\dot{\varepsilon} \tag{5.9}$$

5.1.3 功率耗散系数判断准则

1. 基于动态材料模型的耗散判断准则

如果材料的 $\sigma-\dot{\varepsilon}$ 关系符合幂律定律：

$$\sigma=K\dot{\varepsilon}^{m} \tag{5.10}$$

则式(5.1)与式(5.4)可分别化为

$$P=G+J=\int_0^{\dot{\varepsilon}}\sigma\,\mathrm{d}\dot{\varepsilon}+\int_0^{\sigma}\dot{\varepsilon}\,\mathrm{d}\sigma=\frac{\sigma\dot{\varepsilon}}{1+m}+\frac{m\sigma\dot{\varepsilon}}{1+m} \tag{5.11}$$

$$\eta=\frac{J}{J_{\max}}=\frac{2m}{m+1} \tag{5.12}$$

以耗散系数 η 为函数，在由 $\lg\dot{\varepsilon}$ 和温度组成的二维平面上绘出等高线图，即为耗散图。式(5.12)只适用于材料的本构关系符合幂律定律的情况，有一定的局限性。

Murty 等认为，对于复杂合金系统，$\sigma-\dot{\varepsilon}$ 曲线关系并不符合幂律定律（式 5.10），即 m 值会随 $\dot{\varepsilon}$ 和 T 变化。

可将式(5.11)中的 G 改写为

$$G=\int_0^{\dot{\varepsilon}_{\min}}\sigma\,\mathrm{d}\dot{\varepsilon}+\int_{\dot{\varepsilon}_{\min}}^{\dot{\varepsilon}}\sigma\,\mathrm{d}\dot{\varepsilon} \tag{5.13}$$

对于低应变速率（小于 $\dot{\varepsilon}_{\min}$），假设 $\sigma-\dot{\varepsilon}$ 关系符合幂律定律（式 5.10），利用式(5.11)，式(5.13)第一项的计算可化成

$$G=\left[\frac{\sigma\dot{\varepsilon}}{m+1}\right]_{\dot{\varepsilon}=\dot{\varepsilon}_{\min}}+\int_{\dot{\varepsilon}_{\min}}^{\dot{\varepsilon}}\sigma\,\mathrm{d}\dot{\varepsilon} \tag{5.14}$$

Murty 假定在应变速率 $0<\dot{\varepsilon}<\dot{\varepsilon}_{\min}$ 范围内 m 值不变，且等于 $\dot{\varepsilon}_{\min}$ 时的 m 值。要计算式(5.14)第一项，需要知道 $\dot{\varepsilon}_{\min}$ 时的应力和 m 值，η 的表达式为

$$\eta=2\times\left[1-\frac{\left[\frac{\sigma\dot{\varepsilon}}{m+1}\right]_{\dot{\varepsilon}=\dot{\varepsilon}_{\min}}+\int_{\dot{\varepsilon}_{\min}}^{\dot{\varepsilon}}\sigma\,\mathrm{d}\dot{\varepsilon}}{\sigma\dot{\varepsilon}}\right] \tag{5.15}$$

式(5.15)中含有积分项，计算过程复杂，但是利用 Matlab 软件可快速得到结果。

2. 其他准则

Malas 等以及 Venugopal 等认为稳态区的激活能应是常数，依此为判据来确定安全加工区。其判断安全区的最佳 S 条件是：

$$\begin{gathered}0<m<1,\ \frac{\partial m}{\partial\lg\dot{\varepsilon}}=\dot{m}<0\\ \frac{\partial\lg\sigma}{\partial\lg(1/T)}=S>1\ \text{和}\ \frac{\partial S}{\partial\lg\dot{\varepsilon}}=\dot{S}<0\end{gathered} \tag{5.16}$$

5.1.4 塑性失稳判断准则

1. 唯象准则

Semiatin 等根据力平衡的方法定义参数：

$$\alpha = \frac{1}{\dot{\varepsilon}} = \left(-\frac{1}{\sigma}\frac{d\sigma}{d\varepsilon}\right)\frac{1}{m} = -\frac{\gamma}{m} \tag{5.17}$$

式中 γ—— 加工硬化(或软化)率；

m—— 应变速率敏感因子。

根据显微组织观察，Semiatin 等认为钛合金中塑性流动稳定准则为

$$\alpha > 5 \tag{5.18}$$

但是，上式完全根据实际经验取值，没有严密的理论依据，故参数 α 的取值范围会因材料不同而异。Sagar 等认为对 Ti－24Al－20Nb 合金，参数 $\alpha > 3$ 比较合适。

2. 基于 DMM 的准则

根据不可逆热力学极值原理，各国研究者提出了几种塑性失稳判断准则。

(1)Prasad 等根据 Ziegler 提出的最大熵产生率原理，认为如果耗散函数 $D(\dot{\varepsilon})$ 同应变速率 $\dot{\varepsilon}$ 满足不等式：

$$\frac{dD}{d\dot{\varepsilon}} < \frac{D}{\dot{\varepsilon}} \tag{5.19}$$

则系统不稳定，材料流变失稳准则为

$$\xi(\dot{\varepsilon}) = \frac{\partial \ln\left(\frac{m}{m+1}\right)}{\partial \ln \dot{\varepsilon}} + m < 0 \tag{5.20}$$

该塑性失稳准则应用最广泛，已在 Zr 合金、Cu－Zn 合金、AISI304 不锈钢、Al 合金、Ti 合金等材料中得到验证，但形式比较复杂，且目前大多只在压缩试验中得到验证。

(2)Gegel 等人根据 Liapunov 稳定性准则推导出塑性稳定判断准则：

$$\frac{\partial \eta}{\partial \ln \dot{\varepsilon}} \leqslant 0, 0 \leqslant \eta \leqslant 1 \tag{5.21}$$

$$\frac{\partial s}{\partial \ln \dot{\varepsilon}} \leqslant 0, s \geqslant 1 \tag{5.22}$$

其中

$$s = -\frac{1}{T}\frac{\partial(\ln\sigma)}{\partial(1/T)} \tag{5.23}$$

值得注意的是，上述 2 个公式是建立在应变速率敏感因子 m 与应变速率 $\dot{\varepsilon}$ 无关的基础上，只适用于本构关系符合的材料，有一定的局限性。

(3)Murthy 等考虑应变速率敏感因子 m 不是常数的情况，提出任意类型 $\sigma-\dot{\varepsilon}$ 曲线的流变失稳准则。

将组织演变相关的耗散协量 J 用积分式表示：

$$J = P - G \tag{5.24}$$

因为 $P = \sigma\dot{\varepsilon}$，则耗散效率因子表示为

$$\eta=\frac{J}{J_{\max}}=\frac{P-G}{J_{\max}}=2-\frac{G}{J_{\max}} \tag{5.25}$$

塑性流变失稳准则为

$$2m<\eta\leqslant 0 \tag{5.26}$$

该公式形式简单，最大的问题是 G 式的积分：

$$G=\int_0^{\varepsilon}\sigma\mathrm{d}\dot{\varepsilon}=\int_0^{\dot{\varepsilon}_0}\sigma\mathrm{d}\dot{\varepsilon}+\int_{\dot{\varepsilon}_0}^{\dot{\varepsilon}}\sigma\mathrm{d}\dot{\varepsilon} \tag{5.27}$$

Murthy 等假定在试验最低应变速率下 m 值不变，且等于 $\dot{\varepsilon}$ 时的值，由此可计算式(5.27) 的积分式。

上述 3 种塑性失稳准则得出的结果通常并不完全一致，有时还出现相互矛盾的结果，特别是确定不稳定区域时更明显。与其他准则相比，Gegel 准则在低应变速率出现较大的塑性失稳区，稳定的"安全" 区域限制在中等应变速率很窄的范围之内。

由于 Murthy 准则简捷方便、分析严谨，是最有发展前景的一种方法。

3. 其他准则

Montheillet 等对 DMM 模型中的假设提出质疑，认为 G 不代表塑性功耗散的能量，J 不代表组织演变所耗散的能量。他们认为采用应变速率敏感因子 m 这种最简单形式就足够了，m 值越低，发生局部流动的可能性越大。

为了弄清外界作用载荷如何分配到塑性变形和形成缺陷，Chen 定义新参数应力比 g 和应力比的平方 G 来构造稳定区函数。

应力比：

$$g=\sigma_{\mathrm{m}}/\sigma \tag{5.28}$$

应力比的平方：

$$G=(\sigma_{\mathrm{m}}/\sigma)^2=g^2 \tag{5.29}$$

式中　σ_{m}—— 平均应力。

因此，流变稳定性准则为

$$g>0,\partial g/\partial\ln\dot{\varepsilon}<0 \tag{5.30}$$

$$g<0,\partial g/\partial\ln\dot{\varepsilon}>0 \tag{5.31}$$

其中，式(5.30) 主要用于拉伸类型塑性变形过程，式(5.31) 主要用于压缩类型过程。

综合考虑拉伸和压缩类型，Chen 等人也提出应力比的平方稳定性准则：

$$G>0,\partial G/\partial\ln\dot{\varepsilon}<0 \tag{5.32}$$

事实上，Venugopal 等发现应力状态对安全区域没有多大的影响，但是塑性流变失稳区域在切应力作用下扩展，局部塑性流动现象严重，拉应力作用下开裂区域扩展。因此，仅从应力状态这个角度看，应力比准则也是一个有发展前途的方向。

5.2　热加工图的构建

5.2.1　热加工图的构建基础

加工图的构建基础是材料热加工模型。加工图对材料模型的要求有以下三个方面：

(1) 在工艺参数(例如温度、应力、应变速率等)范围内,能够预测材料的微观变化机制。

(2) 选取的材料模型必须和有限元模拟采用的宏观连续介质模型相联系,以便把大塑性流变的连续机制和热加工的微观机制联系在一起。

(3) 能够有助于优化加工参数以提高材料的可加工性,同时也可对材料的微观组织结构进行控制。

加工图理论出现到至今,依赖的物理模型依次有原子模型(Atomic Model)、动态材料模型(Dynamic Materials Model)和极性交互模型(Polar Reciprocity Model)。

以流变失稳准则为函数,在变形温度 T 和应变速率 $\dot{\varepsilon}$ 所构成的二维平面上绘制的区域称为流变失稳图。如果将功率耗散图与流变失稳图叠加就可得到加工图(Processing Map)。在加工图上可以直接显示加工安全区和流变失稳与开裂区域。

Prasad 等采用热压缩等试验数据,用3次样条函数拟合 $\ln\sigma$ 与 $\ln\dot{\varepsilon}$ 的关系,按式(5.6)计算应变速率敏感指数 m,用公式(5.25)计算耗散效率因子 η,用公式(5.20)计算流变失稳区域,从而在由温度和 $\ln\dot{\varepsilon}$ 所构成的平面内绘制出不同真应变下等功率耗散效率因子 η 的等值曲线图和流变失稳区域,构成加工图(图 5.5)。

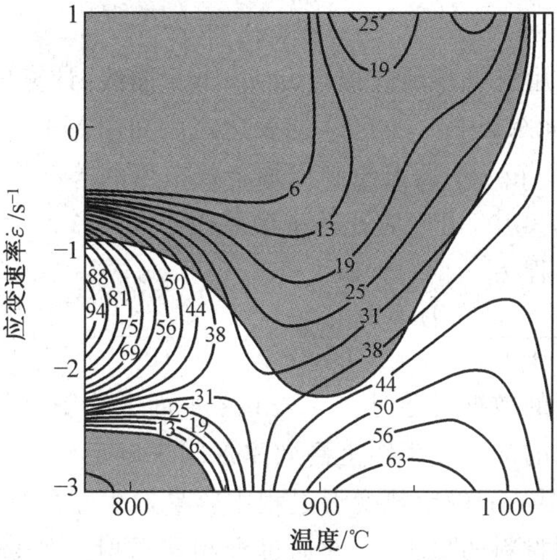

图 5.5 IMI685 的热加工图(阴影部分为流变失稳区)

Bozzini 等对采用3次样条函数拟和 $\ln\sigma$ 与 $\ln\dot{\varepsilon}$ 的关系数值可靠性提出了质疑。因为3次样条曲线拟合过程中拟合节点位置的不确定性和某些边界条件假设的随意性都对函数的二次变分有影响,从而造成较大的误差积累。Bozzini 等人建议采用 3 次以上的多项式函数并用最小二乘法进行回归,可以改善结果的数值稳定性,但前提是试验数据点必须足够多。

Robi 等采用人工神经网络训练试验条件下获得的流变应力数据,可以准确地预测未做试验条件范围的流变应力曲线的变化规律,进而采用传统的方法构造加工图,在一定程度上缓解了试验数据不足的缺陷,也可有效避免个别试验数据误差过大对求解可靠性的影响,不失为一项有发展前景的技术。

在实际的锻造成型中,锻造工艺的选择直接影响到工件的锻后性能,不同的锻造工艺往往会使工件锻后的组织性能出现非常大的差异。如何选择特定金属的锻造温度和锻造速率对于实际使用这种金属至关重要，对于常用的金属和合金，我们可以通过查阅手册和相关经验方法来确定其最佳锻造工艺。对于不常用的合金，我们可以通过试验的方法来确定最佳锻造工艺，但是这种方法往往需要耗费大量的人力物力，且有时由于试验方案的不合理性还有可能得不到所需的最佳工艺。通过理论推导的方法建立合金的热加工图是确定最佳锻造工艺的另一个很好的选择，只需要基于材料的真应力－应变曲线并结合数学方法便可建立材料的热加工图，相对试验这种方法更加简洁高效。目前热加工图中的失稳理论有 Prasad 失稳理论、Gegel 失稳理论、Malas 失稳理论、Murty 失稳理论等，而 Prasad 失稳判据使用最为广泛。

通过热压缩试验所得到的数据并基于加工效率图理论和 Prasad 失稳理论尝试去建立 GH4698 镍基高温合金的热加工图和失稳图，加工图和失稳图理论基础如式(5.33)和(5.34)所示。

$$\eta=\frac{\Delta J/\Delta P}{(\Delta J/\Delta P)_{\text{line}}}=\frac{m/(m+1)}{1/2}=\frac{2m}{m+1} \tag{5.33}$$

$$\xi(\dot{\varepsilon})=\frac{\partial\ln\left(\frac{m}{m+1}\right)}{\partial\ln\dot{\varepsilon}}+m<0 \tag{5.34}$$

在不同的温度下采用三次多项式拟合 $\lg\sigma-\lg\dot{\varepsilon}$ 曲线，计算出该温度下参数 m 与 $\dot{\varepsilon}$ 的关系，在得到形如 $\eta=2m/(m+1)=f(\dot{\varepsilon})$ 的表达式后利用 Matlab 软件将不同温度下的效率值离散，最后可在 $T-\lg\dot{\varepsilon}$ 平面上绘制出加工效率值的等高线轮廓图。

在失稳判据式(5.34)中，由于应变速率敏感因子 $m=A+B\lg\dot{\varepsilon}+C(\lg\dot{\varepsilon})^2$，最终计算后所得到的失稳参数方程为

$$\xi(\dot{\varepsilon})=\frac{B+2C\lg\dot{\varepsilon}}{(A+1+B\lg\dot{\varepsilon}+C\lg\dot{\varepsilon}^2)^2\cdot\ln 10}+A+B\lg\dot{\varepsilon}+C\lg\dot{\varepsilon}^2 \tag{5.35}$$

在得到不同应变下的数据后通过在 $T-\lg\dot{\varepsilon}$ 平面上绘制出加工失稳参数值的等高线轮廓图。通过分析建立的加工效率图上高效率区间来确定材料加工过程中组织转变较好的条件，同时分析失稳图从而确定热变形过程中容易发生塑性流动失稳的工艺条件，通过综合分析两者最终得到材料的加工图，并通过金相和透射照片来验证所建立的热加工图的可靠性。

5.2.2 热加工效率图的建立及分析

目前热加工图主要有基于原子模型和动态材料模型两种形式，前者中的代表为 Raj 加工图，由于计算推导中提出的假设导致其只适用于简单的合金或纯金属，不适用于复杂的合金，并且有大量的参数需要确定，往往需要人们对原子领域的知识有深入的了解，因此此类加工图在实际使用中有很大的局限性。后者最早是由 Prasad 和 Gegel 等人提出的，此类加工图需要叠加效率图和失稳图，所得到的图可以正确反映材料的加工性能与变形时温度 T 与应变速率 $\dot{\varepsilon}$ 之间的关系，由于计算过程相对简单，且相关理论也可被大多数人理解，因此在目前广为采用。

基于动态材料模型的加工效率图理论认为金属在塑性变形中，变形金属吸收的总功

率主要通过塑性变形和显微组织变化两个途径消耗，若输入的总功率都通过塑性变形而消耗，则材料内部的缺陷会越积越多而没有回复再结晶改善组织，故此时可认为加工性能很差，因此认为若输入的总功率中用于组织变化的比例越多则材料的加工性能越好，总输入功率的两个耗散途径可表示成公式(5.35)，其中G为塑性变形所消耗的功率，J为组织转变所消耗的功率，P为输入变形体的总功率，由此可见若J/P比值越大则用于组织转变的功率越多，回复再结晶对组织的改善越充分，材料的加工性能越好。

$$P=\sigma\dot{\varepsilon}=G+J=\int_0^{\dot{\varepsilon}}\sigma\mathrm{d}\dot{\varepsilon}+\int_0^{\sigma}\dot{\varepsilon}\mathrm{d}\sigma \tag{5.36}$$

流动应力可表示为$\sigma=K(\dot{\varepsilon})^m$，其中$m=\partial\lg\sigma/\partial\lg\dot{\varepsilon}$，综上可得$\Delta J/\Delta G\approx m$，$\Delta J/\Delta P\approx m/(m+1)$，现为了确定材料热变形过程中组织转变所消耗的功率在总的输入功率所占的比例大小，可以引入功率耗散系数η，η可以表示为

$$\eta=\frac{\Delta J/\Delta P}{(\Delta J/\Delta P)_{\mathrm{line}}}=\frac{m/(m+1)}{1/2}=\frac{2m}{m+1} \tag{5.37}$$

这里η是关于ε、$\dot{\varepsilon}$、T的三元物理量，当应变固定不变时，η是依赖$\dot{\varepsilon}$、T的二元函数，在三维坐标上作出三者的关系图即可得到三维加工效率图。在三维图中η值越大的地方表示变形体被输入的功率中用于组织转变的比例越大，用于回复再结晶的功率越多，晶粒改善越充分，加工性能越好。

根据m值的表达式可知，在特定的应变和温度下通过拟合$\lg\sigma$与$\lg\dot{\varepsilon}$之间的关系曲线可确定m的表达式，在这里发现利用三次多项式拟合便可达到较高的精度。以应变为0.198、温度为1 273 K为例，图5.6为$\lg\sigma$与$\lg\dot{\varepsilon}$之间的拟合图。

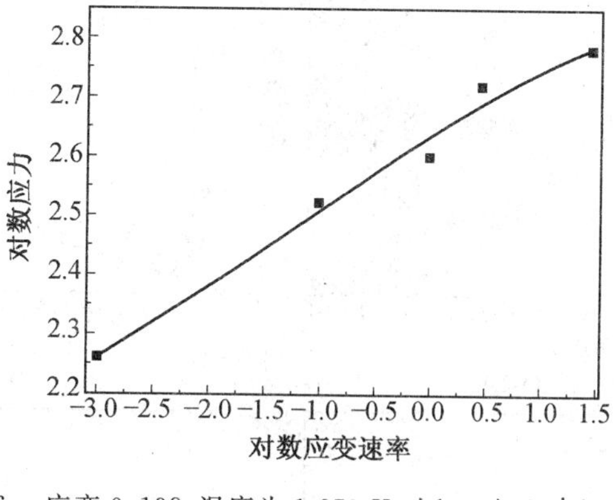

图5.6 应变0.198、温度为1 273 K时$\lg\sigma$与$\lg\dot{\varepsilon}$拟合图

拟合得两者关系为$\lg\sigma=2.635+0.118\,9\lg\dot{\varepsilon}-0.008\,7(\lg\dot{\varepsilon})^2-0.002\,2(\lg\dot{\varepsilon})^3$，于是$m$可表示为$m=\partial\lg\sigma/\partial\lg\dot{\varepsilon}=0.118\,9-0.017\,4\ln\dot{\varepsilon}-0.006\,6(\ln\dot{\varepsilon})^2$，再根据加工效率参数$\eta$的表达式$\eta=2m/(m+1)$可得加工效率参数$\eta$的形式为

$$\eta=\frac{0.237\,8-0.034\,8\lg\dot{\varepsilon}-0.013\,2(\lg\dot{\varepsilon})^2}{1.118\,9-0.017\,4\lg\dot{\varepsilon}-0.006\,6(\lg\dot{\varepsilon})^2} \tag{5.38}$$

利用同样的方式可求得其他条件下的m值与加工效率参数η值，表5.1为所得到的参数值。从表中可以看出m值分布在$0\sim0.2$之间，加工效率值分布在$0\sim1$之间，故所建立的方程符合实际。

表 5.1　应变为 0.198、温度为 1 273 K 时各参数值

应变速率 /s^{-1}	0.001	0.1	1	3	30
m 值	0.111 7	0.129 7	0.118 9	0.109 1	0.078 8
η 值	0.201 0	0.229 6	0.212 5	0.196 7	0.146 1

利用同样的方法可以计算出不同应变下材料的参数 m、η 值，在此不再赘述。在经过计算得到不同条件下的失稳等参数值后，利用有关软件对所得到的参数进行离散插值，从而使这些参数在各个不同的变形条件之间尽可能连续分布，最后在 Origin 软件中作出加工效率值的等高线图即为加工效率图，如图 5.7 所示。

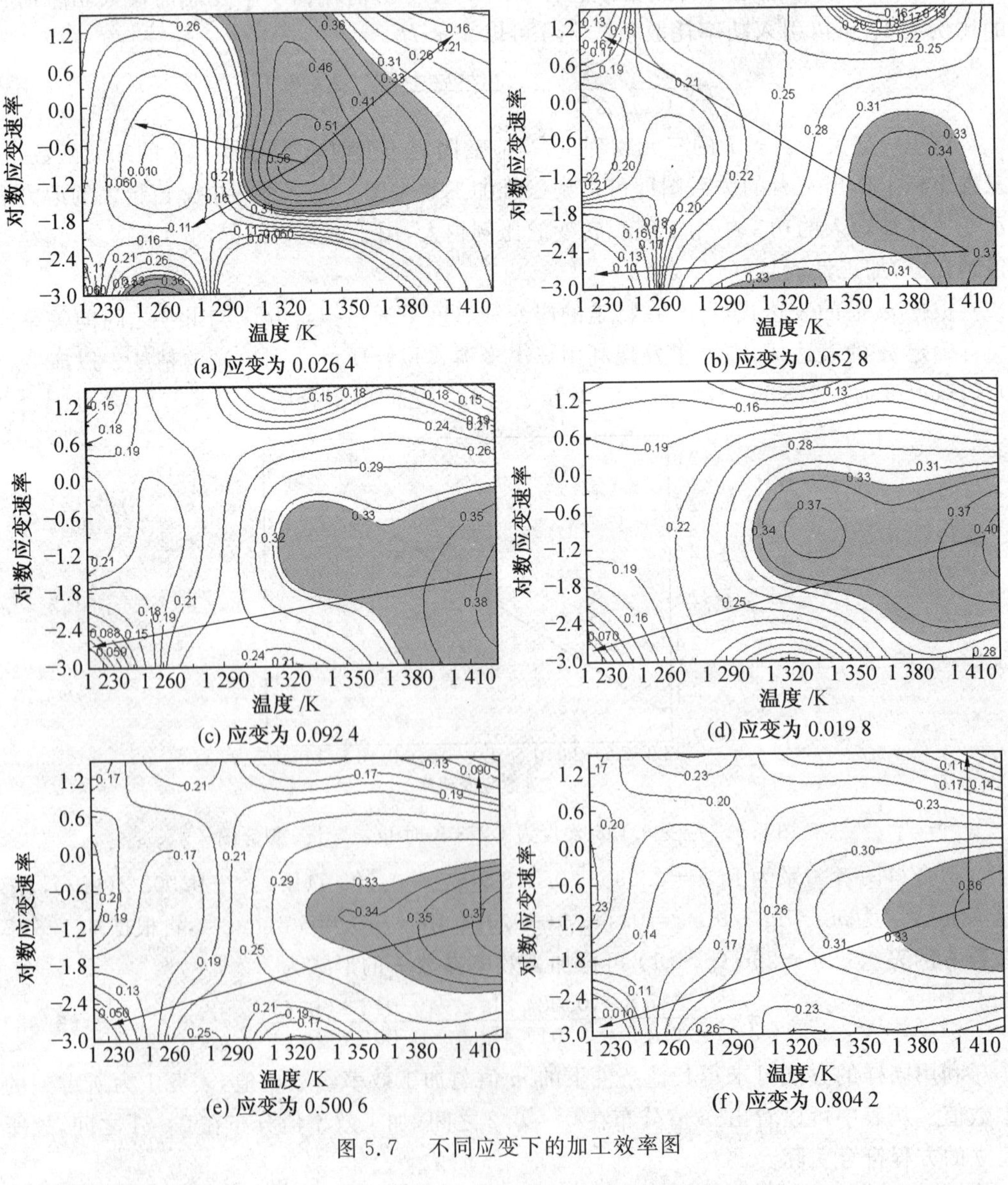

(a) 应变为 0.026 4　(b) 应变为 0.052 8

(c) 应变为 0.092 4　(d) 应变为 0.019 8

(e) 应变为 0.500 6　(f) 应变为 0.804 2

图 5.7　不同应变下的加工效率图

图中显示出加工效率值较高的区域随着应变量的改变而发生改变，在图 5.7(a) 中，当应变速率的对数值在 −3 ～ −2.8 之间，变形温度在 1 240 ～ 1 280 K 之间时材料的加工效率值较大；此外当应变速率的对数值在 −1.5 ～ 1.5 之间，变形温度在 1 300 ～ 1 380 K 之间时材料的加工效率值也比较高。从最高加工效率区域沿着箭头方向会出现三个低加工效率区，分别是应变速率的对数值在 −2 ～ −1，变形温度 1 260 ～ 1 300 K 区间，应变速率的对数值在 1 ～ 1.5，变形温度 1 400 ～ 1 420 K 区间以及应变速率的对数值在 −1 ～ 0，变形温度 1 240 ～ 1 260 K 的区间，在这些区域加工效率值都小于 12%，属于加工性能较差的区域。随着应变值的逐渐增大，低应变速率低温条件下的高效率区消失，取而代之的是高温中等应变速率区间，在图 5.7(b) 中高加工效率区出现在应变速率的对数值在 −3 ～ −1，变形温度 1 380 ～ 1 420 K 区间，顺着箭头的方向会出现两个低效率区，分别是在低温高应变速率区和低温高应变速率区。图 5.7(c) 和(d) 表现出相似的规律，高加工效率区间都大致出现在应变速率的对数值在 −3 ～ 0，变形温度 1 320 ～ 1 420 K 区间，且沿着箭头方向都会在低温低应变速率下出现低加工效率区间。随着应变的继续扩大，图 5.7(e) 和(f) 中高加工效率区都出现在应变速率的对数值在 −2.2 ～ 0.5，变形温度 1 330 K 以上的区间，并且低效率区同样都是在高应变速率高温区间和低应变速率低温区间。

从以上的分析可知，随着应变的逐渐增大，加工效率图上会逐渐出现两个低效率区间，分别位于低温低应变速率和高温高应变速率变形条件下。这主要是由于在低温低应变速率下虽然材料有充足的时间发生回复再结晶，但是低温限制了回复再结晶的进行，因此材料的加工效率值比较低；在高温高应变速率下虽然材料在热力学角度满足发生回复再结晶的条件，但是过快的变形速率导致回复再结晶这一过程无法充分进行。随着应变的增大，图中的高效区的形状和位置也是在不断变化的，在应变增大过程中低温下的高效区间会慢慢消失，取而代之的是高温中等应变速率高效区间的出现，并且随着应变的增大，高效区间的面积先增大后减小，说明应变在 0.2 ～ 0.6 之间加工性能较好。通过以上分析可得出 GH4698 镍基高温合金塑型加工时的高效率区为应变速率的对数值在 −2 ～ 0.5，变形温度 1 273 ～ 1 423 K 区间，此时材料变形时有 $\frac{1}{3}$ 以上的能量可用于组织转变来消除加工硬化从而改善加工性能。

5.2.3 应变对热加工效率值的影响

图 5.8 所示为不同应变速率和温度下材料的加工效率值随着应变的变化关系。由图可以发现当应变量小于 0.1 时，加工效率值随着应变的增大基本没有规律性，这主要是因为在变形开始阶段外界条件会影响到工件变形，并且在小应变时会有弹性应变，而加工效率图中主要讨论塑性应变和组织变化这两部分，为了排除此部分的影响本文中主要讨论应变量大于 0.2 的部分。

当应变速率较小时，材料在高温下加工效率值较高，从图 5.8(a) 中可知当应变速率为 0.001 s^{-1} 时，材料在 1 373 K 时加工效率值比其他温度下高，大约维持在 25% 以上，最大值可达到 33%，然而当温度为 1 223 K 时材料的加工效率值很低，整个变形过程中都维持在 3% ～ 5% 之间，这是因为在低温下动态回复再结晶较难发生所造成的。从图

5.8(b)、(c)、(d) 中可以看出，当变形速率为 0.1 ~ 3 s^{-1} 时材料在 1 373 ~ 1 423 K 之间加工效率值均比其他温度高，并且随着应变速率的增大材料的最大加工效率值从 35% ~ 40% 逐渐减小到了 25%，这是由于高温下回复再结晶相比低温下更容易发生，但大的应变速率下虽然温度足够高但是回复再结晶没有充分的时间进行所造成的。图5.8(e) 中在任何的温度下加工效率值都小于 20%，这再次证明了回复再结晶不仅与温度有关，也是与变形速率息息相关的。

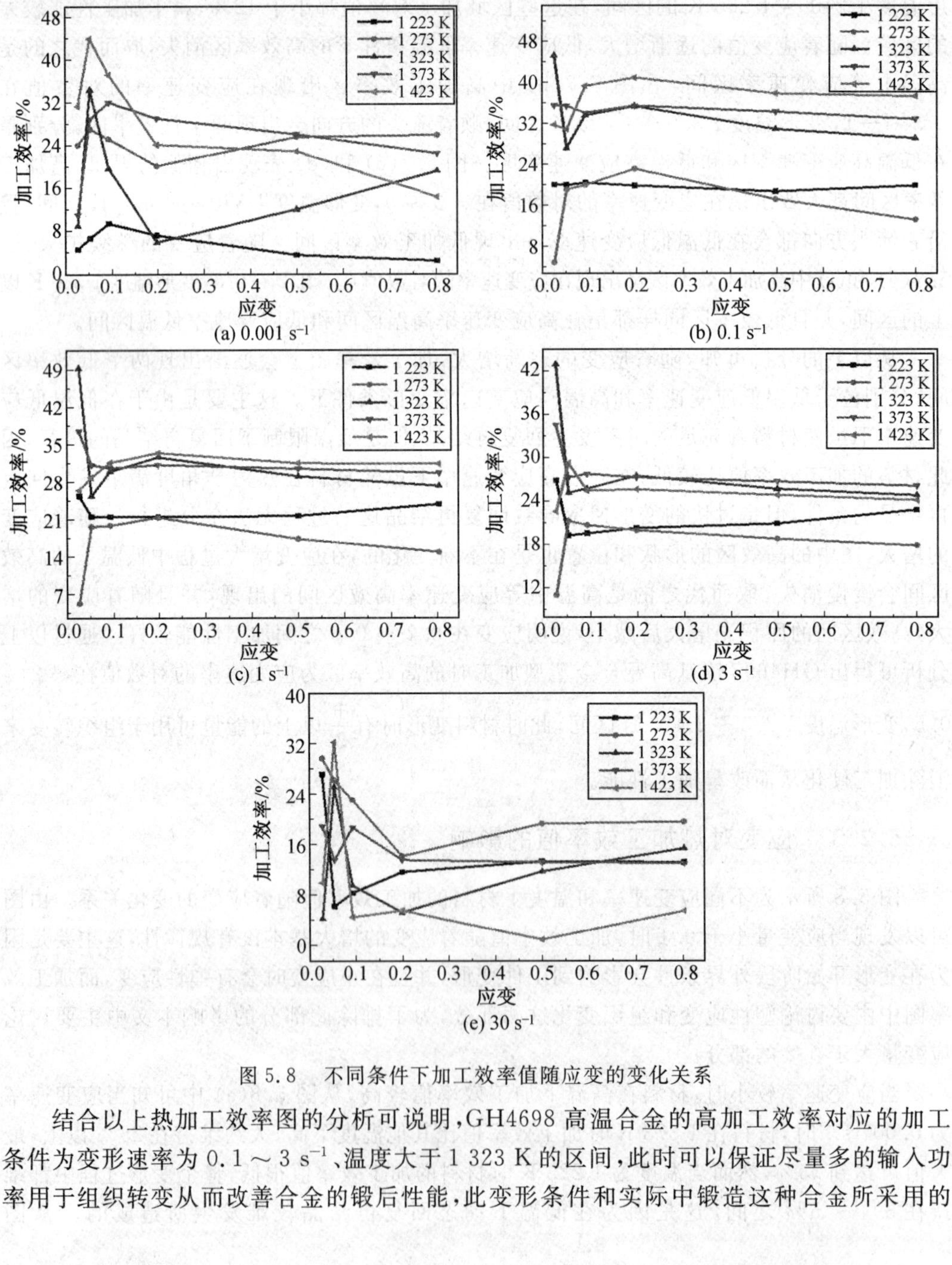

图 5.8　不同条件下加工效率值随应变的变化关系

结合以上热加工效率图的分析可说明，GH4698 高温合金的高加工效率对应的加工条件为变形速率为 0.1 ~ 3 s^{-1}、温度大于 1 323 K 的区间，此时可以保证尽量多的输入功率用于组织转变从而改善合金的锻后性能，此变形条件和实际中锻造这种合金所采用的锻造工艺符合得很好。

5.2.4 GH4698 高温合金热加工失稳图

通过加工效率图理论上就可以确定材料的最佳加工参数了，但是在实际中加工性能往往在高效区并不总是最好的，这是因为材料在变形时有可能出现流变失稳现象，这类现象包括材料破坏、折叠等。因此在确定最佳加工工艺时候需要同时考虑加工效率图和加工失稳图。目前 Prasad 提出的失稳判据使用较为广泛，与此同时 Gegel、Malas 以及 Murty 失稳判据也被人们广泛接受。在本文中选用使用最为广泛的 Prasad 判据建立了材料的失稳图并对其合理性进行了讨论。

Prasad 失稳判据表达式如式(5.38)所示，在式子中 $m=\partial\lg\sigma/\partial\lg\dot{\varepsilon}$，采用三次多项式拟合 $\lg\sigma$ 和 $\lg\dot{\varepsilon}$ 之间的函数关系，其导函数便是 $m=A+B\lg\dot{\varepsilon}+C\lg\dot{\varepsilon}^2$。

$$\xi(\dot{\varepsilon})=\frac{\partial\ln\left(\frac{m}{m+1}\right)}{\partial\ln\dot{\varepsilon}}+m<0 \tag{5.39}$$

因此最终的失稳判据可以表示为式(5.39)，若此判据的值小于零则说明材料塑性变形金属流动会局部化，最终发生流变失稳。

$$\xi(\dot{\varepsilon})=\frac{B+2C\lg\dot{\varepsilon}}{(A+B\lg\dot{\varepsilon}+C\lg\dot{\varepsilon}^2)\cdot(A+1+B\lg\dot{\varepsilon}+C\lg\dot{\varepsilon}^2)\cdot\ln10}+A+B\lg\dot{\varepsilon}+C\lg\dot{\varepsilon}^2 \tag{5.40}$$

以应变为 0.198、温度为 1 273 K 为例，所求得不同应变速率下的失稳参数见表 5.2，由表可知失稳参数在应变速率为 30 s^{-1} 时小于零，此时会出现流变失稳。

表 5.2 应变为 0.198、温度为 1 273 K 时的失稳参数值

应变速率 /s^{-1}	0.001	0.1	1	3	30
$\xi(\dot{\varepsilon})$ 值	0.179 9	0.114 6	0.062 1	0.025 6	−0.102 9

利用同样的方法可以确定其他变形条件下的失稳参数，在得到这些参数后利用 Matlab 软件对数值离散，并用 Origin 软件作出的等高线失稳图，如图 5.9 所示。

从图中可以看出，失稳图的失稳区间也是随着应变量的变化而发生变化的，图5.9(a)中当应变为 0.026 4 时，失稳区间面积较大，在应变速率的对数值在 −3 ～−0.7，温度在 1 223 ～1 300 K 的区间，应变速率的对数值在 −3 ～−1.5、温度在 1 340 K 以上的区间以及应变速率的对数值大于 0.5、温度在 1 280 ～ 1 360 K 和 1 415 ～ 1 420 K 的区间都会出现流变失稳现象。图 5.9(b) 中对应的应变量为 0.052 8，此时失稳区间为低温下的高、低应变速率区间和高温下的高应变速率区间，对应图中的应变速率的对数值大于0.5、温度在 1 223 ～ 1 280 K 的区间，应变速率的对数值小于 −2、温度在 1 223 ～ 1 240 K 的区间以及应变速率的对数值大于1、温度在 1 360 ～ 1 400 K 的区间。随着应变的继续增大，失稳区间逐渐表现出一定的规律性，在图 5.9(c) 和(d) 中，塑性流动失稳区间形状和位置都很接近，出现在低温低变形速率加工条件和高温高变形速率加工个条件下，且同时在低温高变形速率加工条件下也出现较小的失稳区。图 5.9(e) 和(f) 中 GH4698 合金的失稳加工条件区间大致相同，即低温低变形速率加工条件和高温高变形速率加工条件区间，但相

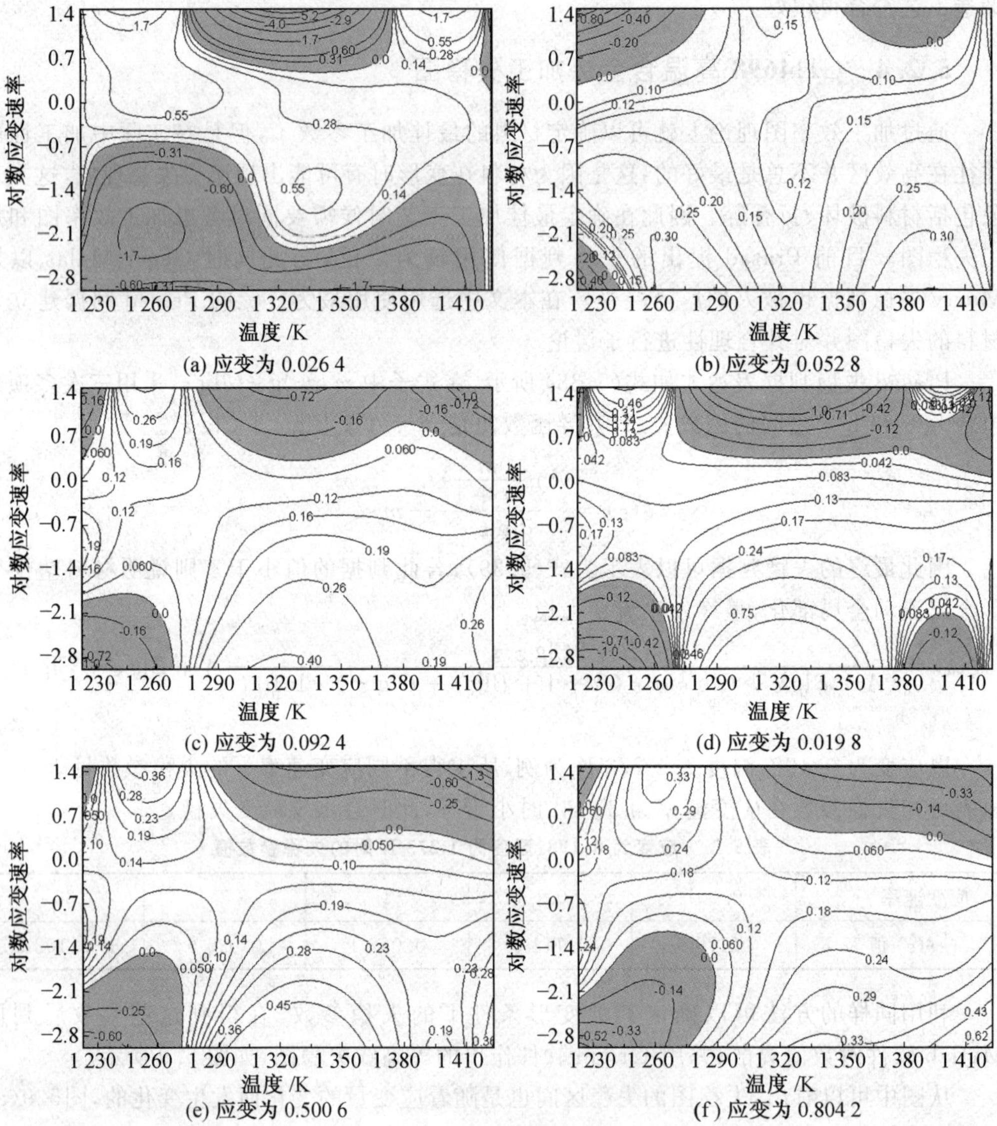

(a) 应变为 0.026 4　(b) 应变为 0.052 8

(c) 应变为 0.092 4　(d) 应变为 0.019 8

(e) 应变为 0.500 6　(f) 应变为 0.804 2

图 5.9　不同应变下的加工失稳图

比于图 5.9(c) 和(d) 高温区间稍有减小,低温失稳区间形状稍有拉长,且高温低应变速率的失稳区间彻底消失。此外图中显示出在任何应变条件下,当应变速率的对数值位于 −0.8 ～ 0.3 区间时,无论温度从 1 223 ～ 1 423 K 之间如何变化材料都不会进入加工失稳区间,因此选择此条件范围内的加工参数比较安全,不会出现流变失稳现象。

综合叠加建立的效率图和失稳图可以得到材料的加工图,叠加后所得到的材料的加工图如图 5.10 所示,由图和以上综合分析可知随着应变的增大,材料会出现高温高应变速率和低温低应变速率两个失稳区间,分别大概对应应变速率的对数值大于 0.5、温度介于 1 300 ～1 420 K 的区间和应变速率的对数值小于 −1.5、温度介于 1 223 ～ 1 280 K 的区间。结合图中的高效率加工区间和失稳区间最终可知 GH4698 镍基高温合金的最佳塑性变形条件为温度高于1 300 K,应变速率介于0.01～1 s^{-1}的区间,且为了高效区间更可能大,最佳的应变量在0.2～0.6之间。

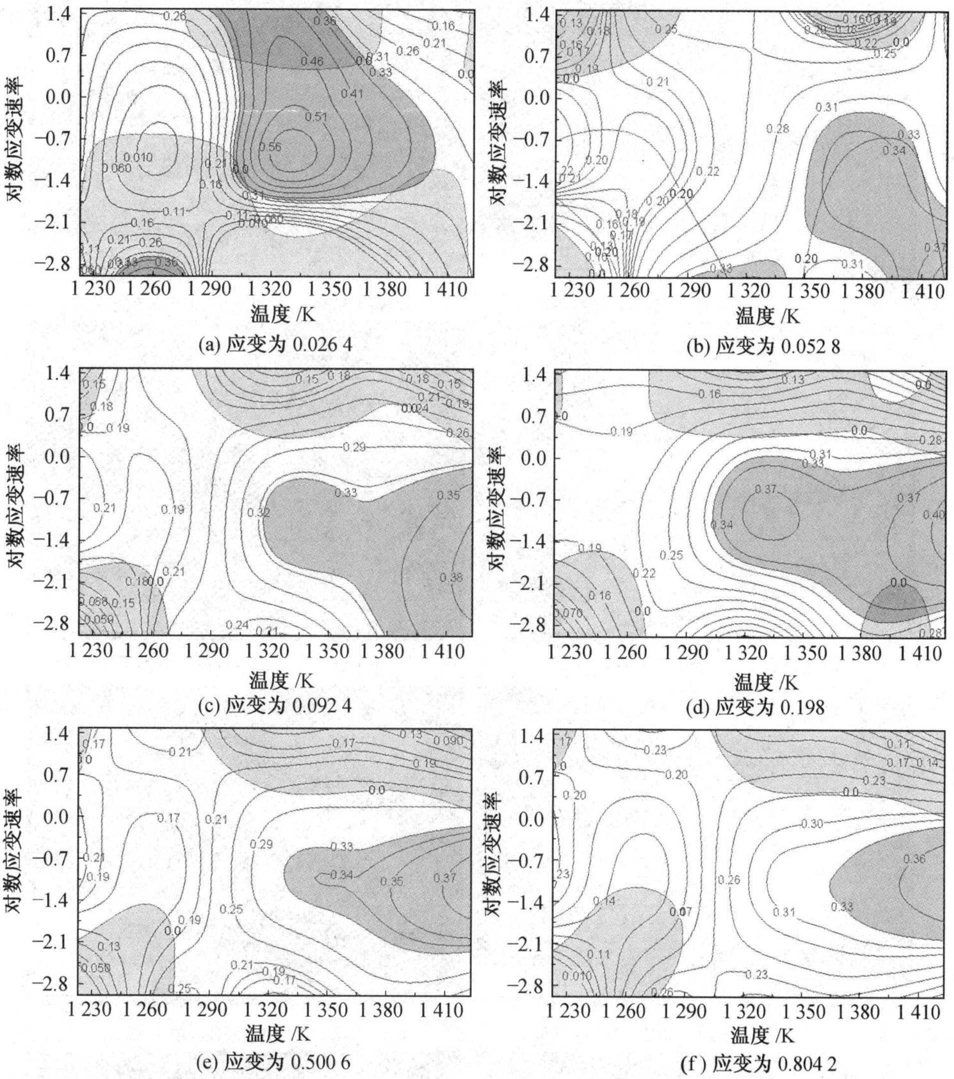

(a) 应变为 0.026 4　(b) 应变为 0.052 8

(c) 应变为 0.092 4　(d) 应变为 0.198

(e) 应变为 0.500 6　(f) 应变为 0.804 2

图 5.10　不同应变下的热加工图

5.2.5　基于显微组织分析建立的GH4698合金热加工图合理性

在建立了GH4698合金的热加工图后,需要对其合理性进行验证,此类的验证通过其他手段一般较难进行,目前可采用分析不同变形条件下的金相照片和透射照片来分析变形过程中的塑性变形和组织变化情况。在加工图上对应的高效率加工条件区域,材料吸收外界输入的总功率中用于组织转变的比例越大,在理论上材料在这种加工条件下组织越均匀,晶粒细化越明显;在失稳图上对应的失稳加工条件区域,材料在热变形过程中容易出现流变失稳,因此在理论上组织性能会较差。

图 5.11 为 GH4698 高温合金在不同变形条件下的金相照片以及加工效率值。

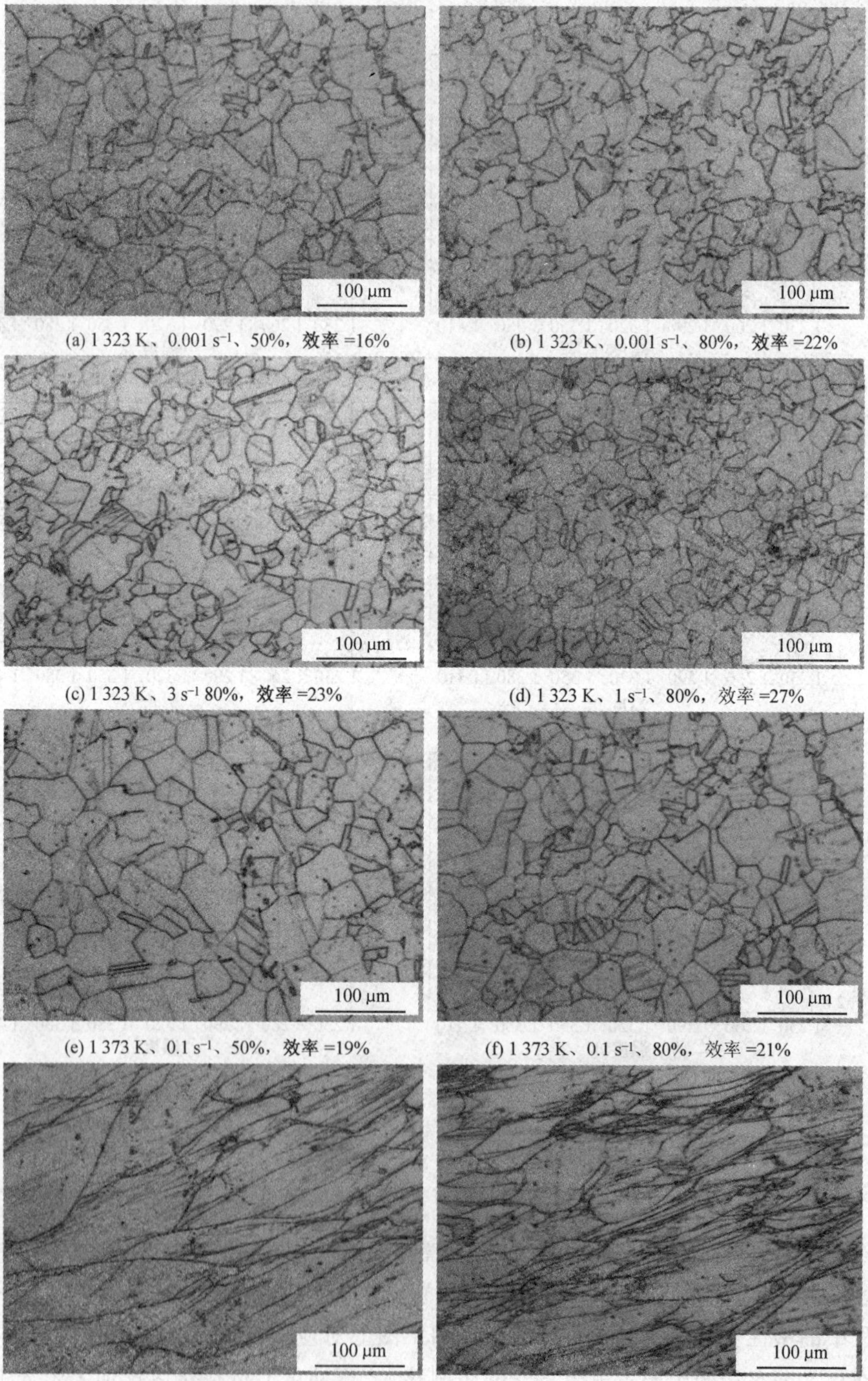

(a) 1 323 K、0.001 s^{-1}、50%，效率 =16%

(b) 1 323 K、0.001 s^{-1}、80%，效率 =22%

(c) 1 323 K、3 s^{-1} 80%，效率 =23%

(d) 1 323 K、1 s^{-1}、80%，效率 =27%

(e) 1 373 K、0.1 s^{-1}、50%，效率 =19%

(f) 1 373 K、0.1 s^{-1}、80%，效率 =21%

(g) 1 223 K、0.001 s^{-1}、80%，效率 =8%

(h) 1 423 K、30 s^{-1}、80%，效率 =5%

图 5.11　GH4698 高温合金在不同变形条件下的金相照片以及加工效率值

由图5.11可以看出，GH4698合金热变形后的晶粒组织大小与变形参数有很大关系，图5.11(g)对应的加工条件下，材料的加工效率值较低，合金在变形过程中只发生了晶粒拉长，出现了缺陷的塞积等特征，而没有动态再结晶改善内部组织，因此此条件下的加工性能很差；图5.11(a)、(e)、(f)、(b)、(c)、(d)对应的加工条件加工效率值逐渐增大，变形过程中用于组织转变的功率比例也逐渐增大，从金相照片中可以看出，晶粒尺寸也是越来越细小，材料在变形过程中都发生了再结晶。这说明在热变形过程中，随着加工效率值的增大，材料用于组织转变的功率比例越多，因此变形后的组织性能也就越好。图5.11(h)中材料所处的加工条件下，在加工效率图上可以看出加工效率参数的数值为5%，而且此时在失稳图上可以看出失稳参数的数值小于零，故加工处于失稳区，此时从金相照片上可以看出晶粒很粗大，随着变形的增加晶粒被拉长，缺陷塞积很严重，基本没有发生再结晶，材料很容易在加工过程中被破坏。

图5.12所示为GH4698高温合金在不同的变形条件下的位错分布。从图5.12(a)中可以看出，此条件下材料的加工效率可达到27%，此时材料内部位错密度相对较小；在图5.12(b)中，加工效率只有16%，此时透射电镜显示出的材料内部位错密度相对于图5.12(a)增大了许多；而图5.12(c)中材料处于加工过程中的失稳区，加工效率最小，此时材料内部的位错密度最大。由透射照片可以证明，材料内部的位错等缺陷发生严重的塞

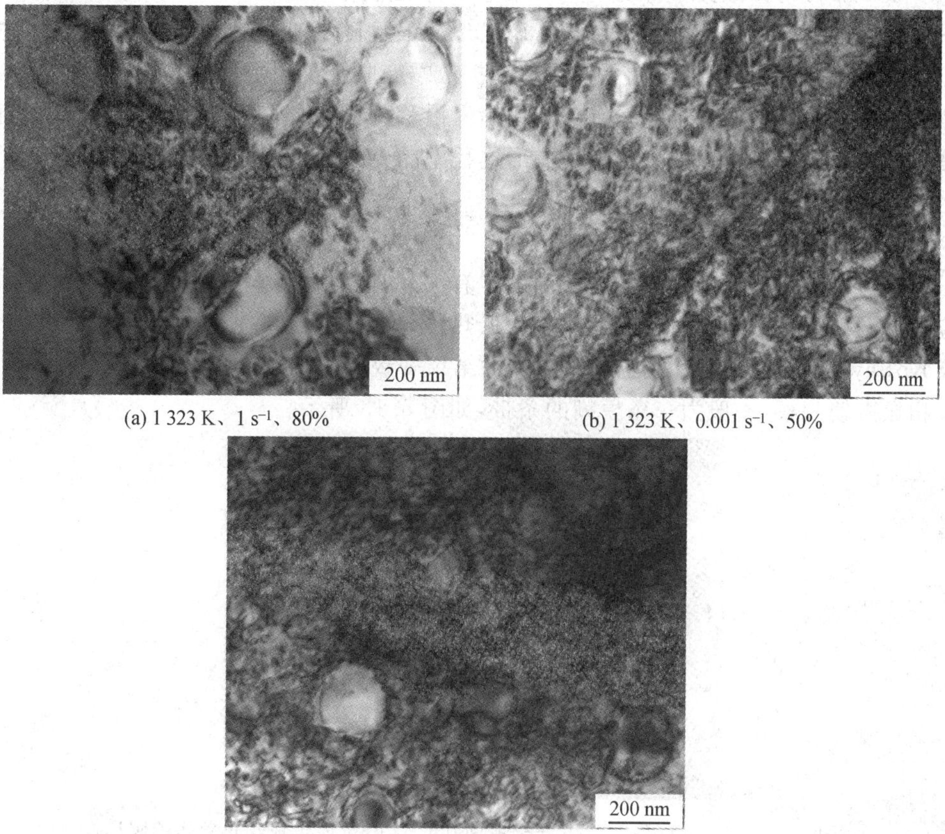

(a) 1 323 K、1 s^{-1}、80%　(b) 1 323 K、0.001 s^{-1}、50%

(c) 1 423 K、30 s^{-1}、80%

图5.12　GH4698高温合金在不同变形条件下的位错分布

积恰好可以对应加工图上效率值很低的区域，从而说明建立的加工图是符合实际的。

5.3 热加工图的应用

5.3.1 动态再结晶

动态再结晶一般出现在 $0.7T_m \sim 0.8T_m$ 温度，其发生条件随层错能变化而不同。对低层错能材料发生动态再结晶的应变速率为 $0.1 \sim 1\ s^{-1}$，最大耗散效率为 30% ～ 35%；对高层错能材料应变速率为 $0.001\ s^{-1}$，最大功率耗散为 50% ～ 55%。

Ravichandran 和 Prasad 认为动态再结晶随层错能的变化是由位错的形核率和晶界的迁移率两个过程相互竞争的结果。按照他们的理论，低层错能的金属形核率低，因而动态再结晶是由形核率控制的，耗散效率也低。对高层错能金属，形核率高，动态再结晶主要受晶界的迁移率控制，因而动态再结晶耗散效率高，发生在低应变速率。

5.3.2 超塑成形

一般细晶材料在温度 $0.7T_m \sim 0.8T_m$ 和应变速率小于 $0.01\ s^{-1}$ 时出现超塑性。在加工图中，超塑性区域表现为耗散效率高（> 60%），且随应变速率下降耗散效率急剧上升。由 Ashby 和 Verral 提出的晶界滑移和扩散蠕变联合机理（简称 A－V 机理）可以很好地解释超塑性变形过程，该理论认为，在晶界滑移的同时伴随有扩散蠕变，原子的迁移对晶界滑移起调节作用。由于超塑性成形过程中晶界的高迁移性，因而耗散效率高。

5.3.3 绝热剪切带形成

绝热剪切带的形成条件除了与外界因素有关外，还与材料本身的物理性能有关，如流动应力随温度变化敏感性、低加工硬化率、低热传导性和低比热等。绝热剪切带形成的方向与 Kobayashi 等采用滑移线场理论预测的结果一致，即与主应力方向成 45°角。可以通过金相显微镜观察，一般为一条模糊的条带，如图 5.13 所示。

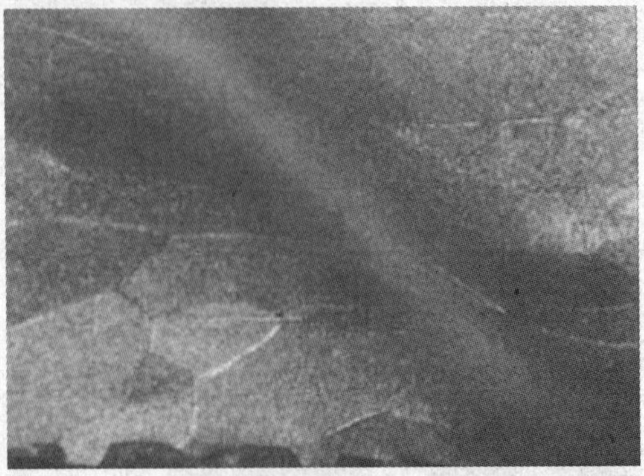

图 5.13　Ti－24Al－20Nb 合金在 900 ℃、$10\ s^{-1}$ 时形成绝热剪切带照片

5.3.4 楔形开裂和内部开裂

在热加工图中，楔形开裂与超塑性区域现象类似，都呈现很高的耗散效率（> 60%），需通过观察组织或者进行拉伸试验来区别他们。内部开裂则是由于低熔点化合物或合金元素在晶界上偏析，导致沿晶开裂。这种现象通常在高温或高应变速率条件下发生。

5.3.5 片状组织球化机理

Seshacharyulu 等将加工图理论用于分析初始状态为片状组织的 Ti－6Al－4V 钛合金的组织演变机理，归纳出各种变形机理如图 5.14 所示。可直观地观察到沿晶开裂、楔形开裂、绝热剪切带形成、片状组织扭曲、球化、动态再结晶及 β 不稳定性区域，据此可以方便地选取合理的工艺参数，避免缺陷产生。

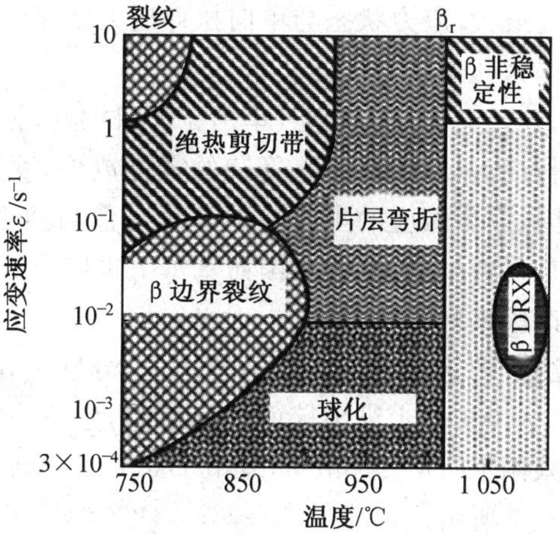

图 5.14 Ti－6Al－4V 钛合金变形机理图

第6章　热成形极限图理论及应用

6.1　板料成形极限

6.1.1　成形极限图的概念

板料成形性能主要受到材料本身塑性变形能力的限制，如圆孔翻边成形极限。在翻边成形中孔边的变形程度最大，应力状态与单向拉伸应力状态近似，因此可以用单向拉伸试验的最大伸长率近似作为孔边的许用伸长率。

翻边变形比较简单，并且又有基本性能（单向拉伸）试验数据作为参考，成形极限问题较易解答。至于一般板料成形，特别是形状复杂的零件成形，变形情况就比较复杂，板面内两个主应力的比值不同，两个相应的主应变的许用数值当然也不同。这些数值都需要确定。这些数值实质上是材料性能的反映，因而基本上也应由试验确定，就像材料的单向拉伸性能要靠单向拉伸试验来确定一样。

将不同应力状态下测得的这两个主应变的许用值，分别标在以板面内较小的那个主应变为横坐标、较大的那个主应变为纵坐标的坐标系里，定下一些点，由这些点连成的曲线就称为板料的成形极限图 FLD(Forming Limit Diagram)或成形极限曲线 FLC(Forming Limit Curve)，如图 6.1 所示。

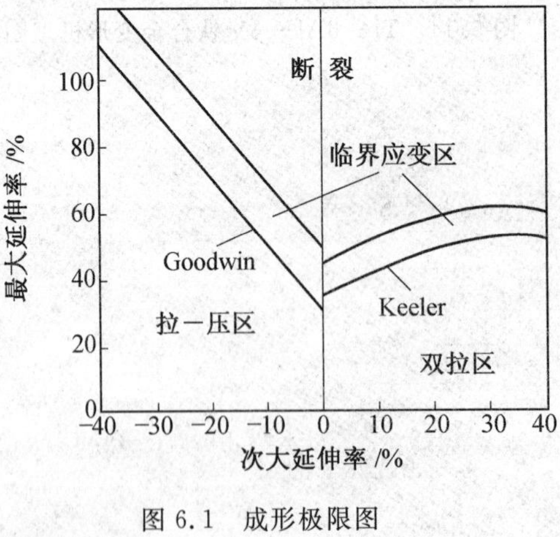

图 6.1　成形极限图

FLC 提供了一个可接受的应变极限。在板料成形中，当主应变ε_1 和ε_2 超过由这两个应变联合构成的应变极限范围时，板料将会产生变薄、断裂。

板料面内主应变ε_1 和ε_2 的交点落在 FLC 以下是允许的，ε_1 和ε_2 的交点在 FLC 以上则会产生成形加工破坏。成形加工破坏通常被定义为板料在成形过程中出现明显的局部变薄或颈缩，而不是最终的断裂。这是因为有局部颈缩的钣金零件，一般已不能满足成形质量的要求，故已无意义。

最早利用 FLC 预测板料成形加工破坏的学者是 Keeler。第一条成形极限右部曲线是由 Keeler 等人绘制的。他们是利用试验室里的试验件以及工业上冲压成形不同形状的板料壳体零件获得试验点，并以此确定出 FLC 的。随后 Keeler 和 Goodwin 根据实际冲压生产结果，建立了低碳钢的 FLC，该曲线被称为 Keeler－Goodwin 曲线。一般认为，Keeler－Goodwin 曲线适用于各种塑性材料。FLC 的概念加上图形网格分析法，提供了一种在压力加工车间进行破坏分析的诊断工具。

后续研究表明，Keeler－Goodwin 曲线并不具有普遍性，而 FLC 对于各种材料是不同的，这也反映了各种材料不同的成形性能。目前，已有许多不同的方法来确定 FLC，这些方法可分为两大类：单向拉伸和非平面拉伸。在单向拉伸方法中，试件允许产生不均匀变形，摩擦和几何形状不起作用。在非平面拉伸方法中，一般采用冲压拉深，摩擦和几何形状对试验结果影响较大。应该注意的是，在非平面拉伸方法中，液压胀形试验与单向拉伸有相同的优点。而其他非平面拉伸情况下所给出的试验结果受外界因素影响较大。

许多人试图建立材料的简单拉伸性能与 FLC 的联系，但并未成功。这是由于双向拉伸中的材料变形不稳定现象不能由简单的单向拉伸试验来预测。所以，必须在双向应力作用下来确定 FLC。

6.1.2 测定成形极限图的试验方法

如上所述，典型的板料成形极限图如图 6.1 所示。它首先由 Keeler 对软钢作出，并由 Goodwin 加以完善。目前用得最广泛的试验方法是用不同宽度的矩形板条在球头凸模上拉延成形。试验装置简图如图 6.2 所示。试验中，板条夹紧在压板与下模之间，夹紧力须达到使所夹持的板条试件不至于发生径向移动。

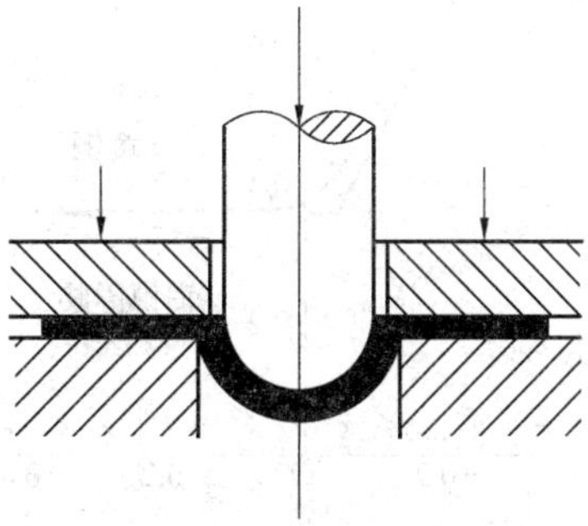

图 6.2 试验装置简图

改变板条试件宽度和润滑条件，就可以改变应力状态，亦即改变板面内的两个主应变的比值。为了测定板面内的两个主应变，需要事先在板条试件表面绘制网格。目前使用较为广泛、精度较高的网格制备方法有接触照相法和电化学腐蚀法。其制备技术可参看有关的资料。

网格的基本形式有小圆圈和小方格两种，如图 6.3 所示。一般说来，采用小圆圈较采用小方格更为方便，因为如果应变主轴不与方格的对角线一致时，则经过变形，方格变为菱形后，主应变数值就很难测定。而对于小圆圈，无论主轴方位如何，变形后，圆变为椭圆，椭圆的长、短轴方向即为应变主轴方向，因此只要测出椭圆的长、短轴长度，就可确定两个主应变的大小。

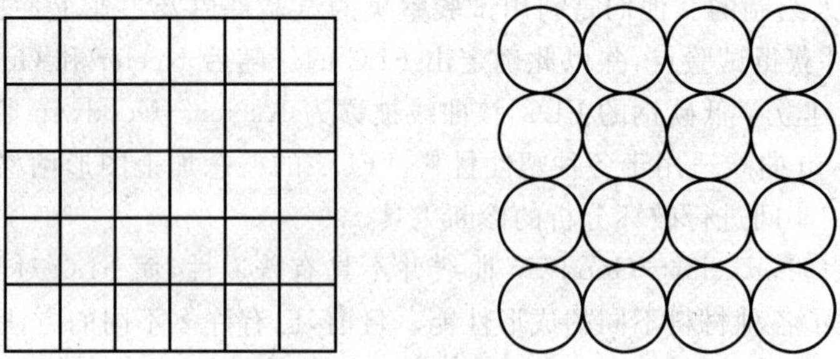

图 6.3　方形及圆形网格

Keeler 规定，在刚性凸模上进行拉延试验的板料试件上出现局部性变薄或局部性颈缩时认为达到成形极限。测量的是最近的、而不是贯穿断裂面的网格的变形，并据此确定成形极限。为了提高测量的精度，网格尺寸以小为宜，但受到工艺限制，网格尺寸不能过小；小圆直径一般选用 2.5 mm。

试验测量结果显示，不同材料成形极限图的左半部基本相似，但它的右半部则至少有两种类型，如图 6.4 所示。一种是以软钢为代表的，其极限应变ε_1 随着较小应变 ε_2 的增加而较快地增加；一种是以黄铜为代表的，其极限应变 ε_1 基本上与 ε_2 的增加无关，或是稍有降低的倾向。至于铝及其合金，它的右半部的极限应变 ε_1 也是随着ε_2 的增加而增加，但增加程度没有软钢显著。

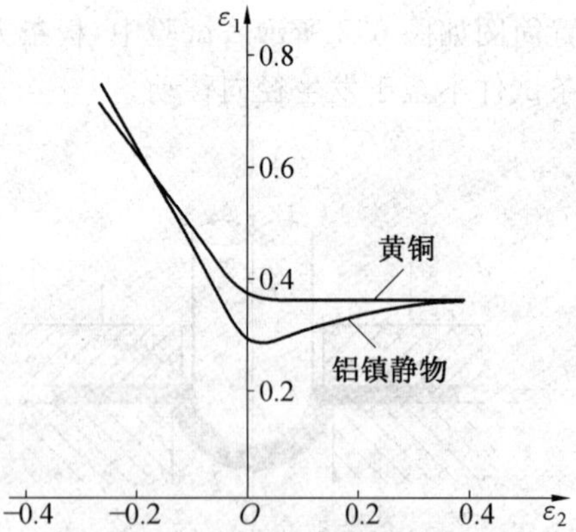

图 6.4　成形极限图的特征

6.1.3　成形极限图的构成

为构造成形极限图，需要测量接近或包含颈缩或变形区的小圆圈，不同的应变测量准则可得到不同的成形极限曲线。通常对成形极限的判据有三种：①断裂处网格的应变值；②断裂处临近网格的应变值；③局部颈缩处网格的应变值。

使用不同的判据，最后确定的网格将不同，所得到的极限应变也不同。从实际生产的角度来看，判据③更为适合。因为产生局部颈缩时零件就已经不能使用了，所以生产上是不希望出现这种情况的。因此,认为局部颈缩处所允许的最大成形应变判据更富有意义和实用价值。但是,由于准确确定局部颈缩失稳发生的时间和位置很困难,故通常采用断裂处临近网格的应变值,如图 6.5 所示。图 6.5 中,9～14 号网格为断裂型,1 号和 8 号为临界型,2～7 号以及 15～21 号为安全型。板料在刚性凸模上成形后网格都发生不同程度的变形而成为曲面,这给测量带来一定难度和误差。在这种情况下,应该采用具有两个摄像头的网格测量系统进行变形检测。当采用单摄像头进行变形测量时,应该考虑板料曲度的影响。

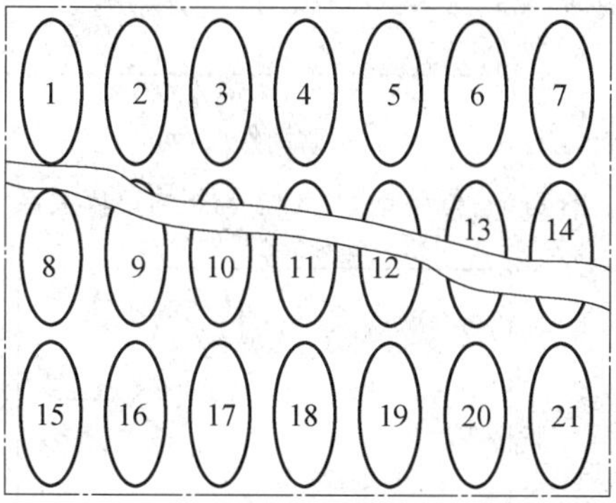

图 6.5　断裂试件上 3 种网格

6.1.4　成形极限图讨论

在板料成形中,颈缩的出现即被认为是出现了破坏。这是外覆盖件冲压生产中出现废品的原因之一。在内覆盖件冲压生产中,颈缩的出现意味着断裂会在一个很小的附加冲压过程中出现。在成形极限图中,由描绘上述颈缩处应变而得到的线可认为是破坏出现线,用以分开安全区和破坏区。并不是每个位于该线以上的应变都会出现颈缩,这条线代表了这种金属出现颈缩的最小可能性。如果要求 100％的安全,则所有应变均应保持在这条线以下。一般来讲,板料上某些点的应变大小决定于冲压生产中所有可变化因素的影响,这些因素包括模具设计、润滑和材料特性等。对于各种低碳钢,只要这些钢材的机械特性没有超常的变化,其 FLC 的形状基本上相似,每一种钢材的 FLC 只与标准曲线略有不同。曲线的形状与摩擦以及试件相对轧制方向的取向无关。利用这一特点,只要知道一个点,就可以根据已知的其他低碳钢的 FLC,绘制出材料的 FLC 来,这个点宜选取曲线的最低点,即平面应变点 FLC_0 最为适用。

然而有一些特殊的材料因素已被证明可影响 FLC_0,提高破坏起始线的位置。其中之一就是板料厚度。厚板可在很大范围内分散颈缩而产生较大的应变。图 6.6 表示了低碳钢板的 FLC_0 与板料厚度之间的关系。应注意到,一点的成形性能随着板料的厚度而增长,这种影响在板料厚度超过 3 mm 时就会减少。

重要的是,当图 6.6 中所示的曲线接近“零厚度”时,FLC_0 点接近最大均匀应变值,即 n 值。n 值是变形硬化指数,反映金属加工时强化的快慢。低碳钢的 FLC_0 与 n 的关系如图 6.7 所示。该图说明 FLC_0 与 n 值呈线性关系,直至 n 值达到 0.22 时,才出现稳定的水平状况。

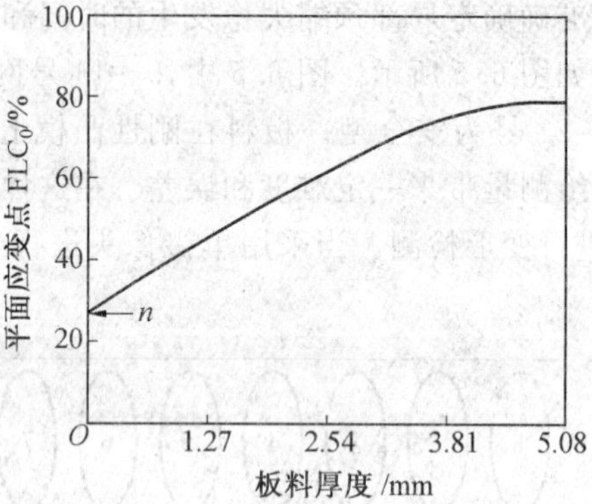

图 6.6　低碳钢的 FLC_0 与板料厚度关系

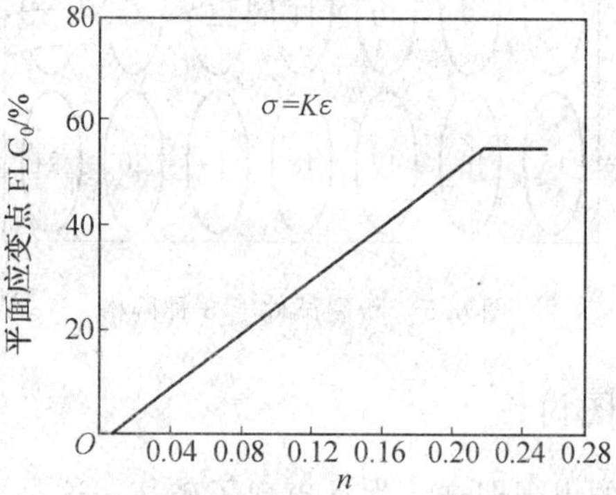

图 6.7　低碳钢的 FLC_0 与 n 值的关系

为方便起见，板料厚度和 n 值对 FLC_0 的影响可一起表示在一个图中(图 6.8)。这样，对于低碳钢的 FLC_0 可通过板料厚度和 n 值得到，从而绘出整个 FLC。实践表明，以此方法获得 FLC 对于低碳钢是有实用价值的。应注意，图 6.8 不能用于已经冷作强化的钢，如半硬化回火钢。对于这些钢，从图中得到的 FLC_0 可作为上限，测量的 FLC_0 将会较低，这样在使用中可避免出现废品，除非板材另有其他缺陷。

由于实际成形中使用的大部分材料是低碳钢。所以用以上方法得到的 FLC 是可以应用的。然而，其他金属就不是这样，例如，对供成形用的铝合金各种各样，不同的合金和热处理有不同的 FLC_0 点和 FLC 形状(图 6.9)。

关于试验速度对 FLC 影响的试验做得很少，对于铝、黄铜和低碳钢，成形速率在 0.012 7～127 mm/s 范围内对其成形性影响很小。以上所讨论的 FLC 是由沿着一恰当的加载路径对试样加载而得到的，如果加载路径改变，那么临界应变水平也将改变。许多研究表明，双向预应变将在后来的加载中减小极限应变，而单向预应变将使后续应变增加。如果应变路径的变化可以预测，那么 FLC 上的点就可以由可预测的应变历史来决定。

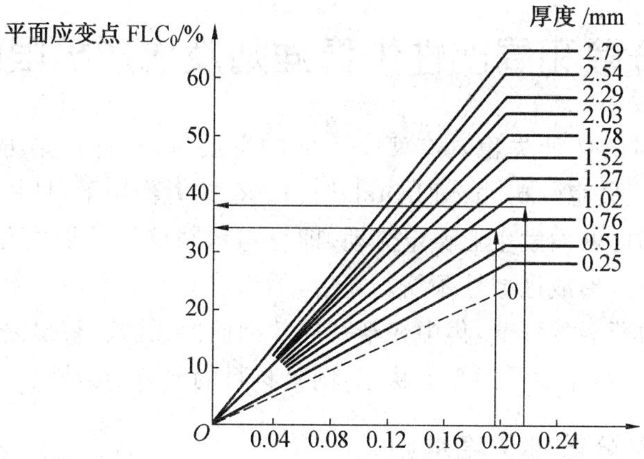

图 6.8 低碳钢的 FLC_0 与 n 值和厚度的关系

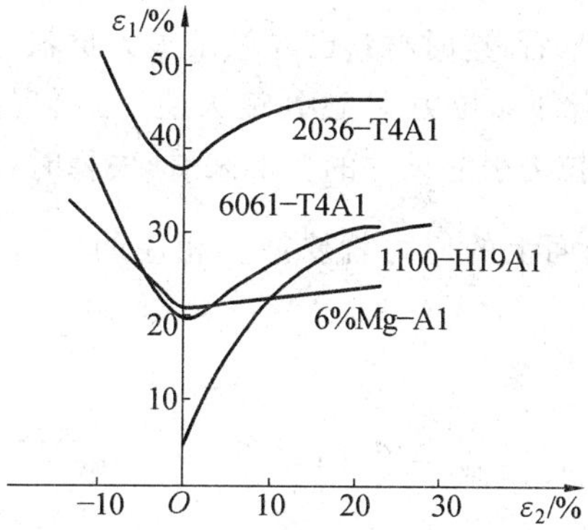

图 6.9 不同合金的 FLC_0 和 FLC

6.1.5 成形极限图的应用

有了板料的成形极限图以后，就可用它来检查和改善形状复杂零件的成形方案。具体方法是，在毛料上制出网格，如果成形过程中毛料破裂，就测量最接近裂纹处网格的变形，并算出应变，然后在成形极限图中标出。如果它是位于左半部的临界应变区域内或以上，由图 6.1 可以看到，则应设法降低σ_2，从而增大许用应变ε_1。具体措施是适当减小网格短轴方向的毛坯、增大模具圆角半径、改善润滑条件等，借此使短轴方向的毛料较易流入变形区。当然上述措施也应同时用于长轴方向的毛料，因为如果最大拉应变也有所降低，则情况将会更好。

如果标出的应变是位于右半部的临界应变区域内或以上，则除应采取上述措施以降低最大拉应变ε_1 以外，在改变 ε_2 方面还应采取刚好与上述情况相反的措施，即要在网格短轴方向增大毛料尺寸、减小模具圆角半径和恶化润滑条件，使毛料不易流动以增大变形区的应变 ε_2，从而提高材料的许用应变ε_1。由此可见，板料的成形极限可为形状复杂零件的成形指明改善成形条件的方向。

6.2 分散和局部性失稳准则及成形极限图预测

一般来讲,板料的拉伸失稳具有两个不同的发展阶段,即所谓分散性失稳(Diffuse Instability)与集中性失稳(Localized Instability)。在拉力作用下,材料经过稳定的均匀变形后,在一个较宽的区域内发生亚稳定流动,即材料承载能力薄弱的环节,在一个较宽的变形区域内交替转移,形成区域性颈缩。随后,不稳定流动的发展局限在变形的某一狭窄带内,材料承载能力薄弱的环节,集中在某一局部剖面内无法转移出去,形成集中性颈缩,或称局部颈缩集中性颈缩发展的极限状态,则是材料的分离一拉断。

6.2.1 Swift 分散性失稳准则

从变形性质来看,板料的分散性失稳标志着材料均匀变形阶段的结束,继续变形的潜力已经不大。从承载能力来看,这时材料已经做出最大贡献,外载荷不可能再有增加。

在单向拉伸试验中,当外加拉力 P 达到最大值时,出现区域性颈缩,产生分散性失稳。从外加拉力以及由此拉力引起试件的变形来看,失稳时,$\mathrm{d}P=0$。假定在此瞬间试件有 $\mathrm{d}\varepsilon$ 的应变增量,试件截面上的应力就要产生相应的应力增量 $\mathrm{d}\sigma$。因为 $\sigma=\dfrac{P}{A}$,$\mathrm{d}\varepsilon=-\dfrac{\mathrm{d}A}{A}$,所以

$$\mathrm{d}\sigma=\frac{\sigma}{A}\mathrm{d}A+\frac{\sigma}{P}\mathrm{d}P=\sigma\mathrm{d}\varepsilon \tag{6.1}$$

式中 A—— 试件瞬时剖面面积。

从材料内在的变形性质来看,假定材料的应变硬化曲线为

$$\sigma=K\varepsilon^{n} \tag{6.2}$$

当应变有 $\delta\varepsilon$ 增量时,材料的变形抵抗力的增量 $\delta\sigma$ 为

$$\delta\sigma=Kn\varepsilon^{n-1}\delta\varepsilon=\left[\frac{n}{\varepsilon}\right]\sigma\delta\varepsilon \tag{6.3}$$

不难看出,当 $\varepsilon<n$ 时,$\delta\sigma>\mathrm{d}\sigma$,材料变形抵抗力的增量大于外加拉力所要求的应力增量,试件的变形是稳定的。

当 $\varepsilon>n$ 时,$\delta\sigma<\mathrm{d}\sigma$,变形是不稳定的。

当 $\varepsilon=n$ 时,$\delta\sigma=\mathrm{d}\sigma$,变形处于临界状态,恰为失稳点。

所以,单向拉伸失稳条件可表示为

$$\frac{\mathrm{d}\sigma}{\mathrm{d}\varepsilon}=\frac{\delta\sigma}{\delta\varepsilon} \tag{6.4}$$

在复杂应力状态下,应力强度 σ_i 与应变强度 ε_i 反映了各个应力、应变分量的综合作用,而单向拉伸应变强化曲线具有一般性应变强化曲线的性质。失稳条件为

$$\frac{\mathrm{d}\sigma_i}{\mathrm{d}\varepsilon_i}=\frac{\delta\sigma_i}{\delta\varepsilon_i} \tag{6.5}$$

利用这一条件即可求得分散性失稳发生时材料的应变强度。

6.2.2 板料双向拉伸分散性失稳及其讨论

设自平面应力状态下的变形体上取出一个微体，因而可认为其上作用的应力是均匀分布的，如图 6.10 所示。图中 σ_1、σ_2 是作用在微体上的两个主应力，P_1、P_2 是相应方向的载荷。1952 年，Swift 在分析平面应力问题时提出，微体在失稳时承受的双向拉伸载荷，不受该微量应变发展的影响，即在失稳时：

$$dP_1 = dP_2 = 0 \tag{6.6}$$

式(6.6) 就是所谓 Swift 失稳准则。

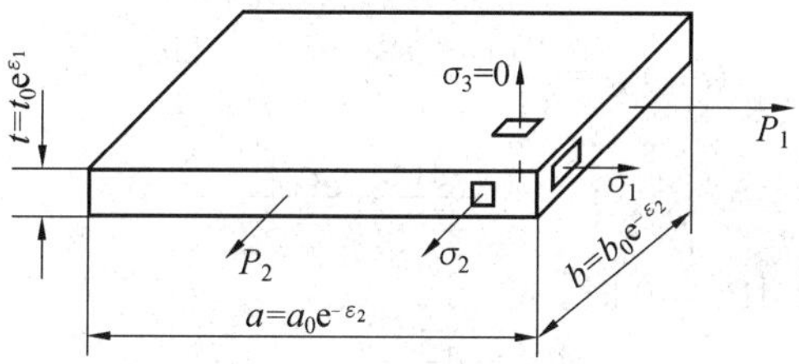

图 6.10 双向拉伸作用下的微体

假设微体长、宽、厚分别为 a_0、b_0、t_0，拉伸变形后为 a,b,t(图 6.10)，则沿 1 轴方向的拉力 P_1 为

$$P_1 = b_0 t_0 e^{-\varepsilon_1} \sigma_1 \tag{6.7}$$

沿 2 轴方向的拉力 P_2 为

$$P_2 = a_0 t_0 e^{-\varepsilon_2} \sigma_2 \tag{6.8}$$

由 Swift 失稳准则可知

$$\frac{d\sigma_1}{d\varepsilon_1} = \sigma_1, \frac{d\sigma_2}{d\varepsilon_2} = \sigma_2 \tag{6.9}$$

根据应力强度定义，有

$$\sigma_i = \sqrt{\sigma_1^2 - \sigma_1\sigma_2 + \sigma_2^2} \tag{6.10}$$

对式(6.10) 进行微分，设 $x = \frac{\sigma_2}{\sigma_1}$，可得板料双向受拉时应力强度的增量，即

$$d\sigma_i = \frac{\sigma_i}{\sigma_1}d\sigma_1 + \frac{\sigma_i}{\sigma_2}d\sigma_2 = \frac{2-x}{2\sqrt{1-x+x^2}}d\sigma_1 - \frac{1-2x}{2\sqrt{1-x+x^2}}d\sigma_2 \tag{6.11}$$

由于在双向受拉平面应力状态下，本构关系可表达为

$$\frac{d\varepsilon_1}{2-x} = \frac{d\varepsilon_2}{2x-1} = -\frac{d\varepsilon_3}{1+x} = \frac{d\varepsilon_i}{2\sqrt{1-x+x_2}} \tag{6.12}$$

将式(6.11) 除以式(6.12)，整理可得

$$\frac{d\sigma_i}{d\varepsilon_i} = \frac{(2-x)^2}{4(1-x+x^2)}\frac{d\sigma_1}{d\varepsilon_1} + \frac{(1-2x)^2}{4(1-x+x^2)}\frac{d\sigma_2}{d\varepsilon_2} \tag{6.13}$$

将失稳条件式(6.9) 代入式(6.13) 并考虑应力强度的定义，得

$$\frac{d\sigma_i}{d\varepsilon_i} = \frac{\sigma_i}{\dfrac{4\sqrt{(1-x+x^2)^3}}{(1+x)(4-7x+4x^2)}} \tag{6.14}$$

此外，根据单一曲线假设，由式(6.2)可得

$$\frac{\mathrm{d}\sigma_{\mathrm{i}}}{\mathrm{d}\varepsilon_{\mathrm{i}}}=Kn\varepsilon_{\mathrm{i}}^{n-1}=\left[\frac{n}{\varepsilon_{\mathrm{i}}}\right]\sigma_{\mathrm{i}} \tag{6.15}$$

比较式(6.14)与式(6.15)，可得在 $\mathrm{d}P_1=\mathrm{d}P_2=0$ 条件下，分散性失稳的应变强度为

$$(\varepsilon_{fi})_2=\frac{4\sqrt{(1-x+x^2)^3}}{(1+x)(4-7x+4x^2)}n \tag{6.16}$$

已知分散性失稳的应变强度后，根据本构关系可得

$$(\varepsilon_{f1})_2=\frac{2(1-x+x^2)}{(4-7x+4x^2)}\cdot\frac{2-x}{1+x}n$$

$$(\varepsilon_{f2})_2=\frac{2(1-x+x^2)}{(4-7x+4x^2)}\cdot\frac{2x-1}{1+x}n$$

$$(\varepsilon_{f3})_2=\frac{-2(1-x+x^2)}{4-7x+4x^2}\cdot n \tag{6.17}$$

当假设失稳条件为 $\mathrm{d}P_1=0$ 时，

$$\frac{\mathrm{d}\sigma_1}{\mathrm{d}\varepsilon_1}=\sigma_1 \tag{6.18}$$

利用式(6.10)和式(6.12)，从失稳条件式(6.18)可得

$$\frac{\mathrm{d}\sigma_{\mathrm{i}}}{\mathrm{d}\varepsilon_{\mathrm{i}}}=\frac{\sigma_{\mathrm{i}}}{\dfrac{2\sqrt{1-x+x^2}}{2-x}} \tag{6.19}$$

根据式(6.5)，令式(6.19)与式(6.15)相等，即可求出在失稳条件为 $\mathrm{d}P_1=0$ 情况下，分散性失稳发生时的应变强度为

$$(\varepsilon_{fi})_1=\frac{2\sqrt{1-x+x^2}}{2-x}n \tag{6.20}$$

根据应变强度以及本构关系可得

$$(\varepsilon_{f1})_1=n,(\varepsilon_{f2})_1=\frac{2x-1}{2-x}n,(\varepsilon_{f3})_1=-\frac{1+x}{2-x}n \tag{6.21}$$

图 6.11 所示为不同失稳条件下 ε_{fi} 与 x 的关系曲线。

当时，Swift 准则对薄板液压胀形顶点的失稳应变做了试验研究，结果良好。但这只是双向等拉应力状态下的验证结果。Keeler 是应用 Swift 失稳准则来预测板料成形极限图的右部整个曲线的。但是，Swift 和以后其他学者的论著并未讨论这个准则与吕德斯线之间有何关系。

为了在物理现象上弄清这个问题，现对 $\mathrm{d}P_1=\mathrm{d}P_2=0$ 时，微体的失稳变形进行分析。先看 $\mathrm{d}P_1=0$ 的情况。设用 s 表示微体的变形发展参数，并对微体的 σ_1 方向取几何坐标 l，如图 6.12 所示。显然在该微体丧失均匀变形状态前，存在 $P_1(s,l)=\sigma_1(s,l)\cdot f_1(s,l)$ 的关系，式中 f_1 是微体的截面积。

根据微分的定义：

$$\mathrm{d}P_1=\frac{P_1}{s}\mathrm{d}s+\frac{P_1}{l}\mathrm{d}l=f_1\mathrm{d}\sigma_1+\sigma_1\mathrm{d}f_1$$

截面 f_1 的增量 $\mathrm{d}f_1$ 为

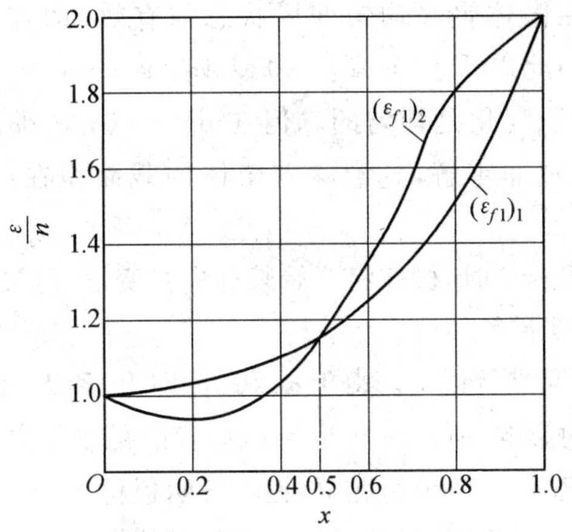

图 6.11 不同失稳条件下 ε_{fi} 与 x 的曲线

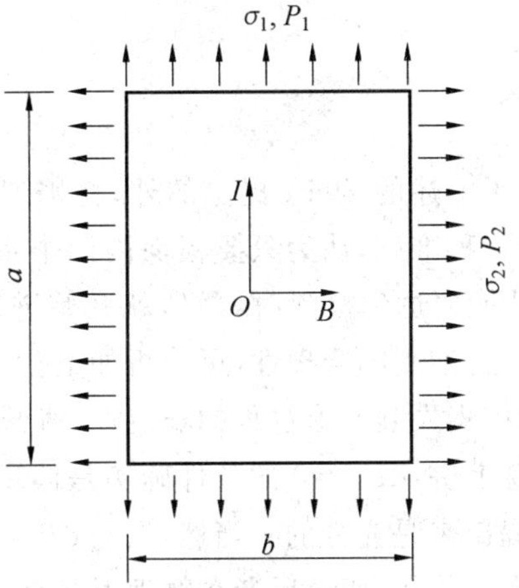

图 6.12 双向拉伸微体受力状态

$$\mathrm{d}f_1=\frac{f_1}{s}\mathrm{d}s+\frac{f_1}{l}\mathrm{d}l$$

但在现在所讨论的范围内，显然 $\mathrm{d}P_1$ 是与坐标 l 无关的量，在所取微体丧失均匀变形状态前，f_1 也是与 l 无关的，即上面式子中的 $P_1/l=0$ 和 $f_1/l=0$。另外，应用体积不变假设，存在 $\mathrm{d}f_1=-f_1\mathrm{d}\varepsilon$，$\mathrm{d}\varepsilon_1$ 是该截面上的材料质点在 σ_1 方向的主应变增量。因而可得

$$\frac{P_1}{s}=-\left[\frac{\mathrm{d}\sigma_1}{\mathrm{d}\varepsilon_1}-\sigma_1\right]\frac{f_1}{s}$$

由此看到，当所取微体在 σ_1 方向的承载能力达到极限，即 $\mathrm{d}P_1=0$ 或 $P_1/s=0$ 时，存在

$$\frac{\mathrm{d}\sigma_1}{\sigma_1}=\mathrm{d}\varepsilon_1（当\ \mathrm{d}P_1=0\ 时）\tag{6.22}$$

现在来研究 P_1/s。显然，对所研究的微体，P_1/s 仍是与坐标 l 无关的量，即$(P_1/s)/l=0$。由此得到

$$\left[\frac{\mathrm{d}\sigma_1}{\mathrm{d}\varepsilon_1}-\sigma_1\right]-\left[\frac{f_1}{s}\right]_l+\frac{f_1}{s}-\left[\frac{\mathrm{d}\sigma_1}{\mathrm{d}\varepsilon_1}-\sigma_1\right]_l=0\tag{6.23}$$

注意到这些式子只在微体丧失均匀变形状态前有效，即在所讨论的范围内，总是$(d\sigma_1/d\varepsilon_1-\sigma_1)/l=0$。由此式可见，在$dP_1>0$或$d\sigma_1/d\varepsilon_1-\sigma_1>0$的变形阶段，$(f_1/s)/l=0$。这意味着微体的截面积变化是均匀的。但在$dP_1=0$，即$d\sigma_1/d\varepsilon_1-\sigma_1=0$的时刻，$(f_1/s)/l=0$就有可能出现非零解，这意味着微体的截面积在这个时刻开始不均匀变化。

由此可以看到，当$dP_1=0$时，微体将开始某种失稳变形，但失稳变形的形式是截面积的不均匀变化，而不是出现吕德斯线。

现在对$dP_2=0$的情况进行讨论。由于σ_1和σ_2，即P_1和P_2是相互垂直的，前面的分析并不受另一方向应力的影响，所以对$dP_2=0$的情况，可以得出完全相同的结论。

由此可见，即使在$dP_1=dP_2=0$情况下，也不表明板材上会出现吕德斯线。这说明用Swift准则来预测板材的成形极限，是缺乏确切的物理依据的。另外，在此顺便指出，取微体的承载能力达到极限，或者说取它最大承载能力的丧失为准则的这种失稳，常称为分散性失稳。

6.2.3 分散性失稳

分散性失稳的准则，除了上述的Swift提出的外，托姆列诺夫(1963年)、里格诺尼和汤姆逊(1969年)提出另外一种准则，认为只要板面内两个主应力中最大的一个(一般假设它为σ_1)的方向上的承载能力达到极限时，微体就开始进入失稳状态。用数学式表示即为式(6.22)。对于这个失稳准则的合理性，可分析如下。

首先，当$dP_1=0$时，微体丧失其变形过程的稳定性，将开始由稳定变形阶段进入不稳定变形阶段。即从物理概念上讲，$dP_1=0$的条件确实是体现着一种失稳状态的开始，因而把它作为一种失稳准则提出来是充分的。当然，它与$dP_1=dP_2=0$同时满足的Swift准则反映的不一定是同一种失稳状态，假设后者在物理上是存在的话。

其次，注意到失稳是在微体变形发展进行过程中出现的现象，这意味着$dP_1=0$状态的到达不比$dP_1=dP_2=0$状态的到达迟，因为后者包含前者。因此，就微体变形过程稳定性的开始丧失来看，宜以$dP_1=0$的准则来衡量。

另一方面，对于$dP_1=dP_2=0$的Swift失稳准则的合理性问题，哥露佛列夫(1966年)证明，除了在双向等拉应力状态下之外，在其他应力状态下，塑性变形过程中的$dP_1=0$和$dP_2=0$同时达到的情况是不切合实际的，因为它们不能被塑性条件相容。

基于这些分析可以看出，选用$dP_1=0$作为分散性失稳的准则是合理的。此外，这里将对分散性失稳的开始和发展变化对微体几何形状变化的影响进行分析。

由于失稳是在微体变形发展过程，或者说是在其截面面积逐步缩减过程中出现的现象，因此，首先达到失稳状态处的材料，必是位于缩减较快的截面上，反之亦然。这就是说，应用体积不变假设，首先进入失稳状态处的材料的$d\varepsilon_1$较大。

根据塑性增量理论，忽略体积变化时，存在：

$$\frac{d\varepsilon_2}{2\sigma_2-\sigma_1}=\frac{d\varepsilon_1}{2\sigma_1-\sigma_2} \tag{6.24}$$

$$d\varepsilon_2 = \frac{\sigma_2 - \frac{1}{2}\sigma_1}{\sigma_1 - \frac{1}{2}\sigma_2} d\varepsilon_1 \tag{6.25}$$

由该式可见，就绝对值来讲，$d\varepsilon_2$ 与 $d\varepsilon_1$ 成正比，即首先进入失稳状态的材料，其 $d\varepsilon_2$ 的绝对值也比其他部分材料的大。至于其正、负号，则取决于 $d\varepsilon_1$ 前的符号。在 $\sigma_1 > \sigma_2$ 的规定下，由式(6.25)看到，在 $\sigma_2 < \frac{1}{2}\sigma_1$ 的应力场里，$d\varepsilon_2$ 与 $d\varepsilon_1$ 异号，由于 $d\varepsilon_1$ 总是正号，所以在这种应力场里，失稳状态材料的横向变形是比其他材料有较多的收缩，故失稳微体的平面图形将呈现如图 6.13(a) 所示的形状，称为颈缩；而在 $\sigma_2 > \frac{1}{2}\sigma_1$ 的应力场里，由式(6.25)看到，因 $d\varepsilon_2$ 与 $d\varepsilon_1$ 同号，所以，在这样的应力场里，失稳微体的平面图形将呈现如图 6.13(b) 所示的形状，形似鼓肚。

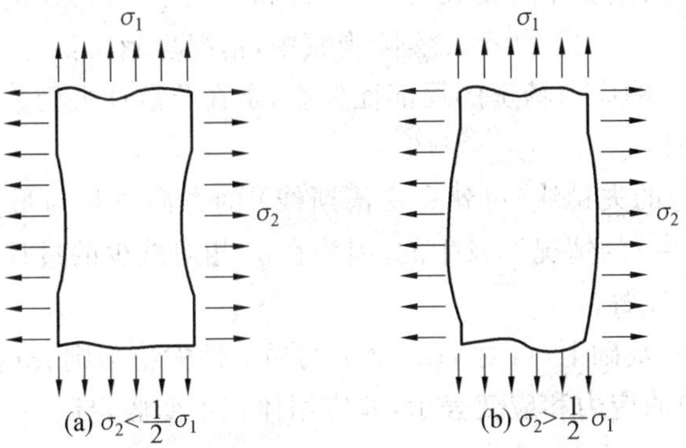

图 6.13　尺寸原为均匀的微体分散性失稳后的形状变化

根据平衡方程，不难定性地确定，颈缩是使中心的 σ_2 相对增加，鼓肚是使中心的 σ_2 相对减少。分散性失稳在不同的应力场里发生和发展，会引起失稳微体应力状态的这种不同性质的变化，是应该注意的，但至今尚未有其他著作予以阐明。

6.2.4 局部性失稳

现有的板料塑性拉伸失稳理论，认为拉伸失稳的类型有两种：一为分散性失稳，一为局部性失稳。对后一种失稳，目前都是沿用 1952 年 Hill 导出的准则。

Hill 最先指出，集中性颈缩的发生、发展，主要是依靠板料的局部变薄，而沿着细颈方向没有长度的变化。因此，它产生的条件是失稳剖面材料的强化率与其厚度的缩减率恰好相互平衡。只有在这种情况下，局部细颈才有可能进一步发展，而其他部位的材料，则因应力保持不变甚至降低而停止变形。

Hill 分析了薄板在 $\sigma_2 < \frac{1}{2}\sigma_1$（仍规定 $\sigma_1 > \sigma_2$）的应力场里出现吕德斯线的局部颈缩问题，用的是特征线方法。如果设特征线的方向为 y，与它垂直的方向为 x，最大主应力 σ_1 与 x 之间的夹角为 α，则 Hill 导出的局部性失稳准则是

$$\frac{d\sigma_x}{\sigma_x} = \frac{d\sigma_y}{\sigma_y} = -d\varepsilon_t, d\varepsilon_y = 0 \tag{6.26}$$

失稳线，也就是局部颈缩线的方向为

$$(\tan \alpha)^2 = -\frac{d\varepsilon_1}{d\varepsilon_2} = -\frac{\sigma_1 - \frac{1}{2}\sigma_2}{\sigma_2 - \frac{1}{2}\sigma_1} \tag{6.27}$$

但在 $\sigma_1 > \sigma_2 > \sigma_1/2$ 的应力场里，式(6.27) 无实根。所以，在至今的有关论著中，有一部分回避局部性失稳是否会在这种应力场里发生的问题；而有一部分论著则明确认为局部性失稳在这种应力场里不会发生，从而提出了不齐性理论。

显然，后一种观点是没有考虑到失稳微体实际应力场的变化的。实际上，如上节所述，在 $\sigma_1 > \sigma_2 > \sigma_1/2$ 的应力场里，分散性失稳发生后，失稳微体实际上承受的主应力 σ_2 会相对减少，即使变形体承受的外力场不变，这种变化还是在随着失稳变形的发展而进行着。当 σ_2 相对减少到其值为 σ_1 的一半时，由式(6.27) 看到，该式就会出现 $d\varepsilon_2 = 0$，$\tan^2\alpha \to \infty(\alpha = 90°)$ 的奇异解，这就不再是无解了。所以，从理论上讲，在 $\sigma_1 > \sigma_2 > \sigma_1/2$ 的应力场里，局部性失稳仍然会发生。何况在实际观察中，情况也确实如此。在此必须着重指出：

(1) 在 $\sigma_2 > \sigma_1/2$ 的应力场里的局部性失稳，是在分散性失稳之后，并有赖于分散性失稳的发展来创造条件的。

(2) 局部性失稳的失稳线(也就是吕德斯线) 的方向总是与最大主应力 σ_1 的方向垂直，失稳总是在 $d\varepsilon_2 = 0$ 的情况下发生的，因为在 σ_2 相对减少的过程中，首先能使式(6.27) 有解的，总是这个奇异解。

在这个奇异解的基础上，可对 Hill 给出的局部性失稳准则表达式做如下变换：

显然，用主方向的应力和应变表示，并应用体积不变假定后，式(6.26) 变为

$$\frac{d\sigma_1}{\sigma_1} = \frac{d\sigma_2}{\sigma_2} = -d\varepsilon_t = d\varepsilon_1(\sigma_1 > \sigma_2), d\varepsilon_2 = 0 \tag{6.28}$$

注意到第一式的第一项与最后一项直接等起来就是式(6.22)，则在 $\sigma_1 > \sigma_2 > \sigma_1/2$ 的应力场里，局部性失稳准则也可写成公式(6.29) 的形式。它与分散性失稳准则的不同之处，是增加了 $d\varepsilon_2 = 0$ 的条件。

$$dP_1 = 0, d\varepsilon_2 = 0 \tag{6.29}$$

至于在这种情况下，在物理现象上是否确定会出现吕德斯线的问题，已不难阐述。设自局部性失稳部位取出一足够小的微体，因而可以认为其上的应力是均匀分布的。如上所述，$dP_1 = 0$ 时会使微体开始截面面积的不均匀变化，再加上 $d\varepsilon_2 = 0$ 的条件，而这种变化是在微体宽度不变的情况下进行的，因而，必是开始板厚的不均匀变化，在板材外观上将呈现出吕德斯线式的局部性颈缩。

6.2.5 双拉应变场里的亚稳定变形过程

这里称分散性失稳发生后到局部性失稳发生前的变形过程为亚稳定变形过程。如前所述，在 $\sigma_1 > \sigma_2 > \sigma_1/2$ 的应力场(双拉应力场) 里，微体是在 $dP_1 = 0$ 的情况下开始分散性失稳的，在 $dP_1 = 0$ 和 $d\varepsilon_2 = 0$ 的情况下开始局部性失稳的。注意到失稳在承载能力方面的物理意义，则知失稳前的稳定变形阶段是 $dP_1 > 0$，$dP_1 = 0$ 是失稳状态的开始，失稳后是 $dP_1 < 0$。因此，对现在所讨论的这个亚稳定变形过程来讲，它是在分散性失稳之后，

应该 dP_1 是不大于0的;但是,它又是在局部性失稳之前,dP_1 应该是不小于0的。因此唯一可能的是在这个过程中一直保持着 $dP_1=0$ 的状态,亦即一直维持着 $\frac{d\sigma_1}{\sigma_1}=d\varepsilon_1$ 的关系。

保持 $dP_1=0$ 的状态,在物理概念上可解释如下:如前所述,失稳微体的实际应力场在分散性失稳后是变化的;在 $\sigma_1>\sigma_2>\sigma_1/2$ 的任何初始应力场里,这种变化是向着 $d\varepsilon_2=0$ 的平面应变增量状态接近的。应力状态的这种改变,有使 σ_1 方向的抗力增加的作用,从而使失稳微体在 σ_1 方向的承载能力保持不变。但当变到与平面应变增量状态相应的应力状态时,应力状态强化作用已达到极限,故局部性失稳发生后,失稳微体的承载能力下降(即 $dP_1<0$)。

6.2.6 右部成形极限预测

1. 成形极限预测

依据 Hill 局部性失稳准则,即集中性颈缩的发生和发展,主要是依赖板料的局部变薄,而沿着细颈方向没有长度的变化。局部性失稳可表示为失稳剖面材料的强化率与厚度的减薄率恰好相等,即

$$\frac{d\sigma_i}{\sigma_i}=-\frac{dt}{t}=-d\varepsilon_t=-d\varepsilon_3 \tag{6.30}$$

又因为在双向受拉的平面应力状态下,有

$$\frac{d\varepsilon_1}{2-x}=\frac{d\varepsilon_2}{2x-1}=-\frac{d\varepsilon_3}{1+x}=-\frac{d\varepsilon_i}{2\sqrt{1-x+x^2}} \tag{6.31}$$

式(6.30) 除以式(6.31),得

$$\frac{d\sigma_i}{d\varepsilon_i}=\frac{\sigma_i}{\dfrac{2\sqrt{1-x+x^2}}{1+x}} \tag{6.32}$$

当材料的变形抗力曲线方程为幂函数时,$\sigma_i=A\varepsilon^{n_i}$,则有

$$\frac{d\sigma_i}{d\varepsilon_i}=\frac{\sigma_i}{\dfrac{\varepsilon_i}{n}} \tag{6.33}$$

令式(6.32) 与式(6.33) 相等,即可求得局部性失稳发生时的应变强度为

$$\varepsilon_{ji}=\frac{2\sqrt{1-x+x^2}}{1+x}n \tag{6.34}$$

ε_{ji} 求出后,即可求出局部性失稳发生时各个主应变为

$$\varepsilon_{j1}=\frac{2-x}{1+x}n,\varepsilon_{j2}=\frac{2x-1}{1+x}n,\varepsilon_{j3}=-n \tag{6.35}$$

如图 6.14 所示即为式(6.35) 所代表的曲线。

比较式(6.34) 与式(6.16) 可见:

(1) 当 $0\leqslant x<0.5$ 时,$\varepsilon_{fi}<\varepsilon_{ji}$,板料在这些应力状态下,先发生分散性失稳,然后发生局部性失稳。

(2) 当 $x=0.5$ 时,$\varepsilon_{fi}=\varepsilon_{ji}$,表明平面应变状态下两种失稳同时发生。

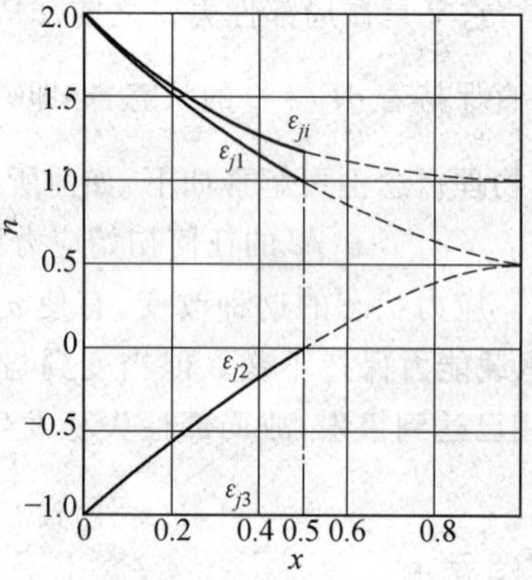

图 6.14　公式(6.35) 表示的曲线

(3) 当 $0.5 < x \leqslant 1$ 时，$\varepsilon_{fi} > \varepsilon_{ji}$，这意味着局部性失稳发生反而先于分散性失稳。但是，一般而言，局部性失稳只可能发生于分散性失稳之后。所以在这种应力状态下，Hill 理论难以解释局部性失稳的发生。

2. 成形极限图右部曲线的预测

(1) 在假定板材微体失稳前是在简单加载变形过程的条件下，计算出分散性失稳(用 $\mathrm{d}P_1 = 0$ 的准则) 发生时的应力和应变，它们是亚稳定变形过程的初始值。

(2) 应用塑性变形问题的基本方程和失稳微体一直保持 $\mathrm{d}P_1 = 0$ 的条件，用数值积分方法对亚稳定变形过程进行逐步计算，直到局部性失稳发生的条件满足为止。所得的累计应变，就是板材微体在该初始应力场里已出现局部性颈缩为限度的极限应变。

(3) 对 $\sigma_1 > \sigma_2 > \sigma_1/2$ 的多种应力场进行计算，就可得到一组数据，借此绘出成形极限图的右部曲线。

以下仅对各向同性且具有幂函数抗力曲线的材料进行计算。为了便于考虑不同应力状态的影响，仍然用符号 x 表示板面内的两个主应力的比值，即

$$x = \frac{\sigma_2}{\sigma_1}(\sigma_1 > \sigma_2) \tag{6.36}$$

显然，这里所讨论的问题 x 值在 $0.5 \sim 1.0$ 之间。

对于各向同性材料的塑性变形问题，有基本方程：

(1) 塑性条件：

$$\sigma_i = \sqrt{1 - x + x^2}\,\sigma_1 \tag{6.37}$$

(2) 应变分量增量之间以及它们与应变强度增量之间的关系为

$$\frac{\mathrm{d}\varepsilon_1}{2 - x} = \frac{\mathrm{d}\varepsilon_2}{2x - 1} = -\frac{\mathrm{d}\varepsilon_t}{1 + x} \tag{6.38}$$

$$\mathrm{d}\varepsilon_i = \frac{2\sqrt{1 - x + x^2}}{2 - x}\mathrm{d}\varepsilon_1 = -\frac{2\sqrt{1 - x + x^2}}{2x - 1}\mathrm{d}\varepsilon_2 = -\frac{2\sqrt{1 - x + x^2}}{1 + x}\mathrm{d}\varepsilon_t \tag{6.39}$$

(3) 材料的变形抗力曲线方程为

$$\sigma_i = A\varepsilon^{n_i} \tag{6.40}$$

在简单加载条件下，按 $\mathrm{d}P_1 = 0$ 的准则求得的分散性失稳开始时的临界应变强度 ε_{iI}

和临界主应变 $\varepsilon_{1\mathrm{I}}$，$\varepsilon_{2\mathrm{I}}$ 分别为

$$\varepsilon_{\mathrm{iI}}=\frac{2\sqrt{1-x+x^2}}{2-x}n,\varepsilon_{1\mathrm{I}}=n,\varepsilon_{2\mathrm{I}}=-\frac{1-2x}{1+x}n \tag{6.41}$$

这些就是亚稳定变形过程计算的初值。式中 x 是分散性失稳开始时的应力比值，为避免与亚稳定变形过程的瞬时值混淆，以下改用 x_0 表示。

在分散性失稳开始后的亚稳定变形过程中，有

$$\frac{\mathrm{d}\sigma_1}{\mathrm{d}\varepsilon_1}=\varepsilon_1 \tag{6.42}$$

它连同式(6.37)～(6.40)，就是求解亚稳定变形过程的基本方程。

为计算方便，设分散性失稳开始时的 σ_1 值为 σ_{iI}。用它除式(6.42)两侧，并令 $\sigma_1'=\frac{\sigma_1}{\sigma_{\mathrm{iI}}}$；再应用式(6.39)，用 $\mathrm{d}\varepsilon_{\mathrm{i}}$ 替代 $\mathrm{d}\varepsilon_1$，则得

$$\mathrm{d}\sigma_1'=\frac{2-x}{2\sqrt{1-x+x^2}}\sigma_1'\mathrm{d}\varepsilon_{\mathrm{i}} \tag{6.43}$$

至于亚稳定变形过程的应力增量 $\mathrm{d}\sigma_2'$，可这样求得：将式(6.40)带入式(6.37)，消去 σ_{i}，再进行微分；并应用 $\mathrm{d}x/x=\mathrm{d}\sigma_2/\sigma_2-\mathrm{d}\sigma_1/\sigma_1=\mathrm{d}\sigma_2'/\sigma_2'-\mathrm{d}\sigma_1'/\sigma_1'$ 的关系代替 $\mathrm{d}x$，用式(6.43)表示的关系代替 $\mathrm{d}\sigma_1/\sigma_1(=\mathrm{d}\sigma_1'/\sigma_1')$，整理后得

$$\mathrm{d}\sigma_2'=\left[\frac{2(1-x+x^2)}{2x-1}\frac{n}{\varepsilon_{\mathrm{i}}}-\frac{(2-x)^2}{2(2x-1)\sqrt{1-x+x^2}}\right]\sigma_1'\mathrm{d}\varepsilon_{\mathrm{i}} \tag{6.44}$$

注意，将各应力分量和它们的增量除 σ_{iI} 而无量纲化后，在亚稳定变形过程进行数值积分时，σ_1' 的初值是 1，σ_2' 的初值是 x_0。

这样，如果用应变强度 ε_{i} 的逐步增加来体现微体变形的逐步发展，用 $\mathrm{d}\varepsilon_{\mathrm{i}}$ 表示其每步的增量(如取 0.001 或 0.000 1)，则自分散性失稳的初值开始，就可以进行数值积分。显然，进行到第 m 步时：

$$\sigma_1'=1+\sum_{m=1}^{m-1}\mathrm{d}\sigma_1',\sigma_2'=x_0+\sum_{m=1}^{m-1}\mathrm{d}\sigma_2',x=\frac{\sigma_2}{\sigma_1}=\frac{\sigma_2'}{\sigma_1'},\varepsilon_{\mathrm{i}}=\varepsilon_{\mathrm{iI}}+\sum_{m=1}^{m-1}\mathrm{d}\varepsilon_{\mathrm{i}} \tag{6.45}$$

确定了每步的应力比值 x 后，就可按式(6.39)的另一形式

$$\mathrm{d}\varepsilon_1=\frac{2-x}{2\sqrt{1-x+x^2}}\mathrm{d}\varepsilon_{\mathrm{i}},\mathrm{d}\varepsilon_2=\frac{2x-1}{2\sqrt{1-x+x^2}}\mathrm{d}\varepsilon_{\mathrm{i}} \tag{6.46}$$

算得每步的应变增量 $\mathrm{d}\varepsilon_1$ 和 $\mathrm{d}\varepsilon_2$，变形发展到第 m 步时的总应变为

$$\varepsilon_1=\varepsilon_{1\mathrm{I}}+\sum_{m=1}^{m}\mathrm{d}\varepsilon_1,\varepsilon_2=\varepsilon_{2\mathrm{I}}+\sum_{m=1}^{m}\mathrm{d}\varepsilon_2 \tag{6.47}$$

如此逐步计算，直到局部性失稳的条件($\mathrm{d}\varepsilon_2=0$，或 $x=1/2$)被满足为止。最后得到的总应变 ε_1 和 ε_2 就是该初始应力场(由 x_0 的数值确定)下的极限应变。对一组 $x_0(>1/2)$ 进行计算，就可得到一组极限应变数据，就可绘出以 ε_1 为纵坐标和 ε_2 为横坐标的成形极限图的右部预测曲线。

为了检查本预测方法的实用价值，选择了 10 号钢板料进行试验。10 号钢的性能比较接近于各向同性和幂函数硬化规律。

变形是靠球头凸模向夹持于凹模和压边圈之间的板料施压实现的。在板料的一面预

先印好网格。按照目前通用的方法，在出现裂纹或颈缩最接近的部位测量网格尺寸，并以此计算极限应变。改变板料尺寸和润滑方法可以得到各种不同的极限应变试验值。

图 6.15 表示出计算值和试验值的结果，图中还绘出了用 Swift 拉伸失稳准则预测的曲线，以做比较。

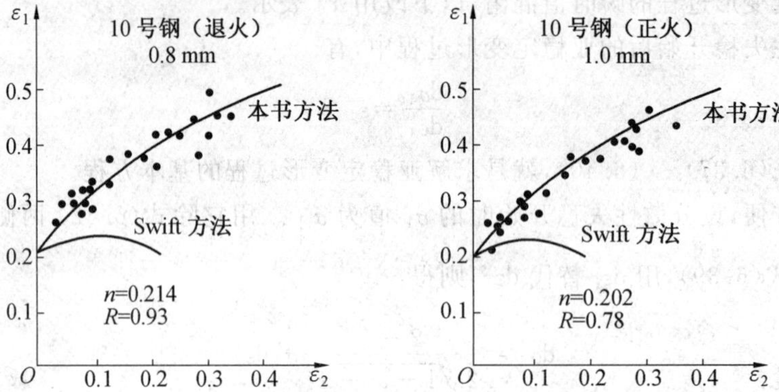

图 6.15　10 号钢的预测曲线及其与试验数据的比较

可以看出，用上述方法预测的曲线与试验数据相当吻合，符合程度显著高于用 Swift 准则预测的结果。

6.3　正交异性板的塑性拉伸失稳特征及成形极限图右部预测

由于正交异性板板面内不同方向的性能不同，因而在一定的应力作用下，必将有最容易失稳和最不容易失稳的方向存在。甚至分散性失稳是否一定发生在最大主应力方向，也将值得证明。此外，应注意的是，既然材料是板面内异性，其硬化指数应不再是与主应力方向和主应力比值无关的常数。

6.3.1　理论基础

尽管某些试验表明，Hill 早先提出的异性屈服准则，并不被所有材料证实，致使后来又有其他一些屈服准则提出，但其中不是未考虑板面的异性，就是表达式非常复杂，以致就目前而论，对正交异性板，用得最广泛的仍然是 Hill 早先提出的理论。按照该理论，应变分量的增量与应力分量间的关系为

$$\begin{aligned}
\mathrm{d}\varepsilon_x &= \mathrm{d}\lambda\left[H(\sigma_x-\sigma_y)+G(\sigma_x-\sigma_z)\right],\mathrm{d}\gamma_{yz}=2\mathrm{d}\lambda L\,\tau_{yz}\\
\mathrm{d}\varepsilon_y &= \mathrm{d}\lambda\left[F(\sigma_y-\sigma_z)+H(\sigma_y-\sigma_x)\right],\mathrm{d}\gamma_{zx}=2\mathrm{d}\lambda M\,\tau_{zx}\\
\mathrm{d}\varepsilon_z &= \mathrm{d}\lambda\left[G(\sigma_z-\sigma_x)+F(\sigma_z-\sigma_y)\right],\mathrm{d}\gamma_{xy}=2\mathrm{d}\lambda N\,\tau_{xy}
\end{aligned}\tag{6.48}$$

这里坐标 x,y,z 的方向不是任意的，而是分别沿板材的轧制方向、横向和厚度方向。式(6.48) 中的材料异性参数 F,G,H,L,M 和 N 与厚向异性指数 r_{0°，r_{90°，r_{45° 的关系为

$$r_x=r_{0^\circ}=\frac{H}{G},r_y=r_{90^\circ}=\frac{H}{F},r_{45^\circ}=\frac{2N-(F+G)}{F+G}\text{或}\frac{N}{G}=\left(r_{45^\circ}+\frac{1}{2}\right)\left(1+\frac{r_{0^\circ}}{r_{90^\circ}}\right)\tag{6.49}$$

Hill 依据他提出的塑性条件，给予应力强度 σ_i 和应变增量强度 $d\varepsilon_i$ 的定义是

$$\sigma_i=\sqrt{\frac{3}{2}}\left\{\frac{F(\sigma_y-\sigma_z)^2+G(\sigma_z-\sigma_x)^2+H(\sigma_x-\sigma_y)^2+2L\sigma_{yz}^2+2M\sigma_{zx}^2+2N\sigma_{xy}^2}{F+G+H}\right\}^{\frac{1}{2}} \tag{6.50}$$

$$d\varepsilon_i=\sqrt{\frac{3}{2}}\left\{\frac{F+G+H}{(GF+GH+FH)^2}[F(Gd\varepsilon_y-Hd\varepsilon_z)^2+G(Hd\varepsilon_z-Fd\varepsilon_x)^2+H(Fd\varepsilon_x-Gd\varepsilon_y)^2]+(F+G+H)\left[\frac{d\gamma_{xy}^2}{2N}+\frac{d\gamma_{yz}^2}{2L}+\frac{d\gamma_{zx}^2}{2M}\right]\right\}^{\frac{1}{2}} \tag{6.51}$$

将按式(6.48)求得的、用应变增量和材料异性参数表示的应力差 $(\sigma_x-\sigma_y)$ 代入式(6.50)，并引入式(6.51)，$d\lambda$ 可确定为

$$d\lambda=\frac{3}{2(F+G+H)}\frac{d\varepsilon_i}{\sigma_i} \tag{6.52}$$

对于平面应力问题，此时，$\sigma_z=\tau_{yz}=\tau_{zx}=\gamma_{yz}=\tau_{zx}=0$。

不过，这些式子是用板材轧制方向、横向等特定方向的应力、应变增量表示的。为了分析异性板的特点，下面进行坐标转换。设板面内某点的两个主应力为 σ_1 和 σ_2，并规定 σ_1 的代数值最大，且与板材轧制方向的夹角是 α。按应力转换公式，有

$$\sigma_x=\sigma_1\cos^2\alpha+\sigma_2\sin^2\alpha=\frac{\sigma_1+\sigma_2}{2}+\frac{\sigma_1-\sigma_2}{2}\cos 2\alpha$$

$$\sigma_y=\sigma_1\sin^2\alpha+\sigma_2\cos^2\alpha=\frac{\sigma_1+\sigma_2}{2}-\frac{\sigma_1-\sigma_2}{2}\cos 2\alpha$$

$$\tau_{xy}=-(\sigma_2-\sigma_1)\sin\alpha\cos\alpha=-\frac{\sigma_2-\sigma_1}{2}\sin 2\alpha \tag{6.53}$$

将它代入式(6.50)，并引入式(6.49)，得出用主应力和厚向异性指数表示的应力强度为

$$\sigma_i=\frac{1}{2}\sqrt{\frac{3}{2(r_{0^\circ}+r_{90^\circ}+r_{0^\circ}r_{90^\circ})}}\{(r_{0^\circ}+r_{90^\circ})(1+x)^2+2(r_{90^\circ}-r_{0^\circ})(1-x^2)\cos 2\alpha+[(r_{0^\circ}+r_{90^\circ}+4r_{0^\circ}r_{90^\circ})(\cos 2\alpha)^2+(1+2r_{45^\circ})(r_{0^\circ}+r_{90^\circ})(\sin 2\alpha)^2](1-x)^2\}^{\frac{1}{2}}\sigma_1 \tag{6.54}$$

式中，x 是主应力的比值，即

$$x=\frac{\sigma_2}{\sigma_1}\quad(\sigma_1>\sigma_2) \tag{6.55}$$

主应力方向的正应变增量 $d\varepsilon_1$，$d\varepsilon_2$ 和剪应变增量 $d\gamma_{12}$，可这样求得，即将式(6.53)代入式(6.48)后，再代入应变增量转换公式

$$d\varepsilon_1=\frac{d\varepsilon_x+d\varepsilon_y}{2}+\frac{d\varepsilon_x-d\varepsilon_y}{2}\cos 2\alpha+\frac{1}{2}d\gamma_{xy}\sin 2\alpha$$

$$d\varepsilon_2=\frac{d\varepsilon_x+d\varepsilon_y}{2}-\frac{d\varepsilon_x-d\varepsilon_y}{2}\cos 2\alpha-\frac{1}{2}d\gamma_{xy}\sin 2\alpha$$

$$d\gamma_{12}=(d\varepsilon_x-d\varepsilon_y)\sin 2\alpha-d\gamma_{xy}\cos 2\alpha \tag{6.56}$$

中，即得

$$
\begin{aligned}
d\varepsilon_1 &= \frac{d\lambda}{2}\Big\{(G+F)\frac{1+x}{2}+(G-F)\cos 2\alpha+ \\
&\quad \frac{1-x}{2}\left[(G+F+4H)(\cos 2\alpha)^2+2N(\sin 2\alpha)^2\right]\Big\}\sigma_1 \\
d\varepsilon_2 &= \frac{d\lambda}{2}\Big\{(G+F)\frac{1+x}{2}-(G-F)x\cos 2\alpha- \\
&\quad \frac{1-x}{2}\left[(G+F+4H)(\cos 2\alpha)2+2N(\sin 2\alpha)2\right]\Big\}\sigma_1 \\
d\varepsilon_z &= -d\lambda\left[(G+F)\frac{1+x}{2}+(G-F)\frac{1-x}{2}\cos 2\alpha\right]\sigma_1 \\
d\gamma_{12} &= d\lambda\left[(G-F)\frac{1+x}{2}\sin 2\alpha+\frac{1-x}{2}(G+F+4H-2N)\sin 2\alpha\cos 2\alpha\right]\sigma_1
\end{aligned}
\tag{6.57}
$$

由于材料的异性，主应变增量方向不再总是与主应力方向一致了，只在某几个方向上，它们才是重合的。这样的方向只要令上式中的 $d\gamma_{12}=0$ 就可得到。它们是

$$\sin 2\alpha = 0$$

$$\cos 2\alpha=\frac{(1+x)(G-F)}{(1-x)(2N-G-F-4H)}$$

由第一式得 $\alpha=0°,90°$，即板材的轧制方向和横向。第二式也可写成

$$\tan\alpha=\pm\sqrt{\frac{1-\cos 2\alpha}{1+\cos 2\alpha}}=\pm\sqrt{\frac{(N-G-2H)-x(N-F-2H)}{(N-F-2H)-x(N-G-2H)}} \tag{6.58}$$

如果根号内为负数，则表示它无解。

双向等拉，即 $x=1$ 时，由式(6.58)看到，不管 N,F,G 等的相对大小如何，根号内总是 -1，除非 $G=F$ 时为不定式。前者为无解，后者为不定解。由此看到，在 $G\neq F$，即 $r_{0°}\neq r_{90°}$ 的情况下，只有板材的轧制方向和横向是主应变增量与主应力一致的方向。这是做双向等拉试验时应注意的。

将式(6.54)表示的应力强度 σ_i 代入式(6.52)，并将这样表示的 $d\lambda$ 代入式(6.57)，再引进式(6.49)的关系，得应变强度增量 $d\varepsilon_i$ 与各个应变分量增量之间的关系为

$$
\begin{aligned}
d\varepsilon_i &= 2\sqrt{\frac{2(r_{0°}+r_{90°}+r_{0°}r_{90°})}{3}}\{(r_{0°}+r_{90°})(1+x)^2+2(r_{90°}-r_{0°})(1-x^2)\cos 2\alpha+ \\
&\quad [(r_{0°}+r_{90°}+4r_{0°}r_{90°})(\cos 2\alpha)^2+(1+2r_{45°})(r_{0°}+r_{90°})(\sin 2\alpha)^2](1-x)^2\}^{\frac{1}{2}}d\varepsilon_1/ \\
&\quad \{(r_{0°}+r_{90°})(1+x)+2(r_{90°}-r_{0°})\cos 2\alpha+[(r_{0°}+r_{90°}+4r_{0°}r_{90°})(\cos 2\alpha)^2+ \\
&\quad (1+2r_{45°})(r_{0°}+r_{90°})(\sin 2\alpha)2](1-x)\} \\
&= 2\sqrt{\frac{2(r_{0°}+r_{90°}+r_{0°}r_{90°})}{3}}\{(r_{0°}+r_{90°})(1+x)^2+2(r_{90°}-r_{0°})(1-x^2)\cos 2\alpha+ \\
&\quad [(r_{0°}+r_{90°}+4r_{0°}r_{90°})(\cos 2\alpha)^2+(1+2r_{45°})(r_{0°}+r_{90°})(\sin 2\alpha)^2](1-x)^2\}^{\frac{1}{2}}d\varepsilon_2/ \\
&\quad \{(r_{0°}+r_{90°})(1+x)-2(r_{90°}-r_{0°})x\cos 2\alpha-[(r_{0°}+r_{90°}+4r_{0°}r_{90°})(\cos 2\alpha)^2+ \\
&\quad (1+2r_{45°})(r_{0°}+r_{90°})(\sin 2\alpha)^2](1-x)\}
\end{aligned}
$$

$$
\begin{aligned}
&= -2\sqrt{\frac{2(r_{0^\circ}+r_{90^\circ}+r_{0^\circ}r_{90^\circ})}{3}}\{(r_{0^\circ}+r_{90^\circ})(1+x)^2+2(r_{90^\circ}-r_{0^\circ})(1-x^2)\cos 2\alpha+\\
&\quad [(r_{0^\circ}+r_{90^\circ}+4r_{0^\circ}r_{90^\circ})(\cos 2\alpha)^2+(1+2r_{45^\circ})(r_{0^\circ}+r_{90^\circ})(\sin 2\alpha)^2](1-x)^2\}^{\frac{1}{2}}\mathrm{d}\varepsilon_z/\\
&\quad [(r_{0^\circ}+r_{90^\circ})(1+x)+(r_{90^\circ}-r_{0^\circ})(1-x)\cos 2\alpha]\\
&= \pm\sqrt{\frac{2(r_{0^\circ}+r_{90^\circ}+r_{0^\circ}r_{90^\circ})}{3}}\{(r_{0^\circ}+r_{90^\circ})(1+x)^2+\\
&\quad 2(r_{90^\circ}-r_{0^\circ})(1-x^2)\cos 2\alpha[(r_{0^\circ}+r_{90^\circ}+4r_{0^\circ}r_{90^\circ})(\cos 2\alpha)^2+\\
&\quad (1+2r_{45^\circ})(r_{0^\circ}+r_{90^\circ})(\sin 2\alpha)^2](1-x)^2\}\mathrm{d}\gamma_{12}/\\
&\quad \{(r_{90^\circ}-r_{0^\circ})(1+x)\sin 2\alpha+2[2r_{0^\circ}r_{90^\circ}-r_{45^\circ}(r_{0^\circ}+r_{90^\circ})](1-x)\cos 2\alpha\sin 2\alpha\}
\end{aligned}
\tag{6.59}
$$

最后一式等号后的正、负号取与 $\mathrm{d}\gamma_{12}$ 本身的正、负号相同。当 $\alpha=0^\circ$ 和 $\alpha=90^\circ$ 时，$\sin 2\alpha=0$，但该处 $\mathrm{d}\gamma_{12}=0$，所以 $\mathrm{d}\varepsilon_i$ 并不 $\to\infty$，而是不能由 $\mathrm{d}\gamma_{12}$ 确定。

6.3.2 失稳方向

在现有的有关著作中，一般都只述及局部性失稳的失稳线方向问题，对分散性失稳则不予说明，似乎它不存在什么问题。但对正交异性板，由于主应变增量方向不一定总是与主应力方向重合的特点，显然存在着分散性失稳究竟是易发生在最大主应力方向还是在最大主应变增量方向的问题。

为了探讨这个问题，设沿与 σ_1 方向成 β 角的方向 ξ 取一足够小的微体，小到其上的应力可视为均匀的。根据应力、应变转换公式，有

$$
\begin{aligned}
\sigma_\xi &= \sigma_1(\cos\beta)^2+\sigma_2(\sin\beta)^2=[(\cos\beta)^2+x(\sin\beta)^2]\sigma_1\\
\mathrm{d}\varepsilon_\xi &= \mathrm{d}\varepsilon_1(\cos\beta)^2+\mathrm{d}\varepsilon_2(\sin\beta)^2+\mathrm{d}\gamma_{12}\cos\beta\sin\beta
\end{aligned}
\tag{6.60}
$$

由此可得，该微体在 ξ 方向上的载荷增量是

$$
\begin{aligned}
\frac{\mathrm{d}P_\xi}{P_\xi}&=\frac{\mathrm{d}\sigma_\xi}{\sigma_\xi}-\mathrm{d}\varepsilon_\xi=\frac{\mathrm{d}\sigma_1}{\sigma_1}+\frac{(\sin\beta)^2}{(\cos\beta)^2+x(\sin\beta)^2}-\mathrm{d}\varepsilon_1(\cos\beta)^2-\\
&\quad \mathrm{d}\varepsilon_2(\sin\beta)^2-\mathrm{d}\gamma_{12}\cos\beta\sin\beta
\end{aligned}
$$

可见它是与 β 角有关的。显然，哪个方向先满足 $\frac{\mathrm{d}P_\xi}{P_\xi}=0$ 的条件，分散性失稳就在哪个方向先发生。但是，$\mathrm{d}x$ 等于多少呢？按理，由于分散性失稳开始不稳定变形，所以 $\mathrm{d}x$ 是不等于零的，但其值很难确定。在此只能做如下的考虑，即设 x 是分散性失稳发生前一瞬间的数值，分散性失稳发生时，由于变形间隔极短，即使应力比值 x 有变化，也是微小的，可当作微量忽略。亦即在这样的考虑下，可近似地取分散性失稳时的 $\mathrm{d}x\approx 0$。这样，不难证明，首先满足 $\frac{\mathrm{d}P_\xi}{P_\xi}=0$ 的方向，$\mathrm{d}\varepsilon_\xi$ 是最大主应变增量的方向。设这方向与 σ_1 间的夹角为 β_{I}，则其值可按熟知的公式

$$
\tan 2\beta_{\mathrm{I}}=\frac{\mathrm{d}\gamma_{12}}{\mathrm{d}\varepsilon_1-\mathrm{d}\varepsilon_2}
$$

求得。β_{I} 角是逆时针为正，将式(6.57)和式(6.49)的关系代入，上式可写成

$$
\tan 2\beta_{\mathrm{I}}=\{[(r_{90^\circ}-r_{0^\circ})(1+x)+2[2r_{0^\circ}r_{90^\circ}-r_{45^\circ}(r_{0^\circ}+r_{90^\circ})](1-x)\cos 2\alpha]/
$$

$$[(r_{90°}-r_{0°})(1+x)\cos 2\alpha+(1-x)[(4r_{0°}r_{90°}+r_{0°}+r_{90°})(\cos 2\alpha)^2+(1+2r_{45°})(r_{0°}+r_{90°})(\sin 2\alpha)^2]]\}\sin 2\alpha \tag{6.61}$$

求得了 β_{I} 角，就可求出板面内的最大主应变增量 $d\varepsilon_\xi$ 和较小的主应变增量 $d\varepsilon_\eta$，其公式为

$$\begin{aligned} d\varepsilon_\xi &= d\varepsilon_1(\cos\beta_{\mathrm{I}})^2+d\varepsilon_2(\sin\beta_{\mathrm{I}})^2+d\gamma_{12}\cos\beta_{\mathrm{I}}\sin\beta_{\mathrm{I}} \\ d\varepsilon_\eta &= d\varepsilon_1(\sin\beta_{\mathrm{I}})^2+d\varepsilon_2(\cos\beta_{\mathrm{I}})^2-d\gamma_{12}\cos\beta_{\mathrm{I}}\sin\beta_{\mathrm{I}} \end{aligned} \tag{6.62}$$

这样，正交异性板的分散性失稳的准则为

$$\frac{d\sigma_1}{\sigma_1}=d\varepsilon_\xi=d\varepsilon_1(\cos\beta_{\mathrm{I}})^2+d\varepsilon_2(\sin\beta_{\mathrm{I}})^2+d\gamma_{12}\cos\beta_{\mathrm{I}}\sin\beta_{\mathrm{I}} \tag{6.63}$$

对于局部性失稳，与各向同性材料一样，可按板面内某个方向的正应变增量等于零的条件求得其失稳线方向。设此方向与 σ_1 成夹角 β'_{II}，则由

$$d\varepsilon_1(\cos\beta'_{\mathrm{II}})^2+d\varepsilon_2(\sin\beta'_{\mathrm{II}})^2+d\gamma_{12}\cos\beta'_{\mathrm{II}}\sin\beta'_{\mathrm{II}}=0$$

得

$$\tan\beta'_{\mathrm{II}}=-\frac{d\gamma_{12}}{2d\varepsilon_2}\pm\sqrt{\left(\frac{d\gamma_{12}}{2d\varepsilon_2}\right)^2-\frac{d\varepsilon_1}{d\varepsilon_2}} \tag{6.64}$$

由此可以看出，当 $d\gamma_{12}\neq 0$ 时，它有不等的两个解，即有两条不对称的局部颈缩线，而不是像各向同性材料那样是两条对称的。这种现象是为实际观察所证实的。

失稳方向与失稳线垂直，故局部性失稳方向与 σ_1 间的夹角是 $\beta_{\mathrm{II}}=\beta'_{\mathrm{II}}=\pm 90°$。

6.3.3 材料的变形抗力曲线方程

大家知道，材料的变形抗力曲线方程通常是用 $\sigma_i=K\varepsilon^{n_i}$ 来表示的。问题是，对正交异性板，K，n 已不再是与主应力作用方向和主应力比值无关的常数。在第 3 章已讨论了平面应力状态下正交异性板的抗力曲线方程问题，得出此时应表示为

$$\sigma_i=K_i(\alpha,x)\varepsilon^{n(\alpha,x)}{}_i \tag{6.65}$$

的函数形式。式中

$$\begin{aligned} n(\alpha,x) &= n_{cp}+n_4\cos 4\alpha+n_2\cos 2\alpha\,\frac{1-x^2}{1+x^2} \\ K_i(\alpha,x) &= K_{icp}+K_{i4}\cos 4\alpha+K_{i2}\cos 2\alpha\,\frac{1-x^2}{1+x^2} \end{aligned} \tag{6.66}$$

$$n_{cp}=\frac{n_{0°}+2n_{45°}+n_{90°}}{4},\ n_2=\frac{n_{0°}-n_{90°}}{2},\ n_4=\frac{n_{0°}-2n_{45°}+n_{90°}}{4} \tag{6.67}$$

$n_{0°}$，$n_{45°}$，$n_{90°}$ 分别是沿板材轧制方向、与轧制方向成 45° 方向和横向制取的单向拉伸试件经试验得到的硬化指数数值。至于 K_{icp} 表达式比较复杂，不再列出。

6.3.4 拉伸失稳临界应变

材料质点的塑性变形的继续发展，是在它所受的应力强度增长率等于材料变形抗力增长率的情况下进行的。前者即式(6.54)的微分，后者则是式(6.65)的微分。两者相等，即

$$n(\alpha,x)\frac{d\varepsilon_i}{\varepsilon_i}=\frac{d\sigma_1}{\sigma_1}+\{(r_{0^\circ}+r_{90^\circ})(1+x)-2(r_{90^\circ}-r_{0^\circ})x\cos 2\alpha-[(r_{0^\circ}+r_{90^\circ}+4r_{0^\circ}r_{90^\circ})(\cos 2\alpha)^2+(1+2r_{45^\circ})(r_{0^\circ}+r_{90^\circ})(\sin 2\alpha)^2](1-x)\}dx/\{(r_{0^\circ}+r_{90^\circ})(1+x)^2+2(r_{90^\circ}-r_{0^\circ})(1-x^2)\cos 2\alpha+[(r_{0^\circ}+r_{90^\circ}+4r_{0^\circ}r_{90^\circ})(\cos 2\alpha)^2+(1+2r_{45^\circ})(r_{0^\circ}+r_{90^\circ})(\sin 2\alpha)^2](1-x)^2\} \tag{6.68}$$

分散性失稳时，如上所述，可近似取 $dx\approx 0$，而$\frac{d\sigma_1}{\sigma_1}=d\varepsilon_\xi$。由此得分散性失稳时的临界应变强度 $\varepsilon_{i\,\mathrm{I}}$ 为

$$\varepsilon_{i\,\mathrm{I}}=2\sqrt{\frac{2(r_{0^\circ}+r_{90^\circ}+r_{0^\circ}r_{90^\circ})}{3}}\{(r_{0^\circ}+r_{90^\circ})(1+x)^2+2(r_{90^\circ}-r_{0^\circ})\cos 2\alpha+[(r_{0^\circ}+r_{90^\circ}+4r_{0^\circ}r_{90^\circ})(\cos 2\alpha)^2+(1+2r_{45^\circ})(r_{0^\circ}+r_{90^\circ})(\sin 2\alpha)^2](1-x)^2\}^{\frac{1}{2}}n(\alpha,x)/\{(r_{0^\circ}+r_{90^\circ})(1+x)+2(r_{90^\circ}-r_{0^\circ})((\cos\beta_{\mathrm{I}})^2-x(\sin\beta_{\mathrm{I}})^2)\cos 2\alpha+(1-x)[(r_{0^\circ}+r_{90^\circ}+4r_{0^\circ}r_{90^\circ})(\cos 2\alpha)^2+(1+2r_{45^\circ})(r_{0^\circ}+r_{90^\circ})(\sin 2\alpha)^2]\cos 2\beta_{\mathrm{I}}-(r_{90^\circ}-r_{0^\circ})(1+x)\sin 2\alpha\sin 2\beta_{\mathrm{I}}\} \tag{6.69}$$

对局部性失稳，如前文所述，它的失稳准则是$\frac{d\sigma_1}{\sigma_1}=\frac{d\sigma_2}{\sigma_2}=-d\varepsilon_z$；显然，这意味着此时的 $dx\approx 0$，将这些关系式代入式(6.68)，得局部性失稳时的临界应变强度为

$$\varepsilon_{i\,\mathrm{II}}=\sqrt{\frac{2(r_{0^\circ}+r_{90^\circ}+r_{0^\circ}r_{90^\circ})}{3}}\{(r_{0^\circ}+r_{90^\circ})(1+x)^2+2(r_{90^\circ}-r_{0^\circ})(1-x^2)\cos 2\alpha+[(r_{0^\circ}+r_{90^\circ}+4r_{0^\circ}r_{90^\circ})(\cos 2\alpha)^2+(1+2r_{45^\circ})(r_{0^\circ}+r_{90^\circ})(\sin 2\alpha)^2](1-x)^2\}^{\frac{1}{2}}n(\alpha,x)/[(r_{0^\circ}+r_{90^\circ})(1+x)+(r_{90^\circ}-r_{0^\circ})(1-x)\cos 2\alpha] \tag{6.70}$$

至于各应变分量的临界值，只有在简单加载的条件下才能给出。并结合式(6.69)和式(6.70)，就可得到失稳时各应变分量的临界值。

6.3.5 特例分析

由于式(6.69)、式(6.70)比较复杂，难做进一步的一般性解析分析。下面仅研究几种特殊情况。

1. 主应力沿板材轧制方向和横向

如上所述，在这种情况下，板材的轧制方向和横向也一直是主应变增量的方向。分别将 $\alpha=0^\circ,90^\circ$ 各代入式(6.69)和式(6.70)，得

$$\varepsilon_{i\,\mathrm{I}/\alpha=0^\circ}=\sqrt{\frac{2}{3}}\{[(r_{0^\circ}+r_{90^\circ}+r_{90^\circ}r_{0^\circ})[r_{90^\circ}+r_{0^\circ}x^2+(1-2x+x^2)r_{0^\circ}r_{90^\circ}]]^{\frac{1}{2}}/[r_{90^\circ}[1+(1-x)r_{0^\circ}]]\}n(0^\circ,x)$$

$$\varepsilon_{i\,\mathrm{II}/\alpha=0^\circ}=\sqrt{\frac{2}{3}}\{[(r_{0^\circ}+r_{90^\circ}+r_{90^\circ}r_{0^\circ})[r_{90^\circ}+r_{0^\circ}x^2+(1-2x+x^2)r_{0^\circ}r_{90^\circ}]]^{\frac{1}{2}}/(r_{90^\circ}+xr_{0^\circ})\}n(0^\circ,x)$$

$$\varepsilon_{i\,\mathrm{I}/\alpha=90^\circ}=\sqrt{\frac{2}{3}}\{[(r_{0^\circ}+r_{90^\circ}+r_{90^\circ}r_{0^\circ})[r_{0^\circ}+r_{90^\circ}x^2+(1-2x+x^2)r_{0^\circ}r_{90^\circ}]]^{\frac{1}{2}}/$$

$$[r_{0^\circ}[1+(1-x)r_{90^\circ}]]\}n(90^\circ,x)$$

$$\varepsilon_{\mathrm{iII}/\alpha=90^\circ}=\sqrt{\frac{2}{3}}\{[(r_{0^\circ}+r_{90^\circ}+r_{90^\circ}r_{0^\circ})[r_{0^\circ}+r_{90^\circ}x^2+(1-2x+x^2)r_{0^\circ}r_{90^\circ}]]^{\frac{1}{2}}/$$
$$(r_{0^\circ}+xr_{90^\circ})\}n(90^\circ,x) \tag{6.71}$$

图 6.16 所示是 TA2M1.2 mm 厚钛板按式(6.71)计算得到的曲线。它表示了临界应变强度与主应力比值 x 之间的关系。所用数据是 $n_{\mathrm{cp}}=0.129$，$n_2=0.009$，$n_4=-0.003$，$r_{0^\circ}=2.58$，$r_{90^\circ}=3.90$。

由图 6.16 看到，最大主应力 σ_1 作用在该板材的轧制方向时，分散性失稳与局部性失稳同时出现的主应力比值是 0.8；作用在横向时，则为 0.72。对各向同性材料，此时比值是 0.5。

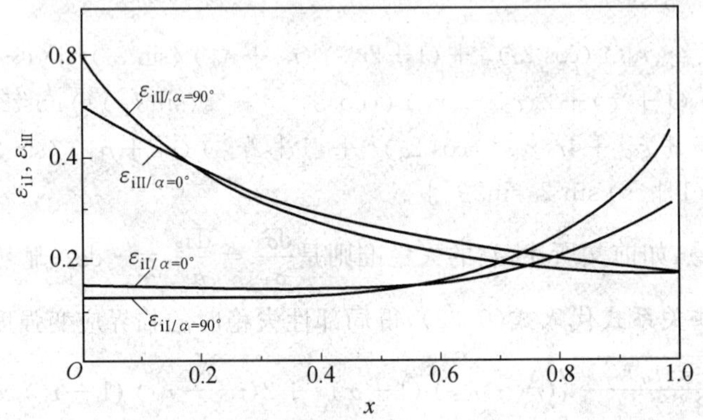

图 6.16　拉伸失稳临界应变强度与主应力比值 x 之间的关系

还可以看到，当主应力比值不同时，两个方向失稳的临界应变强度的相对大小不同，即轧制方向、横向哪个方向先失稳，与主应力比值的大小有关。

2. 双向等拉

将主应力比值 $x=1$ 代入式(6.69) 和式(6.70)，得

$$\varepsilon_{\mathrm{iI}/x=1}=2\sqrt{\frac{2}{3}}\sqrt{\frac{(r_{0^\circ}+r_{90^\circ}+r_{90^\circ}r_{0^\circ})(r_{90^\circ}+r_{0^\circ})}{r_{90^\circ}+r_{0^\circ}-(r_{90^\circ}-r_{0^\circ})\cos 2\alpha}}n(\alpha,1)$$

$$\varepsilon_{\mathrm{iII}/x=1}=\sqrt{\frac{2}{3}}\sqrt{\frac{r_{0^\circ}+r_{90^\circ}+r_{90^\circ}r_{0^\circ}}{r_{90^\circ}+r_{0^\circ}}}n(\alpha,1)$$

$$n(\alpha,1)=n_{\mathrm{cp}}+n_4\cos 4\alpha \tag{6.72}$$

式(6.72)的极值方向，$\varepsilon_{\mathrm{iII}/x=1}$ 最简单，是 $\sin 4\alpha=0$，即 $\alpha=0^\circ,45^\circ,90^\circ$ 的方向。将这些 α 代入 $\varepsilon_{\mathrm{iII}/x=1}$ 的表达式，视 n_4 的正负，可能是板材的轧制方向和横向是 $\varepsilon_{\mathrm{iII}/x=1}$ 的最大值方向，与轧制方向成 45° 的方向是最小值方向；或者反之。

对 $\varepsilon_{\mathrm{iI}/x=1}$，可求得其极值方向的方程为

$$[2n_4(r_{90^\circ}-r_{0^\circ})(\cos 2\alpha)^2+4n_{\mathrm{cp}}(r_{0^\circ}+r_{90^\circ})\cos 2\alpha-(r_{90^\circ}-r_{0^\circ})(n_{\mathrm{cp}}-n_4)]\sin 2\alpha=0$$

可见除轧制方向和横向外，在它们之间还可能有一个极值方向，其与轧制方向夹角为

$$\alpha=\frac{1}{2}\cos^{-1}\left\{\frac{r_{0^\circ}+r_{90^\circ}}{r_{90^\circ}-r_{0^\circ}}\left[-1+\sqrt{1+\frac{1}{2}\left(\frac{n_{\mathrm{cp}}}{n_4}-1\right)\left(\frac{r_{90^\circ}-r_{0^\circ}}{r_{90^\circ}+r_{0^\circ}}\right)^2}\right]\right\} \tag{6.73}$$

以TA2M材料厚1.2 mm的板料数据代入，上式无解。因它的$r_{90^\circ}>r_{0^\circ}$，所以轧制方向的$\varepsilon_{\mathrm{i\,I}/x=1}$较小，横向的较大。液压胀形时零件顶点的裂纹线与轧制方向垂直。

对TC1M材料厚1.0 mm的板料，将$n_{\mathrm{cp}}=0.084$，$n_2=0.029$，$n_4=0.006$，$r_{0^\circ}=1.22$，$r_{90^\circ}=1.78$代入式(6.73)得$\alpha=26.1^\circ$。将这个α值代入式(6.72)，求得这一方向的$\varepsilon_{\mathrm{i\,I}/x=1}$比轧制方向的还小，是最小值方向。因此，对这种材料来说，液压胀形顶点裂纹线就大致与这个方向垂直了。

3. 准平面应变

另一个特殊情况是$d\varepsilon_2=0$的情况。由于$d\varepsilon_2$不一定是主应变增量，有别于"三个主应变增量中有一个等于零"的情况，故这里称准平面应变情况。

设$d\varepsilon_2=0$时的主应力比值为x_c，令式(6.57)中$d\varepsilon_2=0$，并将式(6.49)的关系式代入，不难求得

$$x_c=1-[(r_{0^\circ}+r_{90^\circ})-(r_{90^\circ}-r_{0^\circ})\cos 2\alpha]/[(r_{0^\circ}+r_{90^\circ})(1+r_{45^\circ})-(r_{90^\circ}-r_{0^\circ})\cos 2\alpha+2r_{0^\circ}r_{90^\circ}-r_{45^\circ}(r_{0^\circ}+r_{90^\circ})(\cos 2\alpha)^2] \tag{6.74}$$

它的极值方向，除板材的轧制方向和横向外，由式(6.74)还可求得的一个可能方向为

$$\alpha=\frac{1}{2}\cos^{-1}\left\{\frac{r_{0^\circ}+r_{90^\circ}}{r_{90^\circ}-r_{0^\circ}}\left[1-\sqrt{1+\frac{r_{45^\circ}(r_{90^\circ}-r_{0^\circ})^2}{(r_{0^\circ}+r_{90^\circ})[2r_{0^\circ}r_{90^\circ}-r_{45^\circ}(r_{0^\circ}+r_{90^\circ})]}}\right]\right\} \tag{6.75}$$

将x_c代入式(6.61)和式(6.69)(因代入过程的表达式极其复杂，在此不予列出)，得

$$\begin{aligned}\varepsilon_{\mathrm{i\,II}/x=x_c}=&\sqrt{\frac{2(r_{0^\circ}+r_{90^\circ}+r_{0^\circ}r_{90^\circ})}{3}}\{(r_{0^\circ}+r_{90^\circ})+(r_{90^\circ}+r_{0^\circ}+4r_{0^\circ}r_{90^\circ})(\cos 2\alpha)^2+\\&(1+2r_{45^\circ})(r_{0^\circ}+r_{90^\circ})(\sin 2\alpha)^2-2(r_{90^\circ}-r_{0^\circ})\cos 2\alpha\}^{\frac{1}{2}}n(\alpha,x_c)/\\&\{(r_{0^\circ}+r_{90^\circ})[(r_{0^\circ}+r_{90^\circ}+4r_{0^\circ}r_{90^\circ})(\cos 2\alpha)^2+\\&(1+2r_{45^\circ})(r_{0^\circ}+r_{90^\circ})(\sin 2\alpha)^2]-(r_{90^\circ}-r_{0^\circ})^2(\cos 2\alpha)^2\}\end{aligned} \tag{6.76}$$

它除了轧制方向和横向外，也可能有一个极值方向。但要考虑到n值随α的变化，难于解出。如果要得粗略结果，暂不计n与α的关系，则在$0^\circ\sim 90^\circ$之间还可能有一个极值方向，它与轧制方向的夹角为

$$\alpha=\frac{1}{2}\cos^{-1}\left\{-\frac{(1+r_{45^\circ})(r_{90^\circ}^2-r_{0^\circ}^2)}{2(r_{0^\circ}+r_{90^\circ})[2r_{0^\circ}r_{90^\circ}-r_{45^\circ}(r_{0^\circ}+r_{90^\circ})]-(r_{90^\circ}-r_{0^\circ})^2}\right\} \tag{6.77}$$

6.3.6 正交异性板成形极限图右部预测

1. 正交异性板成形极限图右部预测方法

对正交异性板料，其分散性失稳和局部颈缩性失稳都表现为该变形瞬间最大主应变增量方向的承载能力达到极限，但是，这两个方向不一定一致。显然，欲计算局部颈缩出现时的应变，还须弄清失稳微体在这两种失稳之间的变形过程是如何进行的。为此，设取无限多个与σ_1的夹角不等的微体，其宽度均为一个单位。分散性失稳时，是与σ_1成β_1角的微体的承载能力达到极限；局部颈缩性失稳时是与σ_1成β_2角的微体的承载能力达到极限。由于由分散性失稳到局部颈缩性失稳之间的变形过程是连续变化的，所以在它们之间发生的任何变化也应该是连续的，不会是突变的；而且这种变化的涉及区域理应在

$\beta_1 \sim \beta_2$ 之间的范围。显然，根据失稳的定义，分散性失稳发生时，β_1 方向以外的微体其承载能力尚未达到极值，即它们此时的 $dP/P>0$；局部颈缩发生时，微体分散性失稳后的变形阶段已经结束，位于 $\beta_1 \sim \beta_2$ 之间的所有微体应该都处于分散性失稳后的状态，即它们此时 $dP/P<0$。由此可见，在这变形期间，它们都要经历 $dP/P=0$ 的状态；并且，这种状态应该是连续地挨着转移的，不会是所有微体都同时到达的。

至于在每一变形瞬间，是哪个方向微体的 $dP/P=0$ 的问题，在此可沿用分散性失稳分析得到的结论，即处于 $dP/P=0$ 的状态的微体是该变形瞬间与最大主应变增量方向一致的微体。

到此，我们可以建立正交异性板上出现局部颈缩线为变形限度的成形极限图右部曲线的预测方法。方法要点如下：

(1) 设有某应力场(以 x_0 和 α 值给定，根据问题的前提，$x_0 \geqslant x_c$。x_c 是板面内较小主应变增量为零的主应力比值)，先在简单加载假设下，算出分散性失稳的临界应变强度 ε_{iI} 和临界应变 ε_{1I}，ε_{2I}，γ_{12I}。它们是后继变形过程数值计算的初始值。

(2) 分散性失稳后的变形发展，用数值计算方法进行计算。使用的公式和具体计算方法是，将 Hill 应力强度 σ_i 定义式(6.54)微分，得到变形过程中的 $\frac{d\sigma_i}{\sigma_i}$，即

$$
\begin{aligned}
\frac{d\sigma_i}{\sigma_i} = {} & \frac{d\sigma_1}{\sigma_1} + \{(r_{0^\circ}+r_{90^\circ})(1+x) - 2(r_{90^\circ}-r_{0^\circ})x\cos 2\alpha - \\
& [(r_{0^\circ}+r_{90^\circ}+4r_{0^\circ}r_{90^\circ})(\cos 2\alpha)^2 + (1+2r_{45^\circ})(r_{0^\circ}+r_{90^\circ})(\sin 2\alpha)^2](1-x)\}/ \\
& \{(r_{0^\circ}+r_{90^\circ})(1+x)^2 + 2(r_{90^\circ}-r_{0^\circ})(1-x^2)\cos 2\alpha + \\
& [(r_{0^\circ}+r_{90^\circ}+4r_{0^\circ}r_{90^\circ})(\cos 2\alpha)^2 + (1+2r_{45^\circ})(r_{0^\circ}+r_{90^\circ})(\sin 2\alpha)^2](1-x)\}dx
\end{aligned}
\tag{6.78}
$$

材料的抗力曲线方程为

$$\sigma_i = B(\varepsilon_0+\varepsilon_i)^n \tag{6.79}$$

其增长率是

$$\frac{d\sigma_i}{\sigma_i} = \frac{n d\varepsilon_i}{\varepsilon_0+\varepsilon_i} \tag{6.80}$$

用式(6.78)、式(6.80)和分散性失稳到局部颈缩性失稳之间存在的关系式

$$
\begin{aligned}
\frac{dP_\xi}{P_\xi} = \frac{d\sigma_\xi}{\sigma_\xi} - d\varepsilon_\xi = \frac{d\sigma_1}{\sigma_1} + \frac{(\sin\beta)^2}{(\cos\beta)^2 + x(\sin\beta)^2}dx - d\varepsilon_1(\cos\beta)^2 - \\
d\varepsilon_2(\sin\beta)^2 - d\gamma_{12}\cos\beta\sin\beta = 0
\end{aligned}
$$

联立求解，并引入 $dx/x = d\sigma_2/\sigma_2 - d\sigma_1/\sigma_1$ 的关系，可得

$$
\begin{aligned}
d\sigma_1' &= \frac{K_6 K - K_5 n/(\varepsilon_0+\varepsilon_i)}{K_6(1-K_5 x) - K_5(1-K_6 x)}\sigma_1' d\varepsilon_i \\
d\sigma_2' &= \frac{K(1-K_6 x) - n(1-K_5 x)/(\varepsilon_0+\varepsilon_i)}{K_5(1-K_6 x) - K_6(1-K_5 x)}\sigma_1' d\varepsilon_i
\end{aligned}
\tag{6.81}
$$

式中，$\sigma_1' = \sigma_1/\sigma_{10}$，$\sigma_2' = \sigma_2/\sigma_{10}$，$\sigma_{10}$ 是 σ_1 的初值；n，ε_0 是材料常数；K_5，K_6，K 则分别为

$$K_5 = \frac{(\sin\beta)^2}{(\cos\beta)^2 + x(\sin\beta)^2}$$

$$K_6=\{(r_{0^\circ}+r_{90^\circ})(1+x)-2(r_{90^\circ}-r_{0^\circ})x\cos 2\alpha-[(r_{0^\circ}+r_{90^\circ}+4r_{0^\circ}r_{90^\circ})(\cos 2\alpha)^2+(1+2r_{45^\circ})(r_{0^\circ}+r_{90^\circ})(\sin 2\alpha)^2](1-x)\}/\{(r_{0^\circ}+r_{90^\circ})(1+x)+2(r_{90^\circ}-r_{0^\circ})(1-x)^2\cos 2\alpha+(r_{0^\circ}+r_{90^\circ}+4r_{0^\circ}r_{90^\circ})(\cos 2\alpha)^2+(1+2r_{45^\circ})(r_{0^\circ}+r_{90^\circ})(\sin 2\alpha)^2(1-x)\}$$

$$K=\frac{\mathrm{d}\varepsilon_1(\cos\beta)^2+\mathrm{d}\varepsilon_2(\sin\beta)^2+\mathrm{d}\gamma_{12}\sin\beta\cos\beta}{\mathrm{d}\varepsilon_i} \tag{6.82}$$

式中,β 由式(6.61)确定。

显然,σ_1' 的初始值是 1,σ_2' 的初始值是分散性失稳时的应力比值 x_0。

这样,由分散性失稳开始,假设有一个应变强度增量 $\mathrm{d}\varepsilon_i$(譬如说是 0.001 或 0.000 1)来体现变形的发展,用式(6.81)就可以算出相应的应力增量,并按

$$\sigma_1'=1+\sum\mathrm{d}\sigma_1'$$

$$\sigma_2'=x_0+\sum\mathrm{d}\sigma_2'$$

$$x=\frac{\sigma_2}{\sigma_1}=\frac{\sigma_2'}{\sigma_1'}$$

$$\varepsilon_i=\varepsilon_{iI}+\sum\mathrm{d}\varepsilon_i \tag{6.83}$$

算得新的 σ_1',σ_2',x,ε_i 值。在这些新数据基础上,又可进一步计算。如此重复,直到 $x\leqslant x_c$ 为止;x_c 的值可按下述办法确定。

令式(6.62)中的 $\mathrm{d}\varepsilon_\eta=0$,并利用 $\tan 2\beta=\dfrac{\mathrm{d}\gamma_{12}}{\mathrm{d}\varepsilon_1-\mathrm{d}\varepsilon_2}$ 的关系,得

$$\mathrm{d}\varepsilon_1\mathrm{d}\varepsilon_2=\left(\frac{\mathrm{d}\gamma_{12}}{2}\right)^2(\text{当 } \mathrm{d}\varepsilon_\eta=0 \text{ 时}) \tag{6.84}$$

将应变强度增量与各应变分量增量间的关系代入式(6.84),并令

$$a=-4r_{45^\circ}(1+r_{45^\circ})(r_{0^\circ}+r_{90^\circ})^2-(r_{90^\circ}-r_{0^\circ})^2(\sin 2\alpha)^2-2(r_{0^\circ}+r_{90^\circ}+4r_{0^\circ}r_{90^\circ})\times[2r_{0^\circ}r_{90^\circ}-r_{45^\circ}(r_{0^\circ}+r_{90^\circ})](\cos 2\alpha)^2+8r_{0^\circ}r_{90^\circ}(r_{90^\circ}-r_{0^\circ})\cos 2\alpha$$

$$b=2(1+2r_{45^\circ}+2r_{45^\circ})^2(r_{0^\circ}+r_{90^\circ})^2-(r_{90^\circ}-r_{0^\circ})^2(\sin 2\alpha)^2+2\{(r_{0^\circ}+r_{90^\circ}+4r_{0^\circ}r_{90^\circ})[2r_{0^\circ}r_{90^\circ}-r_{45^\circ}(r_{0^\circ}+r_{90^\circ})]-(r_{90^\circ}-r_{0^\circ})^2\}(\cos 2\alpha)^2$$

$$c=-4r_{45^\circ}(1+r_{45^\circ})(r_{0^\circ}+r_{90^\circ})^2(\sin 2\alpha)^2-(r_{90^\circ}-r_{0^\circ})^2(\sin 2\alpha)^2-2(r_{0^\circ}+r_{90^\circ}+4r_{0^\circ}r_{90^\circ})[2r_{0^\circ}r_{90^\circ}-r_{45^\circ}(r_{0^\circ}+r_{90^\circ})](\cos 2\alpha)^2-8r_{0^\circ}r_{90^\circ}(r_{90^\circ}-r_{0^\circ})\cos 2\alpha$$

则求得 x_c 的方程是 $a x_c 2+2bx_c+c=0$

其解是

$$x_c=\frac{-b\pm\sqrt{b^2-ac}}{a} \tag{6.85}$$

它有两个根,在双拉应变场里,应取 $0\leqslant x_c\leqslant 1$ 的值。

求得了各变形瞬间的 x 值,就可求出该变形瞬间相应的应变分量增量 $\mathrm{d}\varepsilon_1$,$\mathrm{d}\varepsilon_2\mathrm{d}\gamma_{12}$。显然,按公式

$$\varepsilon_1=\varepsilon_{1\mathrm{I}}+\sum \mathrm{d}\varepsilon_1$$
$$\varepsilon_2=\varepsilon_{2\mathrm{I}}+\sum \mathrm{d}\varepsilon_2$$
$$\gamma_{12}=\gamma_{12\mathrm{I}}+\sum \mathrm{d}\gamma_{12} \tag{6.86}$$

累计得到的总应变，就是该初始应力场下的极限应变。当然，应按公式

$$\frac{\varepsilon_\xi}{\varepsilon_\eta}=\frac{\varepsilon_1+\varepsilon_2}{2}\pm\sqrt{\left(\frac{\varepsilon_1-\varepsilon_2}{2}\right)^2+\left(\frac{\gamma_{12}}{2}\right)^2} \tag{6.87}$$

算出主应变。

(3) 在最大主应力的方向(即 α) 一定的情况下，对几种原始应力场进行计算，得到一组极限应变数据，由此就可绘出最大主应力 σ_1 作用在该方向情况下的成形极限图右部曲线。改变 α，重复上述计算，就可得到主应力 σ_1 作用在不同方向时的曲线。

2. 试验验证

试验是对 TA2M 材料厚 1.0 mm 的、TA2M 材料厚 0.8 mm 的板料和 0.8 mm 厚的 10 号钢(退火状态) 板料进行的，其有关的机械性能常数见表 6.1。

表 6.1　试验材料的有关机械性能常数

材料牌号及板厚	TA2M,1.0 mm				TA2M,0.8 mm				10 号钢,1.0 mm(退火)			
试件方向	0°	45°	90°	平均	0°	45°	90°	平均	0°	45°	90°	平均
r	1.90	2.90	2.91	2.65	2.85	3.37	3.47	3.27	1.20	1.51	1.18	1.35
B	111.2	118.1	113.2	115.2	97.3	98.4	93.9	97.0	73.9	80.4	73.4	77.0
n	0.192	0.188	0.266	0.209	0.164	0.164	0.174	0.167	0.249	0.239	0.236	0.241
ε_0/%	1.98	2.35	5.61	3.07	0.46	1.08	1.49	1.03	0	0	0	0

注：平均值 = (0° 值 + 2 × 45° 值 + 90° 值)/4

试验数据与按上述计算方法得到的预测曲线的比较如图 6.17 所示，其中，1、2、3 分别是 σ_1 作用在板材 0°,45°,90° 方向时的预测曲线，○、×、△ 分别是相应的试验数据，可以看到，两者基本符合。某种程度的偏差在所难免，在理论计算方面还忽略了凸模给予板料的压力的影响，分散性失稳前也未必是简单加载过程等，本书还是沿用目前资料中惯用的方式来对待。

为了与其他理论的预测曲线进行比较，利用 Ghost 提供的数据进行了计算(限于数据提供的情况，是按 $r_{0°}=r_{45°}=r_{90°}=r$ 计算的)，结果绘于图 6.18 中。再次看到，本书所述方法是比较优越的。

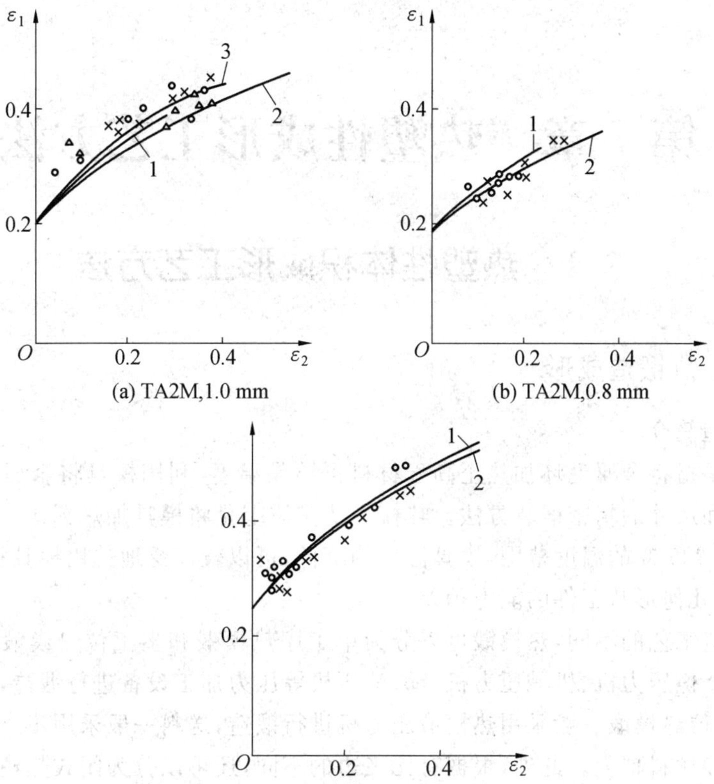

(a) TA2M,1.0 mm　　(b) TA2M,0.8 mm

(c) 10 号钢（退火）,0.8 mm

图 6.17　成形极限图预测曲线与试验数据的比较

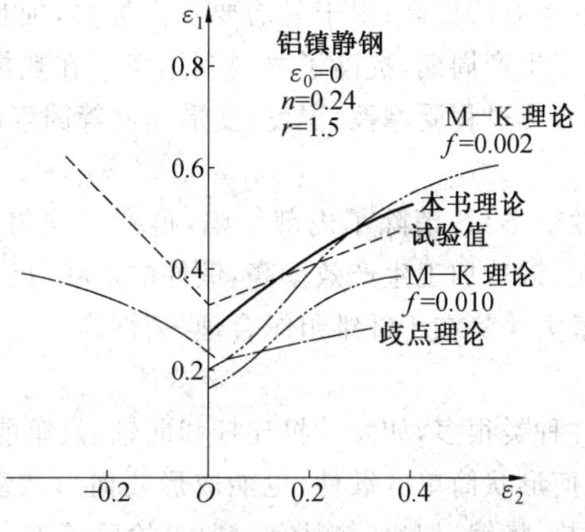

图 6.18　成形极限图右部曲线比较

第7章　热塑性成形工艺方法

7.1　热塑性体积成形工艺方法

7.1.1　热锻造成形

1. 热锻造简介

热模锻是指将金属毛坯加热至高于材料再结晶温度，利用模具将金属毛坯塑性成形为锻件形状和尺寸的精密锻造方法。热模锻造实质上是将模具加热到比变形金属的始锻温度低 110～225 ℃的温度范围，模具温度的降低，可以较广泛地选用模具材料，但成形很薄、很复杂的几何形状工件的能力稍差。

根据锻造工艺的不同，热模锻可以分为单工序热模锻和多工位热模锻。单工序热模锻一般采用摩擦压力机、机械压力机、锤、油压机等压力加工设备进行锻造，以人工方式取放工件；多工位热模锻一般采用热模锻压力机进行锻造，送料一般采用步进梁机械手以提高生产效率和送料精度。此外，根据有无飞边的不同，还可以分为闭式热模锻和开式热模锻。

闭式热模锻工艺的基本原理是在封闭的模具型腔中，采用上下两个模具（或镶块组合模具）对毛还进行模锻成形，仅通过一次加热和锻压设备的一次行程就能够获得形状复杂的无毛边锻件。与开式模锻相比，由于锻件无毛边，提高了材料利用率并降低了成本，同时零件形状和尺寸精度也有所提高；由于只需要一次加热，加热时的燃料消耗也降低了；容易实现自动化，缩短了生产周期，提高了材料利用率。在热模锻成形过程中，金属在高温下发生塑性流动，其变形过程受摩擦、温度、变形速度等因素的影响，非常复杂。

2. 工艺特点

金属材料通过塑性变形后，消除了内部缺陷，得到了均匀、细小的低倍和高倍组织。但与其他加工方法相比，锻造加工生产效率高，锻件的形状、尺寸稳定性好，并有极佳的综合力学性能。锻件的最大优势在于纤维组织合理、韧性高。

3. 工艺应用

热模锻成形的工件种类很多，如发动机连杆和曲轴、汽车前轴、转向节、齿轮、齿圈、轴承套圈等，既能成形几何形状简单的锻件，也能成形几何形状复杂的锻件，通常的热模锻工艺流程包括下料、加热、模锻、切边、热处理、精压、检验等工序。根据锻件外形和采用的工艺方法，将锻件分为圆饼类锻件（短轴类锻件、长轴类锻件和复合类型锻件），针对不同的锻件，工艺方法略有不同。

圆饼类锻件形状简单，各部分高度差别不大，轮廓线光滑过渡，可以镦粗后直接终锻；对于形状较复杂的锻件，各部分高度差别较大，内圆角半径较小，应增加预锻工步，通过镦粗、预锻、终锻三步来成形。长轴类锻件成形一般要采用拔长、滚挤、弯曲、卡压、成形等制坯工步以及预锻、终锻和切断工步。对于复合类型的锻件，在大批生产时，可用平锻制坯，接着在热模锻压力机上进行预锻、终锻。

在热模锻压力机上进行锻造的工件以圆饼类锻件为主，如轴承套圈、齿轮和齿圈等，轴承套圈热模锻工艺路线，主要包括下料、加热、镦粗、热锻、冲孔、分离、碾环、机加工和后处理，其中热模锻工艺包括镦粗、塔锻、切底和分套四个工步，如图 7.1 所示。锥齿轮的热模锻工艺路线如图 7.2 所示，主要包括下料、预锻、终锻和切边四个工步。热模锻基本过程相似，主要包括镦粗、预锻和终锻等工步。

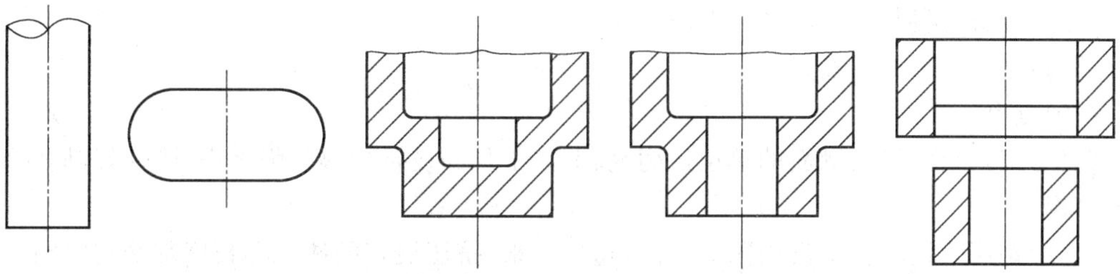

图 7.1 轴承套圈热模锻工艺路线

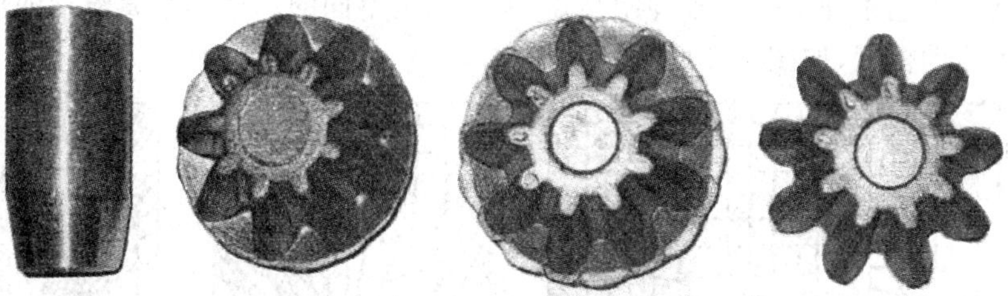

图 7.2 锥齿轮热模锻工艺路线

7.1.2 热挤压成形

1. 热挤压简介

热挤压就是将金属材料加热到热锻成形温度进行挤压，即在挤压前将坯料加热到金属的再结晶温度以上的某个温度，然后采用挤压杆(或凸模)将放在挤压筒(或凹模)内的坯料压出模孔，获得一定端面形状和尺寸的塑性加工方法。热挤压是几种挤压工艺中最早采用的挤压成形技术，它是在热锻温度下借助于材料塑性好的特点，对金属进行各种挤压成形。热挤压主要用于制造普通等截面的长形件、型材、管材、棒材及各种机器零件等。热挤压不仅可以成形塑性好、强度相对较低的有色金属及其合金，低、中碳钢等，而且还可以成形强度较高的高碳、高合金钢，如结构用特殊钢、不锈钢、高速工具钢和耐热钢等。由于坯料必须加热至热锻温度进行挤压，常伴有较严重的氧化和脱碳等加热缺陷，影响了挤压件的尺寸精度和表面粗糙度。一般情况下，机器零件热挤压成形后，再采用切削等机械加工来提高零件的尺寸精度和表面质量。

热挤压按金属流动及变形特征分类，有正向挤压、反向挤压、侧向挤压、连续挤压及特殊挤压。特殊挤压包括静液挤压、有效摩擦挤压、扩展模挤压、半固态挤压等。

2. 工艺特点

挤压时，由于锭坯表面几乎全部受工具的限制，在三向压应力作用下成形，也就是锭坯内部应力的静水压成分影响大。因此，挤压有如下优缺点。

优点有：

(1)提高金属材料的变形能力。

(2)提高材料的接合性。

(3)金属材料与工具的密合性高。

(4)挤压生产灵活性大。

缺点有：

(1)工具与锭坯接触面的单位压力高，要求工具和设备构建的强度高、刚性好，同时要耐高温。

(2)挤压时锭坯在工具内需要封闭，这样一来，挤压锭坯的体积和长度都受到限制。

(3)金属的废料损失大，制品的组织、性能沿轴向和断面上不均匀。

3. 热挤压成形理论基础

在不同的工艺条件下挤压各种制品，金属流动是不同的。根据金属流动的特性分析，有 4 种基本流动模型，如图 7.3 所示。

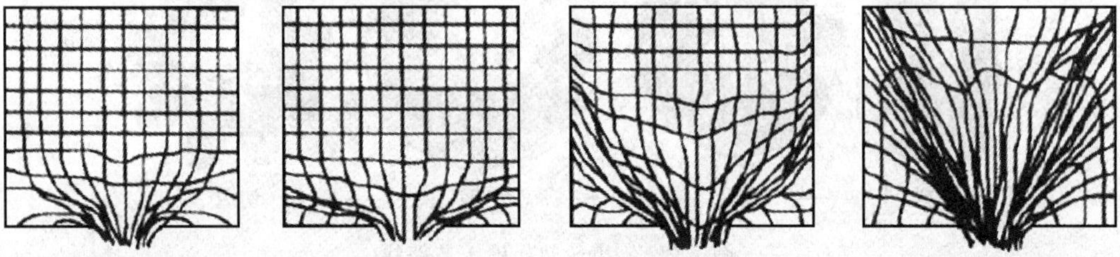

(a) 流动模型 I　(b) 流动模型 II　(c) 流动模型 III　(d) 流动模型 IV

图 7.3　挤压各种材料时金属在挤压筒中的流动模型

(1)流动模型Ⅰ。

在反向挤压和静液挤压时出现。锭坯与挤压筒之间绝大部分没有摩擦力，只有靠近模子附近处的筒壁上才存在着摩擦力，金属流动均匀，几乎沿锭坯整个高度都没有金属周边层剪切变形，弹性区的体积较大，塑性变形区只局限在模口附近，死区很小。在整个挤压的过程中，压力、变形和温度条件稳定，所以不产生中心缩尾和环形缩微。

(2)流动模型Ⅱ。

在润滑挤压时，锭坯与挤压筒间的摩擦极小时出现。塑性变形区与死区比流动模型Ⅰ大，金属的流动较均匀，不产生中心缩尾和环形缩尾。一般情况下，挤压紫铜、H96 黄铜、锡磷青铜、铝、镁合金、钢等属于Ⅱ型流动模型。

(3)流动模型Ⅲ。

锭坯内外温差较大，且受到挤压筒与模子的摩擦较大时出现。塑性变形区几乎扩展到整个锭坯，但在基本挤压阶段尚未发生外部金属向中心流动的情况。在挤压后期出现较短的缩尾。一般情况下，挤压 α 黄铜、白铜、镍合金、铝合金等属于此种流动模型。

(4)流动模型Ⅳ。

当挤压筒与锭坯间的摩擦力很大，且锭坯内外温差又很大时出现。金属流动不均匀，挤压后期易出现缩尾。一般情况下，挤压 α+β 黄铜、铝青铜、钛合金等属于此种流动模型。

4. 工艺应用

热挤压可以在小吨位压力机上进行生产，而且模具设计较为简单，对模具性能要求较低，加工制造容易，生产运行安全，模具安装更换方便，生产锻件种类较多，灵活性大，适合于中小企业的大、中、小批量生产，特别是采用热挤压工艺可以生产大尺寸深孔类锻件，是其他工艺无法比的。

近年来，随着世界范围内高档无缝钢管市场复苏和国家经济实力逐步增强，钢管热挤压生产工艺迎来新一轮发展的契机。热挤压钢管生产工艺采用热挤压法，以三向压应力变形为主，金属密实性好，组织均匀，适合几乎全部品种钢管的生产，特别在高合金、难变形钢种和各种异型断面管的生产方面具有特殊加工优势。热挤压钢管产品因其具备的性能优势，在军工、核电、火电、航空、采掘、油井和石化等国民经济高端和关键领域具有不可替代的应用前景。热挤压工艺可以满足产品标准严格，广泛应用于军工、核电、航空和石化等尖端领域的各种不锈钢管、高质量的高温耐蚀合金钢管、钛及钛合金钢管等钢管产品的生产。

7.1.3 热拉拔成形

1. 热拉拔简介

热拉拔是指将金属毛坯加热至高于材料再结晶温度，再用外力作用于被拉金属的前端，将金属坯料从小于坯料断面的模孔中拉出，以获得相应的形状和尺寸的制品的一种塑性加工方法。

按制品截面形状，拉拔可分为实心材拉拔和空心材拉拔。实心材拉拔主要包括棒材、型材及线材的拉拔。空心材拉拔主要包括圆管及异性管材的拉拔。

金属拉拔过程中，使用由皂基、硼砂、聚乙二醇油酸酯和水组成的乳液或由矿物油、脂肪酸、十二烷醇、油酸聚氧乙烯酯和水组成的乳液作为润滑剂，可减轻拔丝机械强度，提高拔丝速度和产品质量。最好选用专用拉拔油，这样能有效减少工件与模具的摩擦，降低磨损，具有强韧的油膜，可有效减少叫模、划痕、划伤、烧结焊合、破裂等现象的发生。拉拔油的选用非常重要，一般分为高黏度、中黏度、低黏度中黏度高效型拉拔油，黏度适中，使用方便，超强的极压润滑效果，在高温状态下具有良好的热稳定性。同时具有良好的光洁功能，提高加工精度，保护模具，延长模具寿命，有一定的冷却效果，能有效控制黑色油泥的产生。

2. 工艺特点

(1)拉拔制品的尺寸精确，表明光洁。

(2)工具和设备简单，维修方便。

(3)可连续高速生产小规格长制品。

(4)坯料拉拔道次变形量和两次退火间的总变形量受到拉应力的限制。

3. 热拉拔成形理论基础

拉拔时坯料发生变形，原始形状和尺寸将改变。不过，金属塑性加工过程中变形体的体积实际是不变的。

与挤压、轧制、锻造等加工过程不同，拉拔过程是借助于在被加工的金属前段施以拉力实现的，此拉力称为拉拔力。拉拔力与被拉金属出模口处的横截面积之比称为单位拉拔力，即拉拔应力，实际上拉拔应力就是变形区末端的纵向应力。

拉拔应力应小于金属出模口的屈服强度。如果拉拔应力过大，超过金属出模口的屈服强度，则可引起制品出现细颈，甚至拉断。因此，拉拔时一定要遵守下列条件

$$\sigma_1=\frac{P_1}{F_1}<\sigma_s \tag{7.1}$$

式中 σ_1——作用在被拉金属出模口横断面上的拉拔应力；

P_1——拉拔力；

F_1——坯料横截面积；

σ_s——材料屈服强度。

4. 工艺应用

热拉拔主要用于高熔点金属如钨、钼等金属丝的拉拔。既可以生产直径大于500 mm的管材，也可以拉制出 0.002 mm 的细丝，而且性能合乎要求，表面质量好。例如热拉拔得到的纯钼丝 GMPM 可以用于绕丝芯线、引出线、加热元件、线切割丝等。

7.2 热塑性板材冲压成形工艺方法

1. 热冲压简介

随着人们的环保意识逐步增强，以及国家汽车正碰、侧碰、排放等强制法规的相继推出，节能、环保和安全已成为汽车生产的必备要素，汽车轻量化与高强度是解决该问题的有效手段。与铝、镁合金相比，高强度钢具有较高的性价比，如 DP 钢、TRIP 钢、CP 钢等成为汽车用材的首选，而超高强度钢板(硼钢)以其超高的强度成为汽车重要保安部件用钢的最佳选择，热冲压成形部件的抗拉强度可达到 1 500 MPa 以上，抗疲劳极限达到800 MPa。在保证汽车安全性能的条件下，优化设计以减薄车身零部件，不仅可以有效减轻车身重量，降低油耗，还可以提高乘用的舒适性。热冲压是一种将材料加热到临界温度后快速冲压，在保压阶段通过模具实现淬火并达到所需冷却速度，从而得到具有特定微观组织且强度较高零件的新型成形技术。热冲压成形是近年来出现的一项专门用于汽车高强度钢板、铝板冲压成形件的新技术，也是实现汽车轻量化生产的关键技术工艺之一。热冲压成形技术能克服传统工艺回弹严重、成形困难、容易开裂等诸多难题，已逐渐成为世界上汽车生产厂商及研究人员关注的热点。

热冲压成形工艺技术是一项专门用来成形超高强度钢板冲压件的新工艺、新技术，是一种获得超高强度冲压件的有效途径。此技术最先由瑞典的 HardTech 公司(现今GESTAMP－HARDTECH)于 20 世纪 80 年代提出，经过 20 多年的发展，成功实现了产

业化应用。这种钢板热冲压新技术的核心在于通过含有冷却管道的模具，对零件实现快速成形、淬火，进而得到 1 500 MPa 左右甚至更高强度的冲压件，将板材的抗拉强度提高到原来的 2.5 倍以上。热冲压技术利用材料在高温下的塑性增加、应力下降的特点，使得成形件基本无回弹，而淬火过程的保压将大幅提高成形件的精度，用于汽车结构件和保安件，可提高汽车的安全性能，并可减轻车身重量。

热冲压工艺分为两种：直接工艺和间接工艺，其工艺流程原理如图 7.4 所示。可以成形单板坯料、补丁板坯料及拼焊板坯料；间接工艺也称为多步热冲压，就是在钢板未加热之前增加一次预成形程序，对于一些形状复杂或拉深较大的工件使用这种工艺，且一般只对单板坯料。间接工艺增加了设备成本，故现在研究直接热冲压工艺的欧洲以及国内合资品牌公司大多采用直接工艺生产。

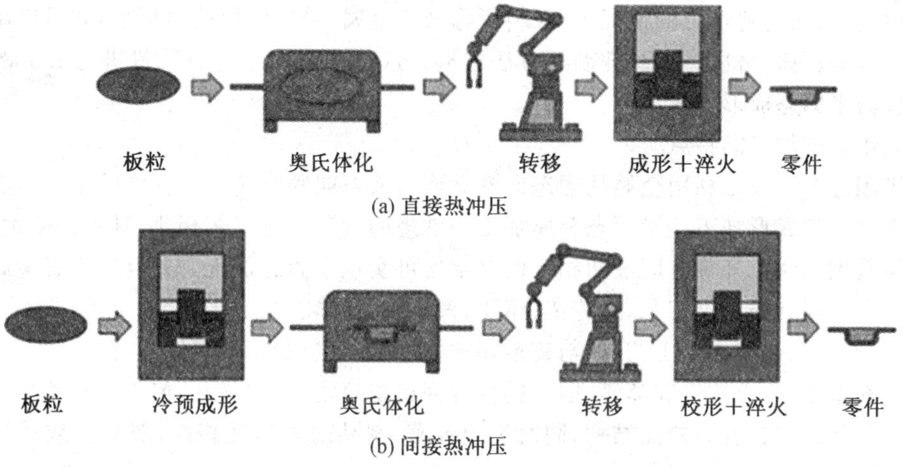

图 7.4 热冲压工艺流程图

对于热冲压成形工艺，核心在于板料成形与淬火同时进行，主要特征在于“两保”和“两快”：“两保”即坯料加热阶段适当保温，成形阶段适当保压；“两快”即坯料保温后快速移到模具上，压机快速合模，目的在于坯料充分奥氏体化和成形件的完全马氏体化。

2. 工艺特点

热冲压成形工艺使超高强钢具有极好的可塑性、良好的成形性能及热加工性能，复杂零件也可以经过一次冲压成形完成，其回弹力比冷冲压减少 90%以上，具有以下特点：一是所需压力机的吨位较小，相比冷冲压所需的 2 500 t 压力机，热冲压 800 t 压力机已经可以满足生产大多数车身零件的需要；二是热冲压零部件的表面硬度较高，由试验得出热冲压件的表面硬度可达到 50HRC 以上，抗拉强度 1 500 MPa 以上，但热冲压后的零件需要激光切边、冲孔；三是热成形件减重效果明显，可实现轻量化目标，降低能耗，使用超高强钢热冲压件可使板材的厚度减少 30%以上。

3. 工艺应用

1984 年，Saab 汽车公司是第一家采用硬化硼钢板制作了 Saab9000 的汽车制造商。生产的零部件从 1987 年的 300 万件/年到 1977 年的 800 万件/年。自从 2000 年起，更多的热冲压零部件被用于汽车上，并且年生产量在 2007 年已达到 1 亿多件。热冲压件在汽车工业的应用如汽车底盘、保险杠、车顶纵梁和管道。

7.3 特种热塑性成形工艺方法

7.3.1 半固态成形

1. 半固态成形技术简介

半固态金属成形(Semi－solid Metal Process,SMP)是由美国麻省理工学院的MC Flemings教授等,于20世纪70年代初研究开发的新一代金属加工技术,这种技术主要借助于非枝晶半固态金属浆料的流变行为,在非扰动的情况下,使浆料呈现一定的刚性并可以运输,而在受剪切力的情况下,浆料可像液态金属一样,变形抗力很小,并可以用常规加工技术如压铸、挤压、模锻、轧制等方法成形。这种对半固态金属浆料进行成形的加工工艺称为半固态成形技术。

2. 半固态加工的特点

半固态金属加工利用金属从固态向液态或从液态向固态转变过程中的半固态温度区间实现金属的成形加工。半固态金属加工与常规的金属成形工艺相比,具有许多优点,而且应用范围广泛。凡具有固液两相区的合金均可实现半固态加工。并且半固态金属加工可结合多种现有的加工工艺,如铸造、挤压、锻压以及铸轧。

(1)与液态金属成形工艺,如与铸造相比,半固态金属加工具有以下特点:

①充型平稳,无湍流和喷溅,因而铸件内部组织致密,内部气孔、偏析等缺陷少。

②制品组织具有非枝晶结构,同时组织致密,制品的力学性能高,能接近或达到锻压件的性能。

③由于金属坯料已部分凝固,因而凝固收缩小,成形零件尺寸精度高,表面平整光洁,能实现近终成形,因此半固态成形的零件机械加工量小,可做到少或无切削加工。

④成形温度低,半固态合金成形时,已经释放了部分结晶潜热,因而减轻了对模具的热冲击,使模具寿命大幅度提高。

⑤凝固时间缩短,能缩短产品的生产周期,有利于提高生产效率。

(2)与固态金属成形工艺,如与锻压相比,半固态金属加工具有以下特点:

①半固态金属具有很好的触变性,在一定的压力下具有很好的流动性,因而可成形更为复杂的零件,并且成形速度也能提高。

②成形力显著降低,因此对成形机械及模具的要求有所降低。

半固态金属加工还可应用于复合材料加工,彻底解决复合材料制备过程中异相材料的漂浮、偏析以及与基体金属的润湿性差等问题。这为复合材料的制备和成形提供了有利的条件。

3. 半固态金属的成形工艺

(1)半固态成形工业应用方法。

半固态成形在借鉴别的相关成形方法的基础上,具体的工业应用方法又可以分为半固态压铸(包括流变铸造和触变铸造)、半固态锻造、半固态挤压、半固态轧制、半固态铸轧等。半固态压铸与普通压铸的工艺方法相近,模具结构也基本相同。半固态锻造的工艺和模具与普通热模锻相近。半固态挤压和半固态轧制与压力加工中的热挤压和热轧工艺一样。图 7.5 所示为目前常见的半固态成形方法。

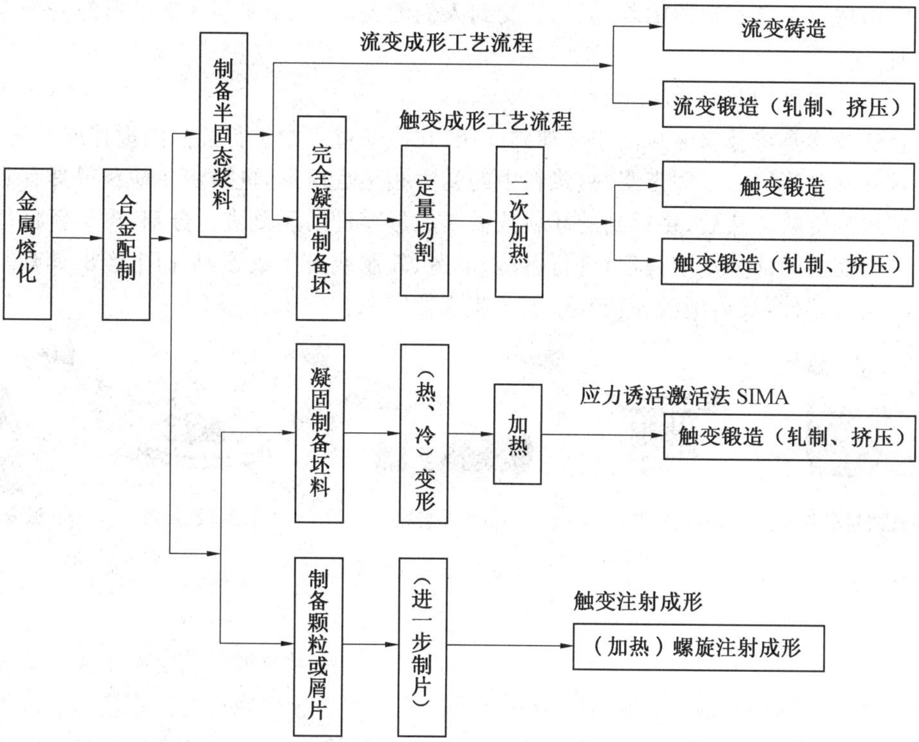

图 7.5　目前常见的半固态成形方法

①流变成形(Rheoforming)。

流变成形的制浆过程是:在冷却过程中,对金属熔体进行强烈的搅拌或其他处理,获得具有部分凝固的半固态浆料,并使浆料中的初生固相呈近球形颗粒;然后直接将所得的半固态金属浆液进行成形,如压铸、挤压或轧制。通常称为流变成形工艺,流变压铸是流变成形的主要成形方式,典型的流变成形工艺工程如图 7.6 所示。

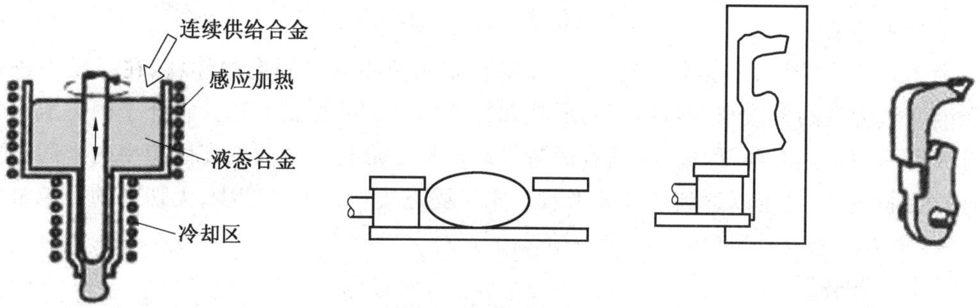

(a) 浆料制备　(b) 浆料输运至压射室　(c) 压铸成形　(d) 压铸件

图 7.6　典型的流变成形工艺流程

半固态流变成形工艺是将熔融金属直接成形，因此具有节省能源、流程短，生产成本低，生产效率高，设备简单，适用半固态加工的合金范围加大等优点。同时，加工过程的氧化夹杂少，废料的回收和使用可在同一车间内完成。虽然浆液的保存和输送难度较大，在实际应用过程中有一定的困难，但仍然受到人们的关注，是未来半固态成形的一个重要发展方向。

②触变成形(Thixoforming)。

触变成形是将金属液从液相冷却到固相，在冷却过程中进行强烈的搅拌或其他处理，获得具有部分凝固的半固态浆料，浆料中的初生相呈近球形，进一步冷却获得具有非枝晶组织结构的锭料。然后，将得到的坯料按需要成形零件的质量进行分割，再重新将每块锭料加热至需要的部分重熔程度，进行铸造、锻造、轧制或挤压成形，从而生产出具有非枝晶组织结构的零件，其典型的触变成形工艺流程如图 7.7 所示。

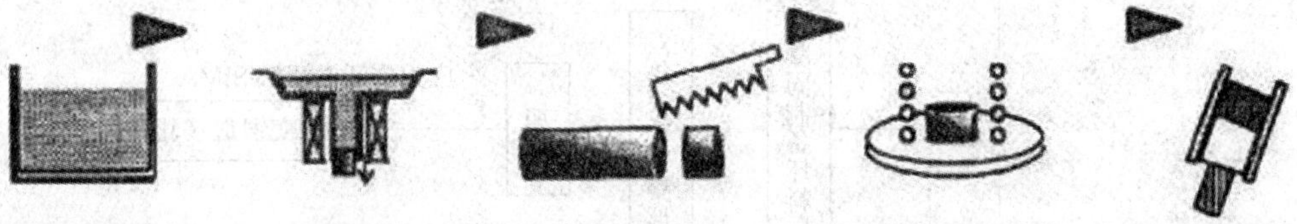

图 7.7 典型的触变成形工艺流程

③注射成形。

半固态金属注射成形与塑料注射成形原理相同。注射成形工艺是将半固态金属浆料的制备、输送和成形过程融为一体，较好地解决了半固态金属浆料的保存输送和成形不易控制等难题，为半固态金属成形技术的应用开辟了新的前景。目前镁合金在注射成形工艺中应用较多，其成形工艺过程可分为两种方式：一种是直接把熔化金属液进行处理成半固态浆液，冷却至适宜的温度后，并辅以一定的工艺条件压射进入型腔进行成形；另一种工艺是将变形加工的小块镁合金碎屑送入螺旋推进系统，小块镁合金被变形和加热，同时在螺旋杆的推进下，压射进入模具型腔进行成形。

(2)半固态金属的塑形加工。

半固态塑性加工包括半固态锻造、半固态挤压和半固态轧制等。

①半固态锻造。

半固态锻造(图 7.8)是将加热到 50%左右体积液相的半固态的坯料，在锻模中进行以压缩变形为主的模锻来获得所需的形状和性能的制品的加工方法。它介于固态成形和液态成形两种工艺之间，因此，半固态锻造可以成形变形抗力较大的高固相率的半固态材料，并达到一般锻造难以达到的复杂形状。用半固态模锻工艺生产少、无切削的黑色金属模锻件，将为黑色金属塑性成形开辟一条新的途径。

②半固态挤压。

半固态挤压(图 7.9)是用加热炉将坯料加热到半固态，然后放入挤压模腔，用凸模施加压力，通过凹模口挤出所需制品。半固态挤压和其他半固态成形方法相比，研究得最多的是各种铝合金和铜合金的棒、线、管、型材等制品。制品的内部组织及力学性能容易制造均一，也容易操作，今后应用的前景十分广阔，是难加工材料、粒子强化金属基复合材料、纤维强化金属基复合材料成形加工的不可缺少的技术。

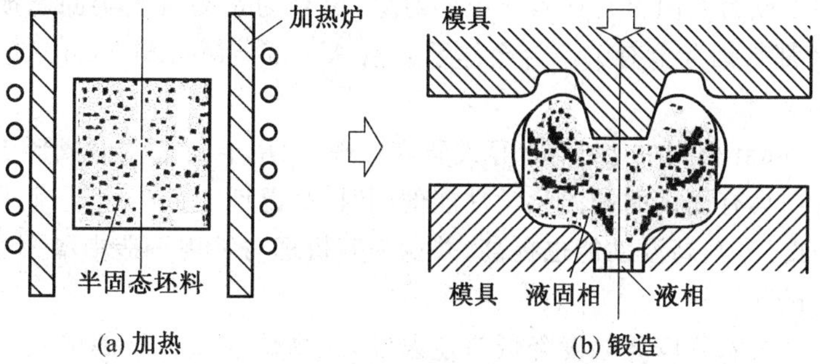

图 7.8 半固态锻造示意图

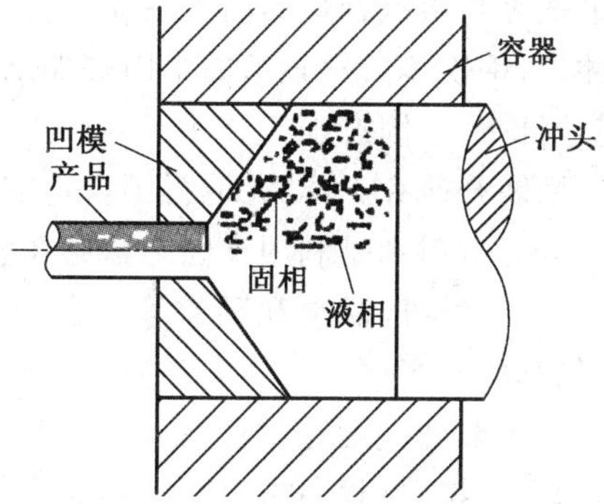

图 7.9 半固态挤压工艺示意图

③半固态轧制。

半固态轧制(图 7.10)是在轧机的入口处设置加热炉，将具有球状晶的金属合金材料加热到半固态后，送入轧辊间轧制的方法。半固态轧制的对象主要是板材的轧制成形。

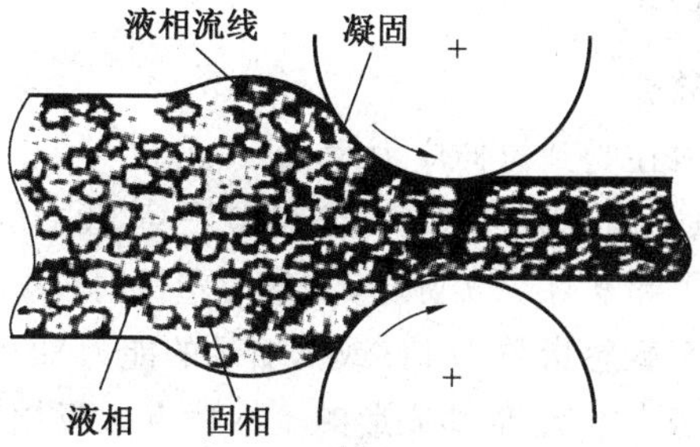

图 7.10 半固态轧制示意图

4. 工艺应用

半固态金属加工技术适用于有较宽液固相共存区温度的合金体系，研究和生产表明，适合半固态加工的金属合金有铝合金、镁合金、锌合金、镍合金、铜合金以及钢铁等，其中铸造铝合金及镁合金已用于工业生产。此外，半固态加工技术还被用于制备复合材料、梯度材料、连铸连轧带材和线材、提纯材料等领域。

目前半固态应用最成功和最广泛的是铝合金零件的制备。其原因不仅是因铝合金的熔点较低和使用范围广泛，而且铝合金是具有较宽液固共存温度区的合金体系。为此，铝合金半固态加工成为人们首先深入研究的对象，至今为止的有关半固态成形方面的研究论文至少60%都与铝合金有关。合金体系包括 Al－Si－Mg、Al－Cu、Al－Si、Al－Pb 和 Al－Ni 合金等。

美国 Thixomat 公司的 Lebeau 等人研究发现，利用半固态注射成形工艺制备的半固态镁合金零件在具有优良的常温力学性能的同时，高温性能也很优异，而且随着成形时浆料中固相率的提高，其高温性能也提高，并认为其机理与常规铸造中增大晶粒尺寸可以提高高温性能的机理相类似。

半固态加工技术可以大幅度降低铸造温度，在高熔点黑色金属的成形方面有着特别的意义。采用半固态加工技术制造机械零件，可以大幅度降低能源消耗，提高压铸铸型寿命。当前半固态加工生产钢铁等高熔点合金的困难主要来自于：成形模具材料的选择，以适应较高的成形温度和热冲击；钢铁等材料较窄的半固态加工窗口，即半固态温度区间较窄；高温时精确的温度控制。目前，半固态加工技术已对一些不锈钢（1Cr18Ni9Ti）、镍基合金以及合金钢等方面的应用展开研究工作，并取得了一定的成效。

半固态搅熔复合法生产复合材料则是利用半固态金属在液固两相区有很好的黏性和流动性，可以比较容易地加入各种纤维、晶须和颗粒等复合相，只要选择适当的加入温度和搅拌工艺，就有利于提高复合相和半固态金属间的界面结合强度。

半固态加工技术还有一个重要的应用是半固态焊接。通常对于金属与金属、金属与陶瓷之间的连接，采用最多的是焊接、钎焊、扩散焊接、铸造和锻造等方法。采用焊接、铸造等常规方法进行连接时，由于操作温度较高，对于细小、薄壁、形状复杂的元件与基体很难连接，同时结合部位形状变化较大，尺寸不精细。采用半固态连接技术可以很好地解决上述问题。

7.3.2 超塑性成形

1. 超塑性成形工艺简介

超塑性是指金属材料在受到拉伸应力时，显示出很大的伸长率而不产生缩颈与断裂现象的性能。通常，有色金属最大伸长率高于200%，可锻造的黑色金属最大伸长率高于100%，即可认为是实现了超塑性。实际上，有的超塑性材料其超塑伸长率可达到1 000%以上。也有人用应变速率敏感指数 m 值（或抗缩颈的能力）的大小来定义超塑性，在 $m \geqslant 0.3$ 时，可认为呈现出超塑性。超塑性成形的基本特点可以用大变形、无缩颈、小应力、易成形来描述。

超塑性可分为以下几种：

①组织超塑性或恒温超塑性，也称为微细晶粒超塑性或第一类超塑性。一般超塑性多属于此类，其特点是具有微细的等轴晶粒组织，在一定温度区间一定应变速率下呈现超塑性。

②相变超塑性或第二类超塑性，也称为转变超塑性或变态超塑性，指在一定的温度和外力载荷条件下，经多次循环相变或同素异构转变获得大断后伸长率。如 Fe－Ni 合金

Fe－Mn－C 合金的转变诱发塑性“TRIP”现象。

③其他超塑性或第三类超塑性，如短暂超塑性“电致超塑性”。超塑性成形是特种塑性成形工艺之一，常规条件下，很多材料因塑性较低或弹性回复严重，难以进行塑性成形，但在超塑性状态下，则很容易成形出形状复杂的零件，如采用超塑性板材气胀成形“等温锻造”超塑挤压及差温拉伸等工艺，它具有成形压力小、“模具寿命高”、可一次精密成形等优点，而且成形件质量好，尺寸稳定。

2. 超塑性成形工艺特点

(1)金属塑性大为提高。过去认为只能采用铸造成形而不能锻造成形的镍基合金，也可进行超塑性模锻成形，因而扩大了可锻金属的种类。

(2)金属的变形抗力很小。一般超塑性模锻的总压力只相当于普通模锻的几分之一到几十分之一，因此，可在吨位小的设备上模锻出较大的制件。

(3)加工精度高。超塑性成形加工可获得尺寸精密、形状复杂、晶粒组织均匀细小的薄壁制件，其力学性能均匀一致，机械加工余量小，甚至不须切削加工即可使用。因此，超塑性成形是实现少或无切削加工和精密成形的新途径。

3. 微观机理

在超塑性变形时，尽管金属具有超细晶粒组织，但流动应力很小，这与通常的晶粒度对变形抗力影响的概念相反，而且流动应力对应变速率很敏感；另外，超塑性变形时一些组织变化的典型特征也是一般塑性变形机理难以解释的。关于超塑性变形机理，目前还处于研究探讨阶段，无统一认识，超塑性变形机理相当复杂，除扩散蠕变机制和伴随扩散蠕变的晶界滑移机理等比较认可的机理外，还包括心部一表层积机理、晶粒转出机理、液相辅助机理等。不同条件下，各个机理起的作用也不一样。下面介绍几种比较认可的变形机理。

(1)扩散蠕变机制和伴随扩散蠕变的晶界滑移机理。

扩散蠕变又分为两种，Nabarro－Herring 蠕变(晶格扩散过程)和 Coble 蠕变(晶界扩散过程)。在拉应力作用下，晶体 *ABCD*(图 7.11)晶界上的势能发生变化，垂直于拉伸轴的晶界(*AB* 与 *CD*)处于高势能状态，平行于拉伸轴的晶界(*AC* 与 *BD*)处于低势能状态。因此导致空位由高势能的 *AB*、*CD* 界面向低势能的 *AC* 与 *BD* 界面移动。空位的移动引起原子的反向移动，从而引起晶粒沿拉伸方向伸长，垂直于拉伸方向缩短。而空位的扩散则一般是沿晶界进行的。伴随扩散蠕变的晶界滑移机理一般由 Ashby－Verrall 模型来解释(图 7.12)。此模型由一组二维的 4 个六方晶粒组成，在垂直方向作用着拉应力 σ，由初始状态 a 过渡到中间态 b，最后达到 c 态。从初始状态变形到中间状态的调节应变由体积扩散和晶界扩散两部分组成。晶界滑移而晶粒形状不变，但是整个晶粒群形状变了(0.55 真应变)。

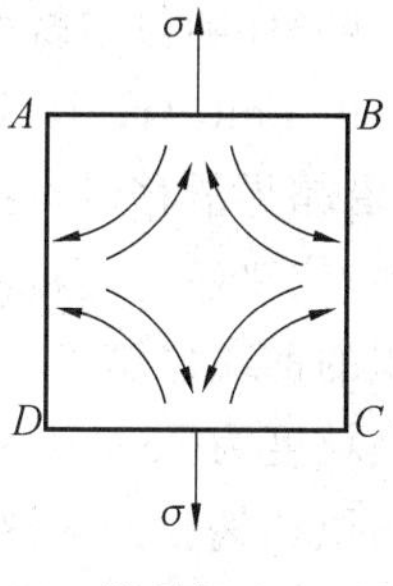

图 7.11　扩散蠕变机理模型

(2)位错蠕变机理。

Sherby 等指出，除了细晶超塑性外，一些晶粒粗大的合金也可具有超塑性，如 W－33Re，Al－5Mg 基合金及一些镁合金。Weertman 认为，恢复蠕变时，晶内发生多滑

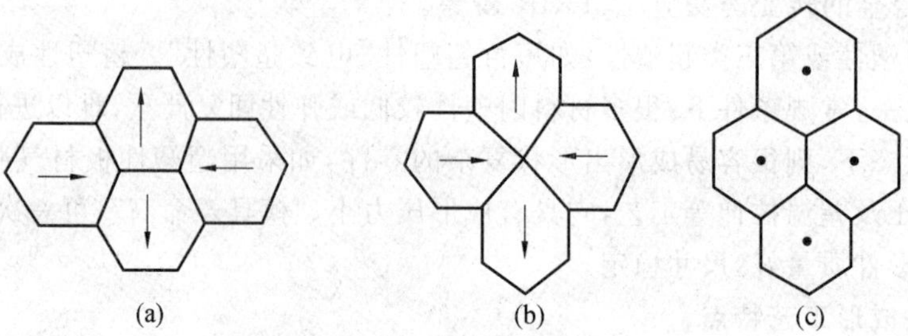

图 7.12　Ashby－Verrall 模型

移，从而产生 Roman 位错。晶内位错就会在晶内攀移，打开闭锁的 Frank－Read 源，位错不断产生，导致稳定流变。在这种变形机制下，位错运动的速率受沿位错的固溶原子的阻力影响。Weertman 给出了该变形机理的应变速率公式。发现粗晶 AZ31 镁合金（130 μm）在 648 K 下表现出超塑性，最大伸长率为 196％。在小应变范围内，位错蠕变起主导作用，而没有观察到晶界滑移。

$$\dot{\varepsilon}=\frac{0.33KTD_s\sigma^3}{G^4b^5e^2c} \tag{7.2}$$

式中　K——玻耳兹曼常数；

T——绝对温度；

D_s——合金中固溶原子扩散系数；

σ——应力；

G——剪切模量；

b——柏氏矢量的长度；

c——固溶度；

e——基体原子和固溶原子之间的原子尺寸的差别。

（3）伴随位错蠕变的晶界滑移机理。

由 Ball－Hutchison 模型可用来解释这一机理（图 7.13）。数个晶粒组成的两个晶粒群，沿晶界滑移时，遇到障碍晶粒，滑移被迫停止。受阻处应力集中导致障碍晶粒内位错开动，位错通过晶粒内部塞积在对面晶界上，产生应力集中。应力达到某个数值时，促使塞积的前端位错沿晶界攀移而消失，晶界滑动又再次发生。例如，Wu 等认为 AZ91 合金在晶粒度为 25～30 μm 时伴随位错蠕变的晶界滑移起主要作用。在高应变速率变形时，伴随位错蠕变的晶界滑移也有可能发生。Wei 等认为 11 μm 轧制态 AZ91 镁合金在高应变速率下变形时，主要变形机理是晶界滑移，原子扩散控制的位错蠕变是重要的辅助机制。

（4）晶粒群滑移机理（CGBS）。

一些学者提出，在变形过程中有些晶粒相对运动较小，而作为一个整体相对周围介质流动较大。晶粒群作为一个整体，共同进行晶界滑移。这就意味着可以把一个细晶群看作是一个粗大晶粒，晶界滑移就发生在这些粗晶晶界处。白秉哲认为晶粒群运动的条件是产生非等轴、非细晶或非均匀分布的组织。这种组织会造成应力的复杂分布——包括应力的大小及方向。这种复杂分布会增加晶粒群运动的可能性，这也颠覆了人们对传统细晶超塑性的观念。

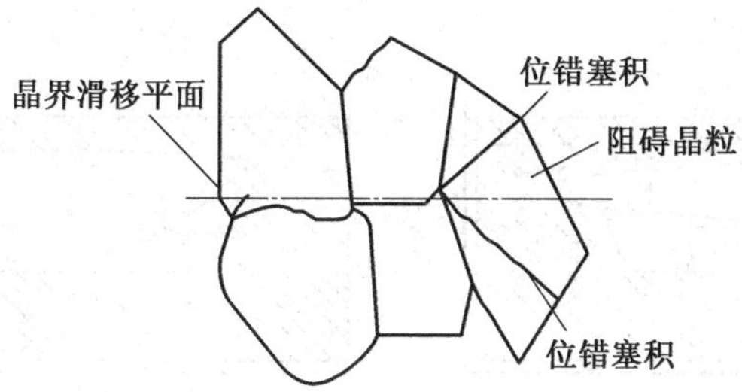

图 7.13 Ball－Hutchison 模型

(5)动态再结晶机理。

动态再结晶机理是超塑性变形中重要的辅助机制。它作为一种晶粒细化机制,对控制镁合金变形组织、改善超塑性成形能力、提高力学性能有十分重要的意义。许多学者独立提出了许多再结晶形核机制,包括晶界弓出、亚晶旋出及基于孪生的传统形核机制,以及常发生于高层错能金属中的连续动态再结晶、旋转动态再结晶等。研究 ZK60 镁合金动态再结晶机制发现,473 K 时,孪生在塑性变形中发挥重要作用,孪生及孪晶界附近高位错密度区的晶格旋转,是新晶粒形成的主要机制。523 K 变形时,非基面滑移被热激活,新晶粒在原始晶粒晶界附近的非基面 a 滑移区形核。523～723 K 下变形时,新晶粒通过原始晶粒晶界的局部迁移形核。

4. 工艺应用

目前比较常用的超塑性成形的工艺应用有薄板气压/真空成形、薄板模压成形、拉深成形、超塑性模锻成形、超塑性挤压成形、超塑性辊压成形、超塑成形/扩散焊接组合工艺、超塑成形/激光焊接组合工艺、超塑成形/黏结组合工艺和超塑性无模拉拔成形等。下面简要介绍几种。

(1)薄板气压/真空成形。

薄板气压/真空成形工艺过程分为四步:胀形开始、靠模胀形、细节成形以及脱模。第一步为自由胀形阶段,整个变形金属缓慢地在小压力下自由凸起,以获得均匀壁厚。第二步为初步成形阶段,已贴膜部分因摩擦而停止变形,以后的胀形将因此而出现壁厚不均。在这一阶段,成形件的大轮廓和大圆角已初步成形,最好用较小压力保压一段时间,使悬空部位逐渐贴膜,并形成小圆角。第三步为最终定形阶段,在这一阶段将对已贴膜部分进行校形,对细微的凹凸部分及小圆角进行最后精确贴靠,此阶段的变形量不大,可以给以较大的压力。最后一步为脱模出件。图 7.14 所示薄板气压/真空成形工艺过程图。

(2)拉深成形。

①径向辅助压力拉深。对凸缘上坯料法兰周边施加径向辅助压力,把材料推向中心,这时凸模的作用主要是引导材料流入凹模,拉深筒壁不全部承担成形力,故不易破裂。但径向辅助压力要用高压油施加,而且难以应用于高温状态,故该方法实用性差。图 7.15 所示为径向辅助压力拉深原理示意图。

②差温拉深。采用温度场控制,使凸缘上的坯料部分处于超塑性温度而发生超塑性变形;而与凸模接触部分的工件材料则由于冷却而强化,不发生变形。

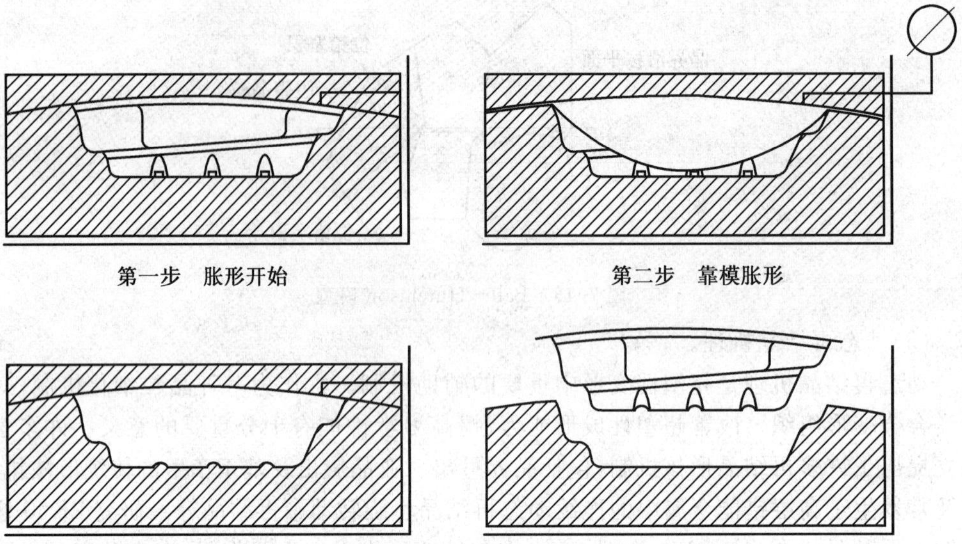

图 7.14　薄板气压/真空成形工艺过程图

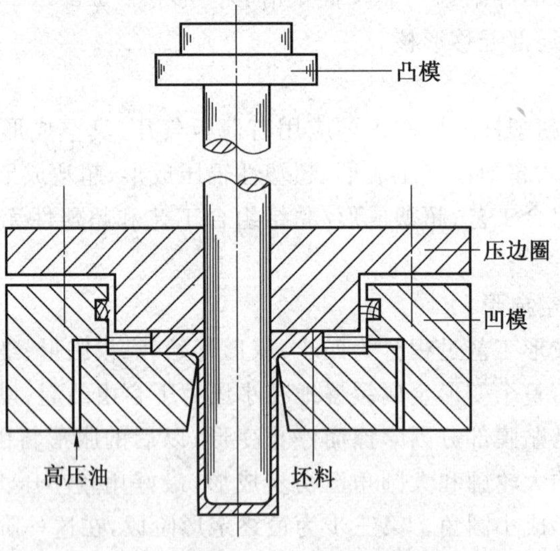

图 7.15　径向辅助压力拉深原理示意图

(3)超塑性模锻成形。

超塑性模锻是将模具和变形合金加热到同样温度的一种锻造工艺。具体工艺过程如下：首先将合金在接近正常再结晶温度下进行热变形以获得超细的晶粒组织；然后在超塑温度下，在预热的模具中模锻成所需的形状；最后对锻件进行热处理，以恢复合金的高强度状态。与普通模锻一样也可分为开式模锻与闭式模锻。

①开式模锻。

与普通模锻比较，模具基本结构相同，但需要增加与模具为一体的加热和保温装置。同时，由于应变速率要求在较低的范围内，不能采用锤和热模锻压力机，只能采用液压机。在成形方面，具有充模好，变形力低，组织性能好，变形道次少，弹复小的特点。用于铝、镁、钛合金的叶片、翼板等薄腹板带肋件或类似形状复杂零件的模锻。

②闭式模锻。

闭式模锻在模具结构上不设飞边槽，因而锻造时模腔内的压力就是静水压力，远高于开始模锻。这样模膛更容易充满，而且锻件无飞边，基本可以做到无屑加工，成形件的精度也高。但脱模困难，可用于难成形材料、形状复杂零件的成形。

(4)超塑性挤压成形。

超塑性挤压成形是将毛坯直接放入模具内一起加热到最佳的超塑性温度，保持恒温，以恒定的慢速加载、保压在封闭的模具中进行压缩成形的工艺。它是利用超塑性合金在变形中以极低变形抗力进行挤压成形，故所使用的模具简单，寿命高，对变形程度大的零件，可一次成形，省去中间退火工序，简化工序。

(5)超塑性辊压成形。

超塑性辊压成形是指装转动的工件在多对工作辊的压力作用下成形的工艺。图7.16是超塑性辊压成形工作原理图。工作辊沿工件的径向移动，使得复杂回转体零件的超塑性辊压成形成为可能。

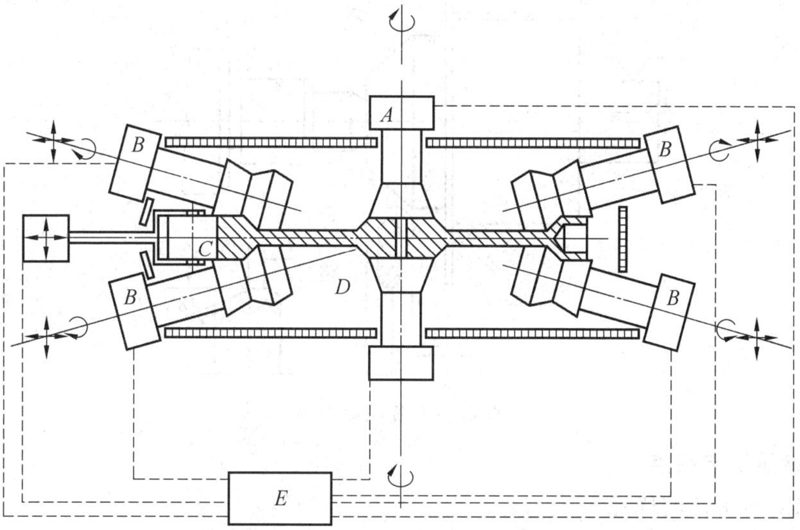

图 7.16 超塑性辊压成形工作原理图

A—上压头；B—旋辊；C—径向压头；D—下压头；E—控制系统

(6)超塑性无模拉拔成形。

超塑性无模拉拔成形是利用超塑性材料在超塑性状态下对温度的敏感性，只在被加工的棒料或管材外部加设感应加热圈，并在棒料或管材的两端施加载荷，当感应圈移动时，就会形成横截面周期变化，甚至非周期变化的棒料形状零件，或者是变壁厚的管件形状零件。这项加工技术不但设备简单，而且可以加工成形出用常规塑性加工技术难以成形的零件，如果把计算机程序控制应用于这一方面，发展前景非常广阔。

7.3.3 热旋压成形

1. 热旋压工艺简介

旋压是一种特殊的成形工艺,它的基本原理相似于古代的制陶生产技术。旋压成形的零件一般为回转体筒形件或碟形件,旋压件毛坯通常为厚壁筒形件或圆形板料。利用旋压工具(旋轮或擀棒)和芯模使毛坯边旋转边成形,生产金属空心回转体件的一种回转成形,如图 7.17 所示。旋压按加工温度分为冷旋压和热旋压。冷旋压多用于低强度高塑性合金的旋压成形。热旋压变形可以减少金属旋压的变形抗力,提高旋压性能,扩大旋压机的加工能力,尤其是对于难熔金属或粉末烧结的坯料,均需要热旋压成形。一方面部分高熔点金属凭借其优异的材料性能广泛地应用于航天、航空、兵器装置以及宝石冶炼、LED 照明等高新技术行业;另一方面因材料加工要求及条件限制以及国内部分旋压设备能力不足,冷旋压已经不能完全满足其发展需要,所以对热旋压的应用及工艺装置的推广具有重要意义。

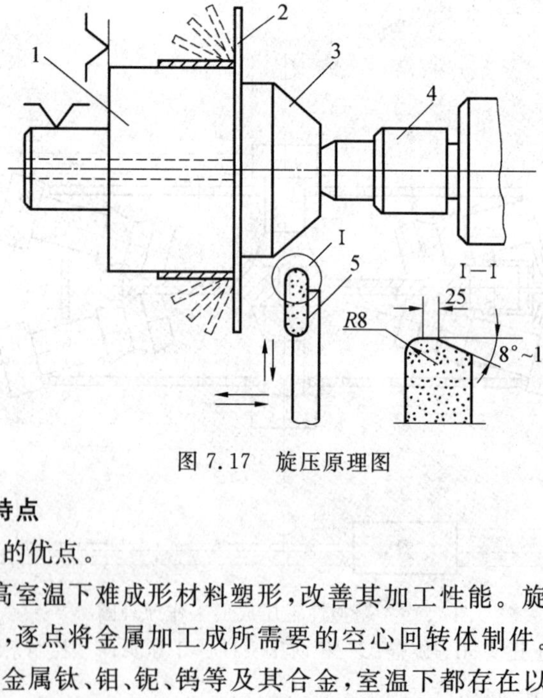

图 7.17　旋压原理图

2. 热旋压工艺特点

(1)热旋压工艺的优点。

①热旋压可提高室温下难成形材料塑形,改善其加工性能。旋压是利用材料的可塑性,在旋轮的压力下,逐点将金属加工成所需要的空心回转体制件。但室温塑形差,加工硬化指数高,难成形金属钛、钼、铌、钨等及其合金,室温下都存在以下特点:a. 屈服比高;b. 弹性模量低,回弹严重;c. 材料弯曲能力差;d. 受压时稳定性差,容易失稳及起皱。以上几个原因导致其冷旋压及难加工,但材料加热后塑形明显提升,利于旋压成形。如 TA15 变形温度低于 600 ℃时。TA15 钛合金以加工硬化为主,材料塑性低,600 ℃以上材料发生明显动态回复和再结晶,材料塑形明显改善。

②因旋压设备功率有限,在加工大厚壁毛坯时,利用热旋压可降低材料变形抗力,降低旋压力及变形功率,更有效地使用现有设备。如北京金属研究院采用热旋压方法已成功在原设计加工功能为 75 mm 的旋压机上完成 90 mm 的 LG1 离心胚项目。

③加热温度是某些零件局部成形的工艺要素之一。瓶体封合时,筒胚易出现变形失

稳的起皱现象，随着瓶口逐渐成形，褶皱被卷入中心，影响封合效果。适当提高旋压温度及调整纵向进给量，可消除失稳、起皱、卷曲现象。

④热旋压可明显提高其零部件表面质量。在冷旋某铝合金零部件壳体加工中，外表面出现大量表皮鳞刺、起皮现象，达不到图定要求，通过改热旋压工艺加热温度 350 ℃后外表面质量明显改观。图 7.18 所示分别为冷、热旋压外表面粗糙度对比。

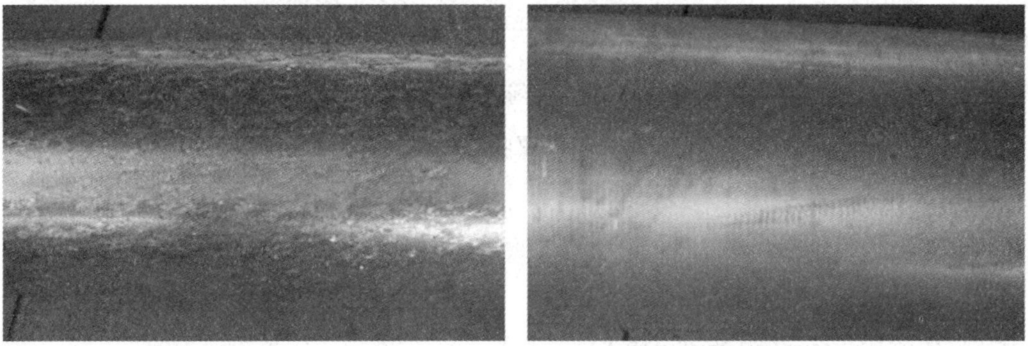

(a) 冷旋后产品表面鳞刺、起皮现象　　(b) 热旋压后零件表面

图 7.18　冷、热旋压外表面粗糙度对比

(2)热旋压工艺的缺点。

①对于高强度低塑性合金，热旋压易出现堆积起皮，堆积严重可导致出现裂纹。

②离心铸坯作为旋压材料，无论是热旋压还是冷旋压，其道次减薄率要逐渐增大。热旋压时，如果加热温度过高而产生过烧，将会裂成碎片。钛合金热开坯旋压时，在晶粒粗大、坯壁偏厚、道次变薄率及温度略低时，易出现内表微裂纹。

③拉深旋压时，旋轮与坯料的接触有相对的滑动，引起接触摩擦升温，在压力作用下，旋轮与坯料接触的切点产生热扩散焊接的黏结现象。黏结可导致工件出现鱼鳞和刨槽现象，降低产品的表面质量。热旋时，必须进行充分的润滑。

④筒形件加热变薄旋压时，如果温度过高，旋轮进给率偏小，可出现不同失稳鼓包现象。铝筒加热旋压温度偏高，轴向进给率过小导致鼓包出现。热旋薄壁钛合金壳体时，如果温度偏高，扩径量较大，易出现失稳鼓包现象。

⑤铝合金瓶体热旋收口过程中，筒坯较薄，温度偏高，可导致筒体变形失稳，形成皱折或波纹。

(3)热旋压存在的问题。

①用火焰加热，控制温度较难，完全依靠操作工人的经验，同时测定温度也无较好方法，目前只有旋压后观察颜色比较，准确度不高。

②旋压操作为半机械手工作业，需加热工和旋压工密切配合，要求工人技术水平高，劳动强度较大，工作环境较差，也较易出现废品。

③由于在旋压中加热，必然会给机床带来不良的影响，如机床主轴、油箱受热工作不正常，迫使停止操作，待降温后再进行操作。

3. 热旋压应用

旋压工艺作为塑性加工的一个重要分支，具有柔性好、成本低等优点，适合加工多种金属材料，是一种经济、快速成形薄壁回转体零件的方法。不仅在兵器、航空、航天、民用等金属精密加工技术领域占有重要地位，而且在化工、机械制造、电子及轻工业等领域也得到了广泛应用。旋压产品形状各式各样，通过旋压可完成成形、缩径、收口、封底、翻边、卷边、压筋等各种工作。旋压产品广泛应用于各行各业。军用领域如导弹壳体、封头、喷管、头罩、雷达舱、炮管、鱼雷外壳等，飞机副油箱、头罩、发动机机匣等；民用领域如冶金行业各种管材、汽车轮毂、带轮、齿轮等，化工行业的化肥罐、储气罐、高压容器等；轻工产品中的洗衣机零件、灭火器零件、乐器、灯罩、压力锅、各种气瓶等；还有通信行业的雷达屏、阴极管、阴极辊等。热旋主要用于旋压一些常温塑性差的难熔金属，如钛、钨、钼等金属及合金。此外，有些特种旋压工艺，如上述气瓶收口、封底等必须在加热下进行。

7.3.4 粉末成形

1. 粉末成形简介

粉末成形是使金属粉末体密实成具有一定形状、尺寸、密度和强度的坯块的工艺过程。它是粉末冶金工艺的基本工序之一。

粉末成形前一般要将金属粉末进行粉末预处理以符合成形的要求。混料时，一般须加入一定量的粉末成形添加剂。

粉末成形分粉末压制成形和粉末特殊成形两大类。粉末压制成形又称粉末模压成形，简称压制，它是粉末冶金生产中最早采用的成形方法。18 世纪末和 19 世纪初，俄国和英国就用钢模压制制造铂制品。随后，粉末压制成形方法逐渐完善，用来压制各种含油轴承、粉末冶金减摩制品、粉末冶金机械结构零件等的压坯。20 世纪 30 年代以来，粉末压制成形得到更大发展，压力机和模具设计等方面不断改进，能压制形状复杂零件，机械化和自动化程度更高。粉末特殊成形用于对坯块的形状、尺寸和密度等方面有特殊要求的场合。相继出现的有粉末冷等静压成形、粉末轧制成形、粉末挤压成形、粉浆浇注和粉末爆炸成形等。20 世纪 70 年代出现粉末喷射成形，20 世纪 80 年代出现金属粉末注射成形，粉末注射成形在美国、日本发展非常迅速，它可以生产高精度、不规则形状制品和薄壁零件。

2. 工艺特点

(1)可避免或者减少偏析、机加工量大等缺点。用粉末冶金法生产零件制品时，金属的总损耗只有 1%～5%。

(2)材料某些独特的性能或者显微组织也只能用粉末冶金方法来实现。例如，多孔材料、氧化物弥散强化合金、硬质合金等。另外，这种方法也有可能用来制取高纯度的材料而不给材料带来污染。

(3)一些活性金属、高熔点金属制品用其他工艺成形是十分困难的，这些材料在普通工艺过程中，随着温度的升高，材料的显微组织及结构受到明显的损害，而粉末冶金工艺却可避免。

(4)由于粉末成形所需用的模具加工制作比较困难，较为昂贵，因此粉末冶金方法的经济效益往往只有在大规模生产时才能表现出来。

(5)粉末冶金工艺的不足之处是粉末成本较高，制品的大小和形状受到限制，烧结件的抗冲击性较差等。

3. 工艺应用

从普通机械制造到精密仪器，从五金工具到大型机械，从电子工业到电机制造，从采矿到化工，从民用工业到军事工业，从一般技术到尖端高科技，几乎没有一个工业部门不在使用着粉末冶金材料或制品。金属粉末和粉末冶金材料、制品在工业部门的应用举例见表7.1。

表7.1 金属粉末和粉末冶金材料、制品的应用

工业部门	金属粉末冶金材料、制品应用举例
机械加工	硬质合金，金属陶瓷，粉末高速钢
汽车、拖拉机、机床制造	机械零件，摩擦材料，多孔含油轴承，过滤器
电机制造	多孔含油轴承，铜一石墨电刷
精密仪器	仪表零件，软磁材料，硬磁材料
电气和电子工业	电触头材料，电真空电极材料，磁性材料
计算机工业	记忆元件
化学、石油工业	过滤器，防腐零件，催化剂
军工	穿甲弹头，军械零件，高比重合金
航空	摩擦片，过滤器，防冻用多孔材料，粉末超合金
航天和火箭	发汗材料，难熔金属及合金，纤维强化材料
原子能工程	核燃料元件，反应堆结构材料，控制材料

用粉末冶金法大量生产机械零件时，生产效率高、能耗低、材料省、价格低廉。其经济效益对比见表7.2。

表7.2 用粉末冶金法制造机械零件与仪表零件的经济效益对比

零件名称	1 t零件的金属消耗量		相对劳动量		1 000个零件的相对成本	
	机械加工	粉末冶金	机械加工	粉末冶金	机械加工	粉末冶金
油泵齿轮	1.80～1.90	1.05～1.10	1.0	0.30	1.0	0.50
钛制坚固螺母	1.85～1.95	1.10～1.12	1.0	0.50	1.0	0.50
黄铜制轴承保持架	1.75～1.85	1.15～1.13	1.0	0.45	1.0	0.35
飞机导线用铝合金固定夹	1.85～1.95	1.05～1.09	1.0	0.35	1.0	0.40

7.3.5 电磁成形

1. 电磁成形简介

电磁成形，指利用磁力使金属成形的工艺。此种工艺用于管形、筒形件的胀形、收缩以及平板金属的拉深、成形等，常用于普通冲压不易加工的零件。电磁成形技术始创于20世纪50年代末，在60～70年代得到了快速发展，80年代在美国、苏联电磁成形机已标准化、系列化。在国内，20世纪70年代末期，哈尔滨工业大学开始研究电磁成形的基本理论及工艺，并于1986年成功研制了我国首台生产用电磁成形机。电磁成形工艺是利用金属材料在交变电磁场感生产生电流（涡流），而感生电流受到电磁场的作用力，在电磁力的作用下坯料发生高速运动而与单面凹模贴模产生塑性变形。实际生产中是利用高压电容器瞬间放电产生强电磁场，坯料因而可以获得很大的磁场力和很高的速度。电磁成形工艺适用于薄壁板材的成形、不同管材间的快速连接、管板连接等加工过程，是一种高速成形工艺。电磁成形涉及电学、电磁学、电动力学和塑性动力学等学科的内容，由于电学、电磁学、电动力学的复杂性和塑性动力学本身的不完善，特别是由于电磁成形过程中电学过程和力学过程的交互影响，使电磁成形的理论研究复杂而困难，应用解析法来精确求解该过程几乎是不可能的。而随着有限元理论的日趋完善，使用有限元软件来模拟电磁成形过程中的电参数、力学参数、变形过程已成为诸多方法中的首选。电磁力计算是分析电磁成形变形过程、优化力能及工艺参数的基础。

2. 电磁成形原理

电磁成形的理论基础是物理学中的电磁感应定律。由定律可知变化的电场周围产生变化的磁场，而随时间变化的磁场在其周围空间激发涡旋电场，所以当有导体处于此电场中时就会产生感应电流、涡流在电磁成形过程中，磁场力是工件成形的动力。图 7.19 所示为电磁成形的物理学原理图。

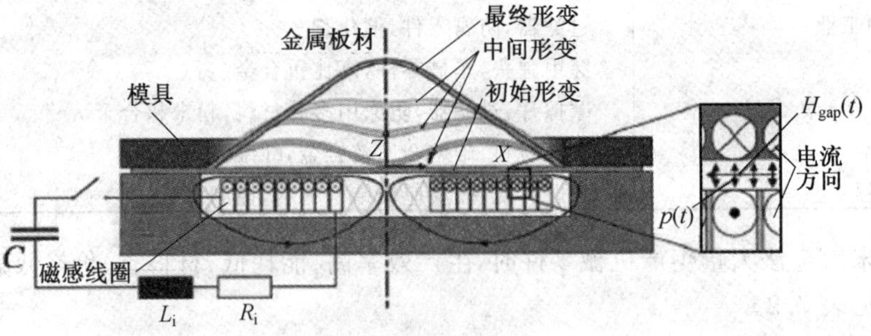

图 7.19　金属板材成形示意图

C—电容；L_i—电感；R_i—电阻；$H_{gap}(t)$—磁场强度随时间变化；$p(t)$—随时间变化金属板材受到的压力

图 7.19 中所示的是密绕线圈和平板型坯料的截面。图中密绕线圈通过导线与储能电容器相接。首先将电能储存在高压电容器中。当高压开关闭合时，电容器向线圈中快速放电（微秒级）从而在回路中产生急剧变化的电流。依据电磁感应定律可知，圆线圈周围将产生变化的磁场。随着电容器的不断充放电，在圆线圈周围将产生变化的脉冲磁场，当脉冲磁场穿过工件时就会在金属工件中产生感应电流。依据电磁学知识可知，带电的金属工件处于急剧变化的磁场中就会受到磁场力的作用，在磁场力的作用下 金属工件将发生相应的塑性变形，达到成形金属零件的目的。

3. 电磁成形应用

对于管材的加工还可以细分为内向压缩成形加工和外向胀形成形加工。当工件处于线圈的内部、模具的外部时，工件将在电磁力的作用下向内压缩，此方法可用于管材的缩颈等的加工。与此相反，当工件处于线圈的外部、模具的内部时，工件则发生外向的胀形。该方法常用于管材的胀形、翻边等的加工。图 7.20 所示为哈尔滨工业大学所做的复杂铝制管材的翻边成形试验结果图。

板材的电磁成形示意图如图 7.21 所示。对于金属板材的平面成形加工，由于受设备

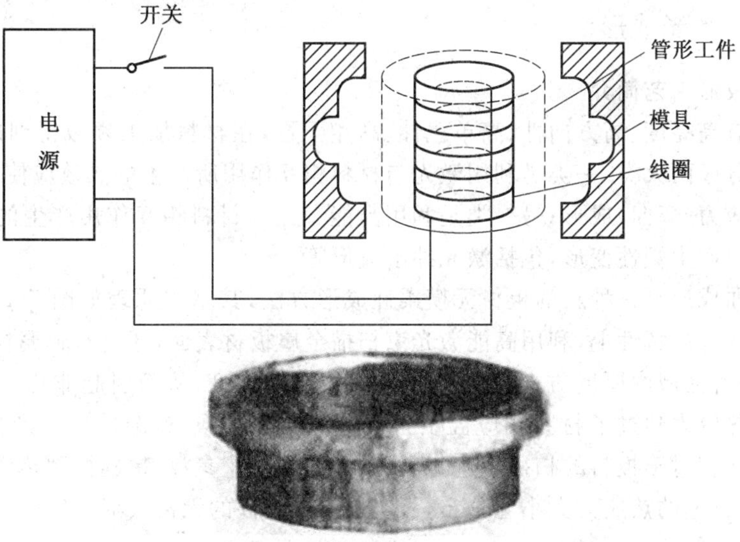

图 7.20 铝制管材的翻边成形

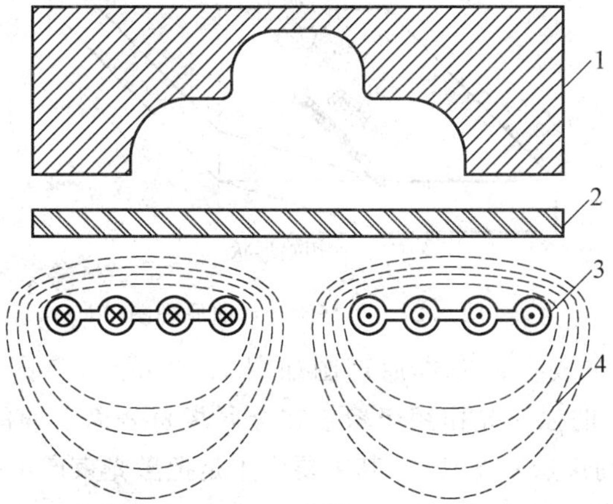

图 7.21 板材的电磁成形示意图
1—模具；2—工件；3—线圈；4—磁力线

能量的限制，对板材有一定的要求，如材料的导电率、厚度等。该方法还可以实现板件的连续加工，使设备加工呈现出柔性。

电磁成形还可用于焊接、装配、冲裁、精压和粉末压实等加工过程中，还可以与其他工艺相结合，组成复合型工艺。如由美国俄亥俄州立大学以及以色列的公司合作研究的试验样品——汽车车门铝合金的复合冲压成形件，外观和强度可基本达到使用要求。它以物理学中的电磁感应定律为理论基础，以电磁成形机为技术实施的物质条件，以独特的加工工艺为技术实施提供方法指导。

7.3.6 激光成形

1. 激光成形工艺简介

激光具有高亮度、高方向性、高单色性、高相干性，在材料加工领域得到广泛的应用。激光成形可分成两大类：一类是利用激光与材料相互作用所产生的热效应使板料成形，称为激光的热应力（弯曲）成形；另一类是利用高能激光和材料相互作用产生的冲击波的力效应来使板料产生塑性变形，包括激光冲击成形等。

激光弯曲成形是一种新的板材无模柔性成形方法，其基本原理如图 7.22 所示：在基于材料的热胀冷缩特性上，利用高能激光束扫描金属板材表面，通过对金属板材表面的不均匀加热，照射区域内厚度方向上会产生强烈的温度梯度，从而引起非均匀分布的热应力。当这一热应力超过了材料相应温度条件下的屈服极限，就会使板材产生弯曲变形。通过改变激光相对于板料的扫描轨迹，优化激光加工工艺参数，精确控制热作用区内的温度分布，获得合理的热应力大小与分布，可实现不同零件的无模成形。

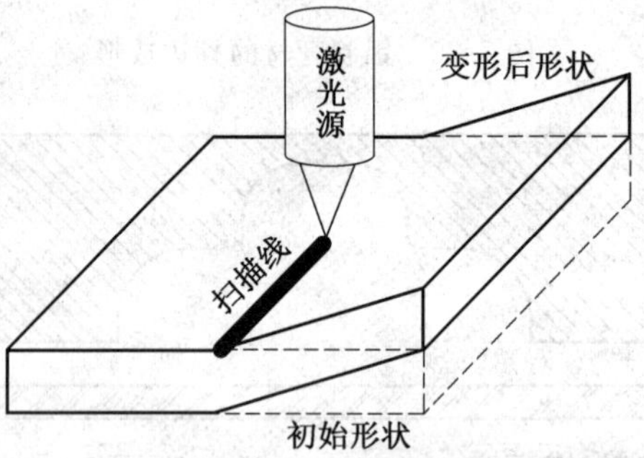

图 7.22 板材激光弯曲原理图

金属板料激光冲击成形的基本原理图如图 7.23 所示，将高功率密度（10^9 W/cm^2 级）、短脉冲（10^{-9} s 级）的强激光作用于覆盖在金属板材表面上的能量转换体，能量转换体兼有能量吸收层和约束层双重功能，其主要作用是把激光束产生的热能转成机械能（冲击波压力），并提高激光能量的利用率，保护工件表面不受激光的热损伤。转换体和金属板料相接触一侧的薄层因吸收能量而汽化，汽化后的蒸汽急剧吸收激光能量形成等离子

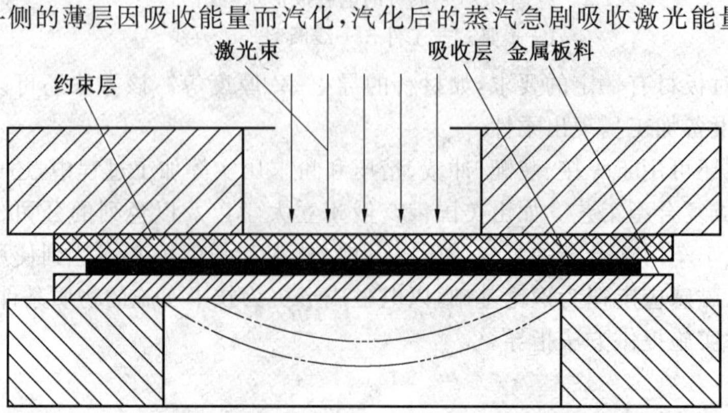

图 7.23 金属板料激光冲击成形的基本原理图

体而爆炸，爆炸时形成一动量脉冲，产生向金属成形方向的应力波，板料在这种应力波的作用下产生塑性变形。通过选择激光脉冲能量、冲击轨迹和脉冲次数，在数控系统控制下，可实现板料的局部或大面积成形。激光冲击是一种集板料成形和强化于一体的复合工艺。

由于激光成形对激光束的模式无特定要求，因此，目前市场上用于切割、焊接等的常规激光加工机（如 CO_2、准分子、Nd：YAG 激光器）均可用于激光成形。根据工件成形的要求不同，可选择二轴、三轴或五轴激光加工机，以获得任意的激光扫描轨迹。如果作为专用的激光成形设备，还应当具有冷却装置、形状检测装置及红外测温仪等，如图 7.24、7.25 所示。

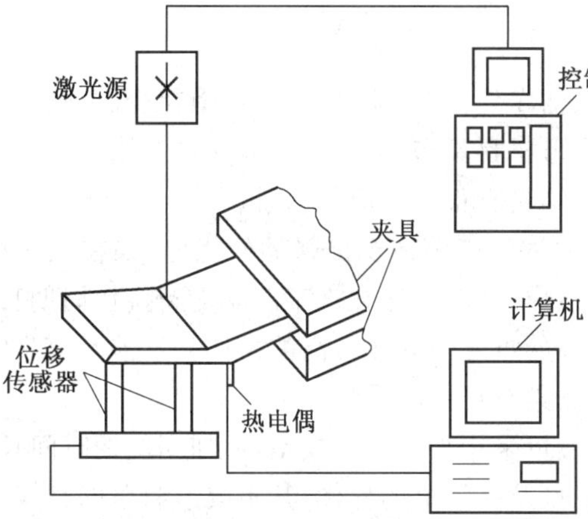

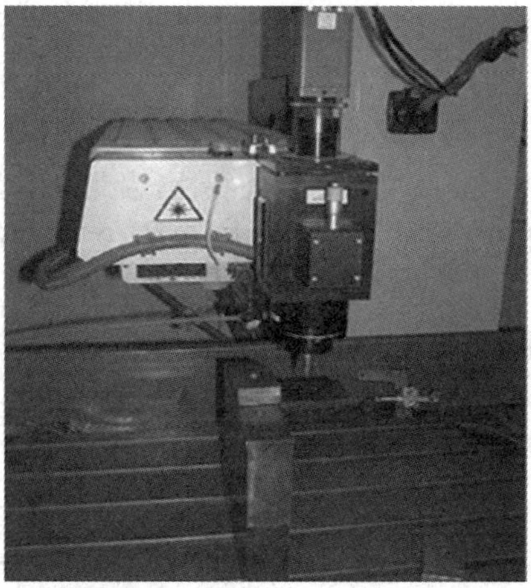

图 7.24 激光弯曲成形的装置示意图

图 7.25 重复频率千兆瓦钕玻璃激光冲击成形装置

2. 工艺特点

激光成形工艺利用激光具有相干性和方向性好、能量集中及控制方便等一系列优点，在材料加工领域得到广泛的应用，与传统成形工艺相比，激光成形工艺有如下优点：

(1)工艺装备简单，属于无模或半模成形，生产周期短，工艺范围广，柔性大，特别适用于大型单件及小批量产品的加工。

(2)可对多种金属、非金属加工，特别是加工高硬度、高脆性、高熔点的难变形材料，例如陶瓷和钛合金。

(3)属于非接触式成形，加工过程中无外载荷作用，避免了成形过程中对材料性能产生的不利影响。

(4)由于激光束具有良好的方向性和相干性，随着光纤传输等相关技术的发展，使得激光成形工艺可以应用于受加工环境或工件尺寸限制、传统工具难以触及的部位进行加工。

(5)激光束易于导向，聚焦后可实现各方向变换，可以实现柔性加工，加工过程易于控制和实现自动化。

(6)激光束能量密度高，加工速度快，加工生产效率高，加工质量稳定可靠，节约能源，整个激光加工过程清洁无污染，是一种绿色环保的加工技术。

3. 工艺应用

激光成形具有高精密、高质量、非接触性、洁净无污染、无噪音、材料消耗少、参数精密控制和高度自动化等特性，因此对室温下难变形材料具有独特的优势，在汽车制造、航天、航空、造船、电子、化工、包装、医疗设备等行业均具有很好的应用前景。

激光弯曲成形技术在单件生产或者是小批量生产中体现出强劲的优势，如在汽车行业，传统生产中车身模具结构复杂，设计和制造周期较长，导致汽车产品更新换代周期长，无法适应激烈的市场竞争。激光成形具有良好的重复性和非常高的柔性且不涉及模具问题，提高了生产效率，在样车制造上比传统方法具有更大的优势。

钛合金在室温下塑性差，冷成形困难，虽然可采用加热成形技术，但加工周期时间长、成本高。目前我国主要用钛合金成形飞机、卫星及火箭上的零件，其中成形简单的直线折弯件及平板曲线弯边件所占比重较大。由于批量小，采用原来的加热成形技术需要制作大量的耐高温模具，且零件的成形尺寸受到加热炉的限制。为了降低成本、简化工艺条件、缩短零件制作周期、加快新型号产品的研制，将激光成形技术用于钛合金板材成形，加工飞机上的各种隔板、型材、支架等，可以充分发挥该技术的独特优势，在航空航天领域新品的研制中发挥重要作用。

在船舶制造工业中，船体的外板一般用中厚钢板经弯曲成形制成，通常采用胎具热压法或水火弯板法加工。胎具热压法要制备专用的胎具，生产成本较高。水火弯板法多用于加工复杂形状的曲面板，通常用氧乙炔焰作为热源，这种热源的稳定性差，其功率和能量分布难以精确控制。激光功率稳定，其光斑中能量分布规律可循，是一种理想的可精确控制的局部加热热源。已经有人设想应用激光弯曲技术来实现船体外板的曲面成形，把工人从复杂艰苦而且凭手工经验的工作环境中解放出来，提高生产效率，从而达到缩短造船周期，降低造船成本的目的。

另外，因激光成形工艺对激光束模式无特殊要求，易于实现成形、切割、焊接等激光加工工序的复合化，还可以将激光成形与模具成形复合化，达到简化模具的目的。

7.3.7 爆炸成形

1. 爆炸成形工艺简介

爆炸成形是利用爆炸物质在爆炸瞬间释放出巨大的化学能对金属坯料进行加工的高

能率成形方法。爆炸是能量在极短时间内的快速释放。爆炸包括物理爆炸、化学爆炸和核爆炸。金属粉末爆炸成形属于非钢模成形法，它利用炸药爆炸时产生的瞬间冲击波的高温、高压，作用于金属粉末中，使颗粒间距离缩短。

爆炸成形由于在瞬间完成，所以组成相之间几乎没有扩散，而且晶粒来不及长大。爆炸成形能够压出相对密度极高的压坯。

金属粉末爆炸成形工艺具有高温、高压、瞬间作用的特点，炸药爆炸后在极短的时间内（几微秒）产生的冲击压力可达 106 MPa，这样大的压力可直接用于压制超硬粉末材料和生产一般压力机无法压制的大型预成型件。

2. 成形原理

爆炸成形时，爆炸物质的化学能在极短的时间内转化成为周围介质的高压冲击波，并以巨大的化学能在极短的时间内转化为周围介质的高压冲击波，并以脉冲波的形式作用于毛坯，使其产生塑性变形。冲击波对毛坯的作用时间一般为微秒级，仅占毛坯变形时间的一小部分。这种高速变形使爆炸成形的机理及过程与常规冲压加工有根本性的差别。爆炸成形是复杂的高速变形运动过程，包含炸药、传压介质及其容器、毛坯、模具之间相互牵连运动，以及考虑惯性力和波动等力学的因素。

爆炸成形时，能量传播有两种方式，即通过介质传递和直接作用于金属。

常用传压介质有空气、水和砂等。用空气做介质时，工艺简单，不需要特殊的装置，成本较低，但空气传压效率低，噪声和振动大，爆炸物飞散对周围环境有不良影响，而且易损伤毛坯的表面，因此应用较少。以水作为介质时，因其压缩性比空气小，这样水本身所消耗的变形能很少，传压效率较高，炸药需要量也可大幅度减少，又能保护毛坯表面不受损伤，水的价格较低，供应方便，生产中应用较多。在用水作为传压介质有困难时，也可用砂作为传压介质，砂与毛坯之间的摩擦较大，在某些零件的成形上可以起到克服起皱的作用，但这时所需的炸药量比用水时大几倍。

直接作用于金属的形式仅用于化学炸药。当炸药对着金属表面爆炸时，波前通过未爆炸炸药到达金属表面，然后高压冲击波部分反射到爆炸物介质，部分通过金属传递。在金属内的情形与在传递介质中情形是类似的，金属在波运动的方向上压凹并在冲击波后经受严重的压缩，高压力波是以瞬变压力波的形式传递的。金属内部的激波将导致金属变形，传播速度决定于材料的性能和形状。

3. 成形特点

一般情况下，爆炸成形无需冲压设备，既节省了设备费用，也使生产条件得到简化。爆炸成形属于软凹模成形性质，不需要对刚性凹模和凸模同时对毛坯施加压力，而是用空气或是水等传压介质代替刚性凸模的作用。

适用大型零件成形，用常规的成形方法加工大型零件时，需要大型模具及大台面的专用设备。而爆炸成形不需要专用设备，且模具及工装制造简单，操作简单，周期短，成本低。因此，爆炸成形特别适用于大型零件的成形，形状可较复杂。

4. 应用领域

爆炸成形适用于各种零件的成形。介质中爆炸成形主要用于板和管的成形、压印及翻边等。直接作用于金属的爆炸成形主要用于小的胀形、挤压、焊接、粉末压实及表面强化等。可以用于多种成形工艺的爆炸成形是解决大型零件成形问题的一个有效途径。

(1)钣金零件的成形和校形。

爆炸拉深装置示意图如图 7.26 所示。毛坯 6 放在凹模 8 上,然后用压边圈 4 压紧,3 是装水的水筒。在水筒中注水至一定高度,然后将炸药包 2 放在距毛坯适当距离的位置上。在多数的情况下,应当将凹模的空气通过真空管道 9 抽走,以避免在毛坯向凹模高速运动时,模腔里空气迅速升压,使毛坯不能完全贴膜,甚至引起破损。

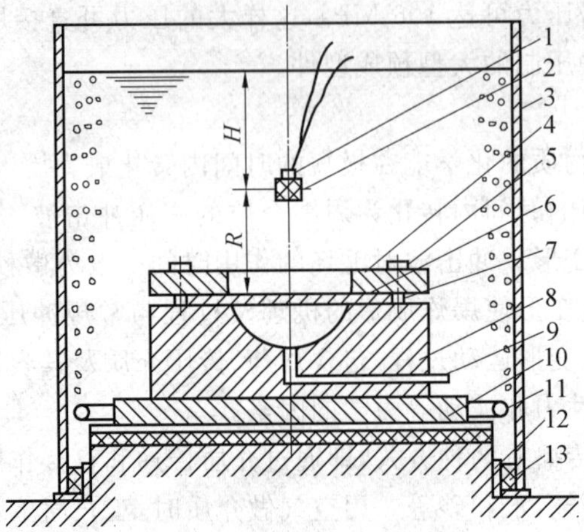

图 7.26　爆炸拉深装置示意图

1—电雷管;2—炸药包;3—水筒;4—压边圈;5—螺栓;6—毛坯;7—密封圈;8—凹模;9—真空管道;10—缓冲装置;11—压缩空气管路;12—垫环;13—密封圈

(2)爆炸硬化。

有些金属在炸药的高压作用下可以显著地提高其表层硬度。利用这一现象可以提高金属部件的使用寿命,如高锰钢铁路道岔,推土机、拖拉机或坦克的履带等。

爆炸硬化是把一层炸药敷在需要硬化的部位,炸药与金属之间有时放一层薄橡皮或其他物质缓冲层。

(3)爆炸焊接。

爆炸焊接是指利用炸药爆炸所产生的巨大压力使两种金属间形成牢固的连接,又称爆炸复合。这方面主要用于双层金属和多层金属板之间的制造。爆炸焊接装配图如图 7.27 所示。

(4)爆炸粉末压实。

爆炸粉末压实利用炸药爆炸所产生的冲击压力将金属粉末压实。利用爆炸进行粉末压实主要有两个用途:一是在不改变粉末物理性能的情况下获得高密度;二是实现成形与连接的复合。

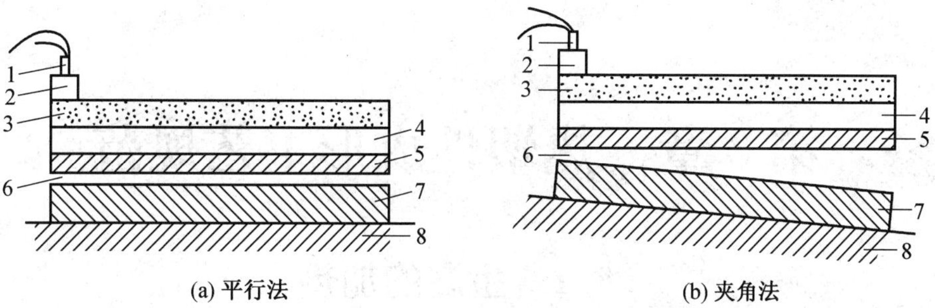

图 7.27 爆炸焊接装配图

1—雷管；2—附加药包；3—炸药；4—缓冲层；5—复板；6—间距；7—基层金属；8—基座

第 8 章 热塑性成形工艺规范

8.1 金属的加热

8.1.1 金属加热的目的及要求

金属的加热是金属热塑性成形工艺的条件之一，与金属热塑性成形过程以及热塑性成形件质量的好坏有着密切的联系。金属热塑性成形前，要将金属坯料加热到再结晶温度以上，以便在热塑性成形过程中形成的加工硬化及时得到消除以及通过再结晶形成均匀细小的晶粒。因此，正确制定金属热塑性成形前的加热规范是保证金属热塑性成形过程顺利进行和得到优质热成形件的重要环节之一。

1. 金属加热的目的

金属热塑性成形前对金属坯料进行加热是一个重要的工序之一。其目的是：

(1)提高金属的塑性，降低金属的变形抗力，以利于热成形件的成形。金属在冷的状态下可塑性很低，为了改善金属的热加工条件，必须提高金属的塑性。一般来说，金属的热加工温度越高，可塑性越好。

(2)使金属锭或坯料内外温度均匀，避免温度应力。由于金属内外的温度差，使其内部产生应力，应力会造成热成形件的废品或缺陷。通过均热使断面上温差缩小，可避免出现危险的温度应力。

(3)消除加工硬化，使热成形件获得良好的内部组织和力学性能。金属在塑性成形过程中，组织结构会发生改变，处于加工硬化状态，将金属坯料加热到再结晶温度以上进行塑性成形，使金属内部同时进行着加工硬化和回复再结晶软化两个相反的过程。此外，金属在再结晶过程中会形成均匀细小的晶粒，从而使热成形件获得良好的内部组织和力学性能。

2. 金属加热的要求

对金属坯料加热的要求：

(1)在金属材料所允许的导热性与内应力的条件下，以最快的速度加热到预定的温度，以提高加热效率，节约能源。

(2)应尽可能减少加热金属吸收有害气体如氧、氮、氢等气体，减少氧化、脱碳或氢脆等缺陷，提高加热质量。

(3)在低温加热阶段，要防止因加热不当而使金属截面的外层与心部产生过大的温差，以致造成温度应力和组织应力的叠加，从而引起材料的破裂。

(4)准确实施给定的加热温度、加热速度和保温时间等加热规范，防止产生过热、过烧等缺陷。

8.1.2 金属加热的物理过程

金属材料在加热时，其热量的来源为：

(1)热交换。传热的进行，主要依靠工件四周气体或液体质点的相对移动将受热质点传递给较冷的金属表面进行加热，如一般加热炉加热。

(2)工件自身作为发热体，把其他形式的能量转变为热能而使工件加热，如直接通电加热、感应加热、离子轰击加热等。

金属工件在加热的物理过程中，热源通过传导、对流及辐射三种基本传热方式把热量传递给工件表面。下面对这三种传热方式分别进行介绍。

1. 传导传热

传导传热是指温度不同的接触物体间或同一物体中各部分之间的热能传递过程。其热量的传递不依靠传热物质的定向宏观移动，而仅靠传热物质质点间的相互碰撞传递热能。其宏观上表现为热量从高温部分传递至低温部分，工件内部只能靠传导方式进行传热。

热传导过程的强弱以单位时间内通过单位等温面的热量即热流密度 q 表示。在单位时间内所传导的热流密度与温度梯度成正比，热流朝向温度降低的方向，即

$$q=-\lambda \frac{\mathrm{d}t}{\mathrm{d}x} \tag{8.1}$$

式中 负号——热流方向和温度梯度方向相反；

λ——热传导系数，其数值取决于物质内部结构和所处状态，金属具有较高的 λ 值，合金元素及碳含量一般降低传热系数，金属的 λ 值随温度升高而降低。

2. 对流传热

对流传热是依靠发热体与工件之间流体(气体或液体)的流动进行热量传递的过程。流体质点在发热体表面靠热传导获得热量，然后流动到工件表面将热量热传导给工件表面。若流体内各部分之间存在温度差，相对运动的粒子在相遇时也要发生热量交换过程。对流传热的结果，使热量从温度较高的一方(发热体)传给较低的一方(工件)。

对流传热时，加热介质传递给工件表面的热量符合如下关系：

$$Q_c=\alpha_c A(t_{介}-t_{工}) \tag{8.2}$$

式中 Q_c——单位时间内加热介质传递给工件表面的能量，W；

A——热交换面积，m^2；

$t_{介}$——介质温度，K；

$t_{工}$——工件表面温度，K；

α_c——对流传热系数，$W\cdot m^{-2}\cdot K^{-1}$。

影响对流传热的因素主要有：

(1)流体流动的动力。

流体流动的动力来源有两类：自然对流和强迫对流。自然对流是流体在加热过程中，由于流体内存在温度差，因而密度不同而发生相对升沉，在这种状态下的换热称为自然对流换热，此时的传热量较小。若用外加动力强迫流体流动，如气体炉用风扇强制气体循

环，流体的流速将大大加快，换热量将远大于自然对流，此时的换热称为强迫对流换热。

(2)流体的流动状态。

流体的流动状态分为层流和紊流。若流体沿着工件表面一层层地有规则流动，这种流动称为层流，此时的热量传递只能依靠层与层之间流体质点之间的热交换，换热量小。而紊流时，由于流体质点的不规则流动，使流体质点在热交换后能快速离开工件表面，换热量比层流大得多。通常情况下，加热炉内流体的流动属于紊流，要避免层流出现。

(3)流体的物理性质。

流体的热传导系数、质量热容、密度及黏度等物理量将影响流体的流动状态、层流层厚度和导热性能，从而影响对流换热。液体介质的热传导系数、质量热容和密度都远大于气体介质，所以液体介质的加热速度要比气体介质高得多。液体的黏度越小越容易流动，所以，盐浴的使用温度要比熔点高几十度以便于降低黏度，提高流动性，改善加热质量。

(4)工件表面形状及其在加热时的放置位置。

工件表面形状及其在加热时的放置位置不同，将影响流体在工件表面的流动状态，从而影响对流传热量。

强化对流换热的主要途径就是适当加强和控制有利于对流换热的各种因素，常采用的具体措施有：

①加大换热温差。

②提高流体速度。

③控制流体与受热面的相对运动方向。

④增大换热面积。

3. 辐射传热

任何物体只要温度高于绝对零度，就会向各个方向放出辐射能。辐射不需要任何媒介，在真空中也能进行。当辐射能被另一物体吸收后，转化为热能而实现加热。物体间通过热辐射在空间传递热能的过程称为辐射传热。这种传热方式伴随着能量的转化。

物体在单位时间内单位表面积向外辐射出的能量为

$$E=ct^4 \tag{8.3}$$

式中　c——辐射系数，$W\cdot m^{-2}\cdot K^{-4}$；

t——物体的绝对温度，K。

$c=5.67\times10^{-8}\,W\cdot m^{-2}\cdot K^{-4}$的物体称为绝对黑体，简称黑体，以 c_0 表示。在相同温度下，绝对黑体的辐射能最大，而且它也是一切物体中吸收能力最强的一种理想物体。实际物体的辐射系数都要小于黑体的辐射系数，用黑度表示：

$$\varepsilon=\frac{c}{c_0} \tag{8.4}$$

对于黑体，$\varepsilon=1$；对于实际物体，$\varepsilon<1$。

工件在炉内加热时，一方面要接收从发热体、炉壁等辐射来的热量，但由于一般金属材料并非绝对黑体，它不可能吸收辐射来的全部热量，而有部分热量要反射出去。另一方面，其本身也要辐射出去一部分热量。因此，使工件加热的热量应为发热体、炉壁等辐射来的热量，减去反射的热量及自身辐射的热量。被工件吸收的热流密度 q_r 为

$$q_r = A_n c_0 (t_{发}^4 - t_{工}^4) \tag{8.5}$$

式中 A_n——相当吸收率，与工件表面的黑度、发热体表面的黑度、工件相对于发热体的位置以及炉内介质有关；

$t_{发}$——发热体(或炉壁)的绝对温度；

$t_{工}$——工件表面温度，K。

当发热体与工件之间有挡板时，辐射传热量将减少。若发热体与工件之间有气体介质，则它们将吸收一部分辐射能。特别是 CO_2、H_2O、SO_2 等三原子和多原子气体，能吸收较多的热量；而单原子气体 H_2、O_2、N_2 等几乎不辐射能，可认为是透过体。

为了强化加热炉内的辐射换热和减少热损失，可采取提高炉温、提高炉内介质的黑度、增大工件受热面积和热源与炉内壁的辐射面积等方式，还可以在发热体上涂一层红外涂料。

需要指出的是，工件在加热过程中，三种加热方式并存，在不同的场合要看以哪种传热方式为主。在燃料加热炉内，加热金属的主要传热方式是辐射传热，炉内气流的对流传热次之，炉底对金属接触的传导传热也起一定作用。在电阻加热炉内，辐射传热是加热金属的主要方式，炉底同金属接触的传导传热次之，自然对流传热可以忽略不计，但在空气循环电炉内，对流传热是加热金属的主要方式，辐射传热的作用很小。

8.1.3 金属加热的主要参数及一般原则

合理的金属加热过程可以使金属在热塑性成形过程中形成的加工硬化及时得到消除以及通过再结晶形成均匀细小的晶粒，从而获得质量良好的热成形工件；反之，不当的金属加热过程会使金属产生应力、变形、加工硬化难以消除等现象，严重时会使工件报废。因而，制定合理的加热工艺是保证金属热塑性成形过程顺利进行和得到优质热成形件的重要环节之一。下面将介绍金属加热过程的主要参数和确定它们的一般原则。

1. 金属的加热温度

金属的加热温度包括装炉温度和各段的保温温度及出炉温度。

(1)装炉温度。

坯料在装炉时的炉温简称为装炉温度。装炉温度高低取决于温度应力，即坯料的导热性和坯料大小。如果坯料的导热性好和截面尺寸小，可以不限装炉温度；反之，对导热性差及截面尺寸大的合金钢坯，则必须限制装炉温度。如高速钢冷锭装炉炉温宜定为600 ℃；大型毛坯的装炉炉温宜定为650 ℃；小型坯料的装炉炉温宜定为750～800 ℃；高锰钢的装炉炉温宜定为400～500 ℃等。

(2)保温温度。

保温的目的在于使坯料热透，使之组织转变完全一致，从而提高金属坯料的塑性。保温度高低与坯料的性能和坯料的尺寸有关。

(3)出炉温度。

出炉温度是由坯料的热塑性成形温度确定的。考虑到从出炉到开始热塑性成形，温度要有一定的下降，一般出炉温度可比规定的热塑性成形温度高一些。

总的来说，确定金属的加热温度是一个复杂过程，它是以金属或合金相变临界点及再结晶温度等为基本理论依据，同时考虑工件的热塑性成形过程、热处理目的、工件的原材料及形状以及以前的加工状态等因素。加热温度选择不当会导致过热、过烧、欠热等缺陷。

2. 金属的加热速度

加热速度是指在加热过程中单位时间内金属表面温度升高的度数（℃/h），或单位时间内金属热透的深度（mm/min）。加热速度分为金属允许的加热速度和技术上可能的加热速度两种。

(1)金属允许的加热速度。

金属允许的加热速度是指在保持金属坯料的完整性的条件下所允许的加热速度。它主要取决于加热过程中产生的温度应力，而温度应力的大小又与金属的导热性、热容量、线膨胀系数、力学性能及坯料尺寸等有关。

根据对加热温度应力的理论计算导出，圆柱形坯料最大允许加热速度 C(℃/h)的计算公式为

$$C=\frac{5.6a\sigma}{\beta E R^2} \tag{8.6}$$

板材坯料最大允许加热速度 C(℃/h)的计算公式为

$$C=\frac{2.1a\sigma}{\beta E X^2} \tag{8.7}$$

式中 σ——许用应力，MPa，可用相应温度下材料的强度极限计算；

α——热扩散率，m^2/h，金属的热扩散率与热导率成正比，与比热容、密度成反比；

β——线膨胀系数，1/℃；

E——弹性模量，MPa；

R——圆柱形坯料的半径，m；

X——板料的厚度，m。

由以上两式可以看出，坯料的热扩散率越大，断面尺寸越小，则允许的加热速度越大；反之，则允许的加热速度越小。但由于钢材或钢锭等金属坯料有内部缺陷的存在，实际允许的加热速度要比计算值低。

(2)技术上可能的加热速度。

技术上可能的加热速度是指炉子按最大供热能量升温时所能达到的加热速度。它取决于加热设备的功率大小，又与加热方式、加热介质类型、加热制度、炉子的结构形式、燃料种类及燃烧情况、坯料的形状尺寸及其在炉内的安放方式等因素有关。

对于导热性好、截面尺寸小的坯料，其允许的加热速度很大，即使炉子按最大可能的加热速度加热，也不可能达到坯料所允许的加热速度。对于这类钢料，如碳钢和有色金属，当直径小于 200 mm 时，不必考虑坯料允许的加热速度，而以最大可能的加热速度加热。对于导热性差、截面尺寸大的坯料，其允许的加热速度较小。因此，当炉温低于 800～850 ℃时，应按坯料允许的加热速度加热；在炉温超过 800～850 ℃后，可按最大可能的加热速度加热。对于直径为 200～350 mm 的碳素结构钢和合金结构钢坯，应采用三段加热规范，其目的就是为了降低加热速度。

在高温阶段，金属的塑性已经显著提高，可用最大可能的加热速度加热。当坯料表面加热至始锻温度时，如果炉子也停留在该温度下，则需要较长的保温时间才能将坯料热透。保温时间越长，坯料表面的氧化脱碳越严重，甚至还会产生过热、过烧等现象。为了避免产生这些缺陷，生产上常用提高温度头的办法来提高加热速度，以缩短加热时间。温度头是指炉温高出始锻温度的数值。一般对于塑性较好的钢料，炉温控制在 1 300～1 350 ℃，其温度头为 100～150 ℃。对于导热性较低的合金钢加热，为减少其断面上的温差，温度头宜取小些，一般为 50～80 ℃。对于钢锭，温度头可取 30～50 ℃。对于有色金属及高温合金，加热时不允许有温度头。

3. 金属的加热时间

加热时间是指坯料装炉后从开始加热到出炉所需要的时间，包括工件升温时间、透热时间和保温时间。升温时间是指工件入炉后表面达到炉温指示温度所需的时间，主要与装炉量、工件尺寸等因素有关；透热时间是指工件入炉后心部达到炉温指示温度所需的时间，它主要取决于工件截面尺寸、材料的导热性及炉温高低等；保温时间是指为达到工艺要求而恒温保持的一段时间。工厂常用经验公式、经验数据、试验图线等确定加热时间，虽有一定的局限性，但很方便。

(1)有色金属的加热时间。

有色金属大多采用电阻炉加热，其加热时间从坯料入炉开始计算。铝合金和镁合金按 1.5～2 min/mm，铜合金按 0.75～1 min/mm，钛合金按 0.5～1 min/mm 计算。当坯料的直径小于 50 mm 时取下限，直径大于 100 mm 时取上限。钛合金的低温导热性差，故对铸锭和直径大于 100 mm 的坯料，要求在 850 ℃ 以前进行预热，预热时间可按 1 min/mm计算，在高温段的加热时间则按 0.5 min/ mm 计算。铝、镁、铜三类合金，导热性都很好，故不需要分段加热。

(2)钢材(或中小型钢坯)的加热时间。

在半连续炉中加热时，加热时间(h)可按下式计算：

$$\tau=\alpha D \tag{8.8}$$

式中 D——坯料的直径或厚度，cm；

α——钢料化学成分影响系数，h/cm，碳素结构钢 $\alpha=0.1\sim0.15$；合金结构钢 $\alpha=0.15\sim0.20$；工具钢和高合金钢 $\alpha=0.3\sim0.4$。

在室式炉中加热时，加热时间按下面方法确定。

直径小于 200 mm 的钢坯加热时间可按下式确定：

$$\tau=K_1K_2K_3\tau_{碳} \tag{8.9}$$

式中 $\tau_{碳}$——碳素钢圆材单个坯料在室式炉中的加热时间；

K_1——坯料装炉方式系数，与坯料装炉排放方式有关；

K_2——坯料尺寸系数，与坯料的长径比有关；

K_3——材质系数，与钢材种类有关。

上述参数的具体数值可查相关手册得知。

直径 200～350 mm 的钢坯在室式炉中单件加热时间可参考表 8.1 中的经验数据确定。表中数据为坯料每 100 mm 直径的平均加热时间。对于多件或短料加热，应乘以相

应的修正系数 K_1 和 K_2。

表 8.1 钢坯(直径为 200～350 mm)的加热时间

钢种	装炉温度/℃	每 100 mm 的平均加热时间/h
低碳钢、中碳钢、低合金钢	1 250	0.6～0.77
高碳钢、合金结构钢	1 150	1
碳素工具钢、合金工具钢、轴承钢、高合金钢	900	1.1～1.4

(3)钢锭(或大型钢坯)的加热时间。

冷钢锭在室式炉中加热到 1 200 ℃所需要的加热时间可按下式确定：

$$\tau=\alpha KD\sqrt{D} \tag{8.10}$$

式中 D——钢料的直径或厚度，m；

K——装炉方式系数；

α——与钢化学成分有关的系数，碳钢 $\alpha=10$，高碳钢和高合金钢 $\alpha=20$。

该公式的加热时间还可以分为 0～850 ℃与 850～1 200 ℃两个阶段计算。第一阶段的系数 K，碳钢 $K=5$，高合金钢 $K=13.3$；第二阶段的系数 K，碳钢 $K=5$，高合金钢 $K=6.7$。

总的来说，金属的加热时间不足，会导致组织转变不能充分进行，一些冶金及热加工过程中引起的缺陷不能消除，钢中难溶碳化物或氧化物不能充分溶解，从而导致切削加工性能下降。此外，在临界温度以下长时间加热，会导致工件表面发生严重氧化脱碳现象。

8.1.4 金属加热时常见的物理化学现象

金属在加热过程中，随着温度的升高，会发生一些物理化学变化，了解和掌握这些变化规律，对于制定合理的加热工艺规范具有重要的作用。

在组织结构方面，大多数金属不但会发生组织转变，其晶粒还会长大，甚至会造成过热或过烧。

在力学性能方面，除了塑性提高和变形抗力减小之外，还会产生内应力。过大的内应力会导致金属开裂。

在物理性能方面，如热导率、膨胀系数等均随着温度的升高而产生变化。加热不当会因为温度应力而造成工件的开裂。

在化学性能方面，金属表层会与周围的介质发生氧化、脱碳、吸氢等化学反应，生成氧化皮与脱碳层，使金属烧损，降低表面质量。

1. 加热对金属组织的影响

在热塑性成形过程中，钢材加热是为了获得均匀的奥氏体组织。但温度过高或保温时间过长，奥氏体晶粒就会长大，使钢的强度、韧性降低。为了防止奥氏体晶粒过分地长大，加热时应尽可能地缩短钢在高温下的加热时间。以 45 钢为例，说明加热时组织的变化过程。45 钢室温组织为铁素体和珠光体，当加热温度过 727 ℃(A_{c1}点)时，珠光体开始向奥氏体转变，此时 45 钢是铁素体和奥氏体构成的双相组织。随着温度的升高，奥氏体的量越来越多，直至加热温度超过 A_{c3} 线上的点时，铁素体全部溶于奥氏体中，钢组织变为单相奥氏体，此时奥氏体晶粒细小。当温度继续升高时，奥氏体晶粒也随着逐渐长大，钢的晶粒大小，可以通过与标准晶粒度级别比较来确定。凡是晶粒度超过规定尺寸的，就已产生热缺陷，称为过热，必须进行返修。当加热接近液相点时，晶界开始熔化(过烧)，超过液相点固态的奥氏体开始熔化，直至奥氏体全部熔化成为钢液。

2. 加热对金属的力学性能的影响

随着钢的加热温度升高，钢的塑性提高，强度和硬度会降低。但加热与力学性能的变化并不是均匀的，当温度在 200～400 ℃范围内，属于钢的"蓝脆"区。在此区域，是强度极限的高峰值区，而塑性却处于低值区；而当温度超过此区时，随着温度的升高，钢的强度极限不断下降，塑性则不断提高，在接近熔点温度时，塑性会急剧下降。所以，根据金属材料的塑性进行热塑性成形时，就是利用其加热过程中强度降低(变形抗力降低)和塑性提高这一特性来实现的。

3. 加热对金属物理性能的影响

(1)金属几何尺寸的变化。

金属有热胀冷缩的规律，因此，金属在加热时尺寸就要增大，为了能正确控制热塑性成形工件的尺寸，就必须考虑冷却后的金属尺寸收缩问题，各种金属材料锻件的冷却收缩率见表 8.2。锻件收缩率的大小是根据材料停锻温度的高低来决定的，停锻温度低，取下限；停锻温度高，取上限。

表 8.2 各种金属材料锻件的冷却收缩率(α)

材料种类	一般钢材	奥氏体不锈钢	铝合金	镁合金	铜合金	钛合金
冷缩率/%	1.0～1.2	1.5～1.7	0.9～1.0	0.9～1.0	1.2	0.8

锻件冷收缩量的计算公式如下：

$$锻件冷却收缩量(L_{收})=基本长度(L_0)\times冷却收缩率(\alpha)$$

(2)金属导热性的变化。

金属的导热能力，是随着温度升高而变化的。金属材料的导热性取决于其本身的化学成分、加热温度和加热方法。一般来说，碳钢的含碳量越高，导热性越低；合金钢的合金含量越高，导热性越低；碳钢的导热性比合金钢好；钢坯的导热性比钢锭好；退火钢比淬火钢的导热性好，有色金属及其合金的导热性比钢好，而且都是随温度的升高而增大。因此，高合金钢在低温阶段加热时必须控制加热速度，应缓慢加热，以防止加热引起的内应力，产生裂纹。在高温阶段，因处于高温具有良好塑性，加热引起的内应力并无产生裂纹的危险，所以在高温阶段，各类钢均可快速加热，减少氧化。

(3)金属颜色的变化。

金属表面颜色的亮度是随着温度的升高而增加的。

4. 金属加热时产生的缺陷

(1)氧化。

钢料加热到高温时，表层中的铁等和炉内的氧化性气体(如 O_2、CO_2、H_2O 和 SO_2)发生化学反应，使钢料表层形成氧化皮，这种现象称为氧化。氧化不仅浪费金属材料，而且由于形成的氧化皮硬度高，会加剧工具及模具的磨损，如果在热塑性成形前氧化皮没有仔细清除，就可能压入工件，降低工件的精度和表面质量，使工件机械性能(疲劳性能)变坏。

①影响金属氧化的主要因素。

a. 炉气性质。燃料炉的炉气性质可分为氧化性炉气(强氧化和微氧化)、中性炉气和还原性炉气。炉气性质决定于燃料燃烧时的空气供给量。在强氧化性炉气中，炉气可能完全由氧化性气体(O_2、CO_2、H_2O、SO_2)组成，并且含有较多的游离 O_2，这将使金属产生较厚的氧化皮。在还原性炉气中，含有足够量的还原性气体(CO、H_2)，它可以使金属不氧化或很少氧化。普通电阻炉在空气介质中加热金属，属于氧化性炉气。

b. 加热温度。温度是影响金属氧化速度的最主要因素。温度越高，则氧化越剧烈，生成的氧化皮越厚。实际观察表明，在 200～500 ℃时，钢料表面仅能生成很薄的一层氧化膜。当温度升至 600～700 ℃时，便开始有显著氧化，并生成氧化皮。从 850～900 ℃开始，钢的氧化速度急剧升高，如图 8.1 所示。

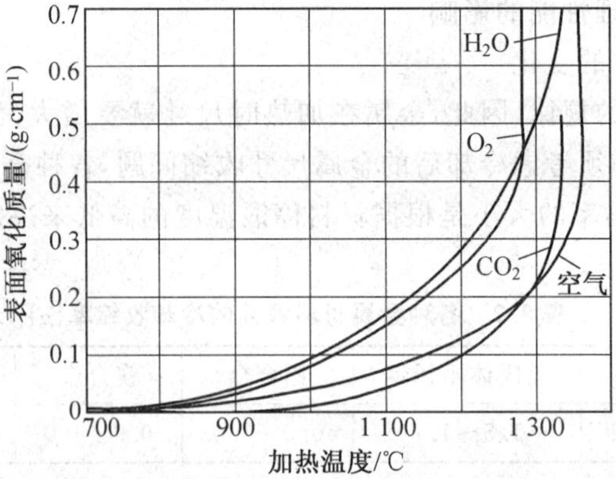

图 8.1　加热温度对钢氧化的影响

c. 加热时间。钢料处在氧化性介质中的加热时间越长，氧的扩散量越大，形成的氧化皮越厚。特别是加热到高温阶段，加热时间的影响会更加显著。因此高温阶段要提高加热速度，减少加热时间。

d. 钢的种类。在同样条件下，不同牌号的钢氧化烧损是不同的，低碳钢氧化烧损量大而高碳钢烧损量小，这是由于在高碳钢中反应生成较多的 CO 而降低了氧化铁的生成量。当钢中含有 Cr、Ni、Al、Si、Mo 等合金元素时，因能在钢料表面形成致密且不易脱落的氧化薄膜，从而可以阻止金属继续氧化。

②防止和减少加热时氧化的措施。

防止和减少氧化的方法有快速加热、介质保护加热和少无氧化火焰加热等。

a. 快速加热。钢加热在不产生开裂的前提下，尽量采用快速加热，缩短加热时间，特别是对高温阶段的时间。小规格的碳素结构钢钢锭和一般简单形状的模锻用毛坯，均可采用这种方法。

b. 介质保护加热。用保护介质把金属坯料表面与氧化性炉气机械隔开进行加热，便可避开氧化，实现少无氧化加热。介质保护加热分为气体介质保护加热、液体介质保护加热和固体介质保护加热。常用的气体保护介质有惰性气体、不完全燃烧的煤气、天然气、石油液化气或分解氨等。可向电阻炉内通入保护气体，并且使炉内呈正压，防止外界空气进入炉内，坯料便能实现少无氧化加热。常见的液体保护介质有熔融玻璃、熔融盐等。固体介质保护加热(涂层保护加热)是将特制的涂料涂在坯料表面，加热时涂料熔化，形成一层致密不透气的涂料薄膜，且牢固地黏结在坯料表面，把坯料和氧化性炉气隔离，从而防止氧化，坯料出炉后，涂层可防止二次氧化，并有绝热作用，可防止坯料表面温降，在锻造时可起到润滑剂的作用。

c.少无氧化火焰加热。在燃料(火焰)炉内，可以通过控制高温炉气的成分和性质，即利用燃料不完全燃烧所产生的中性炉气或还原性炉气，来实现金属的少无氧化加热，这种加热方法称为少无氧化火焰加热。

(2)脱碳。

①脱碳及其危害。钢料在高温加热时，其表层的碳和炉气中的氧化性气体(如 O_2、CO_2、H_2O、SO_2)和某些还原性气体(如 H_2)发生化学反应，生成可燃气体 CO 和 CH_4 而被烧掉，使钢料表面的含碳量降低，这种现象称为脱碳。脱碳程度与炉气成分、加热温度、加热时间、钢的成分等因素有关。在炉气成分中，脱碳能力最强的是 H_2O(汽)，其次是 CO_2 和 O_2。加热温度越高，加热时间越长，脱碳越严重。当钢加热到 1000 ℃以上时，由于强烈的氧化，脱碳作用较弱。在更高的温度下，氧化皮剥落丧失保护作用，脱碳剧烈发生。钢的成分对脱碳有很大的影响，含碳量越高，脱碳倾向越大。因此，加热高碳钢和含有 Al、Co、W 等元素的合金钢时，应特别防止脱碳。

对工具钢、结构钢来说，表面脱碳是一种有害缺陷，表面脱碳会使表面机械性能变坏，直接影响其使用性能。但是，对某些硅钢片、铬镍奥氏体不锈钢等材料，可利用脱碳来改善某些性能。

②防止和减少加热时脱碳的措施。防止脱碳的措施与防止氧化的措施基本相同。例如快速加热，缩短钢在高温区域停留的时间；正确选择加热温度，避开易脱碳钢的脱碳峰值范围；适当调节和控制炉内气氛，对易脱碳钢使炉内保持氧化气氛，使氧化速度大于脱碳速度等。

(3)过热。

①过热的形成及其危害。在高温下，金属的晶粒会长大。如果金属的加热温度过高，加热时间过长，将引起晶粒粗大的现象，称为过热。过热不仅与加热温度有关，也与加热时间有关。金属的过热温度主要与它的化学成分有关。一些钢的过热温度见表 8.3。当过热严重且变形量不足时，对于亚共析钢，冷却时奥氏体晶粒会分解形成有缺陷的组织；而对于过共析钢，冷却时会形成网状渗碳体。一些合金结构钢、不锈钢、高速钢、弹簧钢、轴承钢等，高温加热并冷却后，除了高温奥氏体晶粒粗大外，其他相会在晶界处呈连续网状分布，使晶界变脆，会导致材料的强度和冲击韧性降低。过热会使金属在锻造时的塑性下降，更重要的是，若引起锻造和热处理后锻件的晶粒粗大，将降低金属的力学性能。

已经过热的钢可以通过退火处理恢复钢的力学性能，即使钢缓慢加热到略高于 A_{c3} 的温度，再缓慢冷却下来，使组织再结晶。这样的钢可以重新加热进行压力加工。过热的钢也可以采用适当的热变形消除过热。但是严重过热的钢，晶粒太大，已经不能通过再结晶等方法使晶粒细化，就难以采用热处理或热变形的办法恢复。

表 8.3 钢的过热温度

钢种	过热温度/℃	钢种	过热温度/℃
45	1 300	18CrNiWA	1 300
45Cr	1 350	25MnTiB	1 350
40MnB	1 200	GCr15	1 250
40CrNiMo	1 250～1 300	60Si2Mn	1 300
42CrMo	1 300	W18Cr4V	1 300
25CrNiW	1 350	W6Mo5Cr4V2	1 250
30CrMnSiA	1 250～1 300		

②防止产生过热的措施。

a. 必须严格控制金属坯料的加热温度，尽量缩短在高温下的保温时间。

b. 按坯料的化学成分、规格大小，正确制定合理的加热规范，并严格执行。

c. 加热时坯料放置位置应距烧嘴有适当距离，采用火焰加热炉加热时，坯料与火焰不允许直接接触；采用电阻加热炉加热时，坯料距电阻丝不小于 100 mm。

d. 使用的测温或控温的炉表应准确可靠，灵敏精确，温度显示真实无误。

e. 锻造时应给予足够大的变形量。一旦出现过热，可通过大的塑性变形击碎过热而形成的粗大奥氏体晶粒，并破坏沿晶界析出相的网状分布，控制冷却速度，使第二相来不及沿晶界析出，避免采取中等冷却速度，改善和消除过热组织。

(4)过烧。

①过烧的形成及其危害。

当金属及合金加热到接近其熔化温度(称为过烧温度)，并在此温度下停留时间过长时，晶间低熔点物质会熔化，或由于氧化性气体渗入晶界而引起晶间氧化的现象称为过烧。金属过烧后，其显微组织除晶粒粗大外，晶界发生氧化、熔化，出现氧化物和熔化物，有时出现裂纹，金属表面粗糙，有时呈橘皮状，并出现网状裂纹。过烧的钢种无塑性，强度很低，一经锻造便破裂成碎块，碎块断面的晶粒粗大，呈浅灰蓝色，因而变成废品。过烧的金属不能修复，只能报废回炉重新冶炼。局部过烧的金属坯料，必须将过烧的部分切除后，再进行锻造。

②防止产生过热的措施。

a. 为了防止过烧，必须严格控制加热时的最高温度，见表 8.4。一般最高温度要低于固相线以下 100 ℃，这就要求使用的测温或控温的炉表要精确、可靠、灵敏，温度显示真实无误，防止炉子跑温。另外，加热时要求坯料距烧嘴有适当距离。

b. 控制炉内气氛，尽量减少炉内的过剩空气量，因为炉气的氧化能力越强，越容易使晶粒氧化或局部熔化，所以在高温下炉气应调节成弱氧化性炉气。

表 8.4 钢的过烧温度

钢种	过烧温度/℃	钢种	过烧温度/℃
20	>1 400	GCr15	1 350
45	1 350	W18Cr4V	1 360
45Cr	1 390	W6Mo5Cr4V	1 270
30CrNiMo	1 450	2Cr13	1 180
4Cr10SiMo	1 350	Cr12MoV	1 160
50CrV	1 350	T8	1 250
12CrNi3A	1 350	T12	1 200
60SiMn	1 350	GH4135 合金钢	1 200
60Si2MnBE	1 400	GH4036	1 220

(5)内部裂纹。

钢锭或钢坯在加热过程中,由于表面和内部温度不一样,会引起外层与心部的膨胀不均匀,内外层温差越大,所产生的温度应力也越大。同时,钢锭或钢坯加热过程中还因组织状态转变,使金属的体积发生变化,形成了组织应力,这两种应力的大小主要受加热速度的影响。凡是采用超过金属所允许加热速度的加热方法,上述两种应力的作用可能超过金属的强度极限,使金属心部产生裂纹,导致废品。为防止产生内部裂纹,合理制定加热规范并严格执行是十分重要的。坯料中生成裂纹危险最大的是在加热初期600 ℃之前的低温阶段,因此应采用低温区缓慢加热,高温区快速加热的方法加热坯料。

8.1.5 金属加热的方法与设备

加热金属常用的能源有电能和化学能(燃料),这两种能源称为基础能源。基础能源只有通过适当的方式转换为热能才能对金属工件进行加热。加热方法不同,能源的有效利用率也不同,科学合理地选用不同的加热方法是节能的有效途径。按采用的热源不同,金属坯料的加热方法分为燃料加热和电加热两大类。

1. 燃料加热

燃料加热是利用固体(煤、焦炭等)、液体(重油、柴油等)或气体(煤气、天然气等)燃料燃烧时所产生的热能直接加热金属的方法。燃料在燃料炉内燃烧产生高温炉气(火焰),通过炉气对流、炉围辐射和炉底热传导等方式把热能传至坯料表面,然后由表面向中心热传导,对整个金属坯料进行加热。当炉内温度低于650 ℃时,坯料加热主要靠对流传热;当温度超过650 ℃时,坯料加热则以辐射传热为主。普通锻造加热炉在高温加热时,辐射传热占90%以上,对流传热占8%~10%。

燃料加热法的优点是燃料来源方便,加热炉建造容易,通用性强,加热费用较低。因此这类加热方法广泛用于各大、中、小型坯料加热。中小型毛坯多采用油、煤气和天然气作为燃料在室式炉、连续炉或转底炉中加热。大型毛坯或钢锭则常采用油、煤气和天然气作为燃料的车底式炉。燃料加热的缺点是劳动条件差,环境污染严重,加热速度慢,热效率低，加热质量差，炉内气氛、炉温及加热质量较难控制等。

2. 电加热

电加热是通过电能转变为热能来加热金属坯料。电加热具有加热速度快、炉温控制准确、加热质量好、工件氧化少、劳动条件好、易于实现自动化操作等优点，主要用于精锻和有色金属锻造。电加热设备有电阻炉、感应加热炉及接触电加热装置等。

(1)电阻加热。

根据产生电阻热的发热体不同，有电阻炉加热、接触电加热和盐浴炉加热等。

①电阻炉加热。

电阻加热炉的工作原理如图 8.2 所示，利用电流通过炉内电热体时所产生的热量来加热金属。常用的电热体有金属电热体(镍铬丝、铁铬铝丝等)和非金属电热体(碳化硅棒、二硫化钼棒等)。电阻加热炉具有对坯料尺寸的适应范围广、可采用保护气体进行少无氧化加热、温度控制精度高、均匀性好、无噪音和无污染等优点；其缺点是加热温度受电热体使用温度限制，同其他电加热法相比，电阻炉的热效率和加热速度较低。根据不同用途，有各式各样的炉型，如箱式电阻炉、井式电阻炉、台车炉、钟罩炉等。

a. 箱式电阻加热炉。

箱式电阻炉是以电为能源，加热方式的特点是在加热器(电阻丝或带)和工件之间存在气体介质。气体介质有氧化性气氛(如空气)、惰性气氛(如氮气)、渗碳气氛、渗氮气氛等。箱式电阻炉是热塑性成形生产中应用较广的加热设备。图 8.3 是一台周期作业箱式电阻炉，其基本结构由炉体和电热元件构成，炉体由炉衬和炉门组成，形成空间，起放置工件和保持加热温度场的作用。电热元件是炉子的发热体，使电能转换为热能而加热工件。另外还有一些辅助装置：机械传动系统、炉子操作参数测量及控制系统，保证炉子安全运行的装置及炉内辅助构件等。按工作温度，箱式电阻炉可分为高温(≤1 300 ℃)、中温(≤950 ℃)和低温(≤650 ℃)三种，其中以中温电阻炉应用最为广泛。

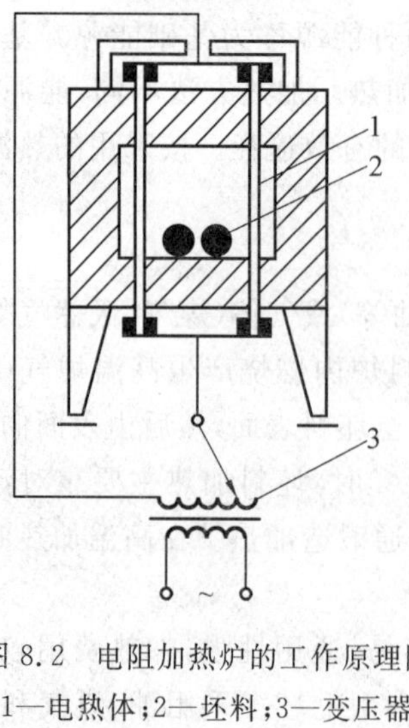

图 8.2　电阻加热炉的工作原理图

1—电热体；2—坯料；3—变压器

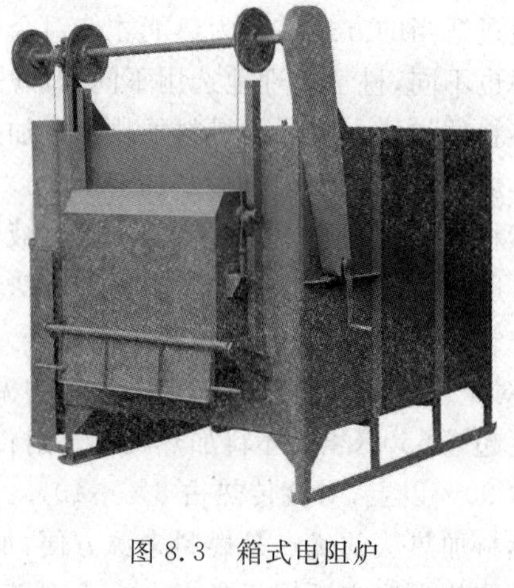

图 8.3　箱式电阻炉

箱式电阻炉具有许多优点：结构简单，价格低；具有较高的温度均匀性；较高的热效率；易于实现温度和工艺过程的自动控制。其主要缺点是：中温和高温加热时氧化和脱碳严重，人工装工件和出工件劳动强度大。

图 8.3 所示的箱式电阻炉不能用于加热大型工件，因为很难将大型工件从炉门水平装入炉内。为了解决这一问题，可以将炉体一分为二，将炉底与其他部分分开。如果把炉底做成可移动的，装炉和出炉时把炉底拉出来，装入大型工件就不成问题了，这种加热炉就称为台车炉(炉底像台车一样可以移动)。如果炉底不动，把其他部分移开(用天车吊到一边去)，将被加热件放到炉底板后再罩上去，这种加热炉称为钟罩炉(像铁钟一样的形状)。

为了适应加热大批量工件的需要，将箱式炉改为细长形，前后都加上"门"，被加热的工件从前门进后门出，这类加热炉通常称为连续加热炉。由于炉子比较长，根据工艺需要，不同区段可以采用不同的加热温度。

b. 井式电阻加热炉。

箱式电阻加热炉通常放在地面上，工件通过水平移动装入炉内。井式电阻加热炉则不同，这种加热炉安放在地面以下，工件垂直入炉。其炉型的优点是，炉子装料多，生产率高，装卸料方便，炉温均匀，长轴垂直放置或细长杆垂直吊挂不容易变形。其缺点是，工件堆放阻碍气体流动。由于工件与电加热元件同在炉膛内，靠近电热元件的工件容易过热。

②接触电加热。

接触电加热原理图如图 8.4 所示，将被加热坯料直接接入电路，当电流通过坯料时，因坯料自身的电阻产生电阻热使坯料得到加热。因坯料电阻值很小，要产生大量的电阻热，必须通入很大的电流。因此在接触电加热时采用低电压大电流，变压器的二次空载电压一般为 2～15 V。

接触电加热法的优点是加热速度快、金属烧损少、热效率高、耗电少、成本低、设备简单、操作方便，特别适用于细长棒料的整体或局部加热；缺点是对坯料的表面粗糙度和形状尺寸要求较严格，特别是坯料的端面，要求下料规则、端面平整。

③盐浴炉加热。

浴炉主要有两种类型：外热式浴炉和内热式浴炉。其中外热式浴炉由炉体和金属坩埚组成，又称坩埚浴炉。其特点是介质放在坩埚中，电热元件或其他热源装置放在坩埚外，热量通过坩埚壁传入介质中；因电热元件与介质不直接接触，既不腐蚀电热元件，且介质成分稳定。其主要缺点是金属坩埚寿命短，热惰性大，影响控温精度。内热式浴炉就是将热源放在介质的内部，直接将介质熔化并加热到工作温度。

盐浴炉是使用最广泛的一种浴炉。内热式电极盐浴炉的工作原理图如图 8.5 所示，将坯料预先埋入加热炉内的盐中，在电极间通以低压交流电流，利用盐液导电产生大量的电阻热，将盐液加热至要求的工作温度。通过高温熔融盐的对流和热传导作用对坯料进行加热。盐浴炉加热速度比电阻炉快，加热温度均匀，可以实现金属坯料整体或局部的无氧化加热，缺点是热效率较低，辅助材料消耗大，劳动条件差。

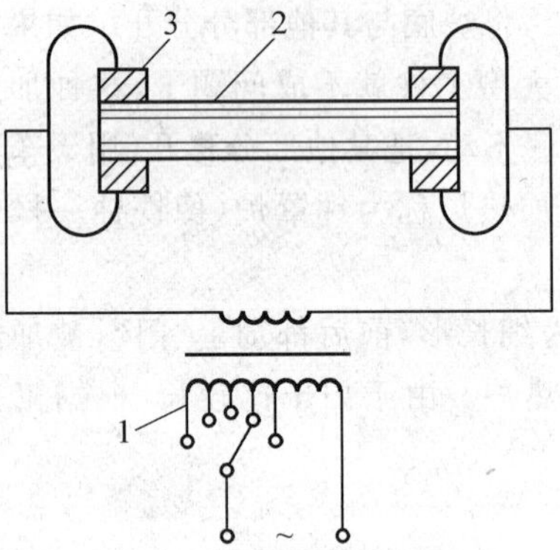

图 8.4 接触电加热原理图

1—变压器；2—坯料；3—电热体

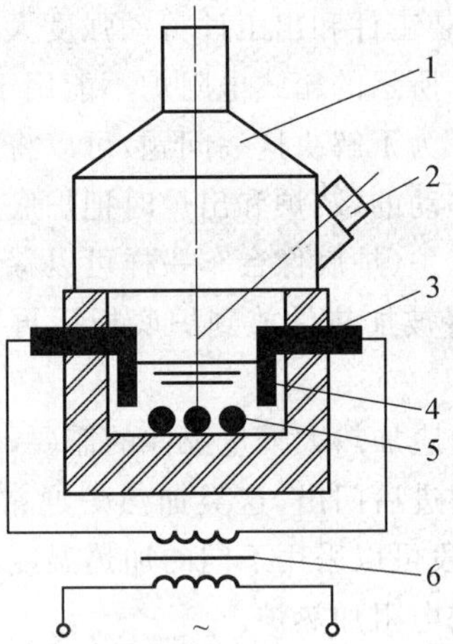

图 8.5 内热式电极盐浴炉的工作原理图

1—排烟罩；2—高温计；3—电极；4—熔盐；5—坯料；6—变压器

④感应电加热。

感应电加热原理图如图 8.6 所示，感应电加热时，将坯料放在感应器内，当一定频率的交流电通过感应器时，置于交变磁场中的坯料内部产生交变电势并形成交变涡流，由于金属毛坯电阻引起的涡流发热和磁滞损失发热，而加热坯料。

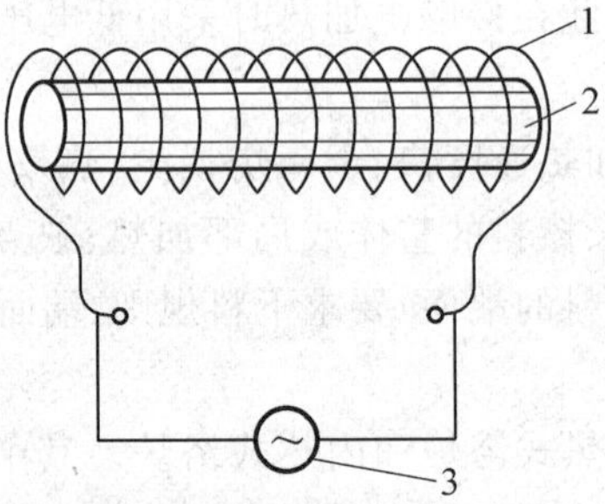

图 8.6 感应电加热原理图

1—感应器；2—坯料；3—电源

由于感应加热时的趋肤效应，金属坯料表层的电流密度大，中心电流密度小。电流密度大的表层厚度，即电流透入深度 δ(单位为 cm)为

$$\delta=5\ 030\sqrt{\frac{\rho}{\mu f}} \tag{8.11}$$

式中 f——电流频率，Hz；

μ——相对磁导率，各类钢在 760 ℃(居里点)以上时，$\mu=1$；

ρ——电阻率，$\Omega\cdot$cm。

由于趋肤效应，感应加热时的热量主要产生于坯料表层，并向坯料心部热传导。为了提高大直径坯料的加热速度，应选用较低的电流频率，以增大电流透入深度。而直径小的坯料，由于截面尺寸较小，可用较高的电流频率，以提高加热效率。

按所用电流频率的不同，感应加热可分为工频（$f=50$ Hz）加热、中频（$f=50\sim10^4$ Hz）加热和高频（$f=10^5\sim10^6$ Hz）加热。锻前多采用中频加热。

感应加热的优点是加热速度快、不用保护气氛也可实现少无氧化加热(烧损率一般小于0.5%)、金属烧损少、加热规范稳定、便于和锻压设备组成生产线实现自动化操作、劳动条件较好、对环境无污染；缺点是设备投资费用高、耗电量较大(大于接触电加热，小于电阻炉加热)、一种规格的感应器所能加热的坯料尺寸范围很窄。

以上所述的各种电加热方法的应用范围见表8.5。

表8.5 各种电加热方法的应用范围

电加热类型	应用范围			单位电能消耗/($kW\cdot h\cdot kg^{-1}$)
	坯料规格	加热批量	适用工艺	
工频电加热	坯料直径大于150 mm	大批量	模锻、挤压、轧锻	0.35～0.55
中频电加热	坯料直径为20～150 mm	大批量	模锻、挤压、轧锻	0.40～0.55
高频电加热	坯料直径小于20 mm	大批量	模锻、挤压、轧锻	0.60～0.70
接触电加热	直径小于80 mm细长坯料	中批量	模锻、电镦、卷簧、轧锻	0.30～0.45
电阻炉加热	各种中、小型坯料	单件、小批	自由锻、模锻	0.50～1.0
盐浴炉加热	小型件或局部无氧化加热	单件、小批	精密模锻	0.30～0.80

加热方法的选择要根据具体的锻造要求及投资效益、能源情况、环境保护等多种因素确定。如对大型锻件往往以燃料加热为主；而对中、小型锻件可以选择燃料加热和电加热。但对于精密锻造应选择感应加热或者其他少无氧化加热方法，如控制炉内气氛法、介质保护加热法、少无氧化火焰加热等。

8.1.6 金属的加热规范

金属在锻前加热时，应尽快达到规定的始锻温度，以减少氧化，节省燃料，提高生产效率。但是，如果温度升得太快，由于温度应力过大，可能造成坯料开裂。因此，在实际生产中，金属坯料应按一定的加热规范进行加热。

加热规范(或加热制度)是指金属坯料从装炉开始到加热完的整个过程，对炉子温度和坯料温度随时间变化的规定。为了应用方便和清晰起见，加热规范采用温度一时间的变化曲线来表示，而且通常是以炉温一时间的变化曲线(又称加热曲线或炉温曲线)来表示。根据金属材料的种类、特性及截面尺寸的不同，锻造生产中常见的加热规范有一段、二段、三段、四段及五段加热规范。钢的锻造加热规范曲线类型如图8.7所示。

由图8.7可见，加热过程中含有预热、加热、均热几个阶段。制定加热规范就是要确定加热过程不同阶段的炉温、升温速度和加热(保温)时间。预热阶段，主要是合理规定装料时的炉温；加热阶段，关键是正确选择升温加热速度；均热阶段，则应保证钢料温度均匀，确定保温时间。正确的加热规范应该能保证：金属在加热过程中不产生裂纹，不过热、不过烧，温度均匀、氧化脱碳少，加热时间短和节约能源等。即在保证加热质量的前提下，力求加热过程越快越好。

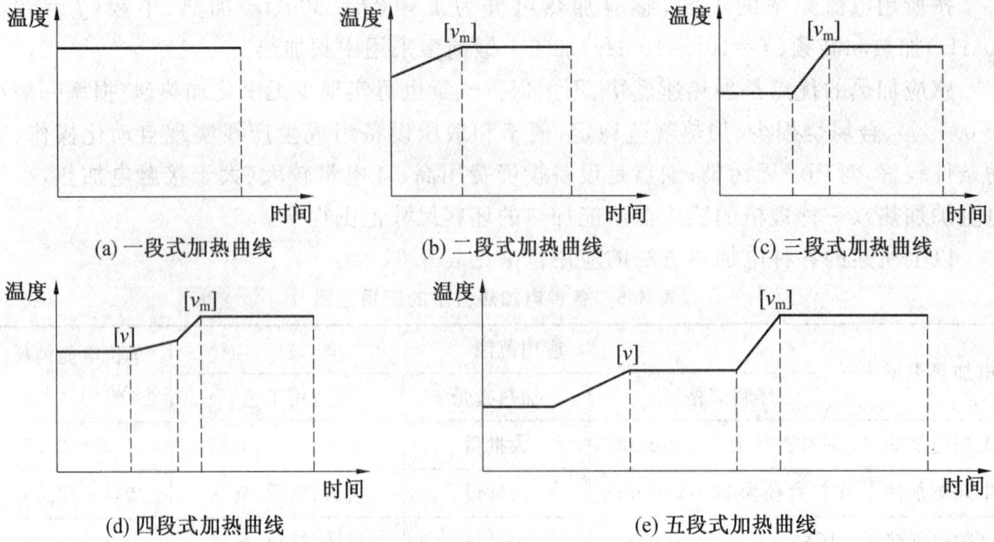

图 8.7 钢的锻造加热规范曲线类型

[v]—金属允许的加热速度；[v_m]—最大可能的加热速度

确定加热规范时，首先要考虑坯料的截面尺寸，其次要考虑坯料的化学成分及有关性能(塑性、强度极限、热导率、膨胀系数、组织特点等)，再参考有关资料和手册。

1. 钢的加热规范

锻造原材料的形式多种多样，大型锻件和开坯的原材料一般为钢锭，钢锭按装炉时的温度可分为冷锭和热锭两种。中小型自由锻件和模锻件的原材料多为钢坯和钢材。因此加热时按原材料形式不同，加热工艺及规范也不同，必须在制定加热规范时区别对待。

(1)钢锭的加热规范。

冷锭即指钢锭温度为室温；而热锭是指在炼钢车间脱模后的钢锭直接被送至锻造车间，钢锭的表面温度不低于 500～600 ℃。

①冷钢锭的加热规范。

冷锭加热规范主要根据材料塑性、导热性和钢锭断面尺寸来确定，具体如下：

a. 质量小于 2～2.5 t、直径小于 500～550 mm 的小型结构钢锭，一般直接装入高温炉加热至始锻温度而不进行预热或分段加热。

b. 质量大于 2～2.5 t、直径大于 500～550 mm 的大型结构钢锭和导热性差的中高合金钢锭，由于断面尺寸大、加热时表里温差大，应限制装炉温度和加热速度，一般都需要小心进行分段加热。

c. 禁止冷锭料和热锭料同炉加热。

d. 装炉时的锭料温度不可低于 20 ℃，由于天气原因，冬天加热冷锭时，从室外运进的锭料不易立即装炉加热，应在车间内停留适当时间后再装炉加热，避免受外界过低温度影响，引起低温脆性开裂。

e. 装炉前应对锭料进行表面检查，一旦发现裂纹或其他严重缺陷，应停止装炉，必须消除缺陷后再装炉加热。

f. 为保证锭料受热均匀，锭料底部应垫以垫铁，锭料与炉底、炉壁的距离不可小于200 mm，与火焰喷嘴的距离不小于500 mm。

②热钢锭的加热规范。

由于热钢锭内外温差相对较小，所以装炉温度不限，也不分段加热，入炉后可以以加热炉最大加热速度进行加热，因而具有加热时间短、节约燃料、氧化损失小、生产效率高等优点，生产中应尽量采用。

(2)钢坯和钢材的加热规范。

①对于一般碳素结构钢和合金结构钢的钢坯，都可不经预热和保温而采用高温直接装炉，快速加热到始锻温度。

②对于导热性很低和热敏感性强的高合金钢坯(如高速钢、高铬钢)，则需采用低温装炉、分段加热的加热规范。

③为避免过热、过烧等缺陷，最高加热温度应比材料熔点低150～200 ℃。

④由于钢坯的过热敏感性比钢锭高，所以同一钢钟的钢坯最高加热温度比钢锭要低20～30 ℃。

⑤为保证锻件的锻后组织为再结晶组织，始锻温度应在该钢种再结晶温度以上50～100 ℃。

⑥由于钢坯已由铸态变为锻态，塑性提高，所以同一钢种钢坯的始锻温度可以比钢锭低30～50 ℃。

⑦如最后一次的锻造变形量不大时，则应注意相应降低始锻温度，以保证理想的终端温度，对于锻件精整工序及校正工艺，其终锻温度可以比规定值降低50～80 ℃。

⑧对于不能用热处理方法细化晶粒的钢坯(如奥氏体钢和铁素体钢等)加热锻造时，必须严格控制其终锻温度，切不可过高，以防晶粒长大。

常用钢的锻造温度和加热规范相关资料较多，在此不再赘述，需要时可查相关资料和手册。

2. 高温合金的加热规范

(1)高温合金的锻造加热温度必须取低于合金的初熔温度和奥氏体晶粒剧烈长大的温度。

(2)为了缩短高温合金在锻造加热温度下的保温时间，避免晶粒过分粗化和合金元素的贫化，同时也为了减少因高温合金导热性差，热膨胀系数大而产生的热应力，加热坯料应先进行预热，预热温度为750～800 ℃，保温时间以0.6～0.8 min/ mm计算；加热温度为1 100～1 180 ℃，保温时间以0.4～0.8 min/mm计算。

(3)宜采用可精确控温的电阻加热。当采用油、气火焰加热时，应严格控制燃料中的硫含量，以避免渗入坯料表面后，形成 $Ni-Ni_3S_3$ 低熔点(650 ℃)共晶，使合金产生热脆。

(4)高温合金精锻时，坯料应采用少无氧化加热措施，避免坯料表层产生铬、铝、钛等元素的贫化，降低合金的疲劳强度和高温持久强度，从而影响锻件的使用性能。

(5)加热前，坯料均须经过清理，去除污垢，以避免因受腐蚀而形成表面的腐蚀。

铁基及镍基高温合金的锻造温度和加热规范见表8.6。

表 8.6 铁基及镍基高温合金的锻造温度和加热规范

合金牌号		锻造温度/℃		预热		加热	
		始锻	终锻	温度≤/℃	保温时间/(min·mm^{-1})	温度/℃	保温时间/(min·mm^{-1})
铁基合金	GH13、GH27、GH161、GH136	1 100	900	750	0.6～0.8	1 130	0.4～0.8
	GH14、GH15、GH16、GH40	1 150	900	750		1 170	
	GH38、GH138	1 100	900	750		1 130	
	GH2018	1 140	900	750		1 160	
	GH19、GH34	1 150	850	800		1 170	
	GH35、GH131、GH140	1 100	900	750		1 130	
	GH36	11 80	980	800		1 200	
	GH135	1 120	950	750		1 140	
	GH78	1 100	900	750		1 130	
	GH95、GH130	1 100	950	750		1 130	
	GH132、GH302	1 100	950	750		1 130	
	GH761	1 100	950	750		1 130	
	GH984	1 130	900	750		1 150	
	GH167、GH189、GH901	1 120	950	750		1 140	
镍基合金	GH17、GH30、GH39、GH128	1 160	900	800	0.6～0.8	1 180	0.4～0.8
	GH22、GH333	1 160	950	750		1 180	
	GH32、GH163、GH170	1 120	950	800		1 140	
	GH33	1 150	980	800		1 170	
	GH33A、GH698	1 160	1 000	800		1 180	
	GH37、GH49、GH143、GH220	1 160	1 050	750		1 180	
	GH146	1150	1 000	750		1 170	
	GH43、GH44、GH50、GH151	1 180	1 050	800		1 200	
	GH80、GH141	1 140	1 000	750		1 160	
	GH118、GH710	1 110	1 000	750		1 130	
	GH145	1 160	850	750		1 180	
	GH169	1 120	950	750		1 120	
	GH738	1 150	1 050	750		1 170	

3. 铝合金的加热规范

(1)坯料装炉前应除去油污或其他污物,以免炉内产生硫、氢等有害气体,坯料应放置在炉膛有效区内。

(2)由于铝合金加热温度较低,一般不用煤气炉或油炉加热,而多采用电阻炉加热,炉内最好带有强制空气循环装置,以加速热量的传递,使炉膛内温度分布均匀。

(3)铝合金锻造温度范围窄,要求坯料加热尽可能达到上限温度。为了防止电阻炉跑温过烧,电阻炉应配备自动控温仪表和报警装置,以便严格控制加热温度。

(4)铝合金的导热性良好,因此,任何尺寸的坯料都可以直接放入炉膛温度合格区内加热,不需要预热。

(5)铝合金加热时间是根据强化相的溶解和获得均匀组织来确定的,因为在这种状态下塑性最好,铝锭加热到规定温度后必须保温,以保证组织中的强化相充分溶解,锻坯和挤压棒材是否需要保温,则以锻造时是否出现裂纹而定。

铝合金的锻造温度和加热规范见表8.7。

表8.7 铝合金的锻造温度和加热规范

合金种类	合金牌号	锻造温度/℃		加热温度($^{+10}_{-20}$℃)	保温时间/($min \cdot mm^{-1}$)
		始锻	终锻		
锻铝	LD_2	480	380	480	1.5
	LD_5、LD_6、LD_7、LD_8、LD_9	470	360	470	
	LD_{10}	460	360	460	
硬铝	LY_1、LY_{11}、LY_{16}、LY_{17}	470	360	470	1.5
	LY_2、LY_{12}	460	360	460	
超硬铝	LC_4、LC_9	450	380	450	3.0
防锈铝	LF_3	470	380	470	1.5
	LF_2、LF_{21}	470	360	470	
	LF_6	470	400	400	

4. 镁合金的加热规范

(1)镁合金属于低塑性合金,其锻造温度范围比铝合金还窄,其加热方法也与铝合金基本相同。

(2)镁合金加热过程没有相变重结晶,其强化相的溶解过程对加热速度没有明显影响。

(3)镁合金有良好的导热性,因此,任何尺寸的坯料或铸锭均可直接放入炉膛有效区内加热。

(4)镁合金加热温度和保温时间,不仅影响合金的工艺塑性,而且还影响锻后的组织和机械性能，因为多数镁合金是不能通过热处理方法得到强化的。镁合金的加热温度不宜过高，保温时间也不易过长，以避免合金软化。

(5)镁合金易燃烧，因此无论是加热、切削或修伤，均要采用有效的防火措施。

(6)镁合金还易受腐蚀，因此在整个生产过程中都要注意采取干燥防湿措施。

镁合金的锻造温度和加热规范见表 8.8。

表 8.8 镁合金的锻造温度和加热规范

合金牌号	锻造温度/℃		加热温度($^{+10}_{-20}$ ℃)	保温时间/(min·mm^{-1})
	始锻	终锻		
MB_1	480	320	480	1.5～2
MB_2、MB_3	435	350	435	
MB_5	370	325	370	
MB_7	370	320	370	
MB_8	470	350	470	
MB_{11}	360	300	360	
MB_{14}	470	330	470	
MB_{15}	420	320	420	

5. 钛合金的加热规范

(1)α＋β钛合金常规锻造的加热温度一般取低于β转变温度 10～30 ℃，但为了协调合金锻后组织性能和可锻性，应将加热温度提高到低于β转变温度 10 ℃左右。

(2)α钛合金的锻造加热温度一般可取高于β转变温度，以便扩大合金的锻造温度范围和改善可锻性。

(3)α和α＋β钛合金铸锭的开坯，因其后还有后续的塑性变形和热处理工序，故其锻造加热温度可取在β相区，而终锻温度则在α＋β相区。

(4)β钛合金的锻造温度一般都高于β转变温度，而且等于或略低于再结晶温度。

(5)钛合金坯料在加热温度下的保温时间一般按 0.7～0.8 mm/min 计算。

钛合金的锻造温度和加热规范见表 8.9。

钛合金加热时应注意以下几点：

①为了避免钛合金在火焰炉中加热时吸氢而引起氢脆，火焰炉的气氛应呈微氧化性，不应呈还原性。但不宜呈强氧化性，因强氧化性气氛会使α脆化层增厚并给锻件表面清理工作带来麻烦。成品锻件的锻造加热宜用电阻炉。

②精锻前的加热最好在有保护气氛的炉中进行，也可在毛坯上涂以玻璃润滑剂。

③为了减轻高温氧化及减小α脆化层，同时避免因钛合金导热性差而带来毛坯里外过大温差引起的热裂，大型毛坯或铸锭(直径或边长大于 100 mm 者)宜采用两段加热(预热段：800～850 ℃；加热段：锻造加热温度)。

④为了防止加热过程中毛坯受污染，炉底应垫以不锈钢板，以便将毛坯与炉底耐火材料隔开。

表 8.9 钛合金的锻造温度和加热规范

合金种类	合金牌号	β转变温度/℃	预先经过变形的坯料			钛铸锭	
			始锻温度/℃	终锻温度/℃	保温时间/$(min \cdot mm^{-1})$	始锻温度/℃	终锻温度/℃
α钛合金	TA_2、TA_3		900(870)	700(650)	0.8	980	750
	TA_4		980(980)	800(800)		1 050	850
	TA_5		980(980)	800(800)		1 050	850
	TA_6、TA_7	1 025～1 050	1 020(990)	900(850)		1 150	900
	TA_8	950～990	960(940)	850(800)		1 150	900
β钛合金	TB_1	750～800	930(920)	800(700)	0.7		
α+β钛合金	TC_1	910～930	910(900)	750(700)	0.7	980	750
	TC_3	920～960	920(900)	800(750)		1 050	850
	TC_4	960～1000	960(940)	800(750)	0.8	1 150	850
	TC_5、TC_6	950～980	950(950)	800(800)		1 150	750
	TC_8	970～100	970(960)	850(800)		1 150	900
	TC_9、TC_{11}	970～1 000	970(960)	850(800)		1 150	900
	TC_{10}	930～960	930(910)	850(800)		1 150	900

注：表中括号内数据为压力机和平锻机选用的温度；预先经过变形的坯料一栏里的无括号数据为锻锤选用的温度

6. 铜合金的加热规范

(1)铜合金有很好的导热性，有些铜合金的过热倾向较快，稍有延误，即会引起晶粒过分粗大，因此，应注意控制加热温度和保温时间。

(2)含氧的铜合金，应在氧化性气氛中加热，因为在含有 H、CO、CH_4 等还原性气氛中加热到 700 ℃以上时，这些气体会向金属内部扩散，与 Cu_2O 反应生成不溶于铜的水蒸气或 CO_2。水蒸气具有一定的压力，试图从金属内部逸出，结果导致在金属内部生成气泡或微裂纹，这种现象称为“氢气病”。

(3)紫铜在还原性气氛中加热会出现上述缺陷，而在强氧化性气氛中加热时则易氧化而生成厚而脆的氧化皮，锻压时破裂的氧化皮碎片若压入毛坯表面便会形成缺陷，所以紫铜只宜在微氧化性的气氛中加热。

(4)α+β 黄铜和含锌量较高的 α 黄铜的锻造加热温度一般应低于 β 转变温度，否则，由于 β 晶粒的粗化，会使锻件表面呈橘皮状且易出现裂纹。

(5)含磷超过 0.2%～0.3%(质量分数)的锡磷青铜，其脆性区温度在 200～400 ℃及 850 ℃以上，锻造时应避开这些温度区间。

(6)对于质量要求较高的铜合金锻件，最好在有温控装置的电炉中加热。如果在火焰炉中加热时，炉底应垫上一层钢垫板，使铜毛坯与炉底隔开，加热完毕，再将垫板抽出，这样可以避免将残留在炉内的 Cu 或 CuCl 黏附到以后加热的钢毛坯上，而使其在锻造时产生网状裂纹(铜脆)。

铜合金的锻造温度和加热规范见表 8.10。

表 8.10 铜合金的锻造温度和加热规范

合金种类	合金牌号	锻造温度/℃		加热温度 ($^{+10}_{-20}$ ℃)	保温时间 /(min·mm^{-1})
		始锻	终锻		
黄铜	HPb59－1	720	650	720	0.6
	HPb60－1	810	650	810	
	H62、H68	810	650	810	
	H70	840	700	840	
	H80	860	700	860	
	H90	890	700	890	
	H96	920	750	920	
青铜	QAl9－2、QAl9－4	890	700	890	0.7
	QAl10－3－1.5	840	700	840	
	QAl10－4－4	890	750	890	
	QBe2.5	740	650	740	0.6
	QSi1－3	870	700	700	0.7
	QSi3－1	790	700	630	
	QCd1.0、QMn5	840	650	650	0.6
	QSn6.5－0.4、QSn7－0.2	790	700	700	0.7
紫铜	T1、T2、T3、T4、T5	900	650	900	0.6
白铜	B19	1 000	850	1 000	

8.2 自由锻造工序的操作要点和规则

自由锻是将坯料加热到锻造温度后,在自由锻设备和简单工具的作用下,通过人工操作控制金属变形以获得所需形状、尺寸和质量锻件的一种锻造方法。它分为人工锻打、锤上自由锻和水压机自由锻,前者用于中小锻件,后者用于大型锻件。中小型锻件的原材料大多是经锻轧而成的质量较好的钢材,锻造时主要是使锻件成形。大型锻件和高合金钢锻件一般是以内部组织较差的钢锭为原材料,在锻造时关键是保证锻件质量。所以锻件成形规律和锻件质量是自由锻工艺过程研究的两个主要内容。自由锻造工艺一般在锻锤或水压机上进行。

8.2.1 自由锻工艺分类

根据变形性质和变形程度,自由锻工序分为 3 类,见表 8.11。

(1)基本工序，能够较大幅度地改变坯料形状和尺寸的工序，也是自由锻造过程中主要变形工序。如镦粗、拔长、冲孔、心轴扩孔、心轴拔长、弯曲、切割、错移、扭转、锻接等。

(2)辅助工序是在坯料进行基本工序前采用的变形工序。如钢锭倒棱、预压夹钳把、阶梯轴分段压痕等。

(3)修整工序是用来修整锻件尺寸和形状使其完全达到锻件图要求的工序。一般是在某基本工序完成后进行。如镦粗后鼓形滚圆和截面滚圆、端面平整、拔长后校正和弯曲校直等。

表 8.11　自由锻工序图

基本工序					
拔长	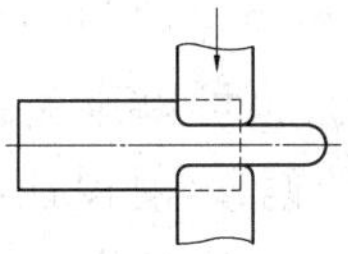	芯轴拔长	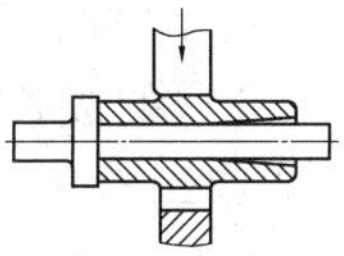	镦粗	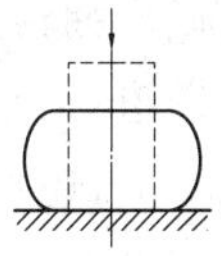
冲孔	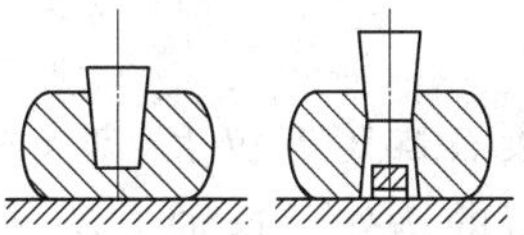	扩孔	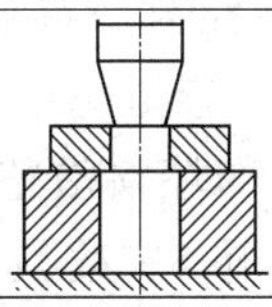	弯曲	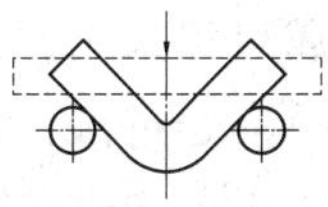
切割	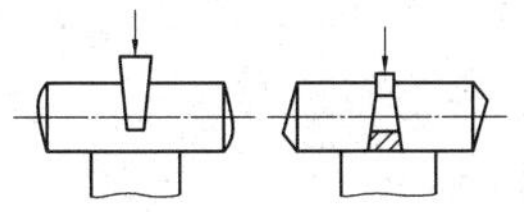	错移	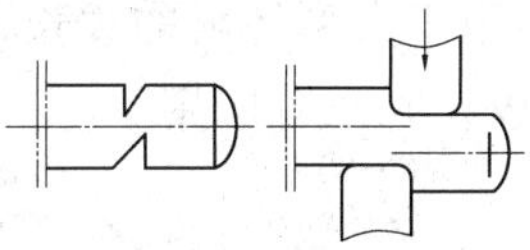	扭转	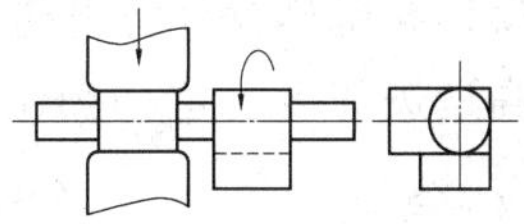
辅助工序					
压钳把	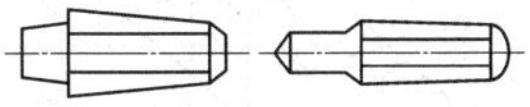	倒棱	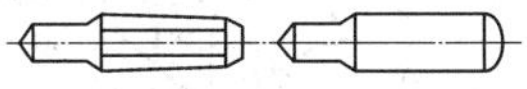	压痕	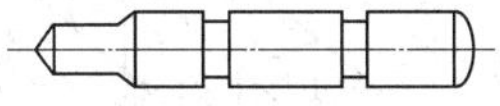
修整工序					
校正	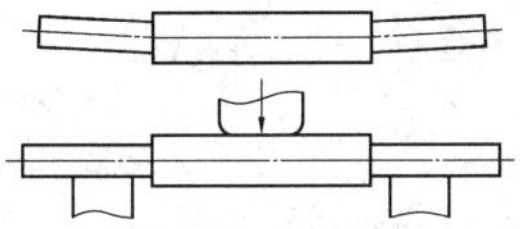	滚圆	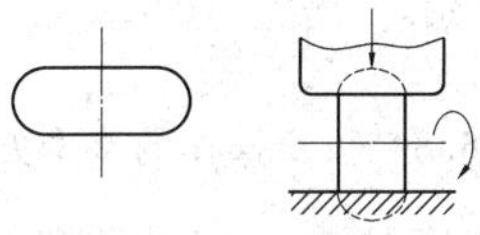	平整	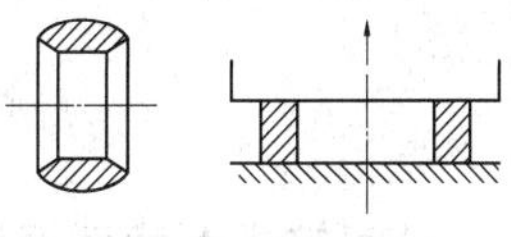

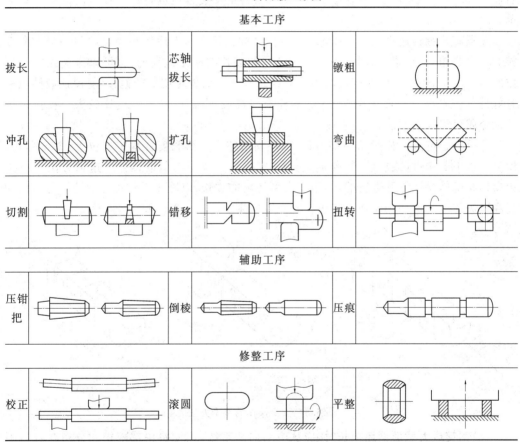

8.2.2　各工艺的操作要点和规则

1. 拔长工序

拔长是使坯料截面积减小而长度增加的工序。拔长后，金属的纤维方向沿着拔长方向得到拉长，是锻造轴、拉杆、连杆等长轴类锻件的常用工序。由于拔长是通过逐次送进和反复转动坯料进行压缩变形的，所以它是锻造生产中耗费工时最多的锻造工序。因此，在保证锻件质量的前提下，应该尽可能提高拔长效率。拔长工序是自由锻中最常见的工序，特别是大型锻件的锻造。

拔长工序有如下作用：

①由横截面积较大的坯料得到横截面积较小而轴向伸长的锻件。

②反复拔长与镦粗可以提高锻造比，使合金钢中碳化物破碎而均匀分布，提高锻件质量。

拔长工步操作中应注意：

(1)进行拔长操作时，要注意控制各部变形的均匀性、拔长效率和操作方便性等。有三种基本操作方法可供选用。

①左右翻转送进法。如图 8.8(a)所示，即在每次压下后应立即翻转 90°，并送进(或后撤)一段进给，翻转动作只在固定的 90°范围内正反交替地进行。这种方法的操作最简单。

②螺旋式翻转送进法。如图 8.8(b)所示，即在每次压下后坯料固定地朝一个方向旋转 90°，并送进(或后撤)一段进给。这种方法的拔长效率是最高的；也可以避免在同一部位的多次压下；还可以防止坯料原始中心组织在拔长后发生明显的偏移，对保证锻件质量有好处。但这种方法要求翻转 90°的操作有较高的准确性，技术难度比较大。在拔长低塑性金属可以采用此法。

③单向送进法。如图 8.8(c)所示，即坯料沿整个变形长度在固定方位上(即不翻转)做逐次压下一送进(或后撤)操作后，再转 90°改换方位做类似的操作。这种方法是将进给操作和翻转操作分开进行的，多用于大型坯料的拔长，以减少操作机的翻转动力消耗和提高送进速度。这种操作在手工拔长时也有应用。

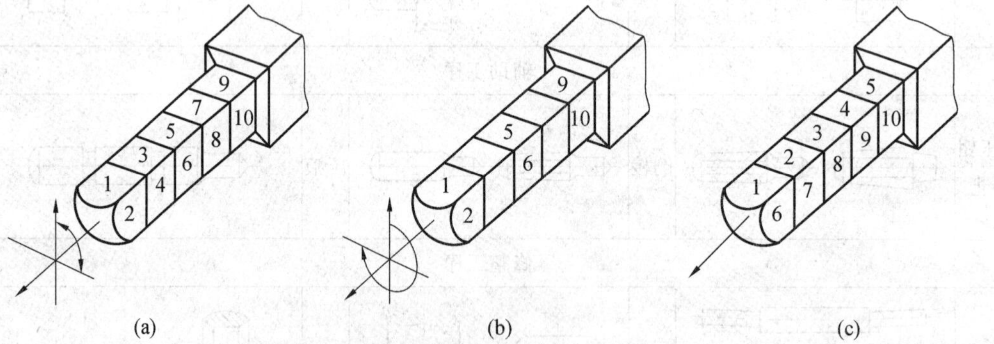

图 8.8　拔长操作的基本方法

(2)钢锭或大截面钢坯拔长时，应从中间向两端拔，以便将中部疏松和分布在冒口附近的偏析区挤到端部，便于切除。对于一般坯料，可从端部开始拔长。

(3)在拔长高合金钢钢锭时，应先倒棱，其单边压下量不应大于 30 mm。

为了防止拔长锻坯的内部出现纵向裂纹，对于高合金钢钢锭及低塑性金属，应合理使用 V 形砧拔长。表 8.12 列出各种成套型砧锻造的特征比较。实际上，拔长一般钢料时应采用较大开口的型砧，它允许有较大的压下量，可以在较大尺寸范围内进行锻造。开口小的封闭式型砧，由于可用范围极小，一般只用于最后修整。对于低塑性的高温合金锭料，则应先在封闭式型砧中拔长，待塑性提高后，再用 90°～120°顶角的上、下 V 形砧拔长。

表 8.12 各种成套型砧锻造的特征比较

序号	型砧形状	展宽量	适用场合	变形特征	相同压扁次数的表面质量	相同压下量和送进量的拔长效率	能拔长的直径范围
1	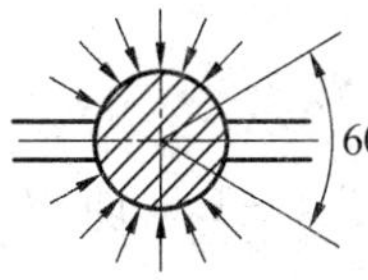	实际上没有	用于塑性较低的场合	变形深透	很高	很高	很小
2	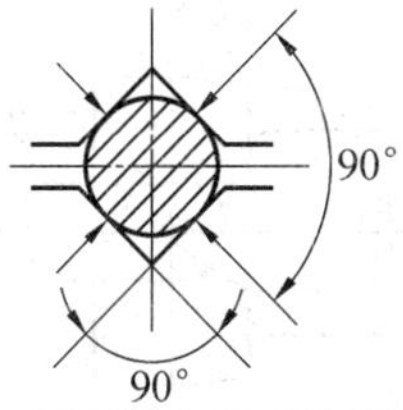	不大	用于塑性较低的场合	变形深透	较低	高	很小
3	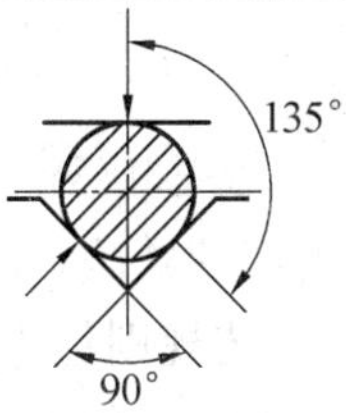	中等	用于塑性较低的场合	沿断面变形较均匀	较低	高	小
4	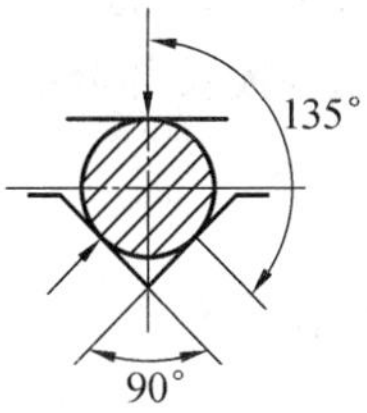	中等	用于塑性中等的场合	外层变形大，中心变形较小	低	中等	较小
5	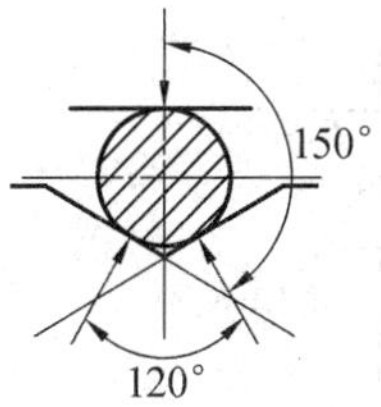	较大	用于塑性较低的场合	外层变形大，中心变形较小	低	中等	较大
6	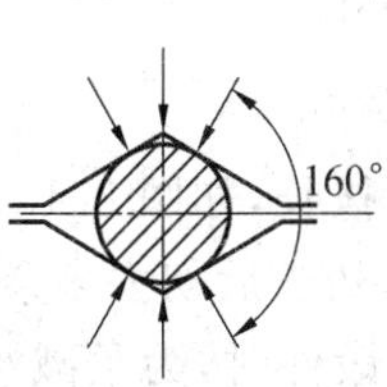	大	用于塑性较低的场合	外层变形大，中心变形较小	高	较低	大

(4)为了防止锻裂，拔长时的每次压下量都应控制在该种材料塑性所允许的数值以内。同时，为了防止拔长时产生局部夹层，每次压下量应保证锻件的宽度与高度之比小于2.5，即 $b/h<2.5$ 如图 8.9 所示，否则翻转 90°后再锻时，容易产生弯曲和折叠。

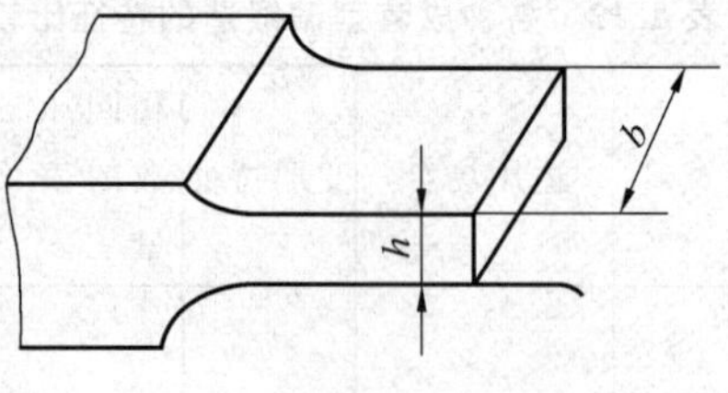

图 8.9　控制拔长后的尺寸

另外，在操作中还应注意控制每次的送进量与单边压下量之比大于 1～1.5，即 $2l/\Delta h<2.5$，否则也容易产生折叠，如图 8.10 所示。

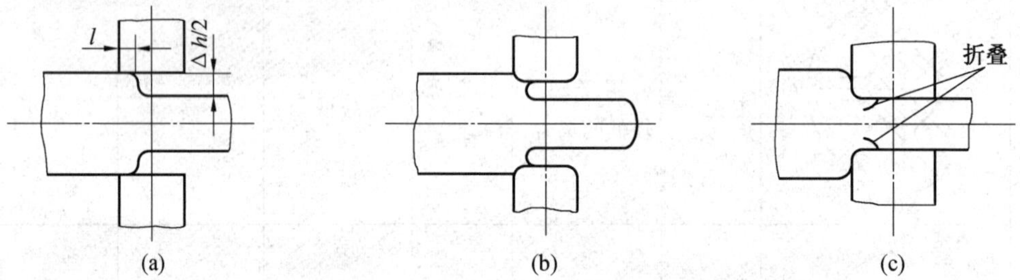

图 8.10　拔长操作不当造成的折叠

在确保以上操作环节不出现问题之外，为了能有效地锻合钢锭内部的缺陷，在拔长变形的主要阶段应尽可能采用高温大压下量的拔长方法，为此，可根据工艺规则适当加大进给量。进给量与坯料断面高度（或直径 D）之比 l/H（或 l/D）应在 0.5～0.7 范围之内。

(5)端部拔长时，为了防止端部产生如图 8.11 所示的凹陷和夹层，拔长部分的截面尺寸（图 8.12）应符合下列规定：

圆形截面：$A>0.3D$；

矩形截面：当 $B/H>1.5$ 时，$A>0.4B$；当 $B/H<1.5$ 时，$A>0.5B$。

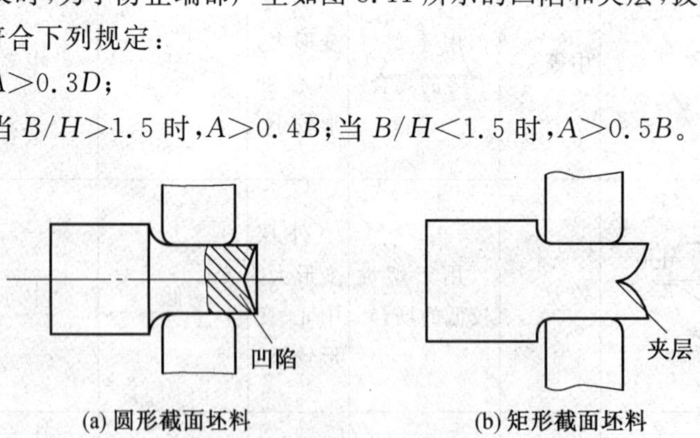

(a) 圆形截面坯料　　(b) 矩形截面坯料

图 8.11　端部拔长产生的凹陷或夹层

为了避免产生夹层，如坯料较短时，可先将一端镦圆，再压肩、拔长，如图 8.13 所示。如果坯料较长，无法将端面镦圆时，则必须按上述规定的长度压肩，拔长后切去多余部分。

(6)在上、下平砧上将大直径圆截面坯料拔长成较小的圆截面锻件时，为了减小横向变形，提高拔长效率，应先将圆截面压成方形截面，并将这方形截面拔长到接近锻件直径的小方形截面中间坯后，再压成八角形截面，最后锻成所需的圆形截面，如图 8.14 所示。

首先将圆钢拔成方钢时，圆钢的直径应是所变钢边长的 1.4 倍，且操作时的送进量要适当加大，否则，方钢的尖角难以锻出。

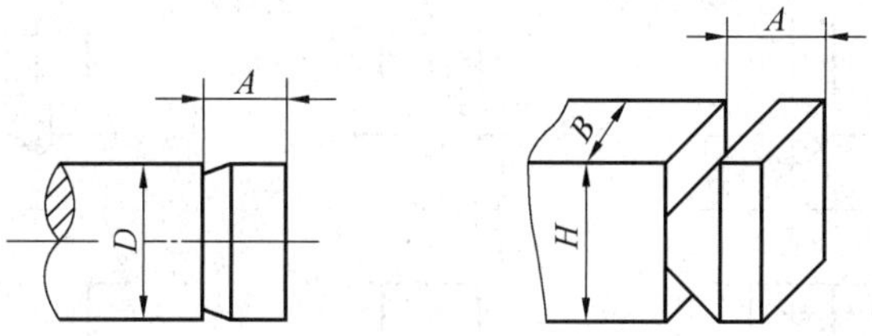

图 8.12 端部拔长时的切槽长度

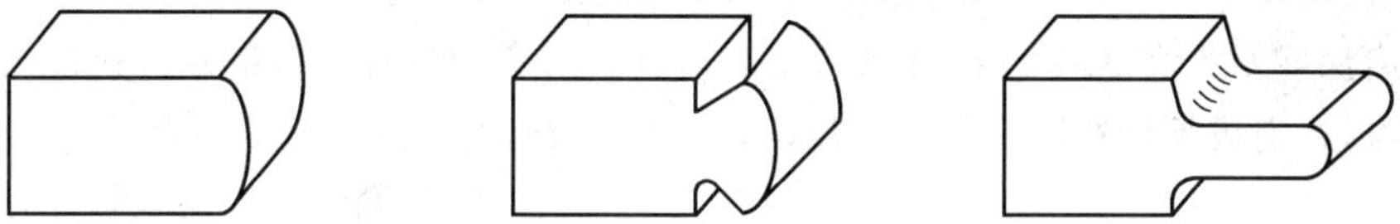

图 8.13 避免产生夹层的方法

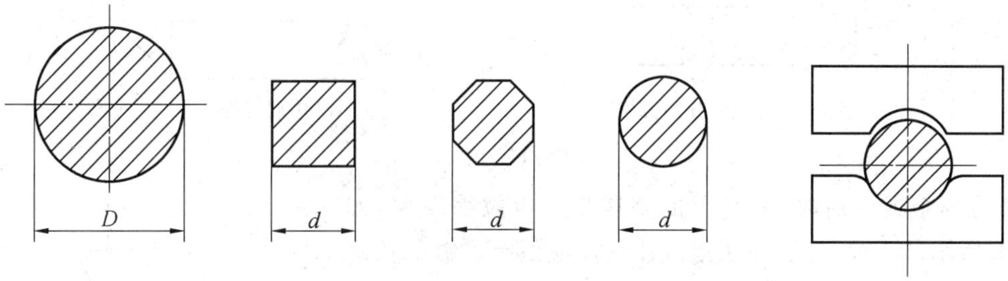

图 8.14 大直径坯料拔长成小直径锻件的截面变换

(7)在水压机上锻造钢锭时,一般应先锻出供夹持用的钳把。钳把应从钢锭冒口端锻出,如图 8.15 所示,锻件锻好后再把它切掉。钳把的直径应比套筒内径小 10 mm 左右。钳把的长度一般等于钢锭直径的 15 倍,对于大钢锭,可取 1.2～1.3 倍。如倒棱后须进行镦粗,则钳把直径可取钢锭直径的 45%～55%。

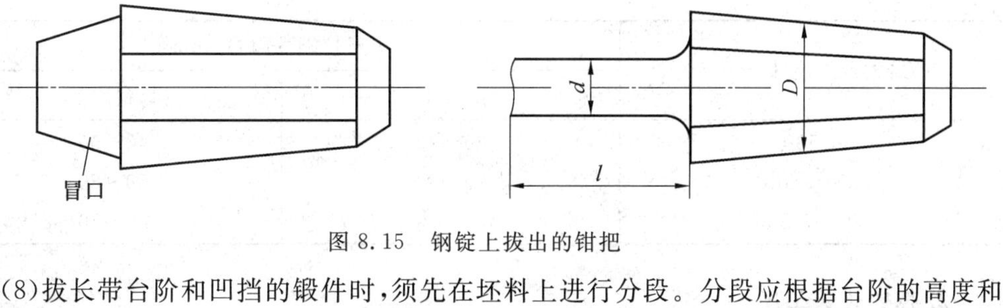

图 8.15 钢锭上拔出的钳把

(8)拔长带台阶和凹挡的锻件时,须先在坯料上进行分段。分段应根据台阶的高度和凹挡的深度,分别采用圆压棍压痕或三角刀压肩,然后再将台阶或凹挡锻出。如果压痕工具选择得当,则锻出的台阶或凹挡同锻件的过渡部分才能平直整齐,如图 8.16 所示。

一般在锤上拔长,当台阶高度 $H<20$ mm 时,只采用圆压棍压痕;当 $H>50$ mm 时,应先用压棍压痕,后用三角刀压肩。在水压机上拔长时,当台阶高度 $H<50$ mm 时,可不压痕而直接用上、下砧拔长,但要求上、下砧边缘要对齐;当 $H=50$～100 mm 时,仅压痕即可;当 $H>100$ mm 时,应先压痕后压肩或直接用三角刀压肩。

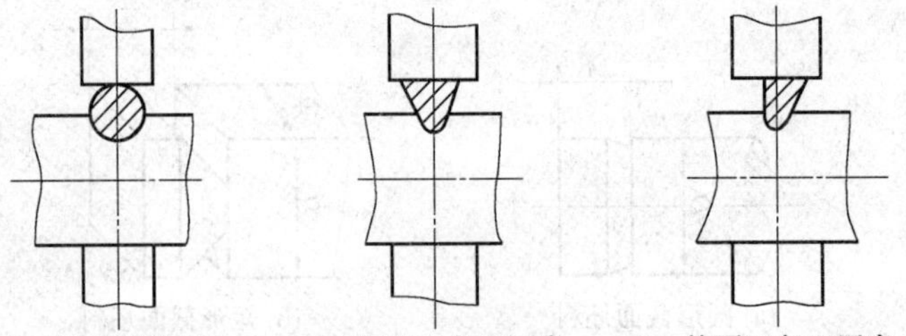

(a) 用圆压棍压痕　(b) 双面三角刀压肩　(c) 单面三角刀压肩

图 8.16　压痕和切肩

压肩深度 h 为高度的 1/2～1/3，如图 8.17(a)所示，在操作时，最好达到 $h=2H/3$，但不能过深，否则拔长后在压肩处留有压印，如图 8.17(b)所示，造成锻件报废。

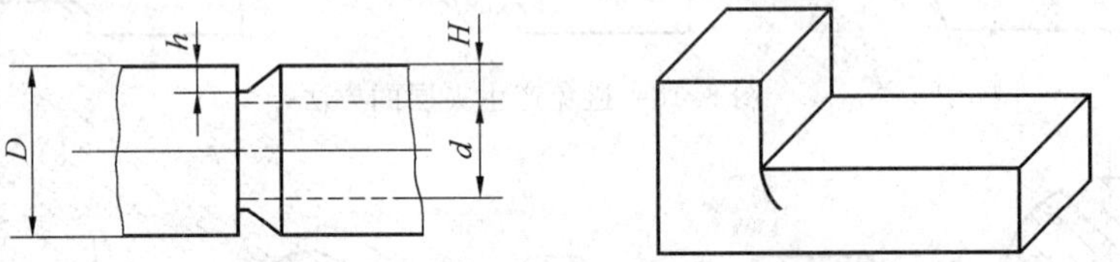

(a) 压肩深度　(b) 压肩过深

图 8.17　压肩

在压痕或压肩时，坯料上的金属将产生拉缩现象，如图 8.18 所示。为此，坯料在压痕或压肩前应留有足够的拉缩量(压肩拉缩保险量 Δ)。当台阶高度 $H=50\sim100$ mm 时，保险量 $\Delta\leqslant0.3$ 的凸缘上取其直径的 10%～20%；在长台阶上取其直径的 8%～10%。如果台阶高度为 60 mm，凸缘直径为 100 mm，按 10% 计算，则保险量 $\Delta=10$ mm。当台阶高度 $H>100$ mm 时，压肩拉缩保险量可按表 8.13 选取。

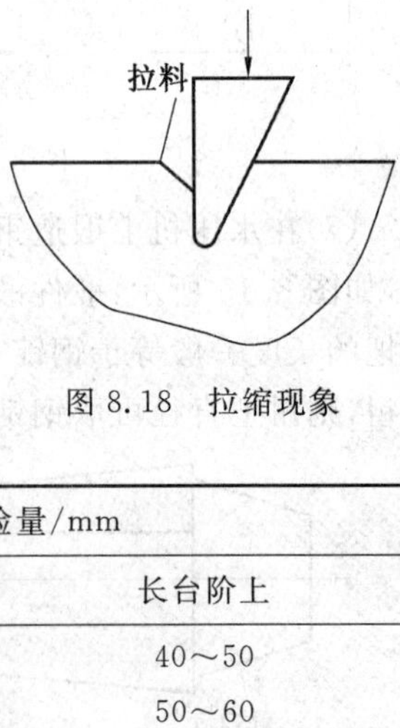

图 8.18　拉缩现象

表 8.13　压肩拉缩保险量

最大台阶尺寸/mm	压肩拉缩保险量/mm	
	凸缘上	长台阶上
<500	60～70	40～50
500～800	70～80	50～60
800～1 200	80～120	60～70

2. 芯棒拔长工序

芯棒拔长是用来减小空心坯料的外径(壁厚)而增加其长度的锻造工序。它主要用于锻制长筒类锻件。操作中应注意：

(1)芯棒拔长前的冲孔坯料应壁厚均匀，端面平整。坯料在芯棒拔长前的加热应保证均匀，因此要注意有适当的保温时间和坯料在加热炉中的摆放方法。

(2)为提高芯棒拔长的效率和防止孔壁产生裂纹，对于壁厚与孔径大于 0.5 的厚壁锻件，一般采用上平砧和下 V 形砧；对于壁厚与孔径比小于等于 0.5 的薄壁空心锻件，上、下均采用 V 形砧。在锤上拔长厚壁锻件时，有时为了节省 V 形砧的制造费用而都用上、下平砧。但无论是在型砧还是在平砧上拔长，都必须先锻成六角形截面，达到相对接近锻件外径尺寸时再锻成圆形截面。

(3)当采用芯棒拔长时，拔长前坯料的冲孔直径应大于芯棒直径，保证芯棒能顺利穿入而间隙又不过大。在锤上拔长时，冲孔直径一般等于芯棒直径加 20～30 mm；在水压机上拔长时，冲孔直径一般等于芯棒直径加 30～50 mm。

(4)为了防止孔壁裂纹的产生，芯棒在锻前应预热到 150～350 ℃；锻件两端的终锻温度应比该材料规定终锻温度偏高 100～150 ℃。

(5)芯棒拔长操作中要注意保持芯棒平直；旋转角度和锤击轻重均匀，避免端面出现歪斜。如果发现端面过分歪斜现象，应及时抽出芯棒，用矫正镦粗法予以矫正。

(6)为了避免芯棒在使用中被“咬住”，一方面应将芯棒作出$\frac{1}{100}$～$\frac{1}{150}$的锥度，大头带凸缘，凸缘外有可供夹持的钳把，以方便操作；另一方面应按图 8.19 所示的顺序拔长，以方便孔壁与芯棒间形成间隙，尤其是在最后一趟拔长操作中更应该注意掌握这一点。

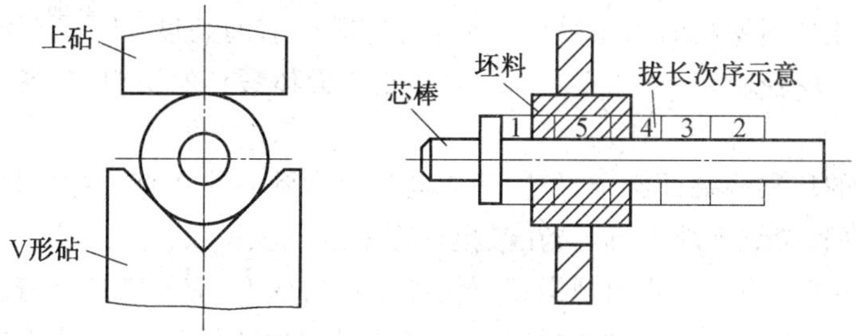

图 8.19 芯棒拔长的加压顺序

(7)在锤上拔长时，如果芯棒万一被咬住(卡死)，应将锻件放在平砧上，沿轴线轻压一趟，然后翻转 90°再轻压一趟，使锻件内孔稍有松动，即可取出芯棒。在水压机上拔长时，可按图 8.20 所示借助上砧、下砧、活动工作台和翻钢机的方法取出芯棒。如果按以上操作仍难以取出芯棒，则可对弯曲处进行校直，再用平砧以小压下量由八方到圆拔长一趟，并压住芯棒轴肩和锻件，撞击芯棒后取出。在不得已的情况下，也可将锻件连同芯棒一起返炉加热，然后将水通入芯棒，使芯棒骤冷收缩后取出。

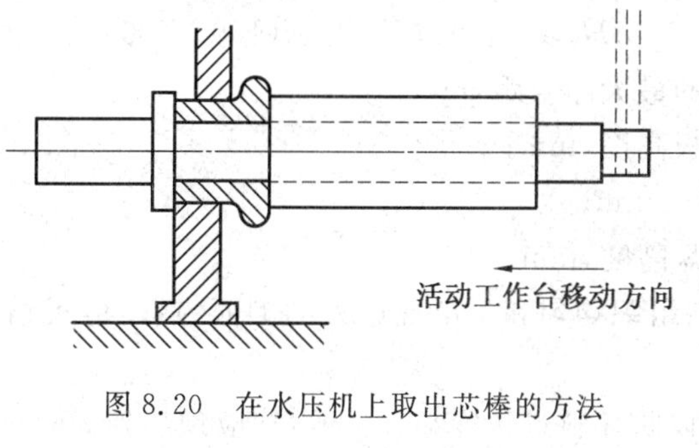

图 8.20 在水压机上取出芯棒的方法

3. 镦粗工序

镦粗是使坯料高度减小而横截面积增大的锻造工序。它主要用于锻造齿轮坯、凸缘和圆盘等类锻件，也作为提高拔长锻造比和冲孔前的预备工序。

镦粗工序是自由锻中最常见的工序之一，有如下用途：

①将高径(宽)比大的毛坯锻成高径(宽)比小的饼(块)锻件。

②锻造空心锻件时，在冲孔前使毛坯横截面增大和平整。

③反复镦粗、拔长，可以提高后续拔长工序的锻造比；同时破碎金属中碳化物，达到均匀分布。

④提高锻件的横向力学性能，减小力学性能的异向性。

在镦粗操作中应注意：

①坯料在镦粗前应加热到材料所允许的最高加热温度，并进行适当的保温，以使坯料内外温度均匀一致，降低其变形抗力，防止镦粗时坯料中心出现偏移，造成钢锭偏析区移向一边，从而使镦件质量变坏。

②合金钢和质量大于 8～12 t 的碳素钢钢锭，镦粗前必须倒棱，以锻合其皮下缺陷，使镦粗表面不致产生裂纹，同时去除钢锭棱边和锥度，可保证锭身平直，避免不均匀性镦粗。

③为了防止坯料镦粗时产生纵向弯曲，坯料镦粗前的高度 H 与直径 D 之比不应超过 3，最好将 H/D 控制在 2～2.5 之间。对于正六面体锻坯的镦粗，其高度和最小基边之比应小于 3.5～4。

④镦粗前的坯料两端面必须平整，且应与坯料的轴心线垂直。在坯料的侧表面上，不应有凹坑、划痕和裂纹等缺陷，以防在镦粗过程中进一步扩大。

⑤钢坯镦粗时，为了防止出现镦粗裂纹和不均匀变形，应不断地绕着坯料的轴心线转动，每次镦粗的压下量不应超过该材料所允许的极限值。镦后再拔时其高度应满足拔长要求。

⑥锤上镦粗时，坯料的高度应与锤头的行程空间尺寸相适应，即应使

$$H-h_0>0.25H \tag{8.12}$$

式中 H——锤头的最大行程，mm；

h_0——坯料的原始高度，mm。

⑦水压机上镦粗时，其锭身高度、上镦粗板高度和下镦粗盘高度之和，应小于水压机的最大净空距，即应使

$$H_n \geqslant H_u + H_i + H_b + (100\sim200) \tag{8.13}$$

式中 H_n——水压机的最大净空距，mm；

H_u——上镦粗板高度，mm；

H_i——锭身高度，mm；

H_b——下镦粗盘高度，mm。

⑧为了使镦粗坯料组织均匀和不出现过大的侧面鼓肚，应视情况采取相应的改善措施，这些可行的措施有：

a. 预热镦粗工具，以防坯料过快冷却。一般，均应预热到 200～300 ℃。

b. 对于低塑性材料的镦粗，应在上、下端面使用玻璃粉、玻璃棉和石墨粉等润滑剂，以提高变形均匀性。

c.采用图 8.21 所示的预制凹形坯料，借助其产生的径向压应力防止侧表面产生纵向开裂。

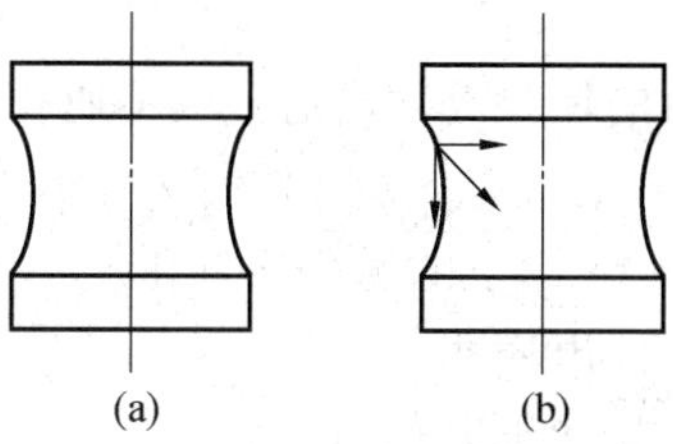

图 8.21 凹形坯料及其镦粗时的受力

d.在镦粗坯料的上、下端面增设高温金属软垫，如图 8.22 所示。由于软垫采用低碳钢制造，而且加热不低于坯料镦粗温度，所以完全隔绝了镦粗工具的冷却作用，大大改善变形过程，明显减小鼓肚。

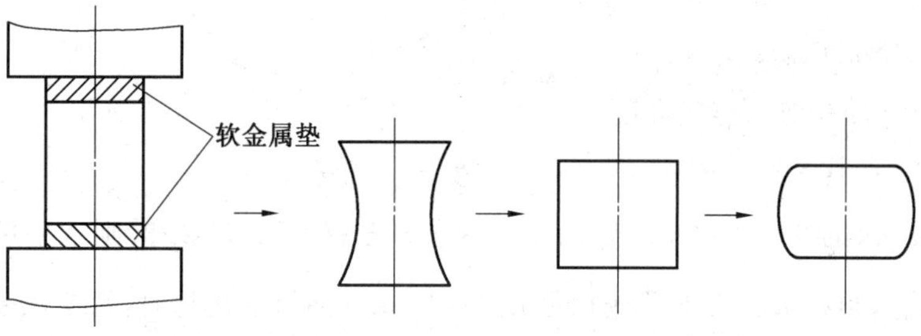

图 8.22 采用软垫镦粗时坯料的变形过程

e.为防止高速钢坯料镦粗时出现鼓肚和纵向裂纹，可采用如图 8.23 所示的铆镦，即先使坯料两端产生局部变形而使侧面出现内凹，然后再镦粗，使内凹消失。如果坯料比较大，也可以先用赶铁将坯料侧表面赶成图 8.24 所示的形状。

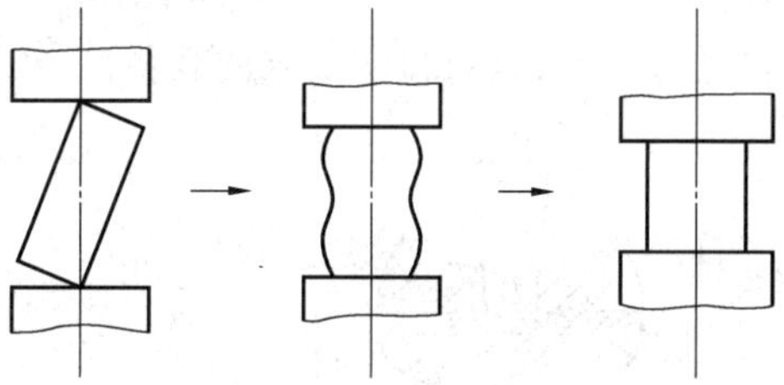

图 8.23 镦粗过程

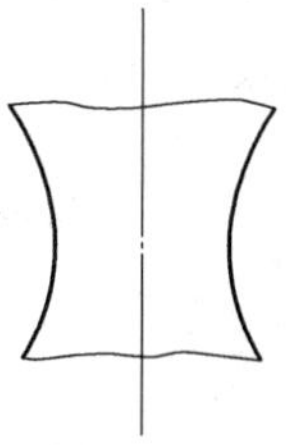

图 8.24 赶铁赶成的侧凹坯料

f.对于扁平的圆盘锻件，可以采用叠镦，即两件重叠镦粗，形成由两件共同形成的自然鼓肚，然后将两件分别翻转 180°后再重叠镦粗，可以使侧面鼓形消除。

g.镦粗低塑性高合金钢时，还可以采用在套环内镦粗的办法，即在坯料外套上一个碳钢外圈，一起加热变形，冷却后再将外圈加工掉。

⑨为了节约金属消耗和机加工工时，镦粗坯料上出现的鼓肚应该及时进行滚边修整。只有锻件尺寸符合下述条件时，才可省去修整，即

$$H_f \leqslant 150\ \text{mm 时}, D_f/H_f \geqslant 3.5$$

$$H_f > 150\ \text{mm 时}, D_f/H_f \geqslant 4.5$$

式中 H_f——圆盘类锻件高度,mm;

D_f——圆盘类锻件直径,mm。

4. 冲孔工序

冲孔是利用冲头在镦粗后的坯料上冲出通孔或不通孔的锻造工序。冲孔工序常用于以下情况:

①锻件带有孔径大于 30 mm 以下的通孔或盲孔。

②需要扩孔的锻件应该先冲出通孔。

③需要拔长的空心件应该先冲出通孔。

一般冲孔分为开式冲孔和闭式冲孔两大类。但在生产实际中,使用最多的是开式冲孔。开式冲孔常用的方法有实心冲子冲孔、空心冲子冲孔和在垫环上冲孔三种。

在冲孔操作中应注意:

(1)采用实心冲头双面冲孔的条件是:

$$D_0/d_1 \geqslant 2.5 \sim 3, H_0 \leqslant D_0$$

式中 D_0——冲孔前的坯料直径;

H_0——冲孔前的坯料高度;

d_1——冲孔直径。

并且第一次的冲孔深度应为坯料高度的$\frac{2}{3} \sim \frac{3}{4}$;如 $D_0/H_0 > 8$,则常采用实心冲头单面冲孔(漏孔);当在水压机上锻造孔径 $d_1 > 400$ mm 的饼形锻件时,常应该采用空心冲头冲孔。

(2)实心冲头双面冲孔时,往往会出现如图 8.25 所示的坯料变形现象。即冲头下面的金属被挤向四周,坯料高度减小,直径增大,上端面凹入,下端面凸起。变形程度的大小与 D_0、H_0 和 d_1 等尺寸有关,D_0/d_1 越小,则变形程度越严重,坯料外层金属的切向拉伸变形也越大,最终将导致裂纹。所以,应要控制 $D_0/d_1 \geqslant 2.5 \sim 3$。如果 $D_0/d_1 < 2.5$ 时,即冲孔直径较大时,一般应先冲一小孔,然后再进行扩孔,以获得所要求的孔径。

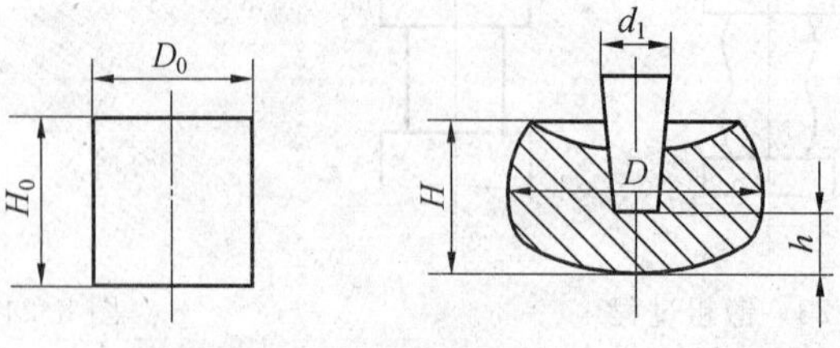

图 8.25 冲孔时的坯料变形

由于坯料端面不平或冲孔高度 H_0 过高,很容易将孔冲偏,一旦冲偏,冲头很易卡在坯料里,造成冲头退火和变形,所以一般应控制 $H_0 \leqslant D_0$,在个别情况下采用 $H_0/D_0 \leqslant 1.5$。

如果冲孔后的锻件不再拔长,考虑到冲孔时坯料高度要减小,冲孔前的坯料高度 H_0 应按下式计算:

当 $D_1/d_1 < 5$ 时,$H_0 = (1.1 \sim 1.2)H$

当 $D_0/d_1 \geqslant 5$ 时,$H_0 = H$

式中 H——冲孔后要求的坯料高度。

(3)冲孔的坯料应该加热均匀，冲孔前必须要镦粗，端面平整。

(4)为防止冲头飞出伤人和影响冲孔质量，冲孔应该仔细检查冲头，要求无裂纹、端面平整，且与中心垂直。

(5)认真找准中心，防止冲偏。

(6)从钢锭冒口端取材的锻件冲孔时，应将冒口朝下，以利于锻件质量。

5. 扩孔工序

扩孔是减小空心坯料壁厚而增大其内、外径的锻造工序。扩孔工序用于各种带孔锻件和圆环类锻件。在自由锻中，常用的扩孔方法有冲子扩孔和心轴扩孔两种。另外，还有在专门扩孔机上辗压扩孔、液压扩孔和爆炸扩孔等，这里只介绍冲子扩孔和心轴扩孔。在实际操作中要注意：

(1)采用冲头扩孔时，为避免出现图 8.26 所示的坯料翻边现象，应注意控制锻件各几何尺寸之间的关系。只有满足 $D/d>1.7$ 和 $H>0.125D$ 的条件，才能采用冲头扩孔。式中 D 是锻件外径，d 是锻件内径，H 是锻件高度。

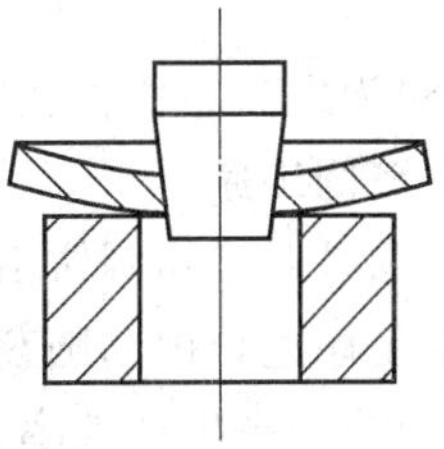

图 8.26 坯料翻边现象

(2)冲子扩孔是采用直径比空心坯料内孔大并带有锥度的冲子，穿过坯料内孔使其内、外径扩大。从坯料变形特点上看，坯料径向受压应力，切向受拉应力，容易胀裂，应控制每次的扩孔量不能太大；冲孔后只能直接扩孔 1～2 次，需多次扩孔时，应进行中间加热，每中间加热一次，允许扩孔 2～3 次。表 8.14 是每次扩孔允许的扩孔量 A。

表 8.14 每次扩孔允许的扩孔量 A

扩孔冲子大头直径 d/mm	A/mm
30～115	25
120～270	30

(3)由于冲头扩孔时，总是在坯料薄弱处首先变形，所以如果控制不当，很可能引起锻件壁厚不均。操作中应注意针对性地采取某些相应措施，如局部蘸水冷却等。

(4)冲头扩孔前的坯料高度 H_1，要考虑到扩孔时的变矮现象和扩孔后的端面平整需要，一般应比锻件高度稍高些，大约控制 $H_1=1.05H$。

(5)采用芯棒(马杠)扩孔时，扩孔前坯料的孔径 d_0 应大于芯体直径 d_1。扩孔前的坯料孔不可偏心，万一出现偏心，应及时予以修正。

(6)为保证扩孔后锻件的壁厚均匀，扩孔过程中坯料应均匀转动，压下量也应均匀一致。

(7)为了保证芯棒扩孔时芯棒的强度和刚度，也为了保证扩孔锻件内表面平整。要注意控制马架间的距离不应过大；随着孔径扩大，还应及时更换较大直径的芯棒。在锤上扩孔时，其允许最小芯棒直径见表 8.15。在水压机上扩孔时，最小芯棒直径可据图 8.27 选取。

表 8.15　锤上芯棒扩孔用最小芯棒直径

锻锤吨位/t	芯棒最小直径/mm
0.3～0.5	40
0.75	60
1.0	80
2.0	100
3.0	120
5.0	160

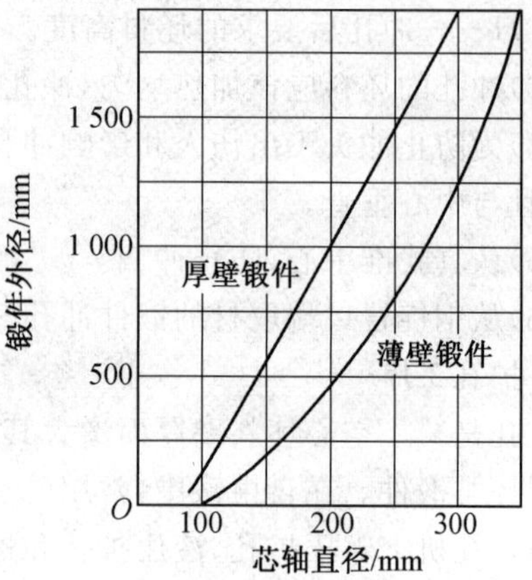

图 8.27　水压机上芯棒扩孔用芯棒直径选择线图

(8)为提高芯棒扩孔的效率，应尽可能采用砧宽头 100～150 mm 的窄上砧。

6. 滚圆工序

滚圆是对镦粗圆饼沿其侧向边旋转边压下以消除镦粗鼓肚的一种锻造工序，常用于与镦粗工序配合锻制圆盘类锻件。操作中应注意：

(1)为提高生产效率和防止滚圆后出现“凹心”缺陷。滚圆前的坯料厚度 H_0 应尽可能与要求的锻件厚度 H 接近，一般使 $H_0=1.05H$。

(2)为得到匀称平整的圆盘形锻件，滚圆操作应按四方→八方→十六方的顺序进行，如图 8.28 所示。

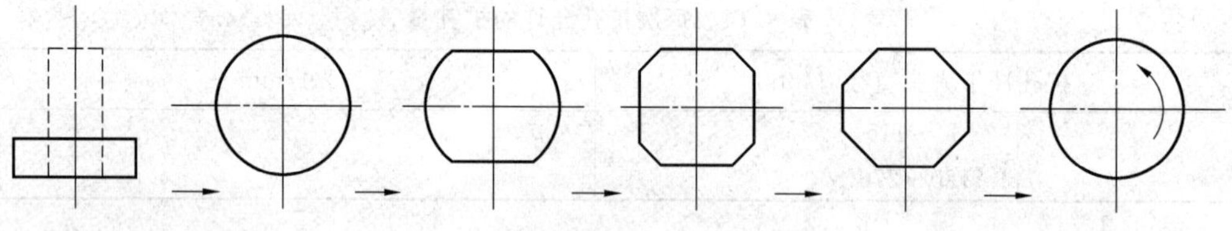

图 8.28　滚圆操作顺序

(3)锻件一旦出现凹心，要想修复过来，切不可原样重压，而应以大变形量改锻成四方盘或六方盘，使厚度增至一合理值后，再按图 8.29 所示顺序进行。

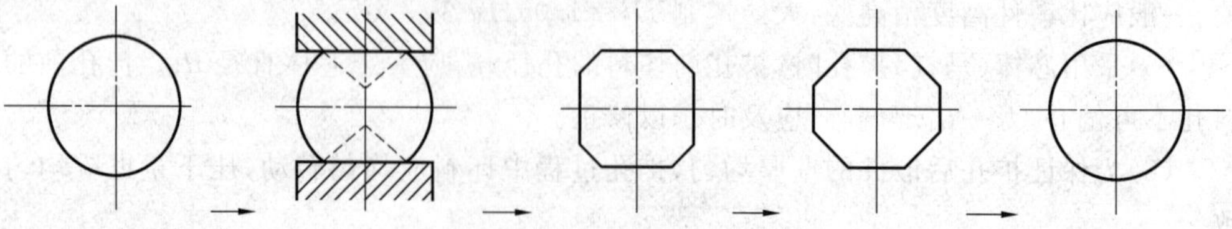

图 8.29　滚圆凹心的矫正

7. 弯曲工序

弯曲是将坯料弯曲成所要求形状的锻造工序。这种方法可用于锻造各种弯曲类零件。

操作中应注意：

(1)坯料弯曲时,由于坯料的外层纤维被拉长,内层纤维受压缩,结果导致转角顶部的坯料被拉细,而转角里层则往往产生皱纹。对于方形截面的坯料,则弯曲后外侧变窄,内侧变宽,并且断面积会减小,长度会增加,如图 8.30 所示。同时,弯曲时外层表面因受拉,还可能产生裂纹。弯曲半径越小和弯曲角度越大,则上述现象越严重。

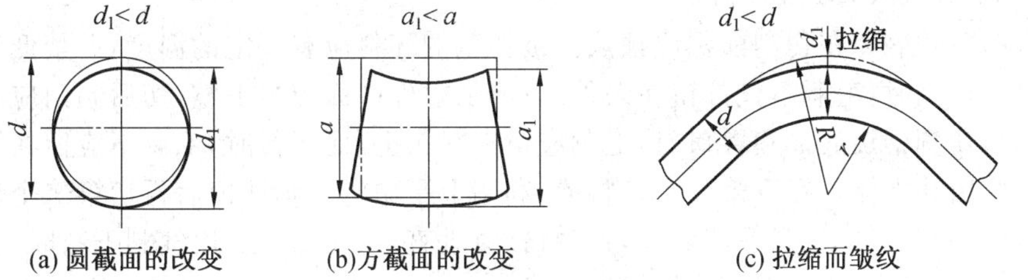

图 8.30 弯曲时断面形状的改变和可能产生的缺陷

为了消除上述的缺陷,在弯曲前应将弯曲部分进行局部镦粗,修出凸肩。或选用较大的坯料(大 10%～15%),锻时先将不弯曲部分拔长到锻件尺寸,然后再进行弯曲变形。

(2)当同一锻件有数处弯曲时,一般应先弯端部,再弯曲线部分与直线部分的交接处,后弯其余圆弧分,如图 8.31 所示。

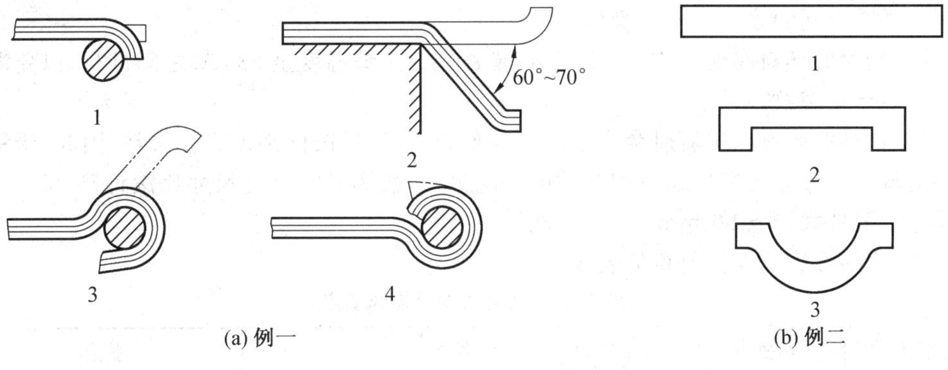

图 8.31 弯曲顺序示意图

(3)被弯曲锻件的加热部分不宜过长,只限于受弯曲的一段,而且加热必须均匀。

8. 扭转工序

扭转是将坯料的一部分相对于另一部分绕自身轴线旋转一定角度的锻造工序。用于锻造曲柄位于不同平面内的曲轴及麻花钻头等锻件。

实际操作中应注意:

(1)受扭部分应加热到该材料塑性最好的温度范围,并沿其长度均匀热透。

(2)扭转变形对受扭部分的缺陷有较强的敏感性。为防止扭转过程中受扭部分因金月变形剧烈而产生缺陷,应注意保证受扭部分的表面光滑、无缺陷。对于粗而短的曲轴轴颈,最好在粗加工后再进行扭转。

(3)扭转变形会使坯件长度稍有缩短而直径略有增加。扭转操作时要特别注意控制扭转角度不要超过要求。一般扭转角度也不应超过 90°,若扭转角度大于要求,绝不允许将扭过的角度再转回来。

9. 切割工序

切割是将坯料分段或进行部分切除的锻造辅助工序。切割包括剁刀切割和气割，操作中应注意：

(1)锤上用剁刀多用 T7、T8 和 5CrMnMo 锻制，水压机用剁刀多用 5CrMnMo、60SiMnMo、60CrMnMo 和 30CrMo 锻制。

(2)各种剁刀在切割前都应预热。被切割的坯料应有一定的温度，严禁低温切割。

(3)切割时，毛刺不允许留在锻件上；所切锻件端面应当平整，切后倾角应小于 15°。

(4)切割钢锭底部和冒口时，毛刺应留在料头上，而下料时，毛刺不应留在第一个坯料上，而应留在本体。在下第二个坯料前，利用上平砧将毛刺锉掉后再切第二个坯料。

(5)切割时，应注意保持剁刀与坯料轴线垂直，以防切斜。用气割下料时，也应使割嘴与坯料轴线垂直，防止端面成马蹄形。

(6)切割位置应注意考虑材料的冷缩现象，尤其是长轴类锻件。一般取收缩率为 1.0%～1.7%。

(7)切割方法及操作要点见表 8.16。

10. 错移工序

错移是将坯料的一部分相对于另一部分错开，并保持两部分轴线平行的锻造工序。常用于锻造双拐和多拐曲轴。操作中要注意：

(1)错移的坯料应加热均匀，并烧透，错移应在始锻温度至 880 ℃之间进行，以免温度低时产生严重裂纹。

(2)错移的坯料在切肩时会产生拉缩现象，在错移后锻件必须进行修整，因此，错移前坯料的截面尺寸应留有拉缩量和修整的保险量，一般坏料的高度尺寸比滚件高 25%。宽度尺寸比锻件大 35～50 mm。

(3)错移方法及操作要点见表 8.17。

表 8.16　切割方法及操作要点

毛坯形状	切割方法	简图	操作
在上平、下 V 形砧中切圆形毛坯	三次切割	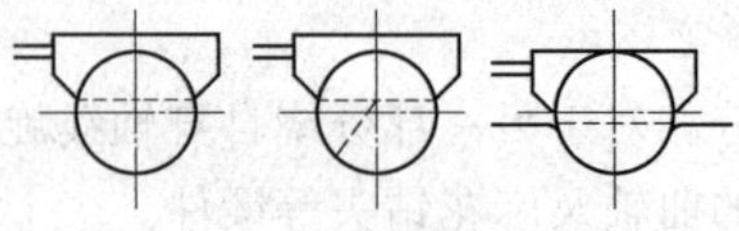	第一次切下截面的 1/3～1/2，翻转 120°～150°。第二次再切 1/3～1/2 的截面，再翻 120°～150°。第三次切下剩余部分或将上平、下 V 形砧铺开，带剁刀一起切下
	圆周切割	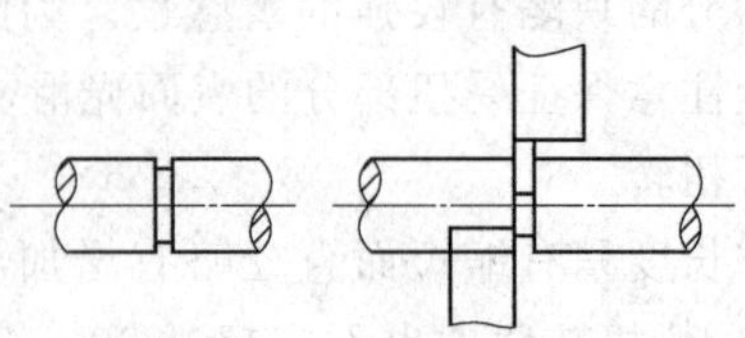	大型截面毛坯，先用剁刀在切割的地方，沿圆周切 100～120 mm 深的沟。然后再切三刀（或二刀、一刀）。切第三刀时，上平、下“V”形砧错开，带剁刀一起切下

续表 8.16

毛坯形状	切割方法	简图	操作
在平砧中切矩形毛坯	单面切割	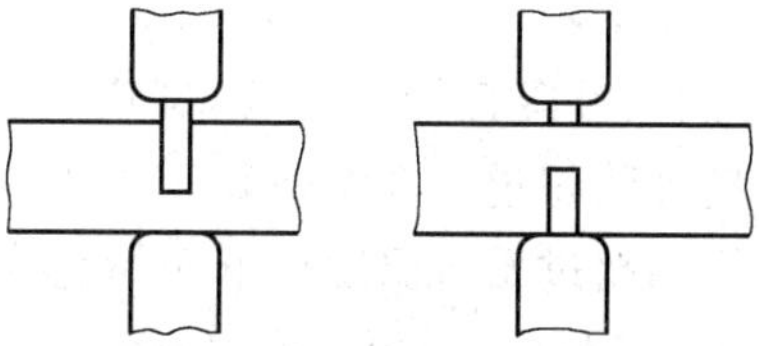	一次切割后，剩 20～40 mm金属连片。连片用方垫或剁刀背切下
	双面切割	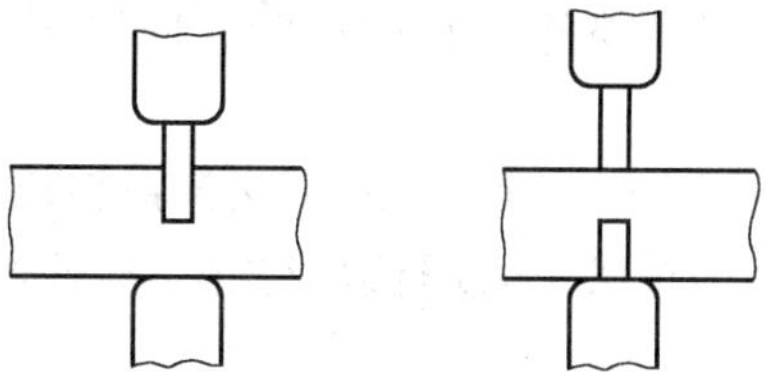	第一次切 1/2 截面，翻转 180°后，第二次切下余下部分
	四面切割	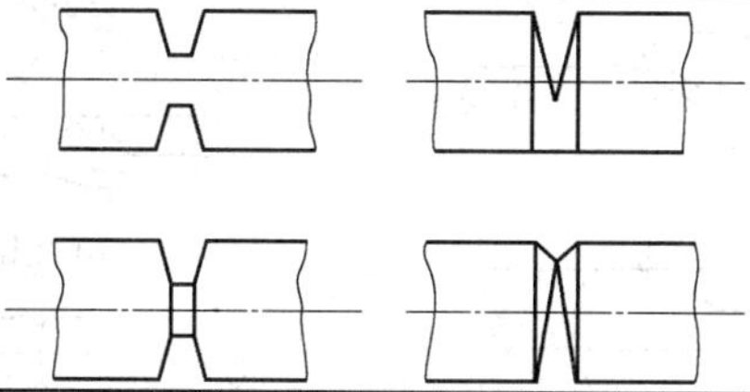	切大截面时用。切割时进行对面切，宽面留拉引量

表 8.17 错移方法及操作要点

错移方法	简图	操作要点
在一个平面内错移	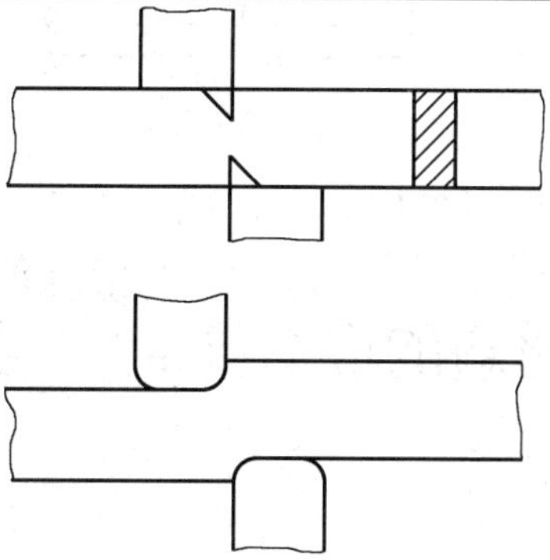	在两相对边上切口，切口深度比所需深度错移小 20～30 mm 为防止毛坯弯曲，错移的一端支承在垫块上，另一端用天车来支承 错移后要校正(切口和错移前的毛坯截面带有保险量)：毛坯比锻件尺寸高 25%，其宽度比锻件大 30～50 mm
在两个平面内错移	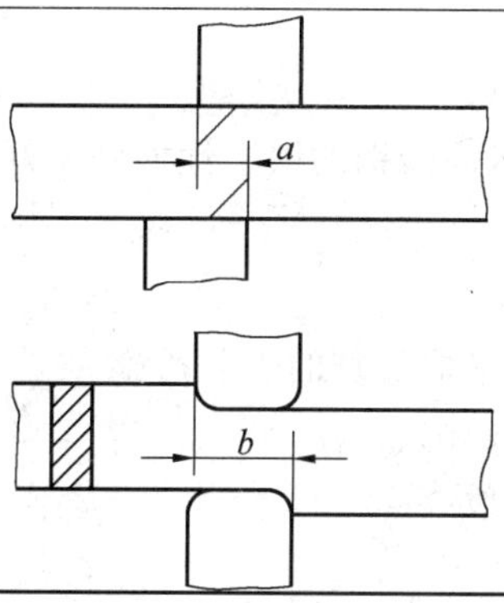	上切口、下切口的相互位置有一距离 a，由错移两端之间的金属决定 在错移过程中，必须调整尺寸 b，调节是以改变错移端下面的垫块高度来达到的

11. 锻接工序

锻接是将两段或几段坯料用锻造方法连接成一体的锻造工序,也称为锻焊,主要用于小型吸件的连接。操作中应注意:

(1)钢中的杂质和合金元素都降低锻接性能,碳质量分数为 0.15%~0.25%的低碳钢,其锻接性能最好,碳质量分数超过 0.30%~0.35%时,锻接性能变差。

(2)锻接前,坯料应加热到超过始锻温度而低于熔化温度 100 ℃左右的温度,如低碳钢可加热到 1 250~1 350 ℃。锻接动作要迅速,先轻击,后重击。

(3)为了防止高温氧化结渣现象。在锻接的表面应撒上焊粉——石英砂、硼砂,食盐等的混合物。

(4)锻接方法有多种,如图 8.32 所示,其中交错搭接用于扁形坯料。当锻接两种不同材质的圆钢时,最好将软材锻成叉形,硬材锻成锥形,然后咬接,以保证质量。

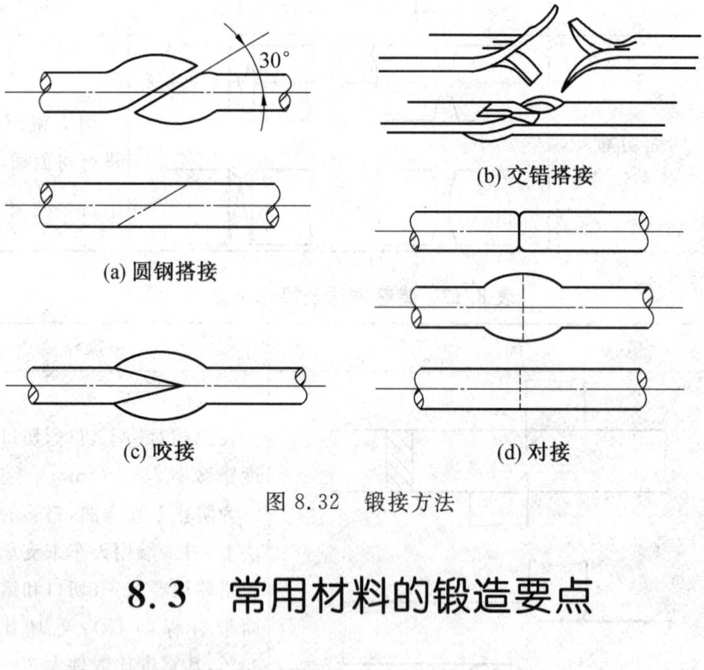

(a) 圆钢搭接　(b) 交错搭接　(c) 咬接　(d) 对接

图 8.32　锻接方法

8.3　常用材料的锻造要点

8.3.1　常用钢的锻造要点

1. 常用低、中碳钢和低合金钢的锻造要点

低、中碳钢一般都具有良好的锻造性能,高碳钢的锻造性能则不好。低合金钢的锻造性能与相同碳含量的碳钢相近或稍差。

(1)调质钢的锻造要点。

①总的说来锻造性能较好,一般不需要采取特殊的工艺措施。

②锻前应清除坏料表层的裂纹、折叠等缺陷。

③用铸锭作为原材料时,锻造比一般应取 3~4。

(2)热锻模具钢的锻造要点。

①常用热锻模具钢有 5CrMnMo、5CrNiMo、4CrMnSiMoV 等，其锻造性能与调质钢类似。

②锻造操作时，应经过 2～3 次镦粗和拔长，使锻造比不小于 5，并使纤维方向垂直于锤击方向。

③锻后缓冷，以防出现白点。

(3)弹簧钢的锻造要点。

①常用钢种有 60、65、70、75、65Mn、60Si2Mn、55Si2MnB 等。因碳含量高，又有 Mn、Si 等元素，故锻造性能不及调质钢。

②操作速度宜快。

③加热时要防止表层脱碳。

④锻件表层不应出现裂纹和折叠。

(4)轴承钢的锻造要点。

①常用钢种有 GCr6、GCr9、GCr9SiMn、GCr15、GCr15SiMn 等，锻造性能比弹簧钢差。

②由于钢中存在网状碳化物和铬的偏析，故锻造操作时要进行 1～2 次镦粗和拔长，锻造比应达 3.5～6。

③锻后球化退火，以得到球化组织。

④锻前加热时，在低温阶段就应缓慢进行。

⑤为抑制网状碳化物的形成，在避免产生裂纹的前提下，锻后先用风冷或喷雾冷却，至 700～750 ℃后再入灰砂冷却。

⑥如果锻件内已出现网状碳化物，则在球化退火前应先进行正火处理。

2. 常用高合金钢的锻造要点

合金元素质量分数在 10%以上的合金钢称为高合金钢，如高速工具钢、不锈钢、高温合金等。其组织结构与碳素钢和低合金钢存在着很大的差异，由于钢中合金含量高、偏析严重、缺陷多、组织结构复杂、导热性差、加热困难、塑性低、变形抗力大、锻造温度范围窄、钢中脆性相多、高温多相、锻造时容易产生裂纹等，高合金钢锻造难度较大。

(1)高合金钢的组织和性能特点。

①高合金钢根据正火后的基体组织可分为四大类，见表 8.18。

表 8.18 高合金钢基体组织分类

序号	基体组织类别	常用钢号示例
1	铁素体	1Cr17、Cr28、0Cr25A15、0Cr13
2	马氏体	1Cr17Ni2、2Cr13、3Cr13
3	奥氏体	4Cr14Ni14W2Mo、1Cr18Ni9Ti
4	莱氏体(具有一次共晶碳化物)	W18Cr4V、Cr12MoV、Cr12、W9Cr4V2

②组织结构复杂，在不同温度下存在着多种相组织。

③由于多种元素的加入，特别是多种复杂相的形成，基体金属原子的扩散受到阻碍，

因而金属需要较高的温度才能再结晶，而且再结晶速度慢。

④由于合金元素的加入，破坏了钢内原子排列的规则性，因而使导热性变差。在高合金钢中尤以含铬及含镍较高者的导热性最差。

⑤由于加工硬化难以消除，因而变形抗力明显增大。锻造中产生的不均匀变形所引起的附加应力，得不到消除，冷却后变为残余应力，会影响以后的使用。

(2)高合金钢的锻造要点。

①钢锭在加热锻造前，应清除表面裂纹等缺陷，甚至必要时要用机械加工方法进行剥皮。采取这种措施后，可以避免缺陷的扩大，同时可增大锻造压下量到1.5～2倍。

②锻前加热时应低温装炉，缓慢升温，至高温段后再加快升温速度。

③由于晶粒粗大，偏析严重，晶界脆弱，塑性差，有的钢种容易发生穿晶缺陷，因此铸锭开锻时必须轻击快打，待铸造组织初步破碎，皮下气泡焊合，塑性得到改善后才能重击。到接近终锻温度时，塑性降低，又必须轻击。

④为保持坯料各部分温度和变形程度的均匀，防止裂纹发生，操作中要勤翻转、勤送进，对某些导热性很差的高合金钢，应采用上、下V形砧锻造，防止锻造裂纹产生，小直径坯料可用摔子拔长。砧铁和工具应当预热，防止坯料接触工具砧子时温度突然下降，影响坯料塑性。

⑤为充分改善内部组织，锻造比应不小于3，必要时可达10以上。

⑥选用较大吨位的锻造设备。

⑦为减少加工硬化倾向，不要在同一处连续锤击。

⑧严格控制始锻温度和终锻温度。不同种类的高合金钢，锻后冷却规范很不相同，而锻后冷却对锻件质量关系甚大，因此，必须严格按照有关冷却工艺规程进行。

3. 常用特殊钢的锻造要点

这里所提的特殊钢也是高合金钢，其锻造中的共性特点已如前述，这里说明几种常见特殊钢的锻造方法和操作要点。

(1)高速钢的锻造。

①高速钢的锻造方法。

最常用的高速钢有W18Cr4V、W6Mo5Cr4V2和W12Cr4V4Mo等。它们锻造的主要目的是要把钢内的粗大共晶碳化物打碎，使其分布均匀。然而击碎碳化物所需要的大变形和材料本身的低塑性是高速钢锻造的主要矛盾，所以生产中常针对性地采用以下几种锻造方法：

a. 单向镦粗。适用于简单薄饼形零件。当原材料的碳化物不均匀分布程度较好且和锻件要求较接近时采用。这时，可将原材料加热后一次镦粗到要求的尺寸，镦粗比应不小于3。

b. 单向拔长。适用于长度与直径之比较大的零件。当原材料的碳化物不均匀分布程度较好且和锻件要求较接近时采用。锻造比取2～4较合理，因为过大会造成碳化物带状组织，影响横向力学性能。

c. 轴向反复镦拔(图8.33)。适用于工作部位处于圆周表层的工件。因为这种锻法的优点在于坯料中心的碳化物偏析组织不会流到外层，从而保证了外层的良好金属组织和力学性能；而且锻造不变方向，因而操作易于掌握。缺点是中心部分的金属组织改善不大；拔长时易出现端面裂纹。

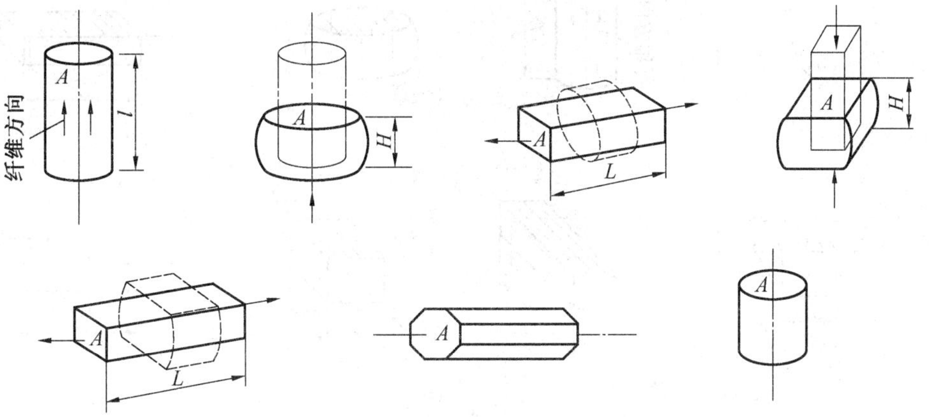

图 8.33 轴向反复镦拔两次变形过程示意图

H—镦后高度；A—材料纤维方向；l—坯料长度；L—锻件长度

d. 径向十字锻造(图 8.34)。适用于工作部位在中心的工、模具零件。其优点在于有利于击碎坯料端部、中心部分的碳化物；同时坯料与锤头的接触面经常变化，因而减少了端面裂纹的机会。缺点是坯料中心部分组织在锻造过程中外流，如果外流金属得不到均匀大变形的改善，必将危及由表层向内 1/4 直径范围内的金属质量；同时操作要求熟练。

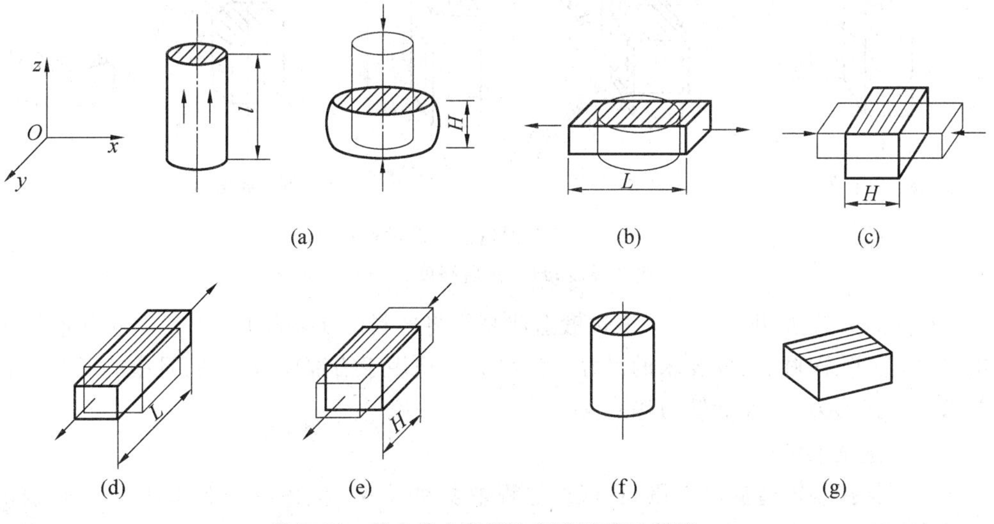

图 8.34 径向单十字锻造变形过程示意图

l—坯料高度；H—镦后高度；L—拔后长度

e. 综合锻造法(图 8.35)。综合锻造法是在径向十字镦拔后，转角 45°进行倒角，然后再进行轴向拔长和镦粗的锻造方法。适用于工作部位在圆周表面的工具零件。对原材料中心质量较差且大批生产的零件则不宜采用。这种锻造方法的优点在于保留了径向十字镦拔坯料中心不易开裂和轴向镦拔容易改善碳化物级别的效果；借助倒角锻造使锻件圆周表面的碳化物级别比较均匀。缺点是工艺复杂，且倒角锻造不安全，也易产生裂纹。

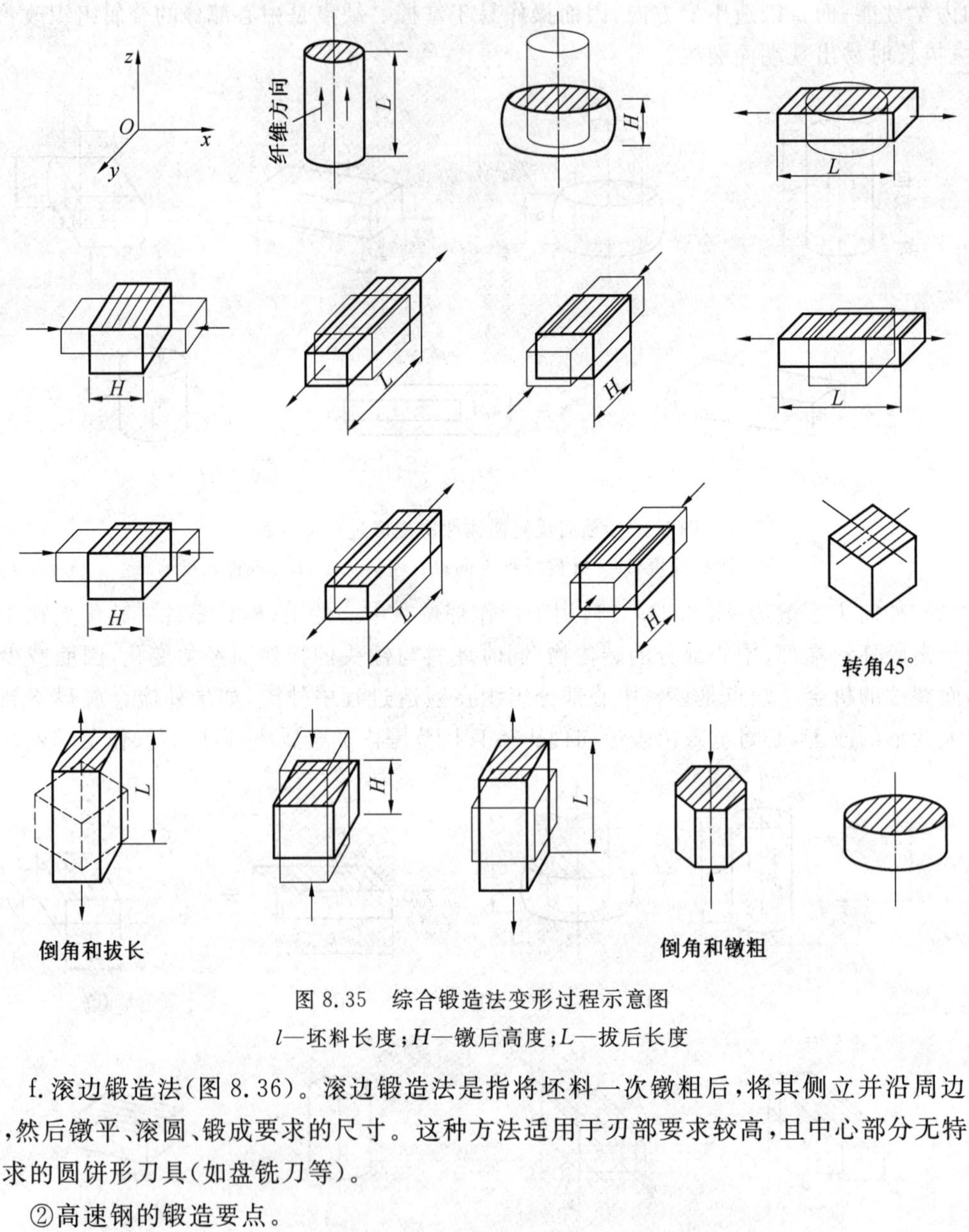

图 8.35　综合锻造法变形过程示意图

l—坯料长度；H—镦后高度；L—拔后长度

f. 滚边锻造法(图 8.36)。滚边锻造法是指将坯料一次镦粗后，将其侧立并沿周边重击，然后镦平、滚圆、锻成要求的尺寸。这种方法适用于刃部要求较高，且中心部分无特殊要求的圆饼形刀具(如盘铣刀等)。

②高速钢的锻造要点。

a. 严格控制锻造温度范围，在锻造过程中发现因热效应使温度上升时，应减轻锻击力或稍停锻击，待坯料降至正常温度时再击，以免因温度上升引起过热或过烧。当温度下降到低于锻造温度时，应立即再入炉加热。

b. 严格执行"轻－重－轻"的操作方法。即在 1 050 ℃以上要轻击，1 050～950 ℃时适当重击，以利于击碎碳化物，950 ℃以下应轻击，以免锻裂。

c. 操作时应注意"两均匀"，即温度均匀、变形均匀。送进时要勤翻转、勤倒棱、勤校正。

d. 镦粗时不宜过分重击，避免出现严重鼓肚而引起侧向裂纹。横截面过大的坯料，不应全部置于锤下镦粗。

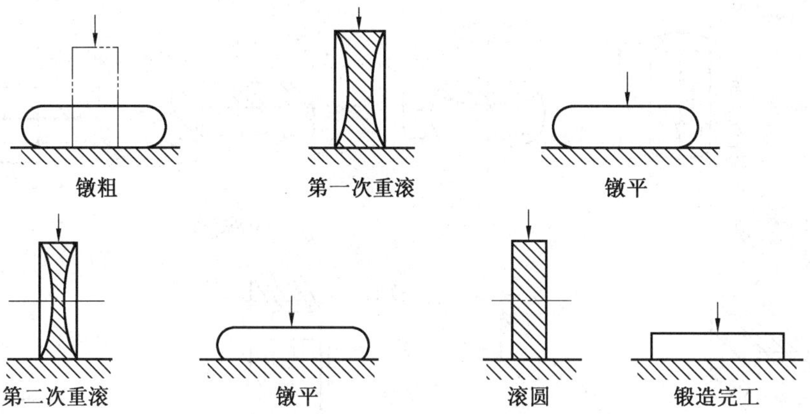

图 8.36 滚边锻造示意图

e.拔长时送进量要合适，每次送进量一般应控制在锻件锤击方向高度的 0.6～0.8 倍。送进量过大，将导致十字裂纹产生，过小则变形不够深透。

f.要勤倒角，以免角上因温度过低而开裂。倒角时应轻击，避免在一处连击。

g.如果在锻造过程中发现裂纹，应即时予以铲除，且要求铲除刨痕圆滑，以防裂纹继续扩大。

h.砧面应平整、光洁。砧面边缘的圆角半径应大些，以免产生折叠和裂纹。开始锻造时，应将砧块预热到 150～250 ℃。

i.严格控制最后一火的锻造温度，并保证有足够的变形量。

②Cr12 型工具钢的锻造。

Cr12 型工具钢和高速钢一样，在结晶过程中也形成了大量的共晶网状碳化物，须通过锻造来予以击碎，并使之分布均匀。但 Cr12 型工具钢与高速钢也存在差别，这种差别在于：Cr12 型工具钢很容易过烧，加热时要严格控制加热温度。另外，用于模具时，要注意掌握好最终的纤维方向，使之符合模具的受力要求。Cr12 型工具钢的锻造方法，除同高速钢的轴向反复镦拔和径向十字锻造法外，有时还采用如图 8.37 所示的三向锻造方法。其反复变形的工序及尺寸如图 8.38 所示。它综合了轴向镦拔和径向镦拔的优点，能更大程度地打碎钢中碳化物和消除其方向性。在最后成形时，要使纤维方向符合模具使用要求，通常是使纤维方向垂直于模具的工作面。由于操作比较复杂，所以，只有内、外质量都要求很高的锻件，如冷冲模、挤压模和小型冷轧辊等才考虑采用径向十字锻造和三向锻造法。

(3)不锈钢的锻造。

①不锈钢的锻造方法。

不锈钢在自由锻时，根据锻件形状，常采用镦粗、镦粗一拔长、单纯拔长等方法。拔长操作时，一般采用方→多角→方的变形过渡方法，并沿轴向不停地翻转及送进，避免在一处反复锤击。若采用钢锭锻造，开锻时应以较小压下量轻击，待塑性提高后再进行重击。为了击碎粗大晶粒，并使之分布均匀，要采用较大的锻造比，并尽量采用镦粗—拔长方法。对于小型不锈钢锻件，还常采用模锻和胎模锻。

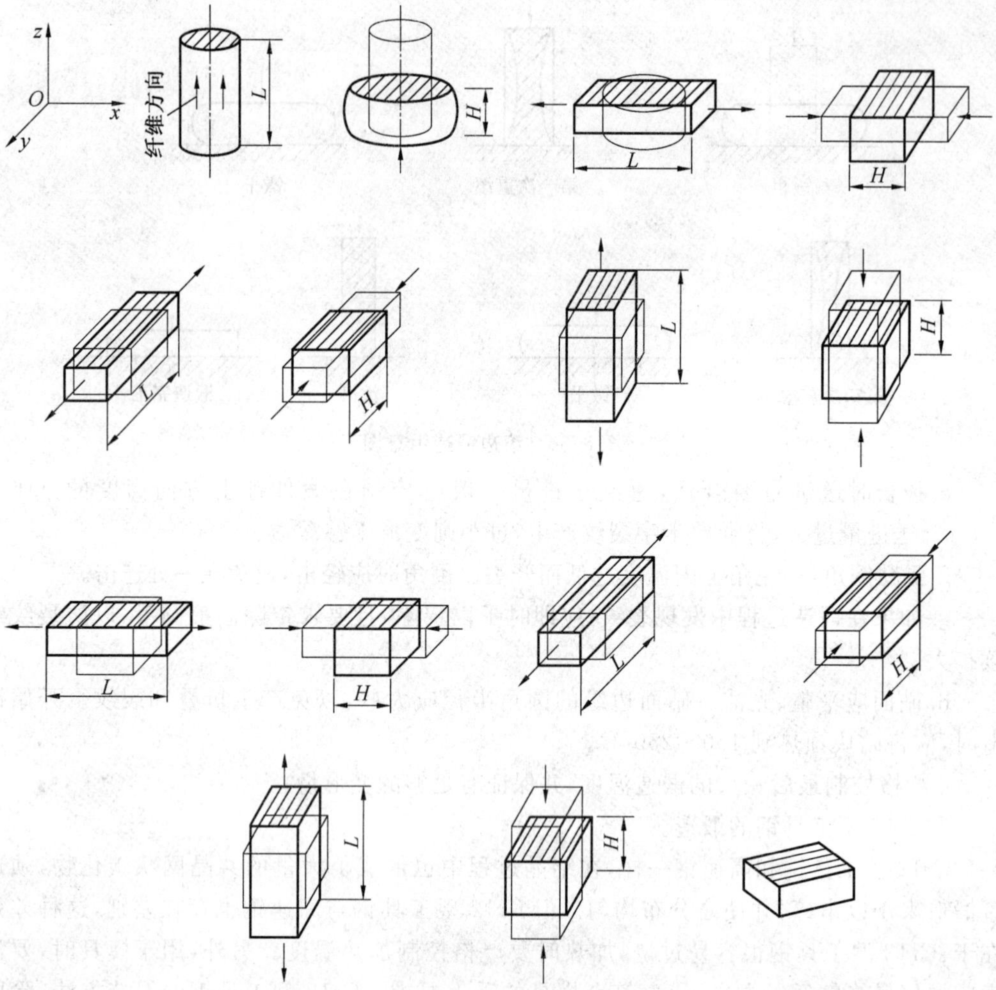

图 8.37 三向锻造法变形过程示意图

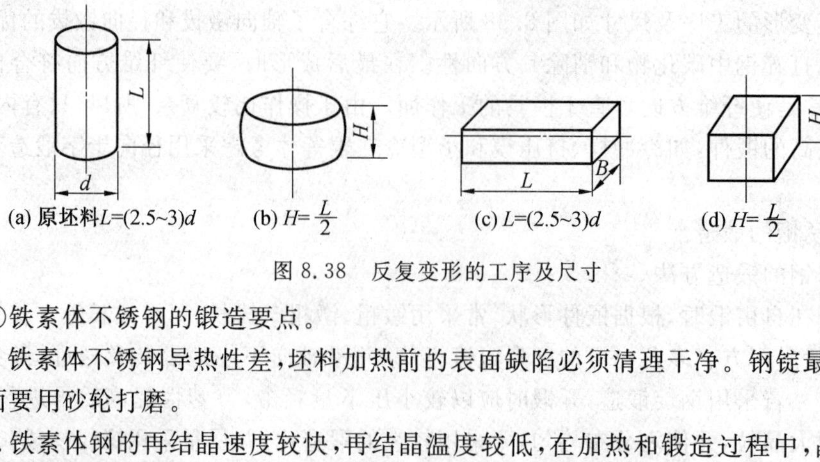

图 8.38 反复变形的工序及尺寸

②铁素体不锈钢的锻造要点。

a. 铁素体不锈钢导热性差，坯料加热前的表面缺陷必须清理干净。钢锭最好剥皮，钢坯表面要用砂轮打磨。

b. 铁素体钢的再结晶速度较快，再结晶温度较低，在加热和锻造过程中，晶粒极易长大，因而，加热温度和终锻温度要严格控制，保温时间不可太长。

c. 铁素体钢在加热和冷却过程中，不发生组织转变，不能用热处理方法提高强度和细化晶粒。因此，最后一火的锻造加热温度不要超过 1 000 ℃，变形量不应低于 12%～20%，终锻温度不得高于 800 ℃，以免再结晶后晶粒粗大。同时，为了避免因温度过低而产生加工硬化，终锻温度不应低于 720 ℃。

③奥氏体不锈钢的锻造要点。

a. 不论是钢锭或钢坯的表面缺陷，都必须用剥皮或铲磨方法清除干净。

b. 始锻温度不宜过高，否则会出现铁素体组织，两相的存在将使塑性降低；同时，过高的温度会使晶粒急剧长大，使金属内部变化很不均匀，导致锻造时开裂。因此，其始锻温度一般为 1 150～1 180 ℃。

c. 终锻温度不能低于 850 ℃，否则会由于碳化物的析出使变形抗力增大，并在锻造时易产生裂纹。

d. 与铁素体不锈钢一样，也不发生组织变化，必须用锻造方法来细化晶粒。用钢锭锻造时，锻造比应选为 6～8，用钢坯锻造时，锻造比应大于 2。为了避免晶粒粗大，终锻温度下的变形量不允许在临界变形程度范围($\varepsilon=7.5\%\sim20\%$)内。

e. 由于变形抗力大，所选锻造设备的吨位应较锻造一般钢材时增大 30%～40%。

④马氏体不锈钢的锻造要点。

a. 马氏体不锈钢在加热和冷却过程中，其组织能发生相变，并可通过热处理方法细化晶粒。在高温下是单向奥氏体组织，因此对最后一火的变形量没有特殊要求。

b. 这类钢的过热敏感性强，要避免加热温度过高及变形速度过快而导致过热。始锻温度以 1 100～1 150 ℃为宜。

c. 锻后在空气中冷却时，即处于淬火状态，极易出现裂纹。因而宜采用砂冷或坑冷，并及时做退火处理。

⑤半马氏体不锈钢的锻造要点。

a. 半马氏体不锈钢在高温状态下由铁素体和奥氏体组成，在两相区内进行锻造比较困难，因而锻造时容易产生裂纹。

b. 由于铁素体含量的多少及分布情况，对锻件热处理后的性能影响很大，所以锻造时应采用较大的锻造比，以使铁素体分布均匀。

c. 始锻温度不能太高，高温下的保温时间也不宜过长，否则会增加铁素体的含量，容易产生过热现象，影响锻件的力学性能。

(4)高温合金的锻造。

高温合金又称耐热合金，是抗腐蚀、抗高温和高温强度高的近代尖端材料之一。通常使用温度超过 700 ℃。高温合金有铁基的和镍基的两类。所有耐热性能好的铁基和镍基高温合金都是以奥氏体为基体的无相变固溶体合金。

高温合金在高温下的塑性差，变形抗力大，锻造性能不好，比合金结构钢和不锈钢难锻。例如，在锤上锻造时，合金结构钢的允许变形量可达 80%以上，而铁基高温合金只有 60%～65%，镍基高温合金只有 40%～50%，同时，所有高温合金的变形抗力都比合金结构钢大 4～7 倍。高温合金难锻的另一原因是其锻造温度范围狭窄和再结晶速度缓慢，例如，一般合金结构钢的锻造温度范围达 350～400 ℃，而铁基高温合金的约为 200 ℃，而镍基高温合金的则只有 150 ℃左右。所以在锻造过程中要注意把握以下一些要点：

①由于高温合金在常温下的硬度很高，导热性极差，所以对于下料质量就应给予特别的重视。一般用剪切下料是不可取的，除非料径在 25 mm 以下。采用砂轮片切割时，速度不宜快，而且在切口处容易出现裂纹，因此，对镍基高温合金的下料宜采用车床。采用铸锭为坯料时，还应进行剥皮。

②由于导热性差，必须采用低温装炉和分段加热法，一般应在电阻炉中的弱氧化气氛中加热，其温度控制精度应在±10 ℃范围内。

③自由锻拔长时最好在半圆形或 V 形砧中进行。铸锭拔长时，开始应轻击。每火总压下量为 40%～70%。为获得细小而均匀的晶粒组织，最后一火的加热温度不应超过 1 100 ℃，变形程度不低于 15%～20%的临界变形程度。拔长前的压肩要注意工具预热，压下量要小，并有较大的过渡圆角，以防产生裂纹。镦粗时为使变形均匀，砧面与锤头都应平整光洁，并预热到 250 ℃以上，坯料端面加润滑剂，或用碳钢作为软垫，以减小侧面鼓形。

④模锻时，模具与夹钳都应预热到 150～250 ℃。坯料加热到温后，应快速出炉和送到锻压机上锻造。一般，每加热一次只能完成一个变形工步。注意坯料表面和模膛表面的充分润滑。为保证锻件晶粒度要求，必须避免锻后再次加热校正的可能，因此，如需切边，应安排在终锻之前或采用机加工法去除飞边。

⑤为使再结晶充分，应采用堆放冷却方式。由于镍基高温合金的再结晶更加困难，常采用炉冷后空冷的方式。

8.3.2 有色金属的锻造要点

有色金属的种类很多，但比较多见的是铜、铝、镁、钛合金，这些有色金属的加热特点及规范已在本书第一章中介绍，这里仅就这些金属的锻造要点作扼要说明。

1. 铜合金的锻造要点

(1)应准确控制加热温度，最好在电阻炉中加热。为防止锻造时坯料热量散失过快，锻造时所用的工、模具都须预热到 200～300 ℃。

(2)为防止产生折叠，上、下砧铁边缘和模锻制坯工序中在转角处的圆角半径都应做得比钢锻件大一些。拔长时，送进量与压下量也要比钢锻件大。

(3)由于铜合金散热快，锻造温度范围又窄，因此，一般不采用多膛模锻。对于形状复杂的锻件，可用自由锻制坯后再进行模锻，或者直接采用挤压成形。

(4)锻造时锤击要轻快，变形要均匀，为防止晶粒粗大，要求每次变形量大于临界变形量(即大于 10%～15%)。坯料在砧面上要经常翻转，以免某一面过冷而造成温度不均匀而增大锻件的内应力。

(5)要严格控制终锻温度，避免在 600 ℃以下的脆性区变形或作辅助操作，以防止出现脆裂。在冲孔或扩孔时，要注意因冲头温度太低而使孔壁周围开裂。锻后紧接着切边时，锻件易出现撕裂，所以应采用冷却后再切边。终锻温度不能太高，否则会引起晶粒粗大。

(6)该类合金的锻造一般不使用铸锭，如使用铸锭时要进行表面清理或剥皮，并切除冒口。

(7)锻后多采用堆放空冷。

2. 铝合金的锻造要点

(1)铝合金的锻造温度范围窄，为防止热量散失，所用的工具和模具必须进行预热。自由锻时的工具预热温度为150～200 ℃；模锻和胎模锻时的模具预热温度为250～300 ℃。

(2)铝合金黏性大，流动性差，因此锻造工具和模具表面必须光滑，圆角半径要大。在模锻和胎模锻时必须有良好的润滑。常用润滑剂为水与胶状石墨的混合物，也采用润滑油加石墨、水玻璃和乳化液调成的混合物。

(3)锻造时动作要迅速，锤击要轻快，变形量不得太大，否则易出现裂纹。同时，也应及时倒角，以防止产生角裂。

(4)锻造过程必须在空气静止的环境中进行，避免过堂风和电风扇吹风，以防锻件急冷而出现裂纹。

(5)铝合金对裂纹的敏感性强。一旦出现裂纹和折叠，必须立即清除，以免缺陷扩大。

(6)铝合金锻件的冲孔与切边都比较困难，需扩孔的锻件，最好在粗车后进行，以免粗糙的孔壁表面在扩孔时产生裂纹或折叠。铝合金切边时也很容易出现飞边裂纹。因此，除超硬铝外，应在冷态下切边；对于大件，可采用带锯切除飞边；而对于合金元素含量较高的锻件，不要搁置太久再切边，否则强化相析出后，会增加剪切难度。

(7)锻后一般进行空冷。

3. 镁合金的锻造要点

(1)镁合金极易燃烧，因此加热前应将表面镁屑、毛刺、油污等清除干净。

(2)镁合金除MB8外都对变形速度很敏感，所以适宜在低速压力机上锻造。在锤上模锻时，开始要轻击，每次变形程度不应超过5%～8%，继续变形时可逐渐增加。

(3)由于锻造温度范围窄，传热又快，很容易冷却，因此在自由锻或模锻时，工、模具都应预热到250～420 ℃。

(4)镁合金黏性大，极易卡模，所以模锻时，要求锻模有较大的圆角，模腔应光滑，且其研磨划纹最好与合金在模内的流向一致。

(5)模锻和胎模锻时，应有良好的润滑，常用润滑剂有锭子油或石墨与矿物油的混合剂，也用油酸石蜡混合剂。

(6)通常直接利用锻后余热切边或重新加热到250 ℃切边。但决不可在室温或低于200 ℃的温度下切边。

4. 钛合金的锻造要点

(1)钛合金的变形抗力大，随着温度的下降，变形抗力也将显著增加，因此，锻造钛合金时，要充分注意到锻造设备应具有比锻造钢锻件时更大的吨位。

(2)钛合金模锻主要采用单槽模。由于其黏性大，填充模腔的能力差，所以模具圆角半径应足够大。对于形状复杂或尺寸精密的钛合金锻件，常常需要采用比模锻钢锻件更多的工步和模具。

(3)模锻钛合金的模具都要预热。一般，锤锻模具预热到200～250 ℃；水压机锻模具则预热到350～400 ℃。

(4)由于钛合金的导热性差，热量不易散失，容易造成锻件局部温度升高，影响锻件内部质量。所以，锻造时不宜采用连续重击，而应采用间歇轻击的操作方法，以使锻件温度均匀。

(5)模具应当充分润滑。润滑剂常采用胶状石墨与水的混合物，也可采用玻璃类润滑剂涂在钛合金坯料表面上。

(6)由于钛合金强度高，不可进行冷切边。对批量小、尺寸大的锻件，可用机械加工方法切除毛边；对批量小、尺寸大的锻件，可在600～800 ℃条件下进行热切。如需校正，则应在较高温度下切边，以保证在不低于700 ℃的情况下迅速进行热校正。

(7)为保证硬度均匀和避免裂纹，钛合金锻后应缓慢冷却，一般，可用砂箱冷却或将锻件置于石棉板上并覆盖干砂来冷却。

8.4 模锻工序

模锻工序大致上可分为制坯、模锻和完成三种基本工序，其中，完成工序包括锻后热处理和清理等内容，而制坯和模锻工序则主要是在锻锤和热模锻压力机的模具型腔内完成的。因此操作者首先要根据各类型腔的特征，识别其类型，然后按各类型腔的操作要求进行操作。

8.4.1 制坯模膛

制坯工步的作用是为了初步改变原坯料的形状，合理地分配坯料，以适应锻件横截面积和形状的要求，使金属能较好地充满模膛。不同形状的锻件采用的制坯工步不同。锤上锻模所用的制坯模膛主要有拔长模膛、滚压模膛、卡压模膛和成形模膛等。

1. 拔长模膛

模锻时的拔长是用来减少某部分横断面积，同时增大该处的长度，使之符合锻件外形的操作工步。它主要用于在长度方向上横截面积相差较大的模锻件。完成拔长工步的模膛，称为拔长模膛。一般拔长模膛是变形工步的第一道，它兼有清除氧化皮的作用。为了便于金属纵向流动，在拔长过程中坯料要不断翻转，还要送进。拔长模膛一般位于模块的最边缘(最左边或右边)，由拔长坎和仓部组成。

(1)拔长模膛分类。

①开式拔长模膛。其拔长坎由可展曲面组成，横截面形状为矩形，边缘开通，如图8.39所示。这种形式结构简单，制造方便，在实际生产中应用较多，但拔长效率较低。毛坯在局部长度上径向顺次连续受压，截面积减小。长度增加，达到沿主轴线各横截面积与模锻件相适应，操作时顺次打击，边锤击边翻转90°，并做适当的轴向转动。用于轴类锻件或横截面面积变化较大的模锻件的制坯。

②闭式模膛。其拔长坎由部可展曲面组成，其横截面形状为椭圆形，边缘封闭，如图8.40所示。这种形式拔长效果较好，成形特点与操作方法基本上与开式拔长相同，但金属变形的应力状态较好，拔长效率高，得到的坯料较圆浑。要求把坯料准确地放置在模膛中，否则坯料易弯曲，一般用于$L_{杆}/d_{杆}>15$的细长锻件。用于横截面变化较大的轴类锻件，特别适用于低塑性合金。

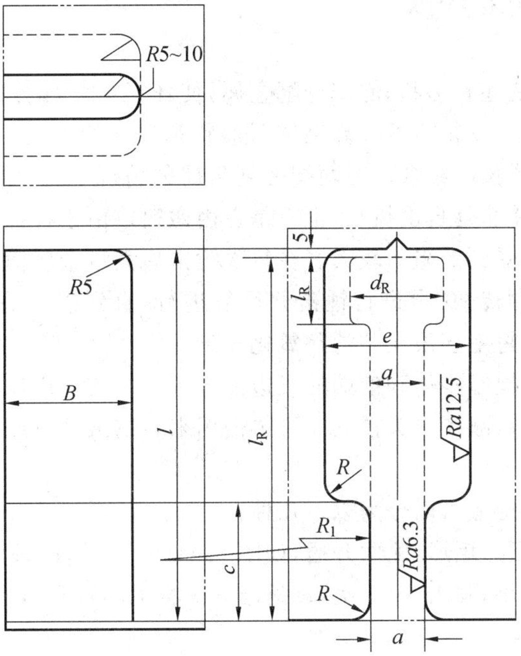

图 8.39 开式拔长模膛

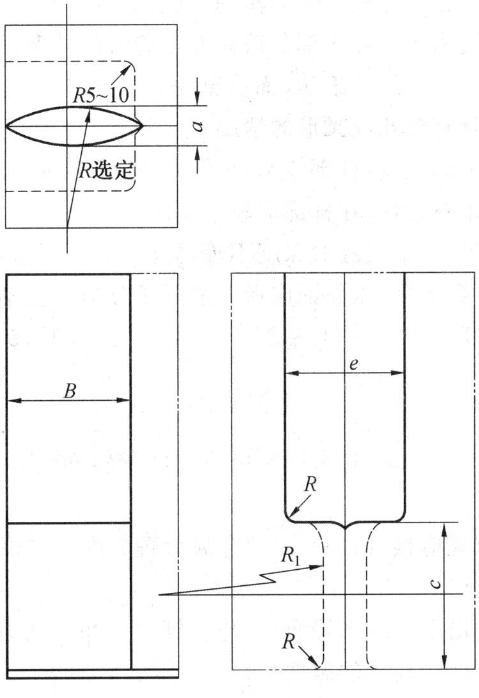

图 8.40 闭式拔长模膛

(2)拔长工步操作要点和规则。

①拔长时,应对坯料进行连续打击,边打边翻转坯料,同时也边做轴向移动。

②拔长时,坯料被拔长部分的位置应放准确,以免终锻时出现缺陷。

③拔长时的锤击力不宜过重。

2. 滚压模膛

滚压模膛可以改变坯料形状，起到分配金属，使坯料某一部分截面积减小，某一部分截面积稍稍增大(聚料)，获得接近计算毛坯图形状和尺寸的作用。滚压时金属的变形可以近似看作是镦粗与拔长的组合。在两端受到阻碍的情况下杆部拔长，而杆部金属流入头部使头部镦粗。它并非是自由拔长，也不是自由镦粗。由于杆部接触区较长，两端又都受到阻碍，沿轴向流动受到的阻力较大。在每次锤击后大量金属横向流动，仅有小部分流入头部。每次锤击后翻转 90°再进行锤击并反复进行，直到接近毛坯形状和计算尺寸为止。另外，滚压还可以将毛坯滚光和清除氧化皮。

滚压模膛由钳口、模膛本体和前端的飞边槽 3 部分组成。钳口不仅是为了容纳夹钳，同时也可用来卡细坯料，减少料头损失。飞边槽用来容纳滚挤时产生的端部毛刺，防止产生折叠。

(1)滚压模膛从结构上可以分为以下几种：

①开式模膛横截面为矩形，侧面开通，如图 8.41(a)所示，此种滚压模膛结构简单、制造方便，但聚料作用较小，锤击 3～5 次，每锤击一次将毛坯转 90°，但不做轴向移动。适用于锻件各段截面变化较小的情况。

②闭式模膛横截面为椭圆形，侧面封闭，如图 8.41(b)所示。成形特点与操作方法基本上与开式滚压相同。但由于侧壁的阻力作用，此种滚压模膛，聚料效果好，坯料表面光滑，但模膛制造较复杂，适用于锻件各部分截面变化较大的情况。

③混合式锻件的杆部采用闭式滚压，而头部采用开式滚压，如图 8.41(c)所示，此种模膛通常用于锻件头部具有深孔或叉形的情况。

④不等宽式模膛的头部较宽，杆部较窄，如图 8.41(d)所示，当 $B_{头}/B_{杆}>1.5$ 时采用。因杆部宽度过大不利于排料，所以在杆部取较小宽度。

⑤不对称式滚压模膛上、下模膛的深度不等，如图 8.42 所示，这种模膛有滚压模膛与成形模膛的特点，锤击次数较多，以保证成形。适用于分模上主轴线两侧不对称或带枝芽的锻件。一般不对称程度为 $h_1/h_2<1.8$，当 $h_1/h_2>2\sim2.5$ 时，头部改用开式滚挤以利于金属聚集。

(2)滚压工步操作要点和规则。

①滚压时应进行连续打击，每打击一次应将坯料翻转 90°。一般，在滚压型腔内须打击 2～4 下。

②滚压时，坯料的位置应摆放正确，以使金属合理分配。并保证终锻时锻件各处能很好地充满型腔。

③滚压操作时，其锤击动作应当轻而快，防止锤击过重时出现飞边，翻转时又形成折叠；同时有利于在终锻时保持较高的温度。

3. 卡压模膛

将坯料选择性压扁、展宽，可获得少量聚料效果的制坯工步称为卡压。金属沿轴向流动不大毛坯局部压扁、局部略有聚集作用，又称为压肩制坯。实质上就是开式模膛的特殊适用状态。用于局部宽度大、厚度小，而另外部位宽度小、厚度大的锻件。坯料卡压后，一

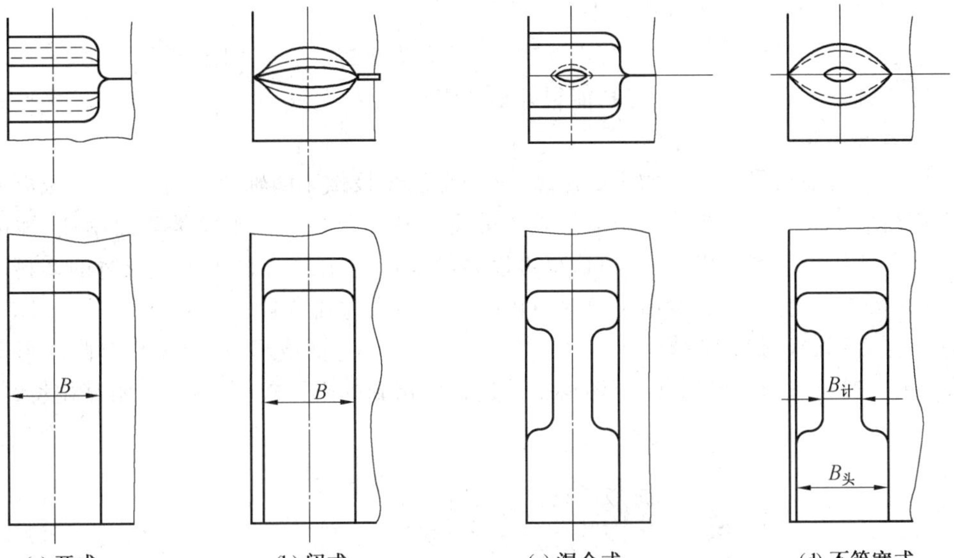

图 8.41 滚压模膛

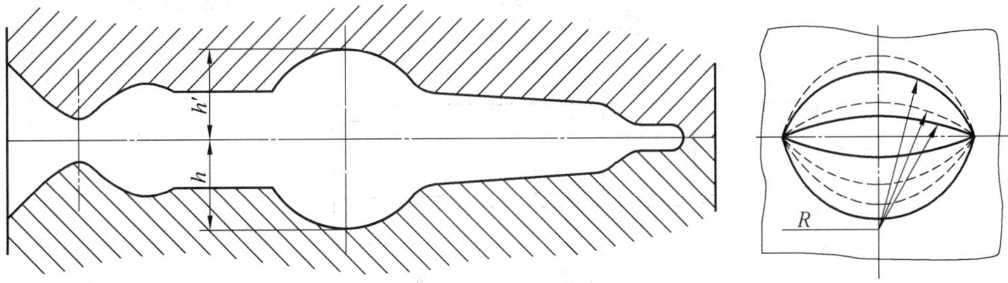

图 8.42 不对称式滚压模膛

般平移至下一工位继续变形。

卡压模膛一般采用开式断面，为促成压扁部位坯料向头部流向，杆部与头部过渡区可做成 3°～5°的斜度。

卡压工步操作要点和规则：

①进行卡压操作时只打击一次，且坯料以同样的位置放入终锻型腔。

②卡压操作时，坯料不翻转。

③卡压时的锤击不宜过重，以免偏击时影响锻模和锤杆寿命。

4. 成形模膛

用来使坯料变形，使之与锻件的平面图形相接近，并使金属做不大的轴向移动的操作工步为成形工步。模膛采用闭式模膛，兼有弯曲、聚料功能，坯料体积转移效果比卡压明显。金属沿轴向流动较少，略有聚集作用，主要使毛坯按锻件在分模面上的投影外形成形。

成形模膛按纵截面形状可分为对称式和不对称式两种，常用的是不对称式。

成形工步操作要点和注意规则：

①坯料位置放正后再进行打击。

②进行成形操作时，通常只打击一次，然后翻转 90°放入下一工位继续变形。

③正确拿握打击力量，使坯料能很好地成形。

5. 弯曲模膛

使坯料弯曲成符合锻件的平面图形，并使金属做极微小的轴向移动，在个别截面上将坯料压肩的工序为弯曲工序。与成形工步的变形特点类似。但主要是弯曲制坯，锤击一次。弯曲所用的坯料可以是原坯料，也可以是经拔长、滚压等制坯模膛变形过的坯料。

(1)按变形情况不同，弯曲可分为自由弯曲和夹紧弯曲两种。

①自由弯曲(图 8.43)是坯料在拉伸不大的条件下弯曲成形，适用于具有圆浑形弯曲的锻件，一般只有一个弯曲部位，坯料变形过程中遇到的阻力较小，不会被明显拉长。

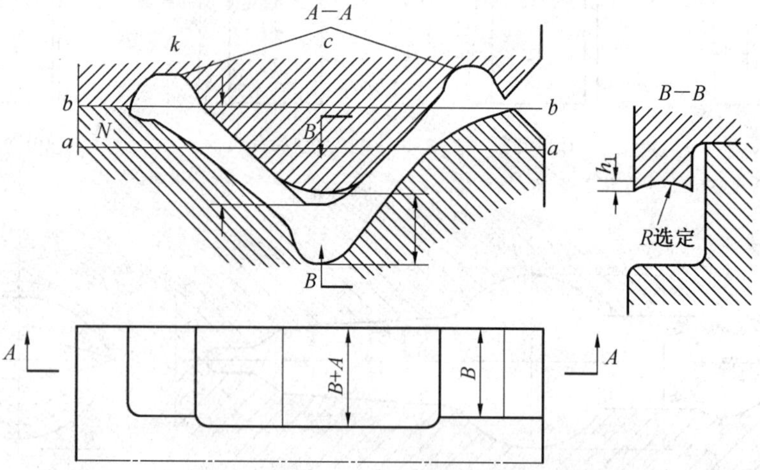

图 8.43　自由弯曲

②夹紧弯曲(图 8.44)是坯料在变形过程中遇到的阻力较大，有明显的拉伸现象，坯料会被拉长，适用于多个弯曲部位的、具有急突弯曲形状的锻件。

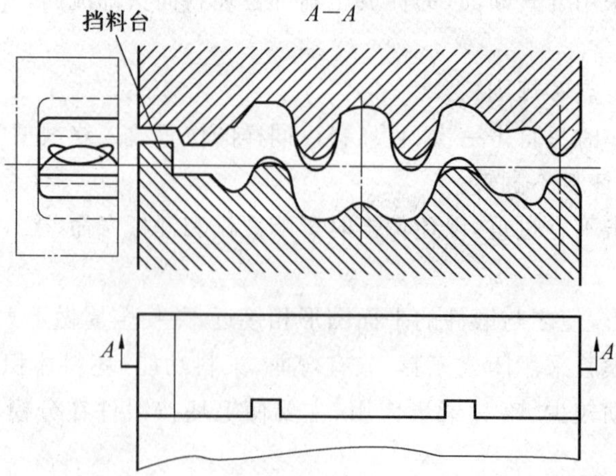

图 8.44　夹紧弯曲

(2)弯曲工步其操作要点和规则为：

①坯料对准型腔并定位后方可进行打击，且应正确拿握打击的轻重。

②弯曲操作时，一般需打击 1～2 下，放入终锻型槽时应翻转 90°。

6. 镦粗模膛

用来镦粗坯料，有时还使金属部分压入或部分冲孔的工步为镦粗工步，在模具上专设的镦粗平台上完成，如图 8.45 所示。毛坯轴向受压，横向面积增大，高度减小，兼有除氧化皮的作用。操作时锤击一次到数次。多用于盘类锻件，局部镦粗也可用于轴类锻件，某些有色合金锻件可用局部镦粗代替滚压制坯。

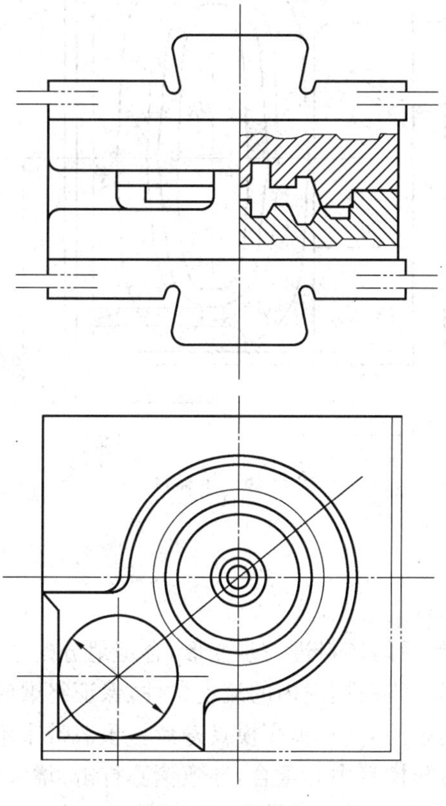

图 8.45 镦粗台

镦粗台或压扁台都设置在模块边角上，所占面积略大于坯料镦粗或压扁之后的平面尺寸。为减小偏心力矩，应尽量靠近终锻模膛布置。为了节省锻模材料，可以占用部分飞边槽仓部，但应使平台与飞边槽平滑过渡连接。镦粗台一般安排在锻模的左前角部位，平台边缘应倒圆，以防止镦粗时在坯料上产生压痕，使锻件容易产生折叠。

镦粗工步操作要点和规则为：

①因镦粗系自由变形，因此须正确拿握打击力量。一般须打击数次，直至所需要的高度为止。

②操作应迅速，以保证坯料在终锻时有较高的温度。

7. 压扁模膛

用来压扁坯料，有时还带有局部压肩的工步为压扁工步（图 8.46）。它也在模具专设的压扁平台上完成，一般位于模块前方边角部位。毛坯径向受压、横向增宽、长度略增、厚度变薄。操作时一般锤击一次。用于在分模面上投影为矩形或近似为矩形、厚度较薄，带有筋和凹陷的锻件。

其操作要点和规则与镦粗工步相同。

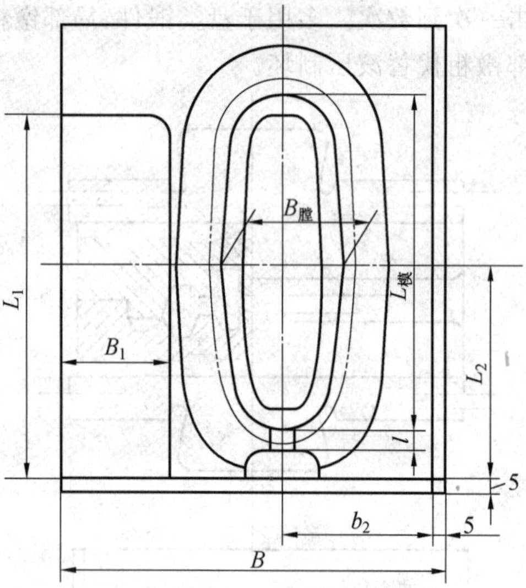

图 8.46　压扁台

8.4.2　模锻工序

1. 预锻工步

预锻模膛是用来对制坯后的坯料进一步变形，合理地分配坯料各部位的金属体积，使其接近锻件外形，改善金属在终锻模膛内的流动条件，保证终锻时成形饱满；避免折叠、裂纹或其他缺陷，减少终锻模膛的磨损，提高模具寿命。预锻带来不利的影响是增大了锻模平面尺寸，使锻模中心不易与模膛中心重合，导致偏心打击，增大错移量，降低锻件尺寸精度，使锻模和锤杆受力状态恶化，影响锻模和锤杆寿命。

尽管预锻在模锻工序中有非常重要的地位，但增设预锻需要付出较大成本。只有当锻件形体结构复杂，包含成形困难的高筋、深孔等要素，且生产批量大的情况下，采用预锻才是合理的。实践表明，拨叉、连杆、叶片等锻件及大部分复合类锻件需要预锻。

（1）典型预锻模膛。

①带工字断面锻件。带工字断面锻件模锻成形过程中主要缺陷是折叠。根据金属的变形流动特性，为防止折叠产生，应当注意：

a. 使中间部分金属在终锻时的变形量小一些，即由中间部分排出的金属量少一些。

b. 创造条件（例如增加飞边桥口部分的阻力或减小充填模膛的阻力）使终锻时由中间部位排出的金属量尽可能向上和向下流动，继续充填模膛。

带工字断面的锻件的预锻模膛常用形式如图 8.47 所示。

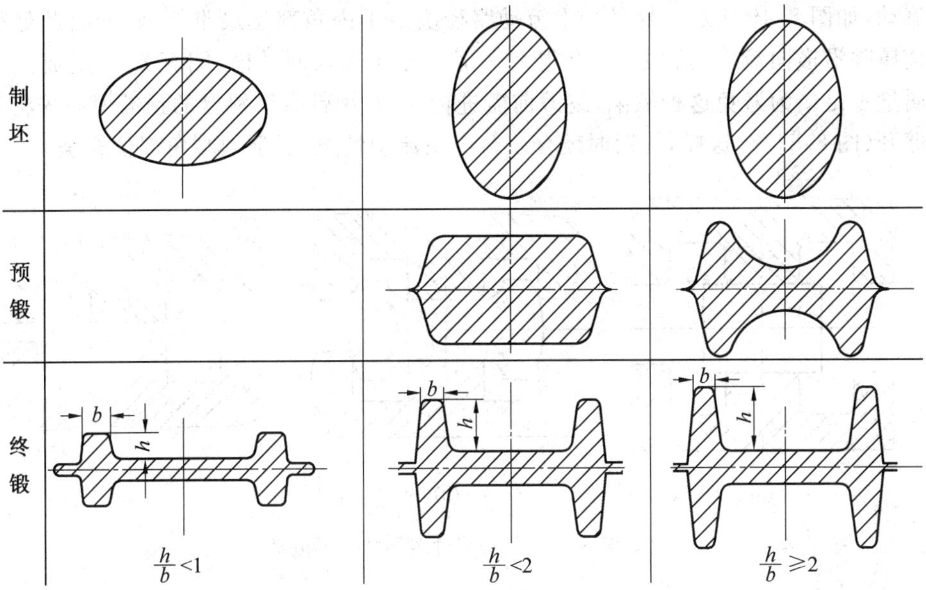

图 8.47　工字形截面的不同预锻方法

为防止工字形锻件终锻时产生折叠，在生产实践中制坯时还可采取如下措施，即根据面积相等原则，使制坯模膛的横截面积接近于终锻模膛的截面积，使制坯模膛的宽度 B_1 比终锻模膛的相应宽度 B 大 10～20 mm。由制坯模膛锻出中间坯料，将绰绰有余地覆盖终锻模膛。终锻时，首先出现飞边，在飞边桥口部分形成较大的阻力，迫使中心部分的金属以挤入的形式充填肋部。因中心部分金属充填肋部后已基本无剩余，故最后仅极少量金属流向飞边槽，从而避免折叠产生。

对于带孔的锻件，为防止折叠产生，预锻时用斜底连皮，终锻时用带仓连皮。这样保证模锻最后阶段内孔部分的多余金属保留在冲孔连皮内，不会流向飞边，造成折叠。

②叉形锻件。叉形锻件模锻时常常在内端角处产生充不满的情况，如图 8.48 所示。其主要原因是将坯料直接进行终锻时，横向流动的金属与模壁接触后，部分金属转向内角

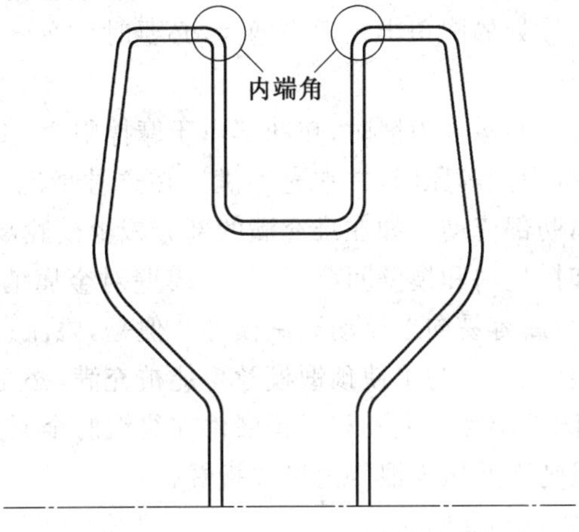

图 8.48　叉类锻件内端角充不满

处流动，如图 8.49 所示。这种变形流动路径决定了内角部位最难充满；同时此处被排出的金属除沿横向流入模膛之外，有很大一部分轴向流入制动槽(图 8.50)，造成内端角处金属量不足。为避免这种缺陷，终锻前需进行预锻，用带有劈料台的预锻模膛先将叉形部分劈开(图 8.51)。这样，终锻时就会改善金属流动情况，保证内端角部位充满。

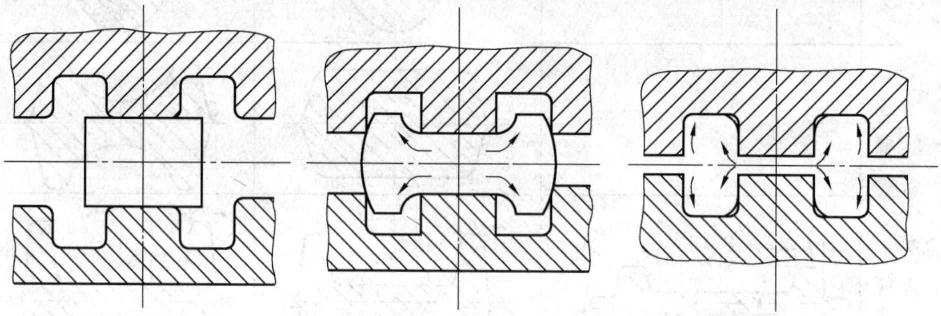

图 8.49　叉类锻件金属的变形流动

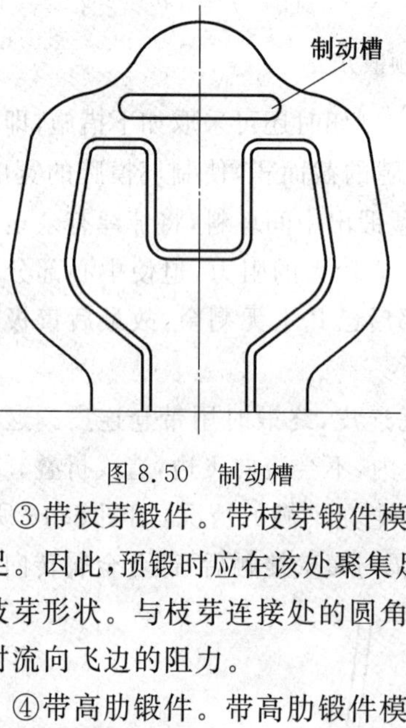

图 8.50　制动槽

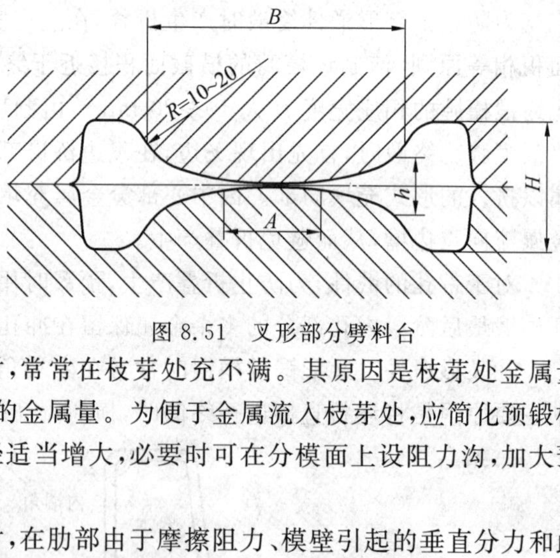

图 8.51　叉形部分劈料台

③带枝芽锻件。带枝芽锻件模锻时，常常在枝芽处充不满。其原因是枝芽处金属量不足。因此，预锻时应在该处聚集足够的金属量。为便于金属流入枝芽处，应简化预锻模膛枝芽形状。与枝芽连接处的圆角半径适当增大，必要时可在分模面上设阻力沟，加大预锻时流向飞边的阻力。

④带高肋锻件。带高肋锻件模锻时，在肋部由于摩擦阻力、模壁引起的垂直分力和此处金属冷却较快、变形抗力大等原因，常常充不满。在这种情况下设计预锻模膛时，可采取一些措施迫使金属向肋部流动。如在难充满的部分减少模膛高度和增大模膛斜度。这样，预锻后的坯料终锻时，坯料和模壁间有了间隙，模壁对金属的摩擦阻力和由模壁引起的向下垂直分力消失，金属容易向上流动充满模膛。但是，要注意可能由于增大了模膛斜度，预锻模膛本身不易被充满。为了使预锻模膛也能被充满，必需增大圆角半径。圆角半径不宜增加过大，因为圆角半径过大不利于预锻件在终锻时金属充满模膛，甚至终锻时可能在此处将预锻件金属啃下并压入锻件内形成折叠。

(2)预锻工步操作要点和规则为：

①打击前，坯料位置必须摆放正确，否则会造成局部充不满型腔而使锻件报废。

②锤击力量较重，一般需锤击 2～5 下，然后视模具上、下对称情况，可不翻转或将锻件绕自身轴线翻转 180°放入终锻型腔。

2. 终锻工步

用来得到同锻件形状和尺寸完全相同的锻出件的工步为终锻工步，在模具终锻模膛内完成。终锻模膛是锻模中各种模膛中最主要的模膛，它用来完成锻件最终成形的终锻工步。

通过终锻模膛可以获得带飞边的锻件。

(1)终锻模膛通常由模膛本体、飞边槽和钳口 3 部分组成。

①模膛本体。

模膛本体是根据热锻件图设计的。热锻件图是将冷锻件图的所有尺寸计入收缩率而绘制的。钢锻件的收缩率一般取 1.2%～1.5%；钛合金锻件取 0.5%～0.7%；铝合金锻件取 0.8%～1.0%；铜合金锻件取 1.0%～1.3%；镁合金锻件取 0.8%左右。

加放收缩率时，对无坐标中心的圆角半径不加放收缩率；对于细长的杆类锻件、薄的锻件、冷却快或打击次数较多而终锻温度较低的锻件，收缩率取小值；带大头的长杆类锻件，可根据具体情况将较大的头部和较细杆部取不同的收缩率。

由于终锻温度难以准确控制，不同锻件的准确收缩率往往需要在长期实践中修正。

为了保证能锻出合格的锻件，一般情况下，热锻件图形状与锻件图形状完全相同。但在某些情况下，需将热锻件图尺寸做适当的改变以适应锻造工艺过程要求。

a. 终锻模膛易磨损处，应在锻件负公差范围内预留磨损量，以在保证锻件合格率的情况下延长锻模寿命。

b. 锻件上形状复杂且较高的部位应尽量放在上模。在特殊情况下要将复杂且较高的部位放在下模时，锻件在该处表面易“缺肉”。这是由于下模局部较深处易积聚氧化皮。

c. 当设备的吨位偏小，上下模有可能打不靠时，应使热锻件图高度尺寸比锻件图上相应高度减小(接近负偏差或更小一些)，抵消模锻不足的影响。相反，当设备吨位偏大或锻模承击面偏小时，可能产生承击面塌陷，应适当增加热锻件图高度尺寸，其值应接近正公差，保证在承击面下陷时仍可锻出合格锻件。

d. 锻件的某些部位在切边或冲孔时易产生变形而影响加工余量，应在热锻件图的相应部位增加一定的弥补量，提高锻件合格率。

e. 一些形状特别的锻件，不能保证坯料在下模膛内或切边模内准确定位。在锤击过程中，可能因转动而导致锻件报废。热锻件图上须增加定位余块，保证多次锻击过程中的定位以及切飞边时的定位。

②飞边槽。

锤上模锻为开式模锻，一般终锻模膛周边必须有飞边槽，其主要作用是增加金属流出模膛的阻力，迫使金属充满模膛。飞边还可容纳多余金属，使锻件体积基本一致。锻造时飞边起缓冲作用，减弱上模对下模的打击，使模具不易压塌和开裂。此外，飞边处厚度较薄，便于切除。

飞边槽一般由桥口与仓部组成，飞边槽一般呈扁平状。具体锻件采用的飞边槽结构上有一些差别，其结构形式如图 8.52 所示。

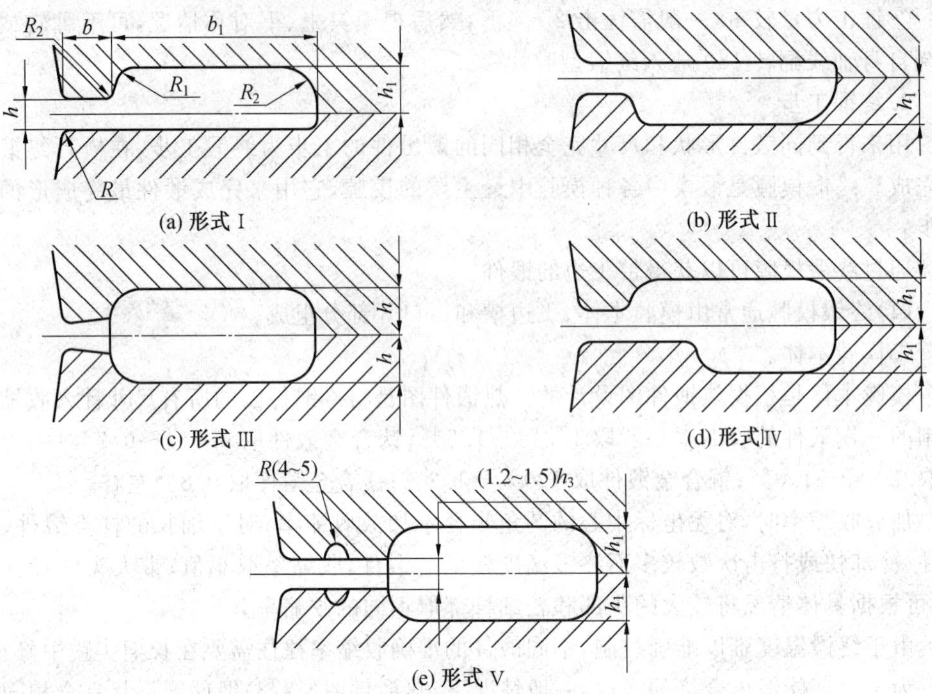

(a) 形式 Ⅰ　(b) 形式 Ⅱ　(c) 形式 Ⅲ　(d) 形式Ⅳ　(e) 形式 Ⅴ

图 8.52　飞边槽的结构形式

a. 标准形，一般都采用此种形式。其优点是桥口在上模，模锻时受热时间短，温升较低，桥口不易压坍和磨损。

b. 倒置形，当锻件的上模部分形状较复杂，为简化切边冲头形状，切边需要翻转时，采用此形式。当上模无模膛，整个模膛完全位于下模时，采用此种形式飞边简化了锻模的制造。

c. 双仓形，此种结构的飞边槽特点是仓部较大，能容纳较多的多余金属，适用于大型和形状复杂的锻件。

d. 不对称形，此种结构的飞边槽加宽了下模桥部，提高了下模寿命。此外，仓部较大，可容纳较多的多余金属。用于大型、复杂锻件。

e. 带阻力沟形，更大地增加金属外流阻力，迫使金属充满深而复杂的模膛。多用于锻件形状复杂、难以充满的部位，如高肋、叉口与枝芽等处。

③钳口。

钳口是指在锻模的模锻模膛前面加工的空腔，它一般由夹钳口与钳口颈两部分组成，如图 8.53 所示。钳口颈截面必须足够大，以利于拽锻件出模，更重要的是能防止钳料头飞出伤人。

钳口的主要用途是在模锻时放置棒料及钳夹头。在锻模制造时，钳口还可作为浇铸金属盐溶液的浇口，浇铸件用作检验模膛加工品质和合模状况。

齿轮类锻件在模锻时无夹钳料头，钳口作为锻件起模之用。钳口颈用于加强夹钳料头与锻件之间的连接强度。

(2)终锻工步的操作要点和规则为：

①锤击前坯料位置应放准确。

②应随时注意锻模的错移量，若超出要求，应及时调整锻模。

③操作时，一般是第一次轻击、最后一次重击，其锤击次数取决于锻件的复杂程度、坯料加工的完善程度以及所使用的锻锤吨位。

④操作过程中应经常吹扫型腔中落入的氧化皮，以防局部充填不足或造成氧化皮凹坑缺陷。

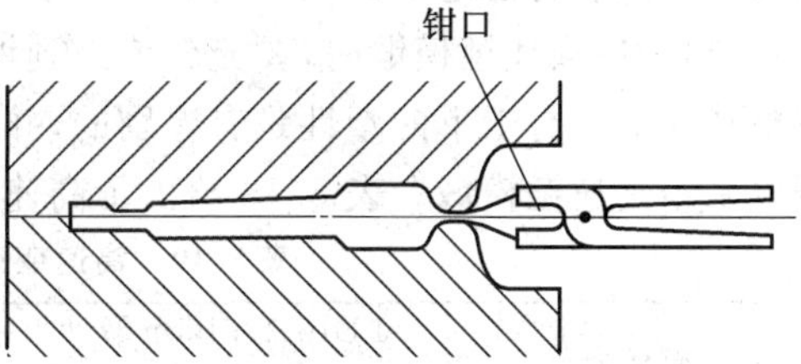

图 8.53 钳口

3. 剪切工步

锻模上的剪切刀是为切下锻件而设置的，它主要用于一料多件逐个模锻的场合。操作时切记先将位置放准，以免切废。锤击不应过重，以正好切下锻件为宜，切一件只锤击一次。

4. 切边工步

切边工步一般是在专门的切边设备(如曲柄压力机)上进行的，切边模一般由切边凹模、切边凸模、模座、卸飞边装置等零件组成。切边凹模刃口的轮廓线按照锻件图分型面的轮廓线制造。若为热切，应按热锻件图制造；若为冷切，则按冷锻件图制造。切边凹模起传递压力的作用。

切边工步操作要点和规则为：

①切边提作前应首先调整好切边模，使凸、凹模周围的间隙均匀一致。

②开始切边前，应先将锻件放置准确。

③要求热切边的锻件，在锻后应及时进行切边，若温度已太低，应重新加热后再切边以防损坏切边设备和模具。

5. 校正工步

在锻压生产过程中，模锻、切边、冲孔、热处理等生产工序及工序之间的运送过程，由于冷却不均、局部受力、碰撞等各种原因都有可能使锻件产生弯曲、扭转等变形。当锻件的变形量超出锻件图技术条件的允许范围时，必须用校正工序加以校正。

热校正可以在锻模的终锻模膛内进行。大批量生产时，一般利用校正模校正。利用校正模校正不仅可以校正锻件，还可使锻件在高度方向因欠压而增加的尺寸减小。

校正工步操作要点和规则为：

①校正前必须将模具调整好，以确保不产生超差的错移缺陷。

②校正时，必须将锻件正确放入型腔，方可开动以防损坏锻件。

8.5 其他锻造工序

8.5.1 高速锤模锻工艺

高速锤模锻工艺，除应遵循普通锻锤和压力机模锻工艺过程的一般原则外，由于自身结构的特点和打击速度大大提高的情况下，也须重视它特有的规律和要点。

(1)采用高速锤模锻时，要充分考虑到锻件材料对高速变形的适应性。因为，各种金属材料在高速打击下的塑性是有差别的，并不是一切可以采用普通锤上模锻的材料也都可以采用高速锤模锻。表 8.19 给出了高速变形对不同材料的影响。

表 8.19 高速变形对不同材料的影响

铝合金	LD10、LY12 可锻性很好，其他合金的硬化情况与铜类似。对 LC9 合金，必须降低锻造温度和减小变形程度，以防产生裂纹
碳钢及低合金钢	可锻性很好，填充性比在锤上或水压机上好
不锈钢	可锻性很好，填充性比在锤上或水压机上好
铁基耐热合金	如可防止过热，可锻性和填充性尚好
镍基耐热合金	如每次变形量在 60%以下，可锻性尚好
镁合金	MB2 和 MB5 合金可锻性差
钛合金	可锻性好。由于温升显著，必须注意避免 β 晶粒粗化

(2)在高速锤上只可以进行模锻或者挤压成形。这是因为大多数的高速锤受到偏载的限制，只能采取一次打击成形的方式，所以它不适合于滚挤、拔长等须进行多次锤击的工序。

(3)采用高速锤模锻时，要求对模锻前的坯料做精细的准备，因为坯料上的任何缺陷都会带到锻件的不加工表面上去。因此，首先要发现和除掉坯料表面上的缺陷，即裂纹、发纹、斑疤、折痕、压折和搭接等缺陷。这些表面缺陷可以用砂轮斜磨至一定深度或将圆形和正方形截面的轧材车、铣至锻坯公差容许尺寸加以排除。打磨深度与被打磨部位宽度之比应在 1∶5～1∶10 范围之内。如果缺陷很深，则轧材或坯料均应予报废。坯料表面的缺陷不允许用车床环形深切法去除。棒材或坯料的外层如有脱碳或氧化，应采用车外圆和铣切的方法去除。如果采用阳极机械切割机和砂轮切割机切割热强合金和钛合金轧材的工艺不能得到端面无裂纹的坯料，则应对坯料的每一端面规定切割余量不小于 15 mm，然后以车削的方法把它去掉。对钛合金坯料必须进行车削以去掉低塑性表面层，该层在模锻时会在锻件表面上形成细而深的裂纹。坯料与轧材的端面都应倒出圆角，否则在锻件上会留下锐边的深痕迹，这在机械加工余量小时会导致坯料报废。采用空心坯挤锻成锻件时，为了消除壁厚差和获得内外直径的同心度，还必须加工内表面。

(4)由于高速锤大多只有下顶杆，对可能卡在上半模的锻件，生产上尚有一定困难，因此，在锻模上需要安装脱模器或在工艺上创造条件使锻件留在下半模里。后者可以采用加大上半模的模锻斜度，以及采用可分凹模和下半模的反锥度来实现。

(5)有时(如锻件厚度过薄时)为减轻设备与模具所承受的刚性打击，既尽可能将锻件锻出来，又尽可能增强工艺操作中的安全性，应在锻件厚度方向增加 2～5 mm 的补充加工余量。

(6)要充分估计具体锻件大小与具体高速锤打击能量间的适用性，表 8.20 给出的高速锤锻件平均尺寸和质量与设备打击能量之间的关系，可供应用参考。

表 8.20 高速锤锻件平均尺寸和质量与设备打击能量之间的关系

锻件尺寸和质量	高速锤的打击能量/(kN·m)					
	25	63	160	250	400	630
直径×高度/mm	120×15	160×20	220×30	250×30	300×40	350×40
质量/kg	1.2	3.1	7.8	12.0	20.0	31.0

注:按结构钢,直径与高度比为 8,平均变形程度为 50%得出

(7)高速锤锻件的某些结构特征。

①高度为 30～40 mm 的肋的厚度可达 15 mm。

②平滑腹板的厚度可达 0.3～0.5 mm。

③模锻斜度可达 0°～3°。

④外圆角半径可为 1～3 mm,内圆角半径可为 0.5～1 mm。

⑤模锻件的加工余量可为 0.5～2 mm,挤压件的可为 0.2～1 mm。

(8)为了保证高速模锻件的顺利脱模,除了有效利用顶出装置和拔模斜度外,还应当设法减轻金属在高压下对锻模表面所产生的黏结。特别是铝合金和钛合金,产生黏结的倾向性尤为严重。可以采用减少化学活性和提高硬度的模腔表面处理方法,如渗碳、渗氮、镀铬和硫化处理等,也可以均匀涂抹润滑剂。在高速锤上模锻铝合金锻件时,可用动物脂肪或动物脂肪与油酸按 1∶1 配成的混合物作为润滑剂。模锻钛合金锻件时,可用玻璃珐琅和 36 号玻璃作为双层复合涂层,以液体矿物油基加 40%胶体石墨组成的油料作为润滑剂。

(9)高速锤锻模因在瞬刻时间内要承受很大的载荷,所以模具应为刚性结构,零件数量应尽可能少而且没有应力集中。对于锻制高精度锻件的锻模,则最好采用预应力闭式模具结构。要求结构简单,换模和调试快,固定可靠并有足够强度。

高速锤承受偏载能力差,故不宜在同一模块上安排多个型槽。高速锤的固定部分不宜用燕尾形式而多用螺栓固定方法。型槽较深而较难填充部位,一般安排在上模内成形。但在模锻形状复杂锻件时,即要求在很短变形路程内释放出很大的能量时,模具和锻锤的某些零件上将产生很大的力,锤头可能发生跳动,导致锻件报废,在这种情况下应考虑将锻件肋部安排在下半模内成形。型槽深处应开排气孔或储气孔(盲孔),以减小金属在模内的流动阻力。

还必须注意到,将 70%以上的变形程度安排在闭式模具中以制造形状复杂的锻件时,冲头和凹模之间所形成的毛边可能会焊在冲头上,这会导致模具迅速磨损和每次锻击后都需要对冲头进行清理。如果合理控制模锻温度,使之稍有下降,并将冲头与凹模之间的单边间隙由 0.1～0.2 mm 加大到 0.4～0.5 mm 时,就可以免除这种焊合现象。

高速锤模锻时,最好尽可能把凹模和冲头制成整体,因为在高速变形时,金属塑性很高,路程中遇到任何小孔、间隙和分模面都会流入。这不仅不利于脱模,也会使模具迅速磨损。

(10)高速锤模锻应采用无氧化或少氧化加热,并严格遵守其模锻温度范围。由于高速变形的热效应会引起坯料温升,所以要注意防止过热和过烧。一般,高速锤模锻的坯料

加热温度应比普通模锻加热温度低一些，具体温度可根据计算和试验确定。

(11)与普通模锻锤不同，在开动高速锤时，操作者要知道的不是设备的打击能量，而是根据所锻具体锻件的工艺要求规定气压压表上的气体(氮气)压力。这个气体压力是通过公式计算得出的工作缸气压和高速锤打击能量关系图得出的。实用中经过试锻按所选的模锻温度，对计算的打击能量和气体压力校正。对成批生产工艺过程中的气体压力，要注意修正。

(12)高速模锻用的锻模，在锻前也应进行预热。对于热强合金和钛合金坯料，应在加热到200～300 ℃的模中进行模锻。

(13)挤压操作过程中，也要注意金属变形温度不宜过高，变形速度也不宜过快，否则，如果挤压件的模速度高于变形温度下材料允许的极限流动速度时将不可避免地出现锻件惯性断裂。不同材料挤压速度与断面收缩率的关系见表8.21。

表8.21　不同材料挤压速度与断面收缩率的关系

材料	挤压温度/℃	挤压速度/($m \cdot s^{-1}$)	断面收缩率
LD5	150	300～350	30～45
	350	150～250	无缩颈
TC6	950～1 050	300～350	95～99
45	1 050～1 150	350～400	80～90
30CrMnSiA	1050～1150	350～400	75～85
1Cr18Ni9Ti	1 050～1 150	350～400	55～70
	1 050～1 150	～100	无缩颈

(14)在高速锤上进行反挤操作时，不宜采用平冲头，而应采用球面冲头，以免在平底冲头下方的形困难区，出现剧烈剪切变形的微裂纹区，如图8.54所示。

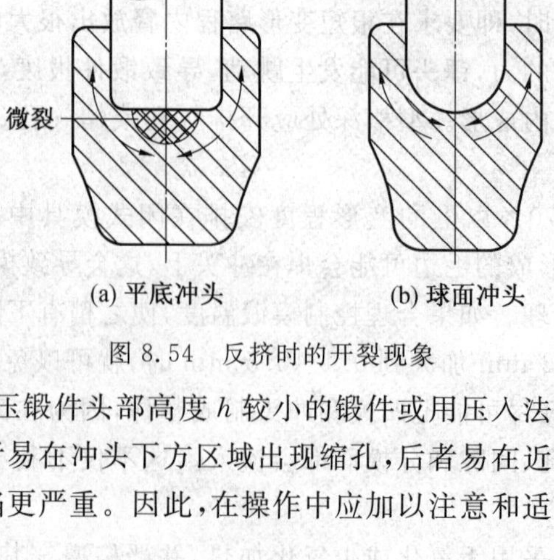

图8.54　反挤时的开裂现象

(15)在高速锤上挤压锻件头部高度 h 较小的锻件或用压入法成形腹板厚度 h 较小的锻件时要特别注意，前者易在冲头下方区域出现缩孔，后者易在近腹板处出现拉缩。当挤压速度越大时，这些缺陷更严重。因此，在操作中应加以注意和适当减小挤压速度。

8.5.2 等温锻造

(1)由于等温锻造的工艺特点,因而决定了它主要使用于以下情况:

①模锻那些用普通压力加工方法不能加工的低塑性金属。

②模锻那些在一般情况下只能用加大余量的办法来锻造的具有高窄筋或薄膜板的锻件。

③模锻高精度锻件,特别是模锻贵重金属锻件。

④模锻那些在普通条件下需要大功率锻造设备的大型锻件。

⑤模锻那些对质量和可靠性要求较高的锻件。

(2)等温模锻加热装置在生产中使用时必须做到以下各点:

①能将模具加热到700～1 100 ℃的高温,并能在整个模锻过程中保持温度不变。

②最好采用工业铜制造的感应加热器,因为铜中含杂质磷时就会使铜的电阻率猛增。

③要使模具的更换时间尽可能短,加热装置工作区要尽可能冷却得少,一旦恢复通电,该装置要能迅速地达到所需的工作温度。

④由于要将整个装置工作空间内的模具镶块和其他金属零件加热到所需温度时仍然较长,所以,最好能采用在热状态下能装卸模具的固定结构。如果考虑到用水压机活动横梁将上述模具构件吊起来的可能,以大大减轻模具镶块的装卸工作。

⑤能在模锻高温长期作用下,保持工作性能不变。为此,应充分注意锻模加热装置若干关键零件的选材和处理工作。例如,模座和垫块宜采用镍基铸造高温合金制造;高温工作区内的螺钉也用高温合金制造,并适当加大由头部向杆部的过渡圆角。螺钉的螺纹是经过磨制的。为了减少螺钉的烧损,装配前宜在螺纹部分涂上薄薄一层氮化硼粉。为了同一目的,在安装前要将螺钉放在800～900 ℃的炉中预热2～3 h,然后放在空气中冷却以形成氧化保护膜。

⑥必须保证在加热到高温的模具与水压机工作部分之间有可靠的热绝缘。为了防止水压机活动横梁和工作台受热,应分别在其上固定模具装置的上、下底座沟槽内,布设薄壁铜管通水冷却。此外,还应用石棉水泥垫板将锻模加热装置的底座与水压机活动横梁和工作台隔开。生产中还要绝对保证水压机上行时,不会使工作区的热绝缘受到破坏,同时也要能防止热绝缘碎末掉入模膛。

⑦采用插过热绝缘层的热电偶检验和调节工作区温度时,为避免仪表指示受磁场作用的干扰,应用金属套将热电偶隔离开来并接地。

(3)等温模锻用的水压机应能满足以下的条件:

①为保证模具、加热装置和冷却装置的装卸方便,水压机应有较大的封闭高度,其大小应能保证在更换模具时不须将锻模加热装置从水压机上卸下来。

②由于等温模锻时装上工作台面的不仅是模具而是锻模及其加热装置,还有一些冷却、绝热、控温设施等,所以水压机还应具有相对较大的工作台面。

③为了能为装卸大型模具装置时提供方便,水压机最好有活动工作台。

④为了便于工艺操作,水压机还应有顶出装置,并保证有足够的顶出力和顶出行程。

⑤为了能方便地调节最佳模锻变形参数,水压机应能对滑块行程速度进行调节,其调

节范围为 0.1～0.01 mm/s。此外，水压机还应能在额定压力下保压 30 min 以上，以利于锻件质量。

⑥如果没有等温模锻专用水压机，也可以采用工作行程速度不大的水压机代替，例如冷挤型腔用液压机和塑料液压机等。如果需要减小水压机滑块行程速度时，也可以在主缸油路系统中装上节流阀来达到目的。

(4)等温模锻用的模具应注意处理好以下一些问题：

①等温模锻的锻模材料在变形金属的变形温度下应具有一定的强度安全系数，在高温下能长期稳定可靠地工作且不氧化，所以一般应以高温合金为材料。但是具体选材时还应考虑生产量，因为采用热强性高的合金在经济上并不总是合算的。在制造小批量锻件时也可以选用较廉价的强度较低的合金。

②等温模锻锻模用的铸造高温合金是一种昂贵的材料，且加工十分困难。因此，选用该材料时应取精铸方案，并在算料中严格考虑以下因素：

a.精铸时造型尺寸的变化比模型尺寸宽裕 0.18～0.36 mm。

b.造型中的金属收缩率。

c.合金的热稳定性。

d.锻模材料和变形金属线膨胀系数的差异。

③由于工作区的高温，使模具牢固地连接在模具装置上存在一些实际的困难。因此在等温锻模结构上应注意以下规则：

a.导向元件最好直接做在模具镶块上，以排除连接环节的干扰。

b.为防止导向柱变形，其突出部位的高度与其直径之比应不大于 1.5。

c.锻模与导向柱间的双面间隙，应根据导向柱的直径取 0.08～0.25 mm；对闭式锻模或挤压锻模可不需用导向柱结构。

d.闭式锻模中相互连接的零件应磨合好，以防流动性极好的高温金属流入存在的空隙。

e.等温模锻锻模飞边槽尺寸不需过大，只要保持对模膛的最小压力，将飞边桥宽度缩小到锻模强度所容许的程度即可。

④等温模锻锻模在大多数情况下的工作条件比普通锻模好，磨损不严重，温度也无明显波动，所以表面不出现烧损裂纹。但通常出现型腔压陷，应及时加以修复。

(5)等温模锻工艺用的润滑剂必须满足下列要求：

①整个变形过程中能在锻模和毛坯间形成连续的润滑薄膜并保证具有最小的摩擦系数。

②防止毛坯在模锻和成形前加热时的氧化和吸收气体。

③保证锻件易于脱模。

④要有良好的绝热性能，以保证减少毛坯从炉中移至锻模内的这段时期内的热量损失。

⑤不会与毛坯和模具表面发生化学作用。

⑥容易涂在毛坯的表面上，而且便于实现机械化涂抹和从锻件表面上清除干净。

⑦要求原料易得、无毒、不易燃，不会在保管期内降低其使用性能。

(6)等温模锻应用玻璃润滑剂时的要点与规则：

①由于钢和非铁金属普通模锻时用的传统润滑剂，如油基石墨、水基石墨和以二硫化钼为基体的润滑剂均不能满足上述①～④项的要求，故不能用于等温模锻。等温模锻最常用的润滑剂是熔融无机玻璃和珐琅。

②由于玻璃润滑剂的导热性能差，其传热系数仅为氧化膜的1/3，故等温模锻时常采用玻璃润滑剂作为防护涂层，以防止金属与周围气氛发生作用如氧化、吸收气体和贫化金属表面层的合金元素。但是，熔融玻璃润滑剂在其熔融过程中也能与金属氧化膜和毛坯表面发生作用，同时又是金属中氧的提供者。钛合金对熔融玻璃润滑剂的化学成分是最为敏感的，极易从玻璃润滑剂中吸收大量氧气，降低金属质量，以至可能成为成品零件发生裂纹的原因。因此，在选择玻璃润滑剂成分时必须考虑其防护效能，以保证适合于所用的工艺。

③玻璃润滑剂成品一般以料浆(悬浮液)形式保管待用。在运输和存放时，应将料浆装在加涂珐琅或镀锌的耐腐蚀钢桶或多聚乙烯桶里，以免被氧化铁沾污。同时必须定期地搅拌，以防料浆内的固体颗粒沉淀。

④等温变形采用的玻璃润滑剂应加涂在加工的毛坯上，而不是加涂在模具表面上。生产中使用最广且最简单的加涂方法是将毛坯置入玻璃润滑剂的料浆里浸涂。这种方法用的设备比较简单，玻璃润滑剂的消耗量最少，能浸涂形状复杂的零件，生产效率高。也可以采用喷涂，但喷涂时的料浆黏度应低于浸涂时的黏度。

⑤毛坯在加涂玻璃润滑剂以前，应事先将表面上的氧化皮、油斑、油漆等脏物清理干净。

a.采用汽油、石油或异丙醇等有机溶剂除油时，可用蘸有有机溶剂的刷子刷净毛坯表面或将毛坯浸入溶剂后再擦净。但有机溶剂易燃、易爆，用时应遵守有关预防规定，同时，工作间应有良好的通风设施。

b.采用碱水除油时，也可用蘸有碱水的刷子刷去金属表面上的油垢，然后先用热水后用凉水冲洗干净。将毛坯浸入碱水中去油时，其浸入碱水的持续时间一般不得超过5～20 min，具体的时间长短由碱水的碱性高低而定。从碱水槽里取出的毛坯要用清水冲洗干净。常用除油碱水的成分见表8.22。

表8.22 常用除油碱水的成分

成分	含量/$(g \cdot L^{-1})$	备注
碳酸钠 苛性钠 水玻璃	30～40 5～10 30～50	化学除油槽，温度50～80 ℃
碳酸钠 水	30～50 50～70	化学除油槽，温度50～80 ℃
苛性钠 磷酸或碳酸钠 水玻璃 水	10～20 25～50 3～5 35～52	电化学除油槽，温度70～80 ℃ 电流密度3～10 A/dm^2

c. 毛坯还须在加涂润滑剂之前进行湿喷砂或喷丸清理。对于非合金钢毛坯，采用钢砂、钢丸或铁丸；对于耐腐蚀钢、高温合金和钛合金，采用普通电炉用氧化铝砂。经湿喷砂处理后的零件，其表面需要彻底晾干。为涂玻璃润滑剂所准备的毛坯，其保存时间应不超过 20～24 h。

⑥玻璃润滑剂料浆在加涂之前的温度应接近于室温，否则冷料浆涂上要掉皮，而温料浆涂上会从毛坯上流掉，结果很难得到均匀的玻璃润滑层。

⑦已涂上料浆的毛坯应该充分干燥。

a. 一般可在空气中晾 1～15 h 或放在 50～70 ℃的烘干箱内烘 0.5～1 h。为了加快干燥，可在空气中预干燥后再置入 90～120 ℃的烘干箱内烘干。切不可一开始就在高温下干燥，那样水分会蒸发得很快，涂层会遭到破坏。

b. 要充分注意带内腔的零件其腔面涂层的干燥，一般需时较长，必要时还应采用热风或将其预热到 30～80 ℃，以加快干燥速度。

⑧在加涂和干燥后的表面上不允许有涂瘤、缺口、裂纹及其他缺陷和脏物。小的局部缺陷可用软毛笔蘸料浆涂补。如果缺陷很大或涂层被沾污，则应洗掉重新加涂。

⑨在送入箱式电炉加热前，加涂和烘干后的毛坯应先分别置放在耐腐蚀钢或耐热合金的底盘上，相互间应留有足够的间隔防止相互粘连。绝不允许将毛坯堆放在底盘上。将加涂和烘干的毛坯送入炉内或从炉内取出时，都应采用与毛坯接触面最小的钳子。如在某种情况下须对毛坯作长期保存时，可将涂有玻璃料浆的毛坯置入炉内加热到料浆熔化。炉温和毛坯在炉内的保温时间由经验确定。在等温模锻工序间和成形结束后，必须将毛坯上的残留润滑剂层和氧化皮清除掉，一般可用机械和化学方法进行清理。

a. 属于机械方法的有喷砂（金属砂、氧化铝砂、石英砂、湿喷砂）清理、喷丸清理和滚筒打光。在采用湿喷砂清理钢时，为了防止腐蚀，通常采用专用滚筒，并往水中加入氮化钠或磷酸钠，或者将清理后的毛坯置入氮化钠或磷酸钠的溶液槽内进行洗涤。喷丸清理可能降低毛坯表面的质量，对加工余量较小的，特别是对最后一道工序的毛坯不允许用这种方法清理。为了减少清理时的噪声，在清理滚筒的内部应垫上一层胶皮护面层。

b. 化学方法有酸洗和碱洗两种。由于酸洗时采用的氢氟酸（特别是氢氟酸和硫酸的混合液）虽对溶解玻璃非常有效，但同时伤害毛坯的基体金属，所以对精密模锻件或切削加工余量很小的毛坯不应采用酸洗，而最好用氢氧化钾或氢氧化钠的碱溶液清洗。碱洗玻璃润滑剂薄膜时，应遵循下列操作规范：

a. 锻件除油后在 150～200 ℃的烘干箱内烘干。

b. 将锻件垂直吊入碱液槽中。为加快腐蚀过程，应使锻件在液中做上下往复运动。小锻件可放在带孔筐内进行操作。腐蚀钢和镍基合金锻件采用 500～550 ℃的碱溶液，腐蚀钛合金锻件采用 430～470 ℃的碱溶液。腐蚀时间用试验方法确定。

c. 将腐蚀过的锻件及时投入 100 ℃的沸水里，并上下往复运动冲洗。

d. 用冷水进一步冲洗，并用干燥空气吹干。

(7)凡是等温锻造的操作人员，都必须经过安全技术方面的专门训练；对所操纵的装置结构、设备液压运动图、电路图和气路图以及水压机说明书等技术资料都应有熟练了解。同时在操作等温变形工序时必须遵守锻压和备料车间规定的安全技术规程。在进行有关的辅助工序时(如润滑剂制备、加涂和清理等)也必须严格遵守相应的劳动保护条例。此外,还必须遵守为等温模锻具体生产条件所做的一些补充规定。

①在动用等温变形装置之前必须注意以下的安全要点和规则:

a.要注意工作场地的设备外罩、栅栏、梯子等是否状态完好,特别要注意变压器和电容器组的防护罩是否安装正确。

b.一切电气设备和装置是否接地。

c.采用感应加热装置工作时,应准备好必需的非磁性材料的手用工具。

d.应准备好装、出炉使用的专用夹钳。

e.在装换模具时,应将加热装置的电源断开。

f.在开始模锻以前,应检查压力机各部件是否运动正常,相应的安全装置是否起作用。

g.应事先和定期地检查紧固件的拧紧情况。

h.修理和调试电气装置时,必须在断开闸刀开关的情况下进行。

i.在每次修理和拆装之后,都要进行及时的检查。

j.在更换热状态的锻模镶块时,必须借用辅助工具,以绝对避免用手去接触热锻件。

②在等温变形装置工作时应避免出现以下情况:

a.压力机横梁未经固定,不得安装和拆卸模具,以防横梁自动滑落。

b.工作液体不得流入加热装置中。

c.在电容器组、控制板、变压器上以及模锻加热装置附近,不得放置外来物品。

d.加热装置在未完全冷却之前,不得将其冷却系统断开。

③在加涂润滑剂时必须做到:

a.操作时应戴上保护眼镜、口罩、手套和围上胶皮围裙。

b.操作中不得喷溅玻璃料浆,盛有玻璃料浆的容器应及时用塞子严密堵塞。

c.如果料浆掉在工作位置或衣服上,应及时用湿抹布擦去。

④由于钛在高于1 250 ℃时易在空气中燃烧,故等温模锻钛时,必须考虑它的防火问题。

8.5.3 液态模锻工艺操作规范

液态模锻是将一定量熔融金属液直接注入敞口的金属模膛,随后合模,实现金属液充填流动,并在机械静压力作用下,发生高压凝固和少量塑性变形,从而获得毛坯或零件的一种金属加工方法。液态模锻工艺流程如图8.55所示,可分为金属熔化和模具准备、浇注、合模和施压、卸模和顶出制件。

液态模锻工艺的操作规范如下。

1.熔炼操作

重熔钢及合金的熔炼工艺操作,应视熔炼钢种、炉子容量、技术质量要求等条件而定。一般,整个熔炼操作过程包括准备、装炉、熔化、脱氧、调整成分及温度、最后出钢浇注。

(1)准备工作,其中包括检查炉体、感应器、冷却水管、导线及闸刀、炉子的倾斜机构等。发现问题后要一一解决。如果所用的熔炼坩埚是新捣筑成的,应按规范要求进行烧

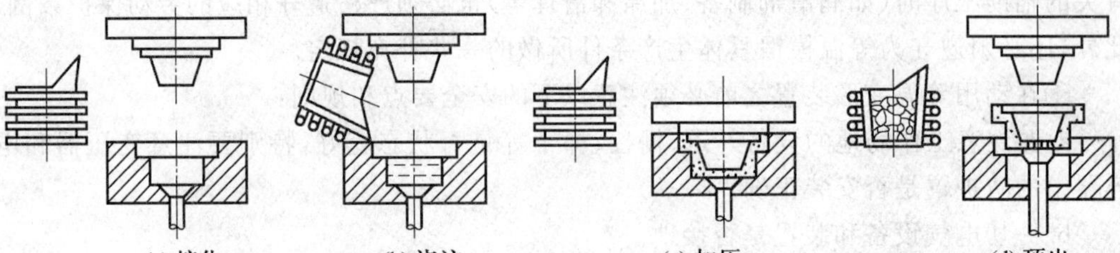

图 8.55　液态模锻工艺流程

结后才能投入使用。此外，还应检查电源、气源、水源和高频炉的接地情况等，一切正常后才能投入使用。

准备所需工具，如铁钳、铁钎、锭模及浇包等。工具应进行干燥，浇包须预热到 900 ℃。工具的把柄应良好绝缘。

准备测温仪表。一般使用热电耦式高温计和光学高温计。要定期做校正，保证读数准确。

准备炉料，按配料比逐项称取，并经喷砂清理和预热。同时按需要称取脱氧剂，烘烤备用。按要求配制熔剂，并置于 400 ℃以上的烘炉中备用。

(2)合理装炉。炉料的块度对熔化效率关系很大，所以装入的炉料要符合一定的规定，而且大小块搭配使用，以求装炉紧密。装料时，一般可先加入占炉料最大成分的部分，先装入易熔的炉料，待它们熔化后，再加入难熔的成分。但是，要注意那些易氧化的成分应当在最后加入。

在实际操作中，可先在坩埚底部装入部分小块料和某些合金元素的添加料，如铬铁、钨铁、钼铁和镍等，近坩埚壁的部位装上难熔些的大块料，如碳钢和合金钢等。坩埚中心装入易熔的料块，如回炉料和重熔料等。要使下部装得紧些，上部装得松些。同时注意炉料不要装得超过感应器过多。增碳剂以电极碎粒形式加入，用量多时，装在坩埚底部；用量少时，可在炉料熔化后加入。补充化学成分的锰铁和硅铁，应在炉料全部熔化后，并过热到一定温度时加入。钒铁在出钢前 5～8 min 加入。钛铁、锆铁、硼铁和稀土硅铁等，应在钢水脱氧后出钢前 1～2 min 内加入。

(3)供电熔化炉料应尽快进行。对 10 kg 的小炉，多是高频炉，使用预先配好的母合金重熔时，可以一开始就给大功率；对 50 kg 的或更大的感应炉，由于炉料中的感应电流易发生变化，所以宜在开始的数分钟内给较低的功率，待炉内电流比较稳定后，便可按最大功率进行熔化。在熔化过程中，还应对变频机组供电的中频感应炉的供电情况随时做调整，使设备的输出功率最大。

熔化过程中要随时注意炉料熔化情况，并可进行适当的辅料以帮助熔化过程的顺利进行。同时还要随时向钢液添加熔剂，以免钢液直接暴露在空气中。

(4)炉料全部熔清后，应当适当降低炉子的功率，开始脱氧。由于沉淀脱氧操作简单，所以常用。它只需将渣面扒开，将脱氧剂送至钢水以下即可。脱氧时，钢水温度不宜过高。

(5)调整钢水成分及温度，使之符合预期的要求。调整成分时应注意：

①加入的合金元素应尽快熔化，且能分散均匀，不会出现成分偏析。

②尽量减少合金元素的烧损，减少钢水中的夹杂物。

③合金元素带入的杂质及气体，能被排除干净。

所以，凡是氧亲和力较大的合金元素，必须在脱氧良好的条件下加入，以减少烧损，而一些难熔和密度大的元素应早些加入。

锰和硅可在钢水熔清后脱氧前加入。而少量的钒、铝、钛、硼和锆则可以此为序在脱氧后加入。如果合金中的铝、钛含量较多而钒含量较少，则最好先加入铝和钛，后加入钒，以提高钒的实收率。如果加入铝、钛的量较多时，应采取停电降温措施，以免它们被部分氧化而生热，最后导致钢水过热喷溅。

在脱氧和添加合金元素过程中，就应该考虑到调整钢水温度的问题。应尽可能配合达到在添加合金和终脱氧后，钢水正好达到出炉温度。然后停电使钢水静置几分钟，排除上浮的杂质和气体，将钢水注入焙烧到炽热的浇包中。一般，出炉温度比钢的液相线温度高 80～120 ℃。

2. 液态模锻操作

(1)模具准备。

①准备安装模具所需的各种工具，如扳手、压板、螺钉、螺帽和吊钩等。

②了解安装模具的结构和特点。

③检查加压设备顶出装置是否复位。

④检查模具的封闭高度、开模取件时的最小高度是否与加压设备相适应，顶出装置的行程是否与制件完全顶出相适应。

⑤将模具与机器的接触面擦干净。

⑥将模具吊运到液压机的工作台面上；开动液压机，使上模固定板与上模靠紧。严格调整凸、凹模间隙，使模具中心与液压机中心对齐，紧固模具。

⑦开启上模，检查顶出装置是否正常。

⑧再查一遍后，进行试车，到一切符合要求为止。

⑨模具预热。可以利用喷灯和热铁块，也可以直接往模内注入钢水后合模(不加压)预热。

⑩模具润滑。可以喷涂，也可以刷涂，但都应吹匀或擦匀，防止沉积。涂上润滑剂后，应待稀释剂挥发才能进行浇注，否则易产生气孔缺陷。

(2)按工艺卡片内容检查现场。

①检查炉料准备和熔化操作情况以及钢液的成分是否符合要求。

②检查定量勺是否和制件质量相求一致。

③检查模具结构和安装是否可靠。

④检查工艺参数的实施措施是否可行。

(3)操作前的其他准备。

①佩戴好各种符合要求的劳保用具，如工作服、工作帽、工作鞋、鞋罩、眼镜和手套等。

②将定量勺涂上涂料，并进行烘烤。

③检查涂料是否已放在指定地方。

④检查清理模具和喷涂润滑剂所需的压缩空气接嘴和喷枪是否正常。

⑤检查模具冷却装置和冷却液是否畅通。

⑥检查制件锻后堆放或灰冷箱的位置是否合适。

⑦模具需更换零件的准备和预热。

⑧临时修模所需的锤子和边铲等。

⑨夹持制件的钳子。

⑩其他辅具,如测温和卸芯子所需的工具等。

(4)安全生产守则。

①出钢时,要注意中频炉的翻转,应缓慢准确地使钢水流入模内,不得产生飞溅。

②端包应保持平稳;液压机与熔化炉之间不得摆放任何物品。

③加压操作应先快后慢,即空程向下快,合模后变慢,使模膛内的气体能从凸、凹模间隙中排出。施压时也应平稳缓慢,以确保金属液不从凸凹模间隙中飞溅出来伤人。为了确保这一点,应在上模安装一个安全罩,加压时,该罩完全将模具罩住,加压后,又随上模提起。

④随时注意液压机的温升情况。不允许机器承受偏心载荷,故卸芯子的工作最好在另外的设备上进行。

⑤要防止铁质硬物落入顶出缸内。

⑥注意维护液压机立柱和柱塞。不许在液压机上用敲打方法卸脱制件,因柱塞受击后,易使密封圈受损而漏油。

(5)稳定生产守则。

①由于固定在一点浇注时,容易使模面上的保护涂层被金属液冲破,因此在压力下最易出现制件与模具的黏合。操作时,最好采用回转浇注。

②随时注意保持模具表面的光洁,不允许有任何毛刺和微裂纹等,以免同样出现制件黏模现象,影响正常生产环节。

③注意涂料的均匀搅拌,均匀涂抹,以免缺涂而使局部模面受热,从而也引起黏模现象。

④要稳定生产,要注意使模具温度不要过热。要经常注意模具的冷却,也可采用快换模块方式,使模具不过热。

(6)液态模锻件的检验守则。

①对于用新模具生产的制件,一般尺寸都可符合要求,只有高向尺寸因受浇注定量精度的影响而需进行复检。对于用旧模具生产的制件,应控制其超差在允许公差范围内,否则须及时更换模具,同时,也应严格控制高向尺寸。

②若钢液是采用标准料块熔化的,则对每批料块所制制件取样检查其化学成分。若采用废钢材,必须事先分拣,取样分析后再按规定配炉料;在熔化过程中,还应做炉前分析,并做出记录。

③表面缺陷包括冷隔、裂纹、夹渣和擦伤等。一般采用目视方法进行逐个检查。

④对于一般制件的内部缺陷,如气孔、缩孔和夹杂等,可用抽检进行解剖观察。对于重要制件,则须逐件进行超声波和X光透视检查。

⑤金相组织检查按对制件的特殊要求进行，一般进行抽检，内容包括晶粒度、相组成和显微缺陷等。

⑥制件的力学性能检验，一般用全检其硬度的办法进行。同时，在每一批号的制件中，再抽检其 σ_s、σ_b 和 δ，有时也抽检 α_k。对于某些特殊制件，也可按技术条件要求补做弯曲、疲劳和高温性能检验。

⑦为了考核制件的使用性能，应根据其使用特点，通过模拟或实际考核，对其进行抽检或全检。这些性能试验包括气密性试验、渗漏性试验、压裂试验、磨损试验、腐蚀试验、物理性能试验和靶场试验等。

8.5.4 辊锻工艺过程规范

辊锻是使金属坯料在一对反向旋转的辊锻模具中通过，借助模具型槽对金属坯料施加的压力使其产生塑性变形，从而获得所需要的锻件或锻坯，是由轧制工艺应用到锻造生产中而发展起来的一种特种锻造工艺。图 8.56 所示为辊锻工艺示意图。当辊锻模转离工作位置时，坯料在两轧辊的间隙中送进，辊锻时坯料在高度方向上经辊锻模压缩后，除一小部分金属横向流动外，大部分被压缩的金属沿坯料的长度方向流动。被辊锻的毛坯，横断面积减少，长度增加，辊锻工艺适合于减少毛坯断面的锻造过程，是一种坯料的延伸变形过程。

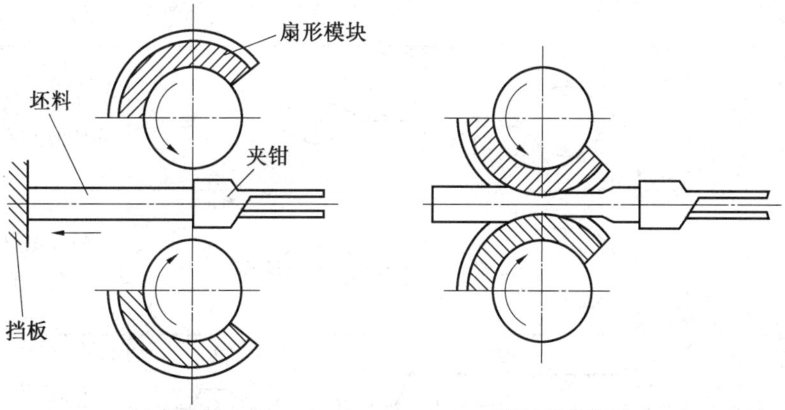

图 8.56 辊锻工艺示意图

辊锻工艺过程的主要规范如下：

(1)辊锻是增长类工序，主要用于生产长轴类锻件。它既可作为模锻前的制坯工序，也可将坯料直接辊锻成形。但对于截面变化复杂的锻件，辊锻成形后还需要在压力机上整形。

(2)由于辊锻工艺中金属变形的特点，对于某些形状复杂的锻件(如扁宽类锻件等)要完全依靠辊锻成形出来是很困难的。特别是在前壁难成形区位置上常常会出现斜度大和充不满现象。另外，锻件上某些不适于辊锻的几何形状若不做适当修改，是难以达到形状尺寸要求的。因此，在制定辊锻工艺方案时，宜充分利用辊锻变形工艺的特点，因势利导，而不可不顾对象，一味追求完全成形辊锻。

(3)辊锻件的厚度尺寸精度主要是靠辊锻机机架的垂直刚度来保证的，因此，在开锻之前应调好两辊中心距并紧固压下螺杆。有时在辊锻过程中，由于机架弹性变形引起锻件厚度方向的误差或因误操作、锻件温度过低及离合器调整不当等原因，也会出现辊锻件卡模现象。为控制辊锻件厚度尺寸误差或排除卡模故障时，也需经常调整两辊中心距。

(4)只有当金属被咬入轧辊之间才能建立起辊轧过程，所以操作中金属的顺利咬入很重要。要注意掌握开始咬入的条件。一般，促进金属咬入的方法有：

①增大摩擦系数，例如在轧辊表面上刻痕或堆焊薄层金属等。一般，在光辊上热轧黑色金属时的临界咬入角为 20°～22°，而在刻痕轧辊上热轧时，则为 26°～35°。

②减小咬入角，例如在坯料送入的前端做出锥度。

③加大拉力，使坯料前端与锻辊紧靠。

(5)辊锻时，坯料随辊锻模运动的同时而受到压缩变形，因而相对辊锻模做前滑和后滑。由于在产生前、后滑时，后滑部分的金属尚未成形，所以生产中一般只考虑前滑的影响。然而前滑的结果，会使辊锻出来的坯料长度大于型槽的长度。为保证辊坯不致过长，应有意将型槽做短一些。

(6)和自由锻采用型砧提高金属拔长效率一样，提高辊锻伸长效率也可以利用不同的型槽系来达到。表 8.23 给出了常用型槽系的选择。

表 8.23　常用型槽系的选择

型槽系	简图	适用范围
椭圆—方形	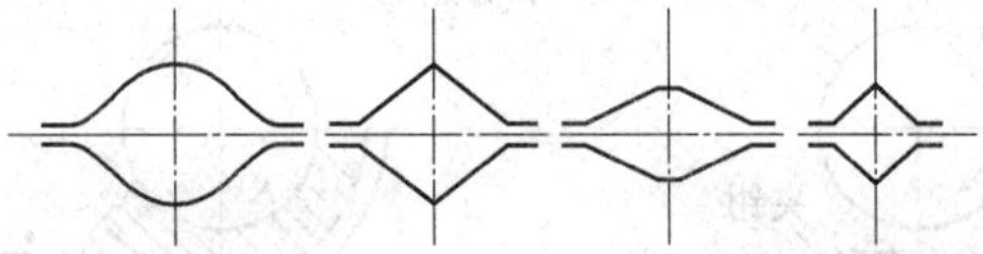	适于辊制方形毛坯或毛坯的方形部分
六角—方形	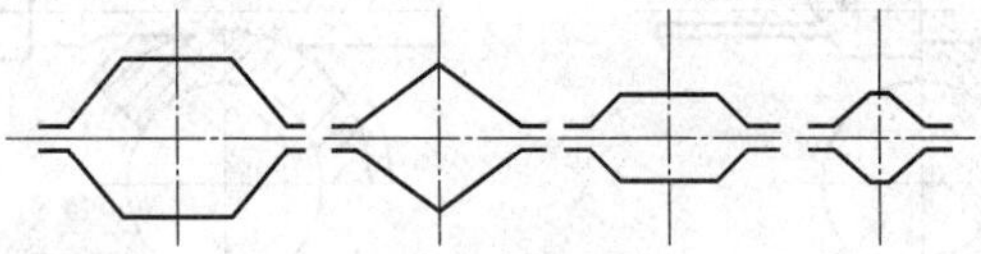	适于辊制方形毛坯或毛坯的方形部分
平面—箱形	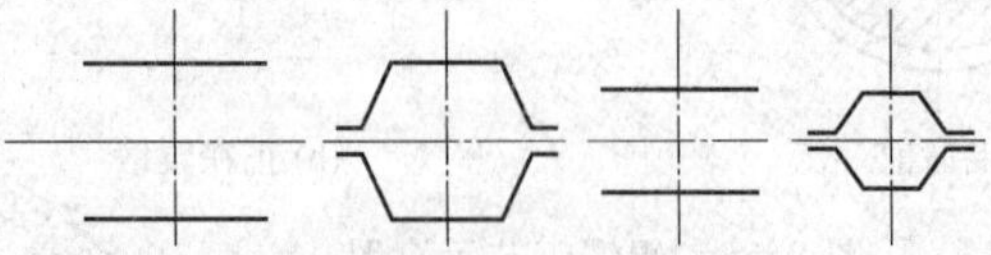	适于辊制矩形毛坯或毛坯的矩形部分
椭圆—圆形	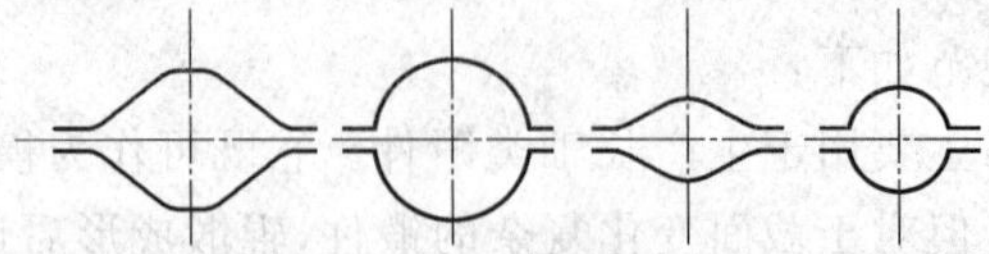	适于辊制圆形毛坯或毛坯的圆形部分
菱—方形	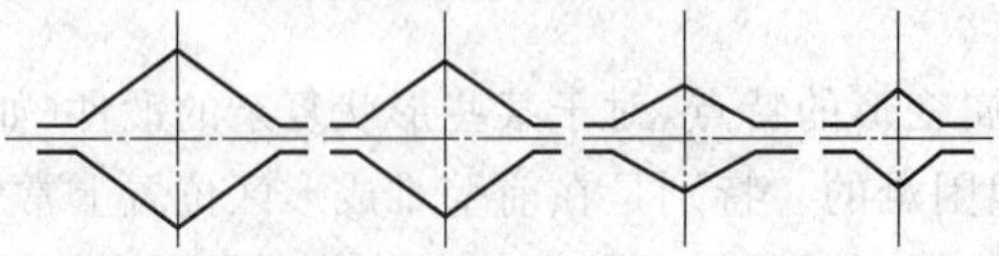	适于辊制方形毛坯或毛坯的方形部分

(7)在辊锻道次之间，要注意保证金属变形均匀性问题，尤其是最后精整工序的冷辊更应注意。一般应做到，前道次辊出的坯料截面尺寸和形状在通过下道型槽时，反映在各

个截面部位上的相对压下量是一样的。这样才能保证坯料各个截面和截面各个部位有均匀一致的伸长，从而避免锻件的弯曲。

(8)试辊时要注意调整好送进导板的位置。特别是对长杆件，各道型槽都需具有良好的导向，否则在辊锻过程中，辊坯将产生扭曲，使辊坯尾部方位偏离型槽而造成废品。

(9)辊锻分模面的位置应正确选择，以保证辊锻件能顺利地从辊锻模型槽中脱出。一般，对于横截面对称的锻件，其型槽分模面应选在截面中间，使上、下模型槽深度相等。对于横截面非对称形状的锻件，型槽分模面应选在使断面被分成两个相等面积的位置上，以消除或减少辊锻时由于上部与下部出模速度不一致而产生的上压力或下压力辊锻情况，从而避免锻件出现向上弯曲或向下弯曲。

(10)辊锻过程中，要随时注意辊锻件尺寸精度超差的问题。因为，即使预先都考虑得很好，但在实际过程中会由于辊锻机机架、锻辊、压下丝杆等系统的变形及零件间的间隙而引起的“辊跳”、模具制造精度、模具磨损和错移、模具与坯料的温度变化及前滑率的改变等因素的综合作用，会使锻件实际尺寸产生偏差。对于工厂自制的或年代已久的辊锻机，更应随时注意锻件的实际余量与公差。根据 JB 3642—84 钢质辊锻件通用技术条件的规定，辊锻件形状和尺寸应符合辊锻件图样与技术文件的规定。在辊锻件公差及机械加工余量、辊锻件结构要素标准颁布执行之前，辊锻件图样由供需双方协商确定。

(11)辊锻模具和锤上模具不同，所受冲击力不大，所以只在辊锻形状比较复杂的锻件时，才采用类似在锤上模锻时所用的模具材料。在辊锻形状简单的锻件时，甚至可采用铸钢和高强度铸铁作为模具材料。

(12)辊锻模失效的主要形式是龟裂、裂纹、磨损和变形。龟裂是模具表层不断受拉、受压复杂交变热应力作用的结果。裂纹是在龟裂基础上扩大发展产生的。磨损是变形金属与模面相对滑动引起的。变形是模具温度局部过高和压塌造成的。辊锻过程中，出现模具局部损伤时应及时进行维修，以防止扩大。这种修理一般可以用电动或气动砂轮机进行打磨，对细微裂纹也可用扁铲铲除。修理工作可在工位上进行。严重的局部磨损和局部裂纹，可用补焊方法进行修复。

(13)辊锻前，模具必须预热，一般应在 200～350 ℃热透。预热时可用煤气喷嘴加热，也可用红铁进行烘烤。

(14)辊锻时模具与高温变形金属接触，会使模具温度升高，因此，为防止模具温度过高而产生回火，必须进行冷却。通常用水作为冷却剂，可单独使用，也可与润滑剂混合使用。

(15)辊锻过程中还应对辊锻模进行合理的润滑，一方面可减少型槽的磨损。同时还可减小摩擦力使锻件易于脱模。通常采用水剂石墨作为润滑剂，也兼起冷却作用。石墨与水可按(质量比)1∶20 左右进行配比混合。

(16)在辊锻操作过程中，还应当经常注意对辊锻机的维护。由于辊锻机的工作条件较差，尘土和杂质极易混入机内，所以吸油器和滤油器要经常清洗。油池也应定期清洗，更换油液。一般 3 个月更换一次。还要经常检查各润滑点的供油情况，以避免缺油而引起轴和轴承烧伤，油泵和电机等超负荷发热。辊锻机在工作过程中，冷却水很易由锻辊流入轴承内。水和机油混合后，不仅影响润滑效果，而且会引起零件锈蚀，所以要经常注意锻辊轴承的密封效果。

参考文献

[1] 胡赓祥，蔡珣，戎咏华. 材料科学基础[M]. 3 版. 上海：上海交通大学出版社，2010.
[2] 王占学. 塑性加工金属学[M]. 北京：冶金工业出版社，1991.
[3] 黄克智，黄永刚. 固体本构关系[M]. 北京：清华大学出版社，1999.
[4] 王祖唐. 金属塑性成形理论[M]. 北京：机械工业出版社，1989.
[5] 董湘怀. 金属塑性成形原理[M]. 北京：机械工业出版社，2011.
[6] 王亚男，陈树江，董希淳. 位错理论及其应用[M]. 北京：冶金工业出版社，2007.
[7] 张俊善. 材料的高温变形与断裂[M]. 北京：科学出版社，2007.
[8] 崔世杰. 应用塑性力学[M]. 郑州：河南科学技术出版社，1992.
[9] 周筑宝. 最小耗能原理及其应用[M]. 北京：科学出版社，2001.
[10] 樊东黎. 热加工工艺规范[M]. 北京：机械工业出版社，2003.
[11] 赵品，谢辅洲，孙文山. 材料科学与基础[M]. 哈尔滨：哈尔滨工业大学出版社，1999.
[12] 哈宽富. 金属力学性质的微观理论[M]. 北京：科学出版社，1983.
[13] 赵敬世. 位错理论基础[M]. 北京：国防工业出版社，1989.
[14] 俞汉清，陈金德. 金属塑性成形原理[M]. 北京：机械工业出版社，1999.
[15] 轧制技术及连轧自动化国家重点试验室(东北大学). 高合金材料热加工图及组织演变[M]. 北京：冶金工业出版社，2015.
[16] 张敬奇. 加工图理论研究与加工图技术的实现[D]. 沈阳：东北大学，2010.
[17] 杨德庄. 位错与金属强化机制[M]. 哈尔滨：哈尔滨工业大学出版社，1991.
[18] 杨顺华. 晶体位错理论基础. [M]. 北京：科学出版社，1988.
[19] 吕炎. 精密塑性体积成形技术[M]. 北京：国防工业出版社，2003.
[20] 王少纯，赵祖德，杜丽娟. 金属精密塑性成形技术[M]. 哈尔滨：哈尔滨工业大学出版社，2008.
[21] 李云江. 特种塑性成形[M]. 北京：机械工业出版社，2008.
[22] 闫洪，周天瑞. 塑性成形原理[M]. 北京：清华大学出版社，2006.
[23] 万胜狄. 金属塑性成形原理[M]. 北京：机械工业出版社，1995.
[24] 夏巨谌. 精密塑性成形工艺[M]. 北京：机械工业出版社，1999.
[25] 钱健清. 金属材料塑性成形实习指导教程[M]. 北京：冶金工业出版社，2012.
[26] 杨晓光，石多奇. 粘塑性本构理论及其应用[M]. 北京：国防工业出版社，2013.
[27] (罗)DOREL B. 金属板材成形工艺：本构模型及数值模拟：constitutive modelling and numerical simulation [M]. 北京：科学出版社，2015.
[28] 卓家寿，黄丹. 工程材料的本构演绎[M]. 北京：科学出版社，2009.